食品中的元素与检测技术

顾佳丽　赵　刚　编著

中国石化出版社

内 容 提 要

　　本书共分七章，主要介绍了食品中元素的分类，营养元素和有毒有害元素与人体健康的关系，食品中元素的来源和测定的意义，食品和采集、制备和前处理方法，各类食品中常量元素和微量元素的分析方法原理、仪器试剂、检测技术以及注意事项相关内容。本书引用的国家和行业标准均是现行通用的方法。

　　本书可作为食品分析部门检验人员以及相关企业、科研、管理部门的参考用书。

图书在版编目（CIP）数据

食品中的元素与检测技术 /顾佳丽，赵刚编著．
—北京：中国石化出版社，2013.5（2019.8 重印）
ISBN 978-7-5114-2127-2

Ⅰ.①食… Ⅱ.①顾… ②赵… Ⅲ.①食品分析②食品检验 Ⅳ.①TS207

中国版本图书馆 CIP 数据核字（2013）第 091896 号

中国石化出版社出版发行

地址:北京市朝阳区吉市口路 9 号
邮编:100020　电话:(010)59964500
发行部电话:(010)59964526
http://www.sinopec-press.com
E-mail:press@sinopec.com
北京艾普海德印刷有限公司印刷
全国各地新华书店经销

*

787×1092 毫米 16 开本 18.5 印张 459 千字
2019 年 8 月第 1 版第 2 次印刷
定价:48.00 元

前　言

随着人们生活水平的提高，以及食品种类的日益丰富，各类食品中营养元素的分布情况以及有毒有害元素对食品的污染情况等食品安全问题，越来越受到人们的关注。食品中元素的相关国家和行业检测标准也在不断修订中。为保障人们对食品营养元素的摄入以及防止有毒有害元素对人体健康造成的危害，加强食品中有毒有害元素的检验，我们编写了《食品中的元素与检测技术》。

本书主要论述了食品中营养元素和有毒有害元素与人体健康间的关系、食品中元素的来源和测定的意义、食品的采集、制备和前处理方法、各类食品中元素的分析方法原理、仪器及检测技术等相关内容。本书参考了大量有价值的行业书籍以及相关国家和行业标准，并结合多年的教学和科研经验编著而成。

全书由顾佳丽和赵刚担任主编，参加本书编写和整理工作的有(按姓氏笔画排序)包德才、毕勇、刘玉静、夏云生、蔡艳荣。渤海大学王秀丽教授和鲁奇林教授为本书的编写提供了大量的资料和宝贵的建议；马占玲副教授给予了协助，借此一并表示衷心的感谢。

由于编者的水平有限，错误和疏漏之处在所难免，恳请同行专家和读者批评指正。

编者

前　言

目　录

第一章　绪论

第一节　元素的分类

食品种类繁多，各种食品具有不同的特性和营养素，组成复杂，其组成元素达 50 多种。根据这些元素在食品中的含量和作用可以分为很多种类。

一、大量元素、常量元素、微量元素和痕量元素

根据元素在食品中含量的高低，可将其分为以下四类。

1. 大量元素

大量元素包括碳、氢、氧、氮。这四种元素是构成食品的主要营养成分（蛋白质、脂肪、碳水化合物、维生素等）的元素，约占 95%。

2. 常量元素

常量元素在食品中的含量比较高，是人体组织细胞结构中必不可少的元素，包括钾、钠、钙、镁、硫、磷等元素。

3. 微量元素

微量元素在食品中含量微少，包括铁、锰、锌、铜、铝、锂、铯、铷、锶、铬、镍、硅、氟、氯、碘、钴、钼等元素。

4. 痕量元素

痕量元素在食品中含量极微，包括汞、铅、银、镉、硒、铍、砷等元素。

二、必需元素、非必需元素和有毒元素

食品中的各种元素，被人体消化吸收之后，其作用各不相同。因此根据食品中各种元素的营养作用，可将其分为必需元素、非必需元素和有害元素三大类。

1. 必需元素

必需元素为组成生物体内的蛋白质、脂肪、碳水化合物和核糖核酸提供基础的结构单元，是供给人体能量和修补机体组织的主要原料，在人体组织的生理作用中发挥着重要的功能。其不仅与人体的能量转换、激素合成、大脑思维记忆、视力的灵敏度等都有密切关系，而且还是维持人体正常功能（生长、发育、繁殖等），以及影响内分泌、免疫功能与遗传等生理功能所必需的元素。包括碳、氢、氧、氮、磷、硫、氯、钾、钠、钙、镁 11 种必需常量元素，以及氟、硅、钒、铬、锰、铁、钴、镍、铜、锌、硒、钼、锡、碘 14 种必需微量元素。其中锡还有争议。

人每天的饮食尽管矿物质不同，但必需元素在体内的量却是相对稳定的。机体既可排泄不需要的矿物质，也可保留身体需要的必需微量元素。这些元素在体内不能自行合成，必须由外界环境供给，即通过食品、饮料、药物等途径摄取。机体内的必需元素在一定的浓度范围内有助于人体健康的维持，但当含量低于或超过正常水平时，会使组织功能减弱，甚至可

能导致不同程度的中毒反应，我国人民每日必需元素推荐量见表1-1。

表1-1 我国人民每日必需元素推荐量

类别		钙/mg	铁/mg	锌/mg	硒/μg	碘/μg
成年男子(体重63kg)	极轻体力劳动	800	12	15	50	150
	轻体力劳动	800	12	15	50	150
	中等体力劳动	800	12	15	50	150
	重体力劳动	800	12	15	50	150
	极重体力劳动	800	12	15	50	150
成年女子(体重53kg)	极轻体力劳动	600	18	15	50	150
	轻体力劳动	600	18	15	50	150
	中等体力劳动	600	18	15	50	150
	重体力劳动	600	18	15	50	150
	孕妇(后5个月)	1500	28	20	50	175
	乳母	1500	28	20	50	200
少年男子	16~19岁	1000	15	15	50	150
	13~15岁	1200	15	15	50	150
少年女子	16~19岁	1000	20	15	50	150
	13~15岁	1200	20	15	50	150
儿童	10~13岁	1000	12	15	50	120
	7~10岁	800	10	10	40	120
	5~7岁	800	10	10	40	70
	3~5岁	800	10	10	40	70
	2~3岁	600	10	10	20	70
	1~2岁	600	10	10	20	70
	1岁以下	600	10	5	15	50
	6个月以下	400	10	3	15	40

注：中国营养学会1988年10月修订。

2. 非必需元素

非必需元素在机体正常组织中不一定存在，而且对机体正常组织及生理功能无关紧要，如锗、铝、砷、锂、硼、稀土族等。其中砷尚未被公认，硼仅参与植物的生命过程，对动物的作用则尚未确定。

3. 有害元素

有害元素例如汞、铅、镉等元素，人体对其可耐受剂量极低，当摄入极小的剂量被污染的食物即可导致机体呈现反应。而且这些元素在人体中具有蓄积性，随着在人体内蓄积量的增加，机体会出现各种中毒反应。食品中常将铅的残留量作为有害元素的常规分析项目。

必需元素、非必需元素和有害元素的划分不是绝对的，对于不同的生物和不同的元素，其致毒的量不同，即使是必需元素在缺乏和过量时也显示毒性。例如：硒是重要的生命必需元素，成人每天摄取量以100μg左右为宜，若长期低于50μg可能引起癌症、心肌损害等；但反之过量摄入，又可能造成腹泻、神经官能症及缺铁性贫血等中毒反应，甚至死亡，因此硒的化合物也被当作剧毒物小心保存；氟是人体必需的微量元素，对牙齿的形成与保护，以及对骨骼的生长具有重要作用，但食品中氟含量过高，易引起氟中毒，发生氟斑牙和氟骨症。关于必需元素的理想生长响应曲线见图 1-1，图中在 a~c 之间，没有表现出异常；而在 a 以下及 c 以上显示反应随浓度的变化呈 s 状曲线；对非必需或有毒元素，则只在高浓度一侧的曲线。在摄取的营养物质中，必需元素的严重不足能导致物种生长迟缓、繁殖衰退，甚至死亡。但是生物和人对环境中微量元素变化的适应能力也是有限度的，当元素变化幅度超过生物忍耐力极限时，生理上就会起反应，产生损害健康的病症。

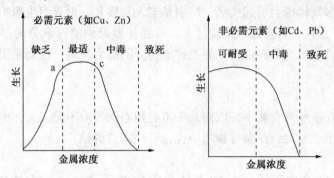

图 1-1 必需和非必需元素浓度对生物生长的影响

此外，生命必需元素的存在形式对人体健康也直接有关，如铁在生物体内不能以游离态存在，只有存在在特定的生物大分子结构（如蛋白质）包围的封闭状态之中，才能担负正常的生理功能，铁一旦成为自由铁离子就会催化过氧化反应产生过氧化氢和一些自由基，干扰细胞的代谢和分裂，导致病变。再如硒、铜、锌、锰、钴等元素，过去一直被列为有害元素，但现在已确定其在人体内具有一定的生理功能。

第二节　元素与人体健康的关系

元素与人类健康有密切关系，尽管它们在人体内含量极小，但它们对维持人体中的一些决定性的新陈代谢却是十分必要的。一旦它们的摄入过量或不足会不同程度地引起人体生理的异常或发生疾病，甚至危及生命。下面简单介绍元素进入人体后，对人体健康起到的不同作用。

一、必需常量元素

1. 钠

钠是人体必需的常量元素之一，人体内钠的总量约为 70~120g/70kg，其中约 50% 存在于细胞外液，40%~45% 存在于骨骼，10% 存在于细胞中。

（1）钠对人体的作用

① 维持酸碱平衡　钠是细胞外液中带正电的主要离子，起着调节细胞内外的渗透压以及平衡酸和碱的作用。

② 辅助神经、肌肉及各种生理功能的正常运作　钠与其他矿质元素离子在细胞内外形成电位差，产生离子梯度。机体的神经细胞就是依赖这些电位差的改变而产生电脉冲，并通过神经纤维传到肌肉。肌肉的功能也依赖于细胞内外的离子比，尤其是钠钙离子的离子比，

维持肌肉的兴奋性。

③ 帮助消化　摄入人体的食盐，被解离为钠离子和氯离子，可提高淀粉酶催化率，与氢化合成盐酸后，还可帮助消化。

（2）缺钠的症状

人体缺钠或摄入钠过多都会影响健康。食用不加盐的严格素食或长期出汗过多、腹泻、呕吐以及肾上腺皮质不足等情况下，都会发生钠缺乏，可使人体的水平衡被破坏，引起失水，食欲减退、生长缓慢、肌肉痉挛、恶心、腹泻、头痛、哺乳期的母亲奶水减少等症状。

食盐摄入量过多同样也会引起疾病，特别是老人和婴儿，世界卫生组织建议每人每日食盐用量以不超过6g为宜。老人摄入食盐过多，可促使血液中储存水分增多，加重心脏的负担，导致充血性心衰，甚至是高血压。婴儿排泄盐分的能力较差，因而刚出生婴儿饮食中不宜加盐。

（3）钠的来源

钠以不同量存在于所有食物中，因而几乎不必担心钠摄取不足。人体中钠的主要来源除食盐外，咸菜、带鱼、紫菜、芹菜等食物中也含有一定量的钠。

2. 钾

钾是正常生长发育中不可或缺的人体必需常量元素之一。人体内钾的总量约为160～200/70，其中约98%存在于细胞内液，2%存在于细胞外液。人体血清中钾浓度约为3.5～5.5mmol/L。

（1）钾对人体的作用

① 维持细胞内外液的渗透压　钾离子和钠离子一样是细胞内的主要阳离子，能维持细胞内外液的渗透压和酸碱平衡，维持神经肌肉的兴奋性以及维持心肌功能。

② 参与营养物质代谢　钾作为某些酶的催化剂，参与糖类、蛋白质和能量的代谢过程，对细胞中营养的吸收起着重要作用。

（2）缺镁的症状

缺钾可导致神经肌肉应激性降低，身体虚弱、四肢无力、排尿困难，严重的还可引起心律失常，心动过速，心力衰竭，昏迷或神志不清、骨肌麻痹、心脏病、肾上腺机能不足以及细胞内水肿等症状。

（3）钾的来源

含钾丰富的食物有香蕉、猕猴桃、草莓、柑橘、葡萄、柚子、西瓜等水果，紫菜、海带、土豆等蔬菜以及鸡牛羊等瘦肉；其他如虾米、木耳、菠菜、山药、毛豆、苋菜、大葱、西红柿、花生、蘑菇等食物中也含有一定量的钾。

3. 钙

钙的含量仅次于碳、氢、氧和氮，是人体中含量最多的生命必需元素，占体重的1.5%～2%。正常人体内含钙大约1～1.25kg，其中99%存在于骨骼与牙齿内，其余的1%存在于软组织、细胞外液及血液中。

（1）钙对人体的作用

① 骨骼和牙齿的主要结构成分　钙是构成骨骼和牙齿的主要成分，对保证骨骼的正常生长发育和维持骨骼健康起着至关重要的作用。

② 参与神经肌肉的应激过程　钙参与神经和肌肉的活动，促进神经介质的释放，调节激素的分泌，抑制神经肌肉的兴奋，维持神经冲动的传导以及维持心肌的正常收缩等活动。

③ 参与凝血过程　钙可以直接作为凝血复合因子，促进凝血过程，还可以直接促进血小板的释放，促进血小板介导的凝血过程。

④ 巩固和保持细胞膜的完整性　神经、肝、红细胞和心肌等的细胞膜上都有钙结合部位，当钙离子从这些部位释放时，膜的结构和功能发生变化，即通过调节细胞内信号的触发，改变细胞膜对钾、钠等阳离子的通透性，防止液体渗出，控制炎症与水肿。

⑤ 参与免疫反应　钙参与免疫反应，加快吞噬细胞的吞噬过程，可以增加人体的免疫力。

（2）缺钙的症状

缺钙是我国普遍存在的现象，尤其是儿童、老人、妇女和孕妇缺钙现象更为普遍。这种现象与我国人民以植物性食物为主的饮食习惯有关，人体对钙的摄入量和吸收量不足是缺钙的主要原因。缺钙会导致很多症状。例如：

① 儿童佝偻病　佝偻病又称软骨病，是小儿常见病之一，多见于两岁以下的婴幼儿，特别是早产儿或孪生儿。这个时期儿童生长发育旺盛，对钙的需要量较多，严重缺钙可严重影响骨骼发育，发生佝偻病。儿童和青少年长期缺钙还会出现长不高、发育迟缓以及牙齿不齐等症状。

② 中老年人骨质疏松　人到中老年后，身体机能逐渐衰退，当身体缺钙时，血钙降低，一部分骨钙溶解到血液中，随着血钙的增加，骨钙却在减少，因此导致骨质疏松和骨质增生的症状。老年人长期缺钙还可出现肢体麻木、肌肉抽搐、腰酸背痛、脾气暴躁，甚至导致高血压、糖尿病以及结石等症状。

③ 妇女多种疾病　一般来说，男女性的骨量在35～40岁以后开始下降，特别是女性在绝经期以后，由于雌激素水平下降，导致骨细胞活性降低，骨形成减少的骨量丢失远远高于男性，故女性的发病率大大高于男性。缺钙妇女会出现盗汗、潮热、怕冷、头疼、烦躁、抽筋、失眠、便秘、腰酸背痛、浮肿、牙齿松动，甚至出现器质性病变。

④ 孕妇妊娠高血压　女性在怀孕期间丢失钙达到了3万毫克，哺乳期间丢失钙每日300毫克，因此孕妇缺钙易出现手脚抽搐，甚至是妊娠高血压。钙丢失造成了女人未老先衰和各种病症的发生。

（3）钙的食物来源

世卫组织推荐的每日钙最佳摄入量为，婴儿250～300mg，2～10岁的儿童800mg，少年及青年1200～1500mg，25～45岁成人800～1000mg，孕妇及65岁以上老人1500mg，哺乳期妇女2000mg。

食物大都含有不同量的钙，含量丰富的有：奶及奶制品、干酪、豆及豆制品、海参、黄玉参、芝麻酱、虾皮、小麦、燕麦片、芥菜、萝卜缨、金针菜等。其次良好来源还有：全蛋粉、小茴香、紫菜、雪里红、芹菜、油菜、香菜、苋菜、海带、炼乳、杏仁、鱼子酱、带有软骨的可食骨鱼。此外木耳、花生米、韭菜、榨菜、毛豆及豆类、腐乳、面包、甘蓝、蛤肉、蟹肉、杏干、桃干、蛋类、豆荚、橄榄、柑桔、葡萄干、菠菜等也还有一定量的钙。

4. 磷

磷存在于人体所有细胞中，成年人体内含磷总量为650～800g/70kg，约80%以上的磷存在于骨骼和牙齿中，其余存在于软组织和血浆中，身体内90%的磷是以磷酸根（PO_4^{3-}）的形式存在。

（1）磷对人体的作用

① 磷是骨骼和牙齿的重要构成材料　磷和钙功能相似，也是骨骼和牙齿的主要结构成分。一般骨骼和牙齿钙化不好，主要是缺磷。当骨钙化不好时，磷酸酶会增多，将促使机体释放出磷，而使血液中的钙和磷达到适当的比例，以促进骨骼的生长。

牙釉质的主要成分是羟基磷灰石 $Ca_{10}(OH)_2(PO_4)_6$ 和少量氟磷灰石 $Ca_{10}F_2(PO_4)_6$、氯磷灰石 $Ca_{10}Cl_2(PO_4)_6$ 等。羟基磷灰石是不溶性物质。当糖吸附在牙齿上并且发酵时，产生的 H^+ 和 OH^- 结合生成 H_2O 及 PO_4^{3-}，就会使羟基磷灰石溶解，使牙齿受到腐蚀。如果用氟化物取代羟基磷灰石中的 OH^-，生成的氟磷灰石能抗酸腐蚀，有助于保护牙齿。

② 磷是细胞和细胞膜的组成成分　脂肪分子和磷酸结合成磷脂，磷脂不仅是生物膜的主要组成部分之一，还是细胞核中遗传物质核酸的基本成分之一，而核苷酸是生命中传递信息和调控细胞代谢的重要物质核糖核酸（RNA）和脱氧核糖核酸（DNA）的基本组成单位。

③ 参与机体调节与释放能量的过程　营养物质在机体内被氧化而产生能量时，一部分用于二磷酸腺苷（ADP）磷酸化，合成高能键化合物三磷酸腺苷（ATP），使能量以化学能的形式储存起来，即氧化磷酸化过程。

④ 维持机体酸碱平衡　磷在血浆中能与氢离子结合，防止体液酸度发生变化，而维持机体正常酸碱平衡。

（2）缺磷的症状

成年人每天摄取 800～1200mg 磷就能满足人体的需要，而磷几乎存在于所有的天然食物中，特别是谷类和含蛋白质丰富的食物，因此一般不会出现磷缺乏症，但当患有肾脏疾病、甲状旁腺激素分泌过多或维生素 D 代谢紊乱时，会出现磷摄入或吸收不足的症状，引起红细胞、白细胞、血小板的异常；因疾病或过多地摄入磷，将导致高磷血症，使血液中血钙降低导致骨质疏松。一般认为成年人膳食中钙与磷的比例以 1.5:1.1 为宜。初生儿体内钙少，钙与磷的比例可接近 5:1。

（3）磷的来源

食物中含有丰富的磷，例如紫菜、蛋黄、牛奶、虾、鸡、瘦肉等含磷较多；其他如海带、南瓜籽、葵花籽、杏仁、芝麻、红小豆、绿豆、小麦、玉米、荞麦面、红薯、豆腐皮、芹菜、菠菜、韭菜、菜花、洋葱、土豆、蘑菇、杏、李子、葡萄、栗子、柑橘等也含有一定量的磷。

5. 镁

镁在人体内的总量为 21～28g/70kg，约 60% 存在于骨骼中，其中 1/3 与磷酸紧密结合，2/3 为骨表面吸收，40% 分散于肌肉与软组织中。

（1）镁对人体的作用

① 构成骨骼及细胞　镁在人体内的作用类似于钙，也是构成骨骼的矿质元素之一。此外镁还是构成细胞的要素，并对细胞的呼吸极其重要。

② 参与蛋白质合成　镁在蛋白质合成时起着催化作用，且是氨基酸活化所必需的元素。

③ 构成人体内多种酶的重要来源　镁离子参与体内糖代谢及呼吸酶的活化，是糖代谢和呼吸不可缺少的辅因子。

④ 维持肌肉和神经系统的兴奋性　镁离子与钾离子、钙离子、钠离子协同作用共同维持肌肉和神经系统的兴奋性，维持心肌的正常结构和功能。

⑤ 预防结石　镁与钙的吸收有关，当食物中含镁较低时，过量的钙会进入肾脏导致结石，而增加镁的摄入会预防肾结石的形成。

（2）缺镁的症状

① 影响某些酶的活性　例如当卵磷酯酶的活性降低时，可使胆固醇的代谢发生障碍，血液中的胆固醇就会升高，易导致动脉粥样硬化症，出现心肌梗死，心律紊乱，也易引起猝死。心肌梗死的死亡者体内含镁量比正常人少40%。

② 影响心血管系统、肾脏系统　缺镁易发生血管舒张等症状。严重缺镁时，肌肉的收缩、松弛就会失去控制。

③ 影响血管收缩　人体血管的收缩，受到钠、镁、钙三种元素的相互制约。如果血液中镁离子减少，钠含量会同时升高，则钠泵失效，钙离子就相对增加，从而促使血管收缩，可导致血压升高，出现偏头疼，情绪不安、容易激动，神经反射亢进等症状。

④ 影响胎儿发育　孕妇缺镁，易出现水肿，尿蛋白、胆固醇增多等症状，同时对胎盘的供水减少，使胎儿生长缓慢，严重者可形成死胎。

（3）镁的来源

1974年世界卫生组织提出成人每日需要摄镁量200～300mg。含镁丰富的食物有紫菜、虾皮、海带、芝麻、花生、大豆、糙米、玉米、小麦、小米、无花果、香蕉、杏仁、冬瓜子、玉米、南瓜、土豆、红薯、珍珠粉、蘑菇、黑枣、核桃、柿子、橘子等。

二、必需微量元素

1. 铁

铁是人体中含量最多的必需微量元素之一，成人总含量约为3～5g/70kg，新生儿只含有0.5g。其中60%～70%存在于血红蛋白内。

（1）铁对人体的作用

① 参与氧的循环　人体内27%的铁组成血红蛋白，3%的铁组成肌红蛋白，0.2%的铁构成多种含铁酶。血红蛋白、肌红蛋白与细胞色素具有运送氧、储存氧以及利用氧向细胞提供能量的作用，并形成氧的循环。血红蛋白与肌红蛋白都是依靠血红色素中的二价铁离子与氧结合而分别运送与储存氧的。在血液循环中的血红蛋白与吸入肺中的氧结合而运送氧，肌红蛋白再从运送的血红蛋白中获得氧而与之结合，储存于各组织中，向各组织提供氧。细胞色素都是以血红素为活性中心的含铁蛋白，在线粒体内膜主要是它负责传递电子，使肌红蛋白的氧将有机营养物质氧化而获得能量，并且最后都产生二氧化碳与水。然后，血红蛋白又能输送二氧化碳到肺部而排出，使氧的代谢形成一个循环。

② 形成铁的内稳平衡　铁蛋白储存铁，并起铁的内稳调节作用；运铁蛋白结合游离铁，并起着输送铁的作用。运铁蛋白的主要功能是结合三价游离铁，使之成为可溶性易被细胞摄入的状态，并从而清除了游离铁离子，抑制自由基产生，也促进了细胞的增殖。

③ 参与各种生化反应　含铁酶参与各种生化反应过程，可产生能量，清除自由基，提高免疫能力等。

（2）缺铁的症状

人体每日铁需要量为10～18mg，如果供给不足，可以发生缺铁性贫血，表现为头晕、心慌、体力下降、记忆力减退、注意力不集中、抗病能力低下等症状。

① 缺铁性贫血　妇女在月经期间、哺乳期及分娩时都要损失部分铁；老年人由于牙齿不利、胃酸缺乏、消化减弱、吸收能力下降，如果又不注意食物的选取，对铁的摄入量往往出现不足，另外老年人还常出现慢性疾病出血而导致铁的流失；断奶的儿童在缺乏吃含铁的

食物或营养不良时，都会缺铁，而出现贫血症状。因而妇女、老年人、儿童常出现不同程度的缺铁。

② 影响青少年发育　缺铁可使体重增长迟缓，产生骨骼异常，也能使脑神经系统表现异常，使青少年学习能力与工作耐力降低，以及传导紊乱、注意力异常等。

③ 降低免疫力　缺铁会影响吞噬细胞的功能，缺铁干扰了含铁酶参与细胞的代谢过程。吞噬细胞的髓过氧化酶因缺铁而合成量减少，从而损伤了吞噬细胞的杀伤能力，因而缺铁可诱发胃癌、肝癌与食道癌等。

④ 铁中毒　吞服过多的铁化合物，可导致急性铁中毒，最后出现高热、黄疸、抽搐、昏迷而死亡。如果长期吸入铁尘空气或摄入含铁餐高的饮食，可出现慢性中毒现象，如便秘、腹泻、恶心、上腹疼痛，铁元素沉着，使皮肤发黑等症状。

（3）铁的来源

黑木耳中含铁最多，另外猪肉、驴肉、牛羊肉、蛋黄、动物血、肝脏、肾、蚶、紫菜、龙须菜、海带、黄花菜、芹菜、韭菜、萝卜叶、莴苣、油菜、香椿、蘑菇、土豆、南瓜、腐竹、酵母、青豆、黄豆、豌豆、芝麻、葵花子、荞麦面、稻米、红糖、红枣中都含有铁。

（4）铁的允许量标准

食品中铁的允许量标准见表 1-2。

表 1-2　食品中铁的允许量标准（以 Fe 计）　　　　　　　　　　　　　mg/kg

标准号	食品种类	指标
GB 27588—2011	露酒	≤8.0

2. 铜

铜普遍存在于动、植物与微生物体内，在人体内大约含 $100 \sim 200mg$，主要集中在脑、心脏与肾脏中。

虽然铜在人体内含量很少，但却是构成铜蓝蛋白、过氧化物歧化酶、细胞色素 C 氧化酶、过氧化氢酶等的要素。主要功能与铁相似，起着载氧色素（如血蓝蛋白）和电子载体（如铜蓝蛋白）的作用，另外与血红蛋白的合成以及形成皮肤黑色素、弹性组织的结构和解毒作用都有密切关系。

（1）铜对人体的作用

① 多种金属酶的重要成分　铜主要是血浆铜蓝蛋白、过氧化物歧化酶、细胞色素 C 氧化酶、过氧化氢酶、酪氨酸酶、单胺氧化酶、抗坏血酸氧化酶等的构成要素。对造血系统、中枢神经系统、骨及结缔组织的形成等都具有重要作用。

② 调节体内铁的吸收　食物中的铁通常为三价铁，不易被吸收，在肠道中它可还原成二价铁而被肠壁吸收，但要转到肝、脾、骨髓中储存，需要再氧化成三价铁后才能与运铁蛋白结合输送到储存处。血浆铜蓝蛋白是一个含铜的氧化酶，可将二价铁氧化成三价铁与运铁蛋白结合而进行输运。如果铜蓝蛋白减少，则体细胞的可用铁亦减少，因而血红细胞的生成就会受到影响。

③ 影响结缔组织　铜是单胺氧化酶的主要成分，它的催化作用可使胶原分子间形成稳定的共价交联，以维持胶原纤维的稳定性。当肌体内缺铜时，就会降低单胺氧化酶的活性，影响胶原纤维的共价交联。而肌腱、皮肤、虹膜、角膜中都含有胶原纤维，铜减少，则影响它们的韧性，减弱这些结缔组织的功能。骨与软骨中也含有很多胶原纤维，铜减少也会影响

它们的韧性。

④ 传导中枢神经指令 铜为中枢神经的传导递质，以单链与多链的形式有条理地均匀分布于神经细胞之间，起着传导中枢神经指令的作用。铜蛋白中的铜蓝蛋白起传递电子的作用，它们具有相对较高的电位，其功能用于电子传递系统而影响神经传递。

⑤ 其他影响 由于铜蛋白与铜酶的抗自由基作用与影响合成血红细胞的生成等，保证了机体的新陈代谢。这样，铜对维持皮肤的生理功能，影响皮肤与毛发中黑色素的形成，甚至对结缔组织的代谢、性激素的分泌、神经递质的形成以及生长发育等都有影响。

（2）缺铜的症状

① 贫血 由于血浆铜蓝蛋白的减少，二价铁被氧化成三价铁的数量也减少，运铁蛋白运输三价铁的数量减少，则肝、脾中的铁密度增加，即出现铁血黄素沉着与贫血，进而细胞色素氧化酶下降，氧化磷酸化受阻，三磷酸腺苷（ATP）生成减少，合成机能降低，而出现皮肤黏膜苍白、头晕、耳鸣、疲软无力、精神委靡等症状。

② 早产儿缺铜症 早产儿出生后，可将从肝脏转换来的血浆铜蓝蛋白输送到血浆中，而早产儿储存铜的能力很小，因而其肝脏的铜储存量减少，如果摄入量不足，则会出现产后缺铜症，表现为食欲下降，发育不良，腹泻，苍白，毛发与皮肤脱色以及类似于脂溢性湿疹的皮肤病等。

③ 引起糖尿病 糖尿病是由于胰岛素细胞出了问题，分泌的胰岛素减少，致使血液中葡萄糖含量增高而发生的疾病。胰岛素可调节血液中葡萄糖的含量，而胰岛素分泌受中枢神经的交感与副交感神经的调节，缺铜则中枢神经的指令紊乱，致使胰岛素分泌减少而发病。其机理为缺铜时，可促使糖分子与血红蛋白、血清蛋白连接起来，产生糖化反应，直至蛋白质产生形变，失去活性。

④ 增加癌变的可能 缺铜则自由基清除剂减少，防御氧的毒性、预防肿瘤的能力降低，因而就容易衰老、发生癌变。

⑤ 引起骨质疏松 缺铜时，由于铜酶中的赖氨酰氧化酶活性低下，会引起胶原与弹性蛋白的合成障碍，导致骨质疏松。对青少年则表现为骨骼发育不良，影响身高。

⑥ 生殖功能降低 缺铜可导致性激素水平降低，性欲下降，严重者可影响生殖功能；对妇女可能影响卵泡的生长与成熟，且抑制输卵管蠕动，不利于卵子的运动，而减低了与精子结合的机会，影响怀孕，也容易早产。

⑦ 心脏病 缺铜时，由于胶原酶的合成减少，则胶原蛋白交联不全，组织中弹性蛋白含量减少。心血管纤维不能维持正常状态，时间一久则可由于心血管受损而导致冠心病。

⑧ 白发 缺铜则头发生长停滞，变粗退色，甚至未老而白发。

（3）铜的来源

人体每日需铜2mg，而一般只能摄取0.8mg，因而很容易缺铜。含铜丰富的食品有软体动物、硬壳果与动物肝肾，尤以鹅肝中含铜量最高。其他如猪血、羊血、花生、大豆、糙米、芝麻、菠菜、南瓜、蘑菇、大料、柿子、桃子、杏子、葡萄等都含有一定量的铜，而乳类含铜量较少。

（4）食品中铜的允许量标准

我国对各类食品中铜的允许量标准见表1-3。

表 1-3　食品中铜允许量标准(以 Cu 计)　　　　　　　　　　mg/kg

标准号	食品种类	指标
GB 2721—2003	食用盐	≤2.0
GB 2759.1—2003	冷冻饮品	≤5.0
GB 2759.2—2003	碳酸饮料	≤5.0
GB/T 5009.45—2003	糖果	≤10
GB 7101—2003	固体饮料	≤5.0
GB 9678.2—2003	巧克力	≤15
GB 14884—2003	蜜饯	≤10
GB 15196—2003	人造奶油	≤0.1
GB 15203—2003	淀粉糖	≤5.0
GB 27588—2011	露酒	≤1.0

3. 锌

锌是人体内需要量较大的微量元素，含量仅次于铁，主要集中在肝脏和肌肉、皮肤之中，含量约为 1.4~2.3g/70kg。

(1) 锌对人体的作用

① 含锌酶的组成成分　锌可与蛋白质、核酸等生成金属蛋白、金属核酸的络合物及各种锌酶，是 200 多种含锌酶的组成成分。它们参与机体的大多数代谢过程，如糖类、脂类、蛋白质和核酸等的合成及降解过程，是酶的激活剂。

② 锌是细胞膜的组成部分　锌是细胞膜的组成部分。如精子细胞、白血球、骨髓肌细胞、脑细胞、小肠细胞、肺的溶菌体细胞与肾细胞等的细胞膜都结合有相当量的锌。锌跟细胞膜中的膜蛋白与磷脂结合，可构成牢固的复合物，减少了细胞膜的脂质过氧化，维持了细胞膜的稳定，使细胞表面的交链作用增强，并使细胞的通透性增加。

③ 锌可以影响胰岛素、生长激素与性激素等的分泌与活性　胰脏的 β-细胞对锌具有很高的积累、转移与储存能力。可影响胰岛素的合成、储存、分泌与激素的活力，对控制糖尿病起重要作用。锌与性激素也有密切关系，它可促进性腺与促性腺素的分泌，使雄性激素酶的活性增强，而对生殖系统的影响主要在睾丸部位。

④ 增强免疫功能　锌对免疫功能的影响最为明显，它可增进细胞免疫与体液免疫功能。锌还可促进胸腺细胞增加，影响胸腺激素的分泌，也可提高机体的免疫力。

⑤ 增强皮肤的功能　皮肤中含有较多的锌元素(约为全身的20%)，它具有调节皮肤知觉、分泌、排泄、呼吸以及产生抗体等功能，可维护皮肤与黏膜的弹性、韧性、致密度与细嫩润滑。锌还可阻滞或减少皮脂腺的分泌，使痤疮得到治疗。

⑥ 维持机体的生长发育　锌对维持正常的味觉功能和食欲，增强创伤组织再生能力，增强抵抗力，维持机体的生长发育，特别是对促进儿童的生长和智力发育具有重要的作用。

⑦ 与镉的拮抗作用　镉与锌产生相互的拮抗作用，镉可抑制对锌的吸收，锌可抑制镉对心血管的伤害。锌过量还会抑制对铁的利用。

(2) 缺锌的症状

缺锌会引起性机能、免疫能力、抗氧化能力降低，致癌率升高。

① 导致伊朗村病　伊朗村病是 1958 年在伊朗发现的缺锌疾病，主要表现为侏儒症，还

伴有严重贫血、生殖腺功能不足，皮肤粗糙且干燥，嗜睡、食土癖等症状。这是由于缺锌而影响软骨细胞的矿化与成骨细胞的激活，使软骨组织的生长发育受到阻滞，遂影响了生长。

② 缺锌对儿童、青少年的影响　儿童、青少年缺锌时，一般轻则厌食，患异食癖，免疫功能低下，易患感冒与肝炎等传染病；重则可导致智能低下、身材矮小、贫血、性发育迟缓等。

③ 缺锌对老年人的影响　老年人缺锌时，易发生口腔溃疡，味觉与嗅觉减退，食欲降低，眼睛的水晶体退变硬化，易形成白内障，皮肤出现黄斑，甚至是老人痴呆症、高血压、糖尿病等。经检验，老年人血清中的锌与铜含量一般都明显低于年轻人，这是由于老年人小肠吸收不良所致。其他如患肝病、肾衰或关节炎等，都会影响对锌的吸收。

④ 缺锌易发生皮肤病　人体含锌量不足或缺乏，还可增加皮脂溢出，易患面部痤疮、脱发，皮肤易感染化脓。

⑤ 缺锌对婴儿的影响　胃、肠道吸收锌功能异常的婴儿，可发生肠原性肢体皮炎（或称肠病性肢端皮炎），它在皮肤、眼部、胃肠道与神经系统都出现症状。

⑥ 影响染色质的功能　缺锌可使染色质（真核细胞的遗传物质）中的组蛋白数量减少，使染色质中的蛋白与核酸的比重发生变化。同时染色质中的组蛋白也发生质变，使染色质不能发挥正常的功能。

（3）锌的来源

健康的人体对锌的需要量，1 岁以下 3 ~ 5mg/d，成人 11mg/d，孕妇 14.6mg/d。含锌丰富的食物有牛肉，一般含锌量为动物性食物 > 豆类和谷物 > 水果和蔬菜。在水产品中，牡蛎最多，此外瘦肉、鸡蛋、肝、肾、鱼类含锌量也较高。大豆、绿豆、花生、核桃、栗子、芝麻、小麦、小米、薯干、松蘑、紫菜、南瓜、丝瓜、芹菜、胡萝卜等也含有一定量的锌。但如果长期补锌过多，容易引起或加重缺铁性贫血。

（4）食品中锌允许量标准

我国对各类食品及食品包装材料中锌的允许量标准见表 1 - 4 和表 1 - 5。

表 1 - 4　食品中锌允许量标准（以 Zn 计）　mg/kg

标准号	食品种类	指标
GB 2720—2003	味精	≤5.0
GB 2749—2003	蛋制品	≤50
GB 13100—2005	肉类罐头	≤100
GB 14939—2005	鱼类罐头	≤50
GB 14963—2011	蜂蜜	≤25

表 1 - 5　食品包装材料中锌允许量标准（以 Zn 计）　mg/L

标准号	食品种类	指标
GB 4806—1994	食品用橡胶制品（4% 乙酸浸泡液）	≤100

4. 锰

锰是人体必需的微量元素，主要集中在人的脑、肾、胰和肝脏组织中，人体含锰量约12 ~ 20mg。

（1）锰对人体的作用

① 锰是许多锰酶的组成成分　锰是过氧化物歧化酶(三价锰)，精氨酸酶(二价锰)等多种锰酶的组成成分。

② 激活酶的活性　二价锰能激活一百多种酶的活性，如精氨酸酶、磷酸酶、激酶、水解酶、脱酰酶、脱羧酶、肽酶、胆碱酯酶等。

③ 参与软骨、骨骼形成所需的糖蛋白的合成　黏多糖是软骨与骨组织的重要成分，而在黏多糖的合成中，需要二价锰来激活葡萄糖转移酶，因而锰会影响骨骼的正常生长与发育。对于骨折患者的骨折修复过程，以及在合成胶原与黏多糖时，也需要二价锰的参与。

④ 使肌肉更加有力　二价锰酶的肌酸磷酸激酶主要分布在骨骼肌(脑与心肌中也有不少)。可催化三磷酸腺苷转化成二磷酸腺苷而释放出能量，这正是肌肉的力量基础，在摄入锰充足时，由于肌肉中含此锰酶很高，遂使肌肉变得更加有力。

⑤ 组成外源凝集素　外源凝集素是一种锰蛋白(二价锰)，如锰蛋白等都含有外源凝集素，它们可能具有抑制肿瘤生长的作用。

⑥ 其他作用　锰和胆碱都可防止肝脏内过量脂肪的储存，它们的协同作用，可起到抗脂肪肝的效果。

（2）缺锰的症状

① 影响骨骼生长　缺锰可影响骨骼正常的生长、发育，以及出现骨质疏松症。儿童缺锰会出现贫血与骨骼变化。

② 诱发糖尿病　缺锰与高锰都可影响糖代谢，而诱发糖尿病。

③ 维持脑功能　锰是维持脑功能，涉及精神科最广泛的微量元素。缺锰除可引起神经衰弱综合症，影响智能发展、导致呆滞，并与癫痫有关。此外，还与思维、情感、行为有一定关系。

④ 影响性激素　缺锰可导致性激素水平降低，性欲下降，严重者可影响生殖能力。孕妇缺锰可引起畸胎。

⑤ 诱发癌症　缺锰可使肝癌、鼻咽癌、食管癌、直肠癌等发病率增高。

⑥ 降低免疫功能　缺锰可使锰－过氧化物歧化酶的活性降低，而影响机体清除过氧自由基的能力，降低免疫功能，而加快衰老。

（3）锰的来源

成人每天需摄入锰 3.8～5mg，含锰量较高的食物有糙米、坚果、谷类、茶叶，其次花生红衣、麸皮、黄豆、扁豆、芝麻、紫菜、肉桂、芹菜、菠菜、大白菜、荠菜、萝卜缨等都含有一定的锰。

5. 钴

人体中钴的含量约为 1.5～15mg/70kg。钴分布于全身，其中肝、肾、骨中含量较多。

（1）钴对人体的作用

① 治疗多种贫血病　钴可促进红细胞增多，激活生血功能。由于铜可影响血红蛋白的浓度，因而补充钴与铜可避免与治疗营养性贫血。同时钴还是维生素 B_{12} 的组成成分，钴胺素或氰钴胺素(维生素 B_{12})比钴的造血活性大 1000 倍以上，对于高血色素巨细胞性贫血疗效显著。

② 对蛋白质的合成都具有重要的作用　钴可与蛋白质结合，例如在血清中二价钴可与清蛋白组分牢固地结合在一起，使清蛋白成为血清中钴的转移蛋白。钴也能与血浆蛋白及血纤维蛋白原结合。

③ 增强酶的活性　例如氯化钴能增加唾液中淀粉酶的活性，氯化钴、硝酸钴、硫酸钴能增加体内胰腺脂肪酶的活性。

④ 解毒性　钴对苯胺与铅中毒有解毒作用，钴的解毒性能最大

⑤ 拮抗碘缺乏　钴能拮抗碘缺乏所产生的影响，而不改变腺肿的质量。在缺碘时，钴能激活甲状腺的活性，因而钴与碘联合使用对甲状腺肿更有效。

（2）缺钴的症状

人体缺钴的情况较少，主要是缺乏钴胺素，其症状与缺乏维生素 B_{12} 相同。但钴过量也可引起红细胞过多症、胃肠功能紊乱、神经性耳聋、心肌缺血等疾病。

啤酒中含有氯化钴（发泡剂），饮用过多可导致机体慢性钴中毒，患啤酒性心脏病，表现为心力衰竭、酸中毒、心源性休克、心电图异常等症状。

（3）钴的来源

成人每天需要钴约 0.3mg，但摄入量超过 3mg/d，则会产生毒性。植物中，蘑菇、核桃含钴量最多。荠菜、甜菜、荞麦、卷心菜、洋葱、无花果、梨、萝卜、菠菜、西红柿、海带含钴量较高。动物中以牛、羊、鸡、猪肝、鸡蛋清中钴的含量较高。

6. 钼

钼为人体及动植物必须的微量元素，人体各种组织都含钼，成人体内总量为 9mg，肝、肾中含量最高，血液、骨骼、牙齿、毛发等含有少量。

（1）钼对人体的作用

① 是固氮酶和某些氧化还原酶的活性组分　钼是构成黄嘌呤氧化酶、脱氢酶、醛氧化酶、亚硫酸盐氧化酶等酶的主要成分。钼的功能主要通过各种钼酶的活性来表现。

② 防癌　钼阻止致癌物亚硝胺在人体内的形成，抑制食管和肾对亚硝胺的吸收，并可加速其排泄，从而防止食道癌和胃癌的发生，以及保护正常细胞遗传因子不受致癌物质侵袭。

③ 保护心血管　钼对人体的血管起保护作用。心肌中含有较高比例的钼，起到保护心血管的作用。

④ 钼酸钠具有抑制雌激素受体活性的作用。

⑤ 钼与铜存在明显的拮抗作用　当钼的摄入量增加时，能阻止铜的吸收、利用；钼缺乏时，可使组织释放铜，促进铜中毒。

（2）缺钼的症状

人体缺钼和钼中毒的报道较少，但钼能影响人体健康是肯定的。

① 缺钼易导致食管癌。　根据调查发现，河南林县缺钼区食管癌死亡率长期保持较高的水平，而居民体内钼的含量显著低下，且铜与钼比值较高。

② 高蛋氨酸血症　缺钼（如钼酸铵）可导致血浆蛋氨酸含量升高，血清尿酸水平降低，出现高蛋氨酸血症。这是由于缺钼使亚硫酸盐氧化酶的活性下降，而阻断了蛋氨酸的正常代谢；也影响了血清与尿中的尿酸盐含量。

③ 其他症状　缺钼可使儿童龋齿发病率升高；如摄入钼过多，可引起痛风病等，膝关节、指间关节等出现肿胀、疼痛，甚至伴随关节畸形。

（3）钼的来源

成人需每日摄入钼 120～200μg，超过 10mg 则可能产生毒性。钼在食物中广泛存在，由于人体对钼的要求量极微，因此一般不会缺钼。含钼丰富的食物有肾、肝、谷物、豆类、肉类、奶类、海藻类、白菜、甘兰等。

7. 铬

铬是组成地壳的元素之一，但含量很少，仅为0.02%。铬元素的化学形态与其毒性作用上有很重要的关系，三价铬却是人体必需的微量元素，人体含铬总量约为6~7mg/kg；但是六价铬有毒，长期接触六价铬易患肺癌、鼻癌、咽喉癌、支气管癌等癌症。

（1）铬对人体的作用

三价铬可与蛋白质、核酸与低分子配体结合，参与机体的糖、脂肪等代谢过程，促使人体的生长发育。至于六价铬则抑制酶的活性，而干扰正常的生理功能。

① 维持糖代谢与增强胰岛素而降血糖的作用　三价铬参与糖代谢，是维持正常的葡萄糖耐量，对生长及寿命都是不可缺少的元素。而胰岛素具有降低血糖、抑制脂肪分解、促进蛋白合成与增加葡萄糖转变为二氧化碳的作用；因而铬起到增强胰岛素的作用，影响体内所有的胰岛素依赖系统。铬可影响胰岛素的敏感性，因而使铬表现为对胰岛素的加强、制约作用，协助胰岛素发挥作用，防止动脉硬化，调节血糖代谢，帮助维持体内所允许的正常葡萄糖含量。

② 其他作用　铬还和核酸脂类、胆固醇的合成、氨基酸的利用、促进蛋白质代谢的合成，以及胰岛素的分泌有关。

（2）缺铬的症状

食物中含铬不足、食糖过多或妊娠时，可能出现铬缺乏。

① 易患糖尿病　缺铬地区糖尿病的发病率较高，这是由于缺铬会影响胰岛素的活性与功能。老年人一般具有低水平的铬，因此更易患糖尿病。

② 易患冠心病　缺铬可影响脂肪酸与胆固醇的合成，使胆固醇与低密度脂蛋白升高，而引起动脉粥样硬化，使冠心病等心脑血管病的发病率增加。

③ 易患近视　缺铬可出现近视。由于缺乏铬元素，使胰岛素的作用减低，出现中等程度的空腹高血糖，导致血液渗透压的改变；使眼房水渗透压稍低于晶状体渗透压，迫使晶状体变凸，眼睛的屈光度增加，而形成近视。

（3）铬的来源

蛋白质、热量不足与营养不良的儿童和老年人一般都缺铬。糖尿病人和中老年人都需要补铬。

成人每天需要铬量约75μg（美国推荐的安全与适当量为50~200μg）。含铬较多的食物有啤酒中的酵母，动物心、肝、肺、肾，瘦肉，蛋黄，牛奶，麸皮，荞麦含有较多的铬，毛蚶、文蛤、海藻、姜、山药、花生红衣、桃仁、杏仁、大枣、山楂、桑葚、红糖、糙米、玉米、小米、黄豆、茄子、扁豆、大白菜、粗面粉、红糖、葡萄汁、食用菌类等中也含有一定量的铬。

（4）食品中铬允许量标准

我国对各类食品中铬的允许量标准见表1-6。

表1-6　食品中铬允许量标准（以Cr计）　　　　　　　　　　　　　　　mg/kg

标准号	食品种类	指标	食品种类	指标
GB 2762—2005	粮食	≤1.0	鱼贝类	≤2.0
GB 2762—2005	豆类	≤1.0	蛋类	≤1.0
GB 2762—2005	薯类	≤0.5	鲜乳	≤0.3
GB 2762—2005	蔬菜	≤0.5	乳粉	≤2.0
GB 2762—2005	水果	≤0.5	肉类（包括肝、肾）	≤1.0

8. 硅

硅是人体内含量最多的必需微量元素之一，人体含硅总量约为18g/70kg。

（1）硅对人体的作用

① 参与骨的钙化过程 硅是骨骼、软骨形成的初期阶段所必需的组分。在钙化过程中，硅可提高幼骨的矿化速度，促使骨骼发育成熟。

② 促使结缔组织与软骨的形成 硅可促使结缔组织与软骨的形成，也是结缔组织的重要成分，并促进结缔组织纤维成分的充分发育，增强其强度与抗性。同时能使上皮组织和结缔组织保持必需的强度和弹性，保持皮肤良好的化学和机械稳定性以及血管壁的通透性。

③ 影响机体衰老 在机体的衰老过程中，结缔组织与其他一些组织的硅含量都有明显的变化。例如，在动脉粥样硬化发展过程中，动脉壁中硅含量逐渐降低，并且主动脉粥样硬化程度与硅含量成负相关，如在支气管周围的淋巴结中，硅的含量随年龄增长而升高。又如老年前期痴呆症患者脑内的神经胶质斑与老年斑的硅含量很高，在有神经纤维球的神经细胞内的硅与铝含量也很高。这些都说明硅与机体的衰老有着密切的关系，至于其他机理尚未明确。

④ 解除铝对酶的抑制作用 硅酸与铝可形成铝硅酸盐，改变了铝的特性，解除了铝离子抑制酶活性的作用。在幼骨矿化过程与老年斑中，铝和硅同时出现，它们必须在平衡时才能保持硅解除铝的毒性作用。

（2）缺硅的症状

① 低硅地区的居民，龋齿发病率高，冠心病患病与死亡率也都高。

② 缺硅会引起骨骼代谢异常、老化、甲状腺功能不正常等症状。

③ 人体长期吸入大剂量游离的二氧化硅，可发展为矽肺与肺纤维化。

（3）硅的来源

成人每天需摄入硅30~600mg。蔬菜、粮食中含硅量较肉类高；蔬菜中的大白菜、南瓜、胡萝卜等含硅量较多，粮食中的甘薯、高粱、小麦、小米等也含一定量的硅。豆类含硅量较低，但大部分为单硅酸。富含纤维的谷类(如燕麦)比含纤维少的小麦、玉米含硅量高。

9. 氟

人体内总共含氟量为2.6g/70kg，仅次于铁和硅，是人体中含量最多的微量元素。

（1）氟对人体的作用

① 氟可预防龋齿，增强骨骼，预防骨质疏松症。

② 氟对造血机能有一定刺激作用。在机体缺铁时，氟对铁的吸收、利用有促进作用。

③ 氟对机体的生长发育，对神经的传导都有影响。

④ 氟化物与钼有协同作用，可防止形成牙斑。

（2）缺氟的症状

人体主要从水中摄入氟，少量从食物与空气中摄入。水中含氟的浓度在1mg/L时为最佳氟化浓度。

① 缺氟可能造成龋齿、骨质疏松、骨骼生长缓慢、骨密度和脆性增加。

② 氟斑牙 氟属于中等毒性元素，摄入氟过多时，可发生氟中毒，主要表现为氟斑牙。氟斑牙，牙釉面出现不同程度的颜色改变(浅黄、黄褐、深褐、黑色)，釉面失去光泽，出现斑点、条纹，或布满大部分釉面。

③ 氟骨症 氟中毒，还表现为氟骨症，破坏骨的正常生长，使骨过度钙化，压迫神经

而出现疼痛，通常是由腰、背开始，再至四肢大关节及脚跟，以至遍及全身；也可出现麻木、关节僵硬等症状。

④ 损害神经系统　氟中毒，也可损害神经系统。其特点是沿受损神经根走向的放射性疼痛，还可出现头痛、头昏、心悸、乏力、恶心、呕吐、腹泻等症状。

（3）氟的来源

成人每日应摄入氟 1.5～3mg。含氟量较多的食物有鳕鱼、鲑鱼、沙丁鱼等海鲜类食物；茶叶、苹果、牛奶、蛋以及经过氟处理过的饮水等。

（4）食品中氟允许量标准

我国对各类食品中氟的允许量标准见表 1－7。

mg/kg

表 1－7　食品中氟允许量标准（以 F 计）

标准号	食品种类	指标
GB 2721—2003	食用盐	≤2.5
GB 2762—2005	大米、面粉	≤1.0
GB 2762—2005	其他	≤1.5
GB 2762—2005	豆类	≤1.0
GB 2762—2005	蔬菜	≤1.0
GB 2762—2005	水果	≤0.5
GB 2762—2005	肉类	≤2.0
GB 2762—2005	鱼类（淡水）	≤2.0
GB 2762—2005	蛋类	≤1.0

10. 钒

钒也是人体必需的微量元素。钒广泛分布在大自然中并参与生物圈活动，但大部分钒的分布分散而不集中。人体组织中钒浓度一般来说比其他动物相应组织的含钒量低，一般正常成年人体内总含钒量为 17～43μg。人体脂肪及血清脂类是钒的主要贮存之处，90% 贮存在脂肪组织中，人血清中的含钒量为 0.1～1ng/mL，骨、肝、肾中也有少量贮存。

（1）钒对人体的作用

必需微量元素钒在生物体内含量虽然不高，却起着十分重要而又非常复杂的生物学作用。钒可刺激造血功能、抑制胆固醇的合成，对心血管疾病的发生以及动物肾功能有着重要的影响。

① 造血作用　钒对哺乳动物和人类的造血过程有积极作用。钒可增强铁对红细胞的再生作用，但对血红蛋白的影响较小。目前还不太清楚钒对造血的刺激作用究竟是一种特异作用，还是与其他金属如钴、铜、锰等相似，属于催化作用。

② 影响胆固醇代谢　钒有抑制胆固醇合成的作用。不少研究表明，动物缺钒可引起体内胆固醇含量增加、生长迟缓等。

③ 影响心血管系统　动物实验证明钒有类似强心甙的作用，较高浓度的钒酸盐对心肌的收缩力有影响。钒酸钠（50～1000μmol/L）能使机体心脏的心室收缩力增强，从而使心房收缩力有所降低。

④ 对肾脏的影响　生物摄入的钒酸盐主要经尿道排出，并在肾小管细胞内积累，因此钒酸盐对动物肾功能有一定的影响。

⑤ 其他生理作用　钒酸盐除了上面讨论的生理作用外，对动物的耳、眼、大脑等器官

的生理过程也有影响。此外，钒离子在牙釉质和牙质内可增加羟基磷灰石的硬度，同时还可增强有机物质和无机物质的粘合性等。

（2）缺钒的症状

钒存在于各种食物中，一般情况下，人类从食物摄入的钒即可维持正常生长，因此尚未发现人类有缺钒症状。但是，当体内钒含量异常时，也会引起代谢紊乱，抑制一些酶的活性，阻碍脂质代谢，导致某些疾病。

① 心血管疾病　研究发现，心血管疾病除与高脂、高热、高糖、高盐等膳食因素有关，也与人体微量元素的含量有关。钙、锶、钴、锰、锌、铁、铜、钒、镓、铝等微量元素在心血管功能方面发挥着不同的作用。微量元素钒在人体内含量虽然不高，却在脂质代谢中具有独特的效应，因此钒对心血管疾病的发生有着重要的影响。

② 躁狂郁抑症　英国科学家认为，钒是躁狂郁抑症的原因，躁狂郁抑症患者的血浆中钒的含量是正常人的两倍，红血球中钒的含量异常。

③ 龋齿　有关钒与龋齿的关系还不是很清楚。不过，流行病报告报道显示龋齿低发区的饮用水中钒浓度较大。动物实验长期给予大鼠喂适量的高纯度钒能减少龋齿。

④ 胆石症　胆石症是中、老年人的常见病和多发病。经对胆石症患者发钒含量的测定发现，患者发钒含量明显高于正常人，这可能与体内代谢失调有关，可能与心血管疾病有共同的根源。

（3）钒的毒性

金属钒由于其特有的性质，在钢铁、化工等方面的应用越来越广泛。钒工业发展的同时，也给人类带来了危害。钒矿开采、钒矿石冶炼以及含钒丰富的燃料油和煤的燃烧等都大大增加了环境中钒的含量，造成环境污染。大量接触五氧化二钒粉末会影响人类的健康，甚至会出现中毒症状。

钒中毒的程度取决于钒的化学形式、价态、中毒途径以及接触剂量等因素。金属钒的毒性很低，但钒的化合物对人和动物有中度到高度的毒性。钒化合物的毒性随钒化合物的价态增加和溶解度的增大而增加，五价钒化合物的毒性比三价钒化合物的毒性要大几倍，V_2O_5和它的盐类是最毒的。食物中锌含量增大可加重钒的毒性。

由于钒在体内不易积累，所以钒中毒多表现为急性中毒。钒的化合物对机体有多种毒性作用，可引起造血器官、呼吸系统、消化系统和神经系统以及物质代谢的变化。接触大量钒化合物烟雾和粉尘后，鼻和眼很快出现刺激症状，其次出现呼吸道刺激症状，继而产生消化系统和神经系统症状。急性中毒时，鼻黏膜发痒、流清鼻涕、眼睛灼痛、流泪、气短、胸闷、咳嗽、恶心、呕吐、腹痛以及特有体征绿舌；急性中毒时还会出现明显的神经障碍、头晕、疲乏，有时手指颤抖，下肢活动不灵活、活动时心悸，这可能是钒损害了心脏神经的功能。钒中毒时，对肝、肾功能的影响不是很大。

（4）钒的来源

含钒丰富的食物有蘑菇、莴笋、胡萝卜、豌豆、黄瓜、韭菜和西红柿等。

11. 碘

碘是人体必需微量元素之一，人体含量约为 11mg。碘是合成甲状腺激素的重要原料，且通过甲状腺素发挥生理作用。

（1）碘对人体的作用

① 对物质和能量的代谢作用　甲状腺素对蛋白质、核糖核酸、脱氧核糖核酸的合成起

重要作用，它还参与糖、脂肪、维生素、水与盐类的代谢。例如，促进糖与脂肪的生物氧化，释放能量，维持体温。

② 对生长发育及许多组织系统的影响。　甲状腺素对生长发育、中枢系统、骨骼系统、心血管系统(如防止动脉粥样硬化)与消化系统都有很重要的影响。因而甲状腺素对于身体的生长、智力与身体的发育，尤其对大脑的发育起决定性的作用，甚至对人一生的健康都有着很重要的影响；它还可以调节体内热能的代谢，提高神经系统的兴奋性等。

(2) 缺碘的症状

碘缺乏与碘过量，都于健康不利，例如成人每日需摄入碘约为 $45 \sim 150\mu g$，当每日摄入量低于 $40\mu g$，则易发生低碘甲状腺肿；当超过 $900\mu g$，则易发生高碘甲状腺肿。

① 低碘甲状腺肿　碘缺乏是低碘甲状腺肿流行的主要因素，但不是唯一的因素。当甲状腺分泌过多时，人们表现出举动与思维活跃，不易安静，日渐消瘦，情绪易于激动。当甲状腺素不足时，就会出现行动迟钝、缓慢、懒散、嗜睡、了无生气，所有系统的功能(如心搏、循环、肠蠕动等)都减慢下来，致使循环不佳，排泄不良，体重增大。这些现象在妇女中较为常见。

② 高碘甲状腺肿　高碘甲状腺肿是由于摄碘过高所致，多为地方性高碘甲状腺肿。高碘可使活性碘失活，抑制腺体对激素的分泌，使血液中甲状腺素减少，引起甲状腺肿大。

③ 地方性克汀病　地方性克汀病成年人表现为智力低下、聋哑、痉挛性瘫痪、体格发育障碍、甲状腺肿与机能低下。对于儿童表现为身高、体重、骨骼、肌肉的增长和性发育迟缓，其中对于胎儿和婴幼儿脑发育与神经系统发育形成的损伤不可逆转，造成呆小症，智力低下，身材矮小。

④ 致癌　碘过量同样会引起中毒及发育不良，可以引起急性甲亢、甲状腺肿，严重的还可以引发甲状腺癌。尤其是对于婴幼儿的影响更为明显。

(3) 碘的来源

许多食物中缺碘，含碘丰富的食物主要为海产品中，特别是海带、紫菜、海虾、海鱼等。

12. 硒

硒是近年来极受人们重视的必需微量元素，人体含硒的总量约为 $15mg/70kg$。

(1) 硒对人体的作用

① 抗氧化性　硒是抗氧化剂谷胱甘肽过氧化酶的必需成分，谷胱甘肽过氧化酶广泛存在于机体的红细胞、肝、肺、心、肾、脑及其他组织中。在谷胱甘肽过氧化酶的催化下，破坏过氧化氢和过氧化物，保护了生物膜(如红细胞等)免受氧化损坏。

② 清除人体中各种有害自由基　非酶硒化物可清除脂质过氧化自由基(自由基分为有氧自由基与脂质过氧自由基两类)的中间产物与分解脂质过氧化物，具有抗衰老和抗癌的生理作用。

③ 维持心血管系统正常结构与功能　主动脉粥样硬化程度与硬斑中的脂质过氧化程度成正相关，硒能够清除脂质过氧化自由基的作用，可抑制动脉粥样硬化，维持动脉内皮细胞的正常生长，这就防止了心血管系统疾病，如冠心病、动脉硬化、高血压等疾病的发生。

④ 抗镉、铅、有机汞的毒性　硒对镉有广泛的解毒作用，可使镉在机体中再分布，还可与镉结合在较高的蛋白质中，而减少镉的毒性。硒也可降低铅的毒性作用。

⑤ 其他作用　硒能提高肺泡中谷胱甘肽过氧化物酶的活性、促进淋巴细胞产生抗体，增强吞噬细胞的功能。

（2）缺硒的症状

硒与人体健康有着密切联系，它可以预防癌症与心血管等一些重要疾病。人体缺硒可导致以下病症。

① 克山病与大骨节病　克山病是一种地方性的心肌病，1935年首次在黑龙江省克山县发现，其病理特征为心肌的多发灶性坏死与线粒体型坏死，并且新旧病灶同时存在。大骨节病也是一种地方病，常与克山病区重叠，表现为骨端软骨细胞变性坏死、关节畸形、肌肉萎缩、发育障碍。它们都是由于机体缺硒而影响了消除自由基的能力所致。

② 易患癌症　缺硒就降低了对自由基的解毒作用，而自由基是致癌的重要原因之一，缺硒易患白血病、肝癌、结肠癌、乳腺癌、骨癌、肺癌、胰腺癌、膀胱癌、皮肤癌等。江苏启东市为肝癌高发区，经测定该处的产粮含硒与居民的血硒都明显低下。如同时还缺乏维生素E，则患癌的危险性就更大。

③ 易衰老　自由基在机体内不断产生积累性损害，是促进与加速人体衰老的重要因素之一。缺硒则自由基可损伤核酸、蛋白质等生物大分子，使遗传信息被破坏，蛋白质合成失误，导致细胞老化。脂质过氧化产物和蛋白质、核酸作用，或蛋白质交联成簇而形成脂褐质，出现老年斑，还可诱发血管壁粥样硬化，而发生心脏病等，加速机体的老化进程。

④ 其他症状　缺硒时则失去解毒作用，并易于出现情绪激动、肠胃功能紊乱、指甲变脆、组织损伤且修复不良等症状；妇女易患不育症；还会影响青少年的生长发育，引起肌肉萎缩变性、关节变粗、脊椎变形、体重减轻、毛发稀疏、贫血与心肌病等症状。

⑤ 硒中毒　如机体内硒过多，也会发生中毒，慢性者可出现恶心、呕吐、毛发脱落、指甲异常、贫血、乏力、龋齿、流产等症状；急性者可发生死亡。由于硒过多而引起代谢障碍，甚至可产生促癌作用。硒过多时，则身体内辅酶A中的谷胱甘肽巯基酶会被硒催化而被氧化掉，引起代谢障碍，即中毒。

（3）硒的来源

成人每天约需摄入硒100μg，高于120μg时会中毒，低于50μg时会生病。除缺硒地区外，一般膳食不缺硒。硒广泛存在于贝壳类水产品与动物肾、肝中，鱼、虾、肉、蛋黄、脱脂奶粉、小麦、大麦、大米、玉米、毛豆、白菜、南瓜、大葱、大蒜、蘑菇等亦含一定量的硒。

（4）食品中硒的限量标准

我国对各类食品中硒的允许量标准见表1-8。

表1-8　食品中硒允许量标准（以Se计）　　　　　　　　　　　　　　　　mg/kg

标准号	食品种类	指标
GB 2762—2005	粮食（成品粮）	≤0.3
GB 2762—2005	豆类及制品	≤0.3
GB 2762—2005	蔬菜	≤0.1
GB 2762—2005	水果	≤0.05
GB 2762—2005	禽畜肉类	≤0.5
GB 2762—2005	肾	≤3.0
GB 2762—2005	鱼类	≤1.0
GB 2762—2005	蛋类	≤0.5
GB 2762—2005	鲜乳	≤0.03
GB 2762—2005	乳粉	≤0.15

13. 镍

镍是地球上含量较高的元素，人体内镍的含量约为10mg/70kg。

（1）镍对人体的作用

镍存在于细胞膜与细胞核中，可使核酸处于稳定状态，镍存在于一些微生物与酶中，参与一些微生物与酶的组成。

① 镍能促使红细胞的再生，具有刺激造血机能的作用。

② 镍能激活许多酶的活性，参与多种酶蛋白的组成。如精氨酸酶、脱氧核糖核酸酶、含镍的一氧化碳脱氢酶、镍血纤维蛋白溶酶、含镍的氢化酶等的激活。

③ 镍大量存在于核酸中。镍与脱氧核糖核酸中的磷酸酯结合，使脱氧核糖核酸处于稳定状态，影响其与其他蛋白质的合成，以及核糖核酸的复制。

④ 人体血清中与二价态镍键合的氨基酸，对细胞外镍的传递、细胞内镍的键合，以及胆汁与尿中镍的排泄等方面都起着重要的作用。

⑤ 镍对心血管系统有保护作用，还具有促进胰岛素的分泌，调节体内血糖含量，维护心血管的作用。

（2）镍的毒性

由于人体对镍的需求量很少，成人每日需摄入0.3～0.5mg（世界卫生组织报道为0.02mg）的镍，而环境中镍的来源充足，尚未发现在正常饮食情况下因缺镍而导致影响人体健康的报道。但摄入过量的镍会产生的一定毒性，例如：

① 致癌作用 镍单质与不溶性化合物（如Ni_3S_2）的致癌作用较强。例如镍精炼工人易患肺癌、鼻癌、鼻腔癌、鼻窦癌，以及肾癌、喉癌、前列腺癌等。由于香烟中的镍与镉含量较高，香烟中的镍可与烟雾中的一氧化碳结合成强致癌物质羰基镍$Ni(CO)_4$，在镍的采矿、冶炼、精炼工业亦可产生此种强致癌物质，它易引起肺癌、喉癌、舌癌与鼻咽癌等。广东四会市是世界上鼻咽癌的高发中心，该处的水与土壤中镍含量都较高；江苏启东市肝癌高发区的土壤含镍量也高。

② 与尿毒症等疾病有关 在发生心肌梗死、中风、慢性肝炎与尿毒症时，血清中镍的浓度增加。

③ 结石 镍过量还能促进草酸钙结晶的生长，增加发生尿结石的可能。

④ 胎儿畸形 孕期妇女吸收镍过多，可发生致畸作用，因而妊娠期应避免接触镍。

（3）镍的来源

含镍丰富的食物有海藻、海带、虾与贝类等，莴苣、洋白菜、甜菜、花生红衣、山楂、桑葚、丝瓜、蘑菇、茄子、洋葱、南瓜、谷类与动物血、肾、肝、心脏等也含有镍。

（4）镍的允许量标准

食品中镍的允许量标准见表1-9。

表1-9　食品中镍的允许量标准（以Ni计）　　　　　　　　　　　　　　　　mg/kg

标准号	食品种类	指标
GB 15196—2003	人造奶油	≤1

14. 锡

锡是最早发现的元素之一，近些年才确定为生命必需的微量元素之一，人体锡的含量约为17mg/kg。

（1）锡对人体的作用

锡的主要功能是抗肿瘤，促进蛋白质和核酸的合成，有利于身体的生长发育，并且组成多种酶以及参与黄素酶的生物反应，增强体内环境的稳定性。

① 抗肿瘤活性　锡化合物具有抗肿瘤活性，肿瘤组织中锡含量显著低于正常组织。

② 参与人体代谢　人体对有机锡化合物的代谢主要在肝脏中进行，它是通过单加氧酶系统完成的。例如锡化合物可以增加血红素加氧酶的活性。

（2）锡的毒性

锡广泛存在于动植物体内，人体每天仅需约 2.5mg，缺锡会导致蛋白质和核酸的代谢异常，阻碍生长发育等。有关缺锡的症状报道较少，但锡摄入过量，会对人体造成一定危害。例如锡的氢化物可导致痉挛与损害中枢神经系统；有机锡化合物主要对神经系统具有毒性等。

（3）锡的来源

含锡丰富的食物有坚果、鸡胸肉、牛肉、羊排、蛋、奶、黑麦、龙虾、玉米、全面粉、芦笋、土豆、黑豌豆、蘑菇、甜菜、甘蓝等。

（4）食品中锡允许量标准

我国对各类食品中锡的允许量标准见表 1 - 10。

表 1 - 10　食品中锡允许量标准（以 Sn 计）　　　　　　　　mg/kg

标准号	食品种类	指标
GB 7098—2003	食用菌罐头	≤250
GB 11671—2003	果蔬罐头	≤250
GB 13100—2005	肉类罐头（镀锡罐头）	≤250
GB 14939—2005	鱼类罐头（镀锡罐头）	≤250

三、非必需元素

1. 锗

目前为止尚无足够的实验证实锗对哺乳动物营养的必需性。但由于缺锗对人类某些慢性疾病产生的影响，因而锗仍被列为可能必需的微量元素。但通过对锗的进一步研究，预计它极可能成为生命的必需微量元素。

（1）锗对人体的作用

锗能增进人体健康、调节生理机能、治疗肿瘤，具有消炎、抗菌等作用。

① 促进红细胞及血红蛋白的生成　例如，有机锗 - 132（Ge - 132）对细胞 DNA 与 RNA 的合成有促进作用。

② 有机锗化合物具有抗癌效应　有机锗化合物毒性较低、无骨髓毒性。例如，β - 羧乙基锗倍半氧化物，俗称锗 - 132，可阻止腹水瘤的生长、淀粉样变性的发生，治疗生殖系统癌症，且有免疫调节活性。对胃癌、肺癌、胰腺癌、子宫癌、乳腺癌、前列腺癌等都有一定疗效。锗 - 132 是一种毒性较低、比较安全的广谱抗癌药物。

又如，螺锗具有对神经节的阻止作用，能降低血压；还具很好的抗癌活性，能抑制各种肿瘤细胞的增殖。对乳腺癌、前列腺癌、恶性淋巴瘤、卵巢癌、宫颈癌、大肠癌及黑色素瘤等疗效较好，但对肝、中枢神经系统、血红细胞等有毒性效应。

锗还能降低人体血液黏度,加速血清的流动,使癌细胞易为抗癌剂杀死,增加疗效。

③ 有机锗具有免疫调节作用,改善免疫功能,提高免疫活性。

④ 有机锗化合物还具有保护皮肤的作用。 例如,含硫配位的有机锗化合物中四(2 – 氨基 – 2 – 羧基 – 乙基 – 巯基)锗是一种细胞组织生长促进剂,能消除皮肤细胞中的氢离子,对防治皮肤粗糙十分有效,是护肤佳品。锗 – 132 的衍生物可用以治疗由妊娠与太阳照晒引起的皮肤黑变病。

（2）缺锗的症状

① 人体缺锗可导致高血压、免疫功能低下,易于衰老等症状。

② 摄入过量的锗,可出现肝脏脂肪样变,肾小管上皮细胞产生空泡样变,严重者可导致急性肾功能衰竭,甚至死亡。

（3）锗的来源

人体每天约需摄入有机锗 $360\mu g$。含锗的食物很多,例如海蚌、海藻、金枪鱼、沙丁鱼、大马哈鱼、瘦肉、动植物血与肾脏、奶制品、黄油、面粉、玉米、大豆、绿豆、花生米、发酵粉、甘蓝、芹菜、茄子、青椒、蘑菇、山药、芦笋、椰子、苹果、柚子、胡桃、葡萄、茶叶、蒜、红糖都含有一定量的锗。

2. 砷

砷在自然界广泛存在,砷可以通过各种途径进入生物圈和食物链,对人类及生态平衡产生影响。近年研究发现微量的砷元素,对机体的生长、发育都有一定的作用,因此目前把砷列为可能必需的微量元素。人体含砷总量约为 $14\sim21mg/70kg$。

（1）砷对人体的作用

人体过量摄入砷后,蓄积于骨质疏松部、肝、肾、脾、肌肉、头发、指甲等部位,会使体内很多重要酶的活性以及细胞呼吸、分裂和繁殖受到重要干扰,甚至砷中毒,危害皮肤、呼吸、消化、泌尿、心血管、神经、造血等系统。

砷在历史上曾被作为兴奋剂和强壮剂。20 世纪 70 年代后,人们通过生物实验发现微量砷对生物的健康、生长都有一定的影响。

① 砷可抑制与活化多种酶,如谷氨酸脱氢酶、精氨酸酶等,其作用可能是有益的,具有一定的营养性。

② 砷能影响磷酸酯类化合物的合成,如砷能影响酶的活性而控制卵磷脂的生物合成。砷还能取代磷脂中的磷,例如砷酸能替代磷酸。

③ 砷可影响精氨酸的代谢。由于可影响精氨酸酶的活性,所以砷影响了精氨酸的代谢反应。而锰也能影响精氨酸酶的活性,并且砷的影响还受锌与精氨酸制约,所以砷对精氨酸代谢的影响,是在精氨酸、锌、锰等因素的辅助或制约的情况下进行的。

④ 砷、硒随着它们浓度的变化,可出现协同效应,也可显示拮抗作用。例如在砷、硒都处于毒性浓度范围时,易于产生协同效应。而亚砷酸钠与亚硒酸钠对它们的毒性却可产生相互的拮抗作用。

（2）砷的毒性

砷及其化合物的毒性与其在水中的溶解度有关。砷不溶于水,故毒性极低;但三价砷因溶解度较大而毒性较大,尤其是三价砷为剧毒。砷的毒性主要是它与蛋白质或酶的巯基发生结合而产生的,使酶的活性减弱或失去活性,影响细胞的正常代谢,也损害细胞的染色体。砷对心脏、呼吸、神经、生殖、免疫系统等都有不同程度的损伤,也可导致皮肤癌、肺癌与其它内脏肿瘤。饮水中含砷超过（0.05 ± 0.03）mg/L 时，若长期饮用可引起砷的蓄积；饮水中含砷超过 0.24mg/L 时，长期饮用即可引起砷中毒。

由于砷和砷化物进入人体内的方式和数量不同，可分为急性中毒和慢性中毒。急性中毒多因误食而引起，对消化道有直接的腐蚀作用，严重者可以引起死亡。急性砷中毒，首先发生于易储留砷的部位，然后因砷被输送扩散至各部位而受害，其症状与慢性中毒不同。例如口服砒霜 5 ~ 50mg（60 ~ 200mg 为致死量），经 0.5 ~ 2h 即出现急性中毒症状，急性肠炎、休克、神经精神症状、中毒性肝损害，还出现鼻衄、皮肤瘙痒、皮肤出血点与紫斑等，经 30 ~ 40 天皮肤变黑，指甲出现白色横纹。

通过食品而进入机体的砷可在机体中蓄积，从而导致慢性中毒，慢性砷中毒可延至数月乃至几年后才发生。长期接触砷，危害神经细胞、破坏丙酮酸氧化酶的巯基使之失去活性，以及损害细血管的通透性，损害肝、肾。还可导致慢性皮肤病变、消化道障碍，还可引起多发性神经炎及皮肤、指甲、色素沉着等异常，并且还有致畸、致癌、致突变作用。由于砷及其化合物对人体的危害较大，所以世界各国都对砷在食品中的含量制定了最高限量。

无机砷可致癌，但机理尚不明确。有机砷化合物的毒性一般小于无机砷化合物，并且五价砷的毒性小于三价砷。我国由于饮水而出现的地方性砷中毒，多发生在内蒙、新疆、山西等地，由于燃煤而出现的砷中毒多发生在贵州省。

（3）砷的来源

人们常把砷与砒霜（As_2O_3）联系在一起，把砷作为毒物，但一般来说，来自天然污染源的砷不会对食品造成大污染。食品中砷污染主要来自于砷在工农业中的应用，例如：含砷农药，尤其是在距收获期较近的时间内喷洒含砷农药；环境污染，含砷的工业三废向环境排放，导致食品污染。水生生物、海洋甲壳纲动物对砷有很强的富集能力，从而海产食品中总砷含量高，但主要是低毒的有机砷，剧毒的无机砷含量较低；含砷的各种食品添加剂的使用，食品加工时使用了一些含砷的化学物质做原料，使加工食品受到不同程度的污染。含砷较多的食物有虾、蟹、比目鱼等海产品，以及肉类、谷类、酒等也含有一定量的砷。

（4）食品中砷的限量标准

我国对各类食品及食品包装材料中砷的允许量标准见表 1 – 11、表 1 – 12 和表 1 – 13。

表 1 – 11　食品中总砷允许量标准（以总 As 计）　　　　　　　　　mg/kg

标准号	食品种类	指标
GB 2711—2003	非发酵性豆制品及面筋	≤0.5
GB 2712—2003	发酵性豆制品	≤0.5
GB 2713—2003	淀粉制品	≤0.5
GB 2714—2003	酱腌菜	≤0.5
GB 2716—2005	食用植物油	≤0.1
GB 2717—2003	酱油	≤0.5
GB 2718—2003	酱	≤0.5
GB 2719—2003	食醋	≤0.5
GB 2720—2003	味精	≤0.5
GB 2721—2003	食盐	≤0.5
GB 2759.1—2003	冷冻饮品	≤0.2

标准号	食品种类	指标
GB 2759.2—2003	碳酸饮料	≤0.2
GB 2762—2005	食用油脂	≤0.1
GB 2762—2005	果汁及果浆	≤0.2
GB 2762—2005	可可脂及巧克力	≤0.5
GB 2762—2005	其他可可制品	≤1.0
GB 2762—2005	食糖	≤0.5
GB 7096—2003	干食用菌（以干重计）	≤1.0
GB 7096—2003	鲜食用菌	≤0.5
GB 7098—2003	食用菌罐头	≤0.5
GB 7099—2003	裱花蛋糕	≤0.5
GB 7100—2003	糕点、面包	≤0.5
GB 7101—2003	固体饮料	≤0.5
GB 9678.1—2003	糖果	≤0.5
GB 9678.2—2003	巧克力	≤0.5
GB11671—2003	果、蔬罐头	≤0.5
GB11675—2003	银耳	≤1.5
GB13104—2005	食糖	≤0.5
GB 14884—2003	蜜饯	≤0.5
GB 14932.1—2003	食用大豆粕	≤0.5
GB 14967—1994	胶原蛋白肠衣	≤0.5
GB 15196—2003	人造奶油	≤0.1
GB 15203—2003	淀粉糖	≤1.0

表 1–12　食品中无机砷允许量标准（以无机 As 计）　　　　　　　mg/kg

标准号	食品种类	指标
GB 2707—2005	鲜（冻）畜肉卫生标准	≤0.05
GB 2715—2005	大米	≤0.15
GB 2715—2005	小麦粉	≤0.1
GB 2715—2005	其他粮食	≤0.2
GB 2726—2005	熟肉制品	≤0.05
GB 2733—2005	鲜、冻动物性水产品（鱼类）	≤0.1
GB 2733—2005	鲜、冻动物性水产品（其他动物性水产品）	≤0.5
GB 2749—2003	豆类	≤0.1
GB2762—2005	大米	≤0.15
GB2762—2005	面粉	≤0.1

标准号	食品种类	指标
GB2762—2005	杂粮	≤0.2
GB2762—2005	蔬菜	≤0.05
GB2762—2005	水果	≤0.05
GB2762—2005	禽畜肉类	≤0.05
GB2762—2005	蛋类	≤0.05
GB2762—2005	乳粉	≤0.25
GB2762—2005	鲜乳	≤0.05
GB2762—2005	豆类	≤0.1
GB2762—2005	酒类	≤0.05
GB2762—2005	鱼	≤0.1
GB2762—2005	畜类(干重计)	≤1.5
GB2762—2005	贝类及虾蟹类(以鲜重计)	≤0.5
GB2762—2005	贝类及虾蟹类(以干重计)	≤1.0
GB2762—2005	其他水产食品(以鲜重计)	≤0.5
GB13100—2005	酒类	≤0.05
GB 14939—2005	鱼	≤0.1

表1-13　食品包装材料中砷允许量标准(以总As计)　　　　mg/kg

标准号	食品包装材料	指标
GB 7105—1986	食品容器过氯乙烯内壁涂料	≤0.5
GB 9684—2011	不锈钢制品	≤0.008
GB 11333—1989	铝制食具容器	≤0.04
GB 11680—1989	食品包装用原纸	≤1.0

3. 铝

铝是自然界中含量最多的元素之一,但人体内铝的含量很低,其总量只有约61mg/70kg。铝被认为是一种低毒、非必需的微量元素。

可溶性铝化物主要通过胃肠道吸收,而分布在所有组织中,但含量很少,如肝中约4.1mg/kg,骨中约3.3mg/kg,脑中约2.2mg/kg。肺中铝含量最高,且随年龄增大而增高。人体对铝没有代谢调节机构,摄入的量多,排泄的量也增多。肾脏对铝的排泄起重要作用,摄入的铝多从尿液与粪便中排出。

(1) 铝对人体的作用

铝对人体脑的发育、活动与神经传递方面都有一定的作用。但是,铝的毒性作用是主要的,首先是在慢性肾功能不全患者中发现他们呈现高铝血症;以后又发现患有脑病、痴呆症的病人其脑灰质的铝含量都高于健康人(3～5倍)。

① 对中枢神经系统的毒性作用　铝的毒性主要表现在神经、骨骼与造血系统等几方面。铝对中枢神经系统的毒性作用是缓慢进行性脑病,其早期特征为学习记忆变差,随后出现运

动机能障碍，表现在运动失常，屈肌与伸肌群的紧张状态。这主要是铝抑制了胆碱在细胞内的转移，也降低了神经组织里乙酰胆碱(胆碱乙酰转氨酶)的活性。

②对骨骼的毒性　铝对骨的毒性是使骨的生长速度减缓，表现为骨折、骨病与近关节肌痛，当摄入铝过多时，可形成难溶性磷酸铝，降低磷在肠道中的吸收，使血与骨中磷减少，而导致骨的生长障碍。

③对造血系统的毒性　铝对造血系统的毒性为发生小红细胞低色素性贫血症。它是由于铝对血红素生物合成的毒性作用，使血磷降低。

（2）铝的来源

人通过食物每日仅摄入铝 3~5mg。含铝较多的食物有海藻、毛蚶、文蛤、粉丝、紫菜薹等，鱼类、牛奶也含有一定量的铝。

为了防止铝对人体健康的危害，应该尽量减少使用铝炊具、铝餐具、铝制食品包装材料；可以用干酵母粉代替明矾做发酵剂。

（3）食品中铝的限量标准

我国对各类食品中铝允许量标准件表 1-14。

表 1-14　食品中铝允许量标准（以 Al 计）　　　　　　　　　　　　　　mg/kg

标准号	食品种类	指标
GB 2762—2005	面制食品(以质量计)	≤100

4. 锂

锂是中等丰度的元素。地壳中锂含量约为 $50\mu g/g$。锂通常不以单质状态存在，而以化合物的形式出现在矿物中。已知含锂的矿物质有上百种，而被广泛应用的有几十种。锂通过土壤、水及空气进入植物；通过饮水和食物链进入动物和人体。锂广泛分布在人体组织中，包括肾、淋巴结、肺、肝、肌肉、脑、睾丸、卵巢及血液等均含有微量锂，其中以肺的含量最高。正常人血浆锂含量为 $17\mu g/L$，红细胞锂含量为 $12\mu g/L$。

（1）锂对人体的作用

锂不是生命的必需元素。到目前为止，锂在生物体内尚不具有明确的生命机能。锂的理化属性与钠、钾、钙和镁近似。因此，有人认为锂可能对这些元素的生理功能产生影响，或替代这些阳离子，在体内完成它们所负担的生理生化功能。锂和这些元素在细胞内、外液中分布的差异是神经和肌肉细胞的膜电位产生的物理化学基础。

①锂盐对骨髓造血细胞的刺激作用。　锂盐可增强造血前体细胞产生粒细胞及血小板。用 ATZ(Zidovudine)治疗爱滋病时，可导致造血系统的毒副作用，锂盐可使骨髓中的干细胞得以恢复，但对红细胞系无作用。

②锂盐对免疫细胞功能的增强作用。锂盐可增强人及小鼠淋巴因子激活杀伤(LAK)细胞的活性，其机理和减低胞内 cAMP 水平有关，和胞内 Ca^{2+} 及蛋白激酶 C 无关。

③锂盐对细胞因子产生的影响。锂能增强外周血单个核细胞(PBMC)白细胞介素-2(IL-2)产生，其机理不同于 TPA 的作用，是降低胞内 cAMP 水平所致。锂促进人及小鼠PBMC 的肿瘤坏死因子(TNFα)产生，同时 TNFα 的 mRNA 水平亦相应增加。因此，增强TNFα 的活性是作用在转录水平。对单核细胞分泌 TNFα，锂同样有增强作用。

锂盐可增强正常人及肿瘤病人 PBMC 的干扰素(IFNr)水平，并具有调节作用。锂对分泌 IFN 水平较高的肿瘤患者，其中有 20% 的人有上调作用；对 IFN 水平较低者却有 70% 的人有上调作用。

（2）锂的毒性作用

锂及其化合物均属低毒，仅氢化锂具有强烈的腐蚀性和刺激性。

① 锂对人的致畸作用　有些妇女在服用锂剂期间怀孕或在孕期服用锂剂，体内锂浓度一直保持高水平。此类人群中有3.5%的新生儿有明显缺陷，因此孕期服用锂剂值得警惕。

② 锂中毒的临床表现　局部接触锂可刺激皮肤、眼及上呼吸道黏膜，导致皮肤溃疡及烧伤，鼻黏膜溃疡和气管炎。

轻度急性中毒常易被忽视，其临床表现首先出现精神和神经肌肉症候群：患者起初淡漠，无精打采，注意力不集中，头晕、头痛、嗜睡；步态不稳，运动失调，手震颤、脸部肌肉抽搐；语言不清，全身疲乏无力，食欲不振，并出现口渴、多尿、恶心、呕吐及腹泻、心搏徐缓等症状。

重度急性中毒的表现为：中枢神经系统、肾和心脏以及电解质平衡发生紊乱，出现严重腹泻、恶心、呕吐，心电图 T 波倒置，ST 段下降。脑电图示 α 节律减少。θ 和 δ 节律增多，出现棘波。肾脏受损，水盐代谢失调，导致多尿、脱水，晚期肾衰竭。急性锂中毒的血锂浓度高于 2mol/L，血锂浓度超过 4~5mol/L 可导致死亡。

③ 锂对甲状腺的影响　锂盐对内分泌系统影响最大的是甲状腺。甲状腺肿锂主要抑制甲状腺素分泌。锂能引起甲状腺机能减退，中止锂的应用，症状可迅速消失。

④ 肾功能障碍　长期服用锂盐治疗的病人易出现肾小管和肾小球受损。前者受损伤的比率较后者为高。

四、有毒元素

1. 汞

汞是生命非必需元素且有毒，虽然汞在自然环境中分布广泛(几乎所有的生物体都含有不同量的汞)，但其本底不高。但近些年随着工农业发展，汞的生产量增加，大量汞随着人类活动进入大气、水和土壤，并最终通过食物链进入人体，食物链对于汞有极强的富集能力。例如含汞农药(醋酸苯基汞、乙基磷酸汞等)的使用，以及污水排泄等过程，均可以使环境与作物被污染。日本的水俣湾病就是由居民长期食用含汞鱼，而产生的严重汞污染中毒现象。海水中汞含量为 1~10μg/L，湾泥中汞含量高达 30~40mg/kg，出现严重污染。

（1）汞进入人体的途径

汞与汞化物进入人体有三个途径：通过饮食由消化道吸收、通过呼吸由肺部吸收、由皮肤直接吸收。进入体内的汞积存于各器官的形态不同，分为无机汞与有机汞，但它们都具有毒性，且有机汞的毒性更大。汞蒸气能由肺泡扩散通过肺膜进入血液，与红细胞结合，氧化成离子态汞，与血红蛋白、血清蛋白结合，再由血液输送到各器官，而与蛋白质、酶、氨基酸形成络合物，主要积存在肾、肝内，这种汞都叫无机汞。有机汞以甲基汞为代表，废水中的无机汞化物沉于水底污泥经厌氧菌作用可转化为甲基汞；有机汞能透过细胞膜进入细胞核，与核糖、核酸结合沉积于神经与脊髓组织中；它还能进入大脑组织中。血液中吸收有机汞的能力远大于汞元素与无机汞，且甲基汞主要分布在血浆中，无机汞主要分布于血清中。对于排出的汞，其中汞化物主要由尿液与乳汁排出，服入的汞除吸收外，全部由粪便排出。

含汞较多的食物为生物链顶端生物如鱼贝类等。

（2）汞的毒性

汞与蛋白质中的巯基(—SH)具有特别的亲和力，汞离子可与体内含巯基的酶结合形成较稳定的硫醇盐，因而使各种含—SH的酶活性受到抑制，这是汞产生毒性作用的基本原理。汞离子还能与细胞膜内磷酰基结合，与氢基、羧基、羟基也能结合，因而汞对许多酶系统有抑制作用，是汞对机体毒作用的基础。

① 汞可与细胞的蛋白质、核酸、细胞膜、线粒体等结合，而干扰它们的各种生物功能，对细胞的每种生长过程都有影响。

② 汞可抑制神经介质酶的活性，引起神经介质代谢紊乱。例如，甲基汞可使脑神经的传导，兴奋性能出现障碍；由于甲基汞具有亲脂性，故可破坏细胞膜的机能。其临床表现为：开始是疲乏、头晕、失眠、肢体末端麻木与酸痛，随后是动作失调、语言障碍、耳聋、记忆力衰退、视力模糊；严重者精神错乱，全身肌肉强直，最后消耗至死。

③ 由于蛋白质等结合的汞，沉积在肾、肝中，可出现肾机能障碍。急性汞中毒可使肾组织坏死，出现尿毒症；肝功能障碍则出现肝脂肪变性，肝细胞解体等。

（3）汞中毒症状

汞的毒性是积累的，需要很长时间才能表现出来。汞中毒(以慢性为多见)，主要发生在生产活动中，长期吸入汞蒸气和汞化合物粉尘所致。以精神-神经异常、齿龈炎、震颤为主要症状，有时还会产生幻觉。大剂量汞蒸气吸入或汞化合物摄入即发生急性汞中毒。

① 慢性汞中毒 常吃含汞的食物、服用含汞的药物(如朱砂)、牙科填料等都可使人体出现汞中毒现象。慢性汞中毒主要表现为失眠、多梦、头痛、急躁、记忆力减退等精神与神经症状，同时出现口腔炎、齿龈肿胀出血、牙齿松动、厌食、恶心、听力下降、视野缩小、运动失调等。

② 急性汞中毒 大量吸入汞蒸气会引起急性汞中毒，它表现为牙龈炎、口腔炎、呕吐、腹痛、神经功能障碍等症状。中毒初期会出现牙龈与口腔发炎、再后可在牙龈部出现暗黑色斑点。长期接触汞蒸气可引起肾萎缩。

（4）食品中总汞和甲基汞允许量标准

我国对各类食品中汞和甲基汞的允许量标准见表1-15和表1-16。

表1-15　食品中总汞允许量标准　　　　　　　　　　　　　　　　mg/kg

标准号	食品种类	指标
GB 2707—2005	鲜(冻)畜肉卫生标准	≤0.05
GB 2715—2005	粮食	≤0.02
GB 2721—2003	食用盐	≤0.1
GB 2726—2005	熟肉制品	≤0.05
GB 2749—2003	蛋制品	≤0.05
GB 2762—2005	粮食(成品粮)	≤0.02
GB 2762—2005	薯类(土豆、白薯)、蔬菜、水果	≤0.01
GB 2762—2005	鲜乳	≤0.01
GB 2762—2005	肉、蛋(去壳)	≤0.05
GB 7096—2003	干食用菌	≤0.2
GB 7096—2003	鲜食用菌	≤0.1
GB 7098—2003	食用菌罐头	≤0.1
GB 13100—2005	肉类罐头	≤0.05

表 1 - 16　食品中甲基汞允许量标准　　　　　　mg/kg

标准号	食品种类	指标
GB 2733—2005	鲜、冻动物性水产品(食肉鱼)	≤1.0
GB 2733—2005	鲜、冻动物性水产品(其他动物性水产品)	≤0.5
GB 2762—2005	鱼(不包括食肉鱼类)及其他水产品	≤0.5
GB 2762—2005	食肉鱼类(如鲨鱼、金枪鱼及其他)	≤1.0
GB 14939—2005	食肉鱼类罐头(鲨鱼、旗鱼、金枪鱼、梭子鱼及其他)	≤1.0
GB 14939—2005	非食肉鱼类罐头	≤0.5

2. 铅

铅是污染物中毒性很大的一种金属元素,仅具有很少的营养必需性。各种动、植物与人体中都不同程度地含有铅。

(1) 铅进入人体的途径

环境的铅污染是普遍存在的。例如铅的开采、冶炼、精炼;煤与燃油的燃烧;汽车废气等工业活动,都会造成大气、土壤的铅污染。人体中的铅主要通过食物、空气、水而摄入以及吸烟与职业性接触。铅通过胃肠道与呼吸道都可被吸收。含铅较多的食物有爆米花、罐头、松花蛋等。

被吸收的铅主要蓄积在骨骼,约占90%以上,形成稳定的难溶的磷酸铅$[Pb_3(PO_4)_2]$,此外肝、肾、胰等软组织也都能蓄积铅;血铅约占总铅量的2%以下,其中的90%与红细胞结合,少量在血浆中,形成可溶性磷酸一氢铅或以甘油磷酸铅、铅蛋白复合物及铅离子状态存在。肌肉中铅含量很少。骨骼中所含的铅反映人体长期接触的积蓄,而体液与软组织的铅则反映近期的铅接触。

人体主要通过粪便排出铅约60%,其余的通过尿液与汗液排出。但是铅一旦在人体里积蓄后很难自动排除,只能通过某些药物来清除。

(2) 铅的毒性

铅的最突出的特点是与蛋白质上的巯基(—SH)有高度的亲和力,在血红素的生物合成中铅能抑制各种含巯基的酶,而影响血红素的合成。铅还影响与神经介质、神经传导有关的一些酶,使脑神经受损。因而铅的毒性作用主要表现在对造血系统、消化系统、血液、肾脏与神经系统等的影响。

① 贫血与溶血　铅中毒可引起小红细胞、血红蛋白过少性贫血;由于铅对细胞膜的亲和性,也会使红细胞膜的完整性受到损伤。

② 脑病　脑病是铅中毒的最严重表现,开始是发生大脑水肿,继而出现惊厥、麻痹、昏迷,甚至引起心肺衰竭而死亡。

③ 儿童血铅　儿童的铅中毒较成人高,铅可以破坏儿童的神经系统,铅含量的超标会对儿童产生非常大的负面影响,例如智力障碍、学习低能、精神呆滞等病症。

④ 肾病　在急性与慢性铅中毒时,肾脏的排泄机制受到影响,出现肾组织进行性变性、肾功能不全,例如肾小管上皮细胞出现核包涵体,肾小球萎缩等,慢性铅中毒还可出现高血症状。

⑤ 铅中毒的标志　铅中毒除肾小管上皮细胞出现核包涵体外,另一标志是出现铅线,在牙龈边缘处有一条奇异的灰监色细线,此线由许多小圆点连接而成,可用放大镜观察到。

铅中毒的早期，常感到乏力、口内有金属味、肌肉关节酸痛等；随后就有腹隐痛、神经衰弱综合征，少数患者在牙龈边缘的蓝色铅线加重，病情的发展可累及神经、消化、造血、泌尿等系统，引起神经衰弱、外周神经炎、铅中毒脑病、腹绞痛、肾功能减退等症状。

从 20 世纪末到现在，广东省汕头市贵屿成了最大的废旧电器回收集散地，由于处理这些废旧电器，地下水高度污染，超标竟然达数百倍，土壤的 pH 值已降为零。土壤中铅等有毒金属含量超标数百至数千倍，导致新生儿畸形与婴儿死亡率升高，血液及呼吸系统疾病发病一再增加，当地农民已无法正常生活。

（3）食品中铅的限量标准

我国对食品及包装材料中铅的允许量标准见表 1 - 17 和表 1 - 18。

表 1 - 17　食品中铅允许量标准（以 Pb 计）　　　　　　　　　　mg/kg

标准号	食品种类	指标
GB 2707—2005	鲜（冻）畜肉	≤0.2
GB 2711—2003	非发酵性豆制品及面筋	≤1.0
GB 2712—2003	发酵性豆制品	≤1.0
GB 2713—2003	淀粉制品	≤1.0
GB 2714—2003	酱腌菜	≤1.0
GB 2715—2005	粮食	≤0.2
GB 2716—2005	植物原油、食用植物油	≤0.1
GB 2717—2003	酱油	≤1.0
GB 2718—2003	酱	≤1.0
GB 2719—2003	食醋	≤1.0
GB 2720—2003	味精	≤1.0
GB 2721—2003	食用盐	≤2.0
GB 2726—2005	熟肉制品	≤0.5
GB 2733—2005	鲜、冻动物性水产品（鱼类）	≤0.5
GB 2749—2003	皮蛋	≤2.0
GB 2749—2003	糟蛋	≤1.0
GB 2749—2003	其他蛋制品	≤0.2
GB 2759.1—2003	冷冻饮品	≤0.3
GB 2759.2—2003	碳酸饮料	≤0.3
GB 2762—2005	谷类	≤0.2
GB 2762—2005	豆类	≤0.2
GB 2762—2005	薯类	≤0.2
GB 2762—2005	禽畜肉类	≤0.2
GB 2762—2005	可食用禽畜下水	≤0.5
GB 2762—2005	鱼类	≤0.5
GB 2762—2005	水果	≤0.1
GB 2762—2005	小水果、浆果、葡萄	≤0.2

标准号	食品种类	指标
GB 2762—2005	蔬菜(球茎、叶菜、食用菌除外)	≤0.1
GB 2762—2005	球茎蔬菜	≤0.3
GB 2762—2005	叶菜类	≤0.3
GB 2762—2005	鲜乳	≤0.05
GB 2762—2005	婴儿配方奶粉(乳为原料,以冲调后乳汁计)	≤0.02
GB 2762—2005	鲜蛋	≤0.2
GB 2762—2005	果酒	≤0.2
GB 2762—2005	果汁	≤0.05
GB 2762—2005	茶叶	≤5.0
GB/T 5009.45—2003	糖果	≤1.0
GB 7096—2003	干食用菌	≤2.0
GB 7096—2003	鲜食用菌	≤1.0
GB 7098—2003	食用菌罐头	≤1.0
GB 7099—2003	糕点、面包	≤0.5
GB 7100—2003	饼干	≤0.5
GB 7101—2003	固体饮料	≤1.0
GB 9678.1—2003	冷冻饮品	≤0.3
GB 9678.2—2003	巧克力	≤1.0
GB 11671—2003	果蔬罐头	≤1.0
GB 11675—2003	银耳	≤2.0
GB 13100—2005	肉类罐头	≤0.5
GB 13104—2005	食糖	≤0.5
GB 14884—2003	蜜饯	≤1.0
GB 14932.1—2003	食用大豆粕	≤1.0
GB 14939—2005	鱼类罐头	≤1.0
GB 14967—1994	胶原蛋白肠衣	≤2.0
GB 15196—2003	人造奶油	≤0.1
GB 15203—2003	淀粉糖	≤0.5

表1-18 食品包装材料中铅允许量标准(以 Pb 计)　　　　　　　　　　　　　　**mg/L**

标准号	食品包装材料	指标
GB 4804—1984	搪瓷食具容器(4%乙酸浸泡液)	≤1.0
GB 4806—1994	食品用橡胶制品(4%乙酸浸泡液)	≤100
GB 4806.2—1994	橡胶奶嘴(4%乙酸浸泡液)	≤1.0
GB 9681—1989	食品包装用聚氯乙烯成型品(4%乙酸浸泡液)	≤1.0
GB 9682—1988	食品罐头内壁脱模涂料(4%乙酸浸泡液)	≤1.0
GB 9683—1988	复合食品包装袋(4%乙酸浸泡液)	≤1.0

标准号	食品包装材料	指标
GB 9686—2012	内壁环氧聚酰胺树脂涂料(4%乙酸浸泡液)	≤0.2
GB 9687—1988	食品包装用聚乙烯成型品(4%乙酸浸泡液)	≤1.0
GB 9688—1988	食品包装用聚丙烯成型品(4%乙酸浸泡液)	≤1.0
GB 9689—1988	食品包装用聚苯乙烯成型品(4%乙酸浸泡液)	≤1.0
GB 9690—1988	食品包装用三聚氰胺成型品(4%乙酸浸泡液)	≤1
GB 11676—2012	有机硅防粘涂料(4%乙酸浸泡液)	≤0.2
GB 11677—2012	易拉罐内壁水基改性环氧树脂涂料(4%乙酸浸泡液)	≤0.2
GB 13113—1991	食品容器及包装材料用聚对苯二甲酸乙二醇酯成型品(4%乙酸浸泡液)	≤1.0
GB 13114—1991	食品容器及包装材料用聚对苯二甲酸乙二醇酯树脂成型品(4%乙酸浸泡液)	≤1.0
GB 13115—1991	食品容器及包装材料用不饱和聚酯树脂及其玻璃钢制品(4%乙酸浸泡液)	≤30
GB 13116—1991	食品容器及包装材料用聚碳酸酯树脂(4%乙酸浸泡液)	≤1.0
GB 13121—1991	陶瓷食具容器(4%乙酸浸泡液)	≤7.0
GB 14942—1994	食品容器、包装材料用聚碳酸酯(4%乙酸浸泡液)	≤1.0

3. 镉

镉在自然界的含量并不算丰富,是比较稀少的元素,但由于镉污染与镉的转移等原因,人体中镉的含量逐年增多,由新生儿身体含镉总量几乎为零,到成年人可达 30mg。镉是人体非必需元素,在自然界中常以化合物状态存在,一般含量很低,正常环境状态下,不会影响人体健康。

（1）镉进入人体的途径

镉和锌是同族元素,在自然界中镉常与锌、铅共生,如闪锌矿含镉量可高达 40%。通过冶炼、采矿、颜料与镉制品的工业等,镉很容易向大气,水与土壤中释放。一般淡水中含镉在 10μg/L 以下,海水中含镉量为 0.01 ~ 0.05μg/L。镀锌的铁管中含有镉,施用含镉的磷肥与污水等使镉进入土壤,而水稻、烟草、苋菜、向日葵、蕨菜等吸收镉的能力又很强。含镉较多的食物有动物肝肾、浅海鱼贝类及污泥中长成的蔬菜等。

当环境受到镉污染后,镉可在生物体内富集,通过食物链进入人体引起慢性中毒。而摄入人体的镉排出体外一般很缓慢,甚至需要几十年。

（2）镉的毒性

镉与酶结合,可使酶失去活性;镉与核酸结合,可使核酸结构发生变化;镉与维生素结合,可使维生素的功能受到抑制或破坏。镉被人体吸收后,在体内形成镉硫蛋白,选择性地蓄积肝、肾中。其中,肾脏可吸收进入体内近 1/3 的镉,是镉中毒的"靶器官"。其他脏器如脾、胰、甲状腺和毛发等也有一定量的蓄积。由于镉损伤肾小管,病者出现糖尿、蛋白尿和氨基酸尿。特别是使骨骼的代谢受阻,造成骨质疏松、萎缩、变形,周身疼痛,称为"痛痛病"。

镉中毒主要是慢性中毒,它对肺、肝、肾骨与睾丸等都产生损伤。出现肝与肾功能障碍、气喘、肺气肿、多尿、蛋白尿、糖尿、氨基酸尿、高钙尿;酸性尿,骨软化症、背下部和腿部疼痛,以及骨质疏松等症状。还可使肺癌与前列腺癌的发病率增高。

（3）食品中镉的限量标准

我国对食品及包装材料中镉的允许量标准见表1-19和表1-20。

表1-19 食品中镉允许量标准(以 Cd 计)　　　　　　　　　　　　　　　mg/kg

标准号	食品种类	指标
GB 2707—2005	鲜(冻)畜肉卫生标准	≤0.1
GB 2715—2005	稻谷(包括大米)、豆类	≤0.2
GB 2715—2005	麦类(包括小麦粉)、玉米及其他	≤0.1
GB 2721—2003	食用盐	≤0.5
GB 2726—2005	熟肉制品	≤0.1
GB 2733—2005	鲜、冻动物性水产品(鱼类)	≤0.1
GB 2762—2005	大米、大豆	≤0.2
GB 2762—2005	花生	≤0.5
GB 2762—2005	面粉	≤0.1
GB 2762—2005	杂粮(玉米、小米、高粱、薯类)	≤0.1
GB 2762—2005	禽畜肉类	≤0.1
GB 2762—2005	禽畜肝脏	≤0.5
GB 2762—2005	禽畜肾脏	≤1.0
GB 2762—2005	水果	≤0.05
GB 2762—2005	根茎类蔬菜(芹菜除外)	≤0.1
GB 2762—2005	叶菜、芹菜、食用菌类	≤0.2
GB 2762—2005	其他蔬菜	≤0.05
GB 2762—2005	鱼	≤0.1
GB 2762—2005	鲜蛋	≤0.05
GB 13100—2005	肉类罐头	≤0.1
GB 14939—2005	鱼类罐头	≤0.1

表1-20 食品包装材料中镉允许量标准(以 Pb 计)　　　　　　　　　　　　　mg/L

标准号	食品包装材料	指标
GB 4804—1984	搪瓷食具容器(4%乙酸浸泡液)	≤0.5
GB 13121—1991	陶瓷食具容器(4%乙酸浸泡液)	≤0.5

第三节 食品中元素测定的意义

① 了解食品中营养元素的含量,对配伍食品、生产营养食品、开发强化功能食品具有指导意义。

② 了解食品中有害及有毒元素的含量,以便采取相应措施,查清和控制污染源,保证食品的安全和食用者的健康。

③ 了解食品在贮存、加工中的元素损失以及污染情况,制定严格的食品卫生标准,有利于食品加工工艺的改进和食品质量的提高。

④ 了解一些食品中由于某些元素的存在而引起品质变化的原因，例如乳粉中铁含量的增加会加速脂肪酸的氧化等。

第四节　食品中元素的来源

食品中有一些元素是食物本身天然存在的矿物质元素，如叶绿素中的镁、血红蛋白的铁元素等。

食品中各种微量元素与自然条件（如地质、地理、生物种类、品种等）有关，有的地区因地理条件特殊，其土壤、水或空气中某些金属元素含量较高，在这种环境里生长的动、植物体内往往也有较高的含量。例如：蘑菇汞含量较高是由于蘑菇的培养料牛粪、稻草和土壤中汞含量高的结果；一些海鳗中砷含量很高是由于它生长在含砷量高的海域中，长期富集砷的结果；海蜇皮中硼含量较高也是它富集海水中硼的结果。

有的元素是由食品生产、加工、包装和储藏过程中所使用的机械、管道、或容器等污染的结果，例如酸性食品可从上釉的瓷器中溶出铅和镉；机械摩擦可使金属尘埃掺入面粉；有些铁桶装的蜂蜜造成铅和锌含量超过规定标准；有些果蔬类罐头由于有机酸的腐蚀，造成镀锡薄钢板锡层脱落而引起锡含量超过规定要求；铜锅加工糖果常常造成糖果中铜的含量不符合标准要求等。

有些元素来自为营养强化而添加到食品中的微量矿物质元素以及食品加工中添加剂，也会造成微量元素含量的增加。例如表1-21列举部分食品添加剂中金属元素的含量。

表1-21　目前允许作为食品添加剂的金属化合物

抗凝（胶）剂	硅酸铝钙、硅酸钙、硅酸镁、硅铝酸钠、硅铝酸钙钠、硅酸三钙
化学防腐剂	抗坏血酸，丙酸钙和己二烯酸钙、苯甲酸钠、山梨酸钾
营养物和正规食物的补充物	碳酸钙、柠檬酸钙、磷酸甘油钙、氧化钙、泛酸钙、磷酸钙、焦磷酸钙和硫酸钙 葡萄糖、碘化铜 磷酸高铁和焦磷酸高铁 葡萄糖酸亚铁、乳酸亚铁和硫酸亚铁 氧化镁、磷酸镁、硫酸镁、氯化镁、柠檬酸镁、葡萄糖酸镁、磷酸甘油镁、次磷酸镁、硫酸镁 硫酸锌、葡萄糖酸锌、氯化锌、氧化锌、硬脂酸锌
络合溶解剂	醋酸钙、氯化钙、柠檬酸钙、二酯酸钙、葡萄糖酸钙、六聚偏磷酸钙、一元碱磷酸钙
稳定剂	草酸钙
添加剂	硫酸铝铵、硫酸钾铝、硫酸钠铝 碳酸钙、氯化钙、柠檬酸钙、葡萄糖酸钙、氢氧化钙、乳酸钙、氧化钙、磷酸钙 碳酸镁、氢氧化镁、氧化镁、硬脂酸镁

食品中的某些有毒元素来自农作物施用的化肥和农药用量的增加，造成土壤、水源、空气等的污染，使重金属及有毒元素在动植物体内富集并直接影响人类健康。例如杀虫剂、杀菌剂、除草剂和脱叶剂等农药中含较多的砷，这些农药的使用可引起砷在土壤中的积累，从而直接影响粮食和蔬菜中砷的含量。

食品中的某些有毒元素来自工业三废（废水、废气、废渣）造成土壤、水源、空气等的污染。重金属及有毒元素经消化道吸收，通过血液分布于体内组织和脏器。不少含金属毒性

34

的化合物可在生物体内蓄积，随着蓄积量的增加，机体便出现各种反应，直接影响人类健康。例如来自发电厂的灰尘，工业污染地区的水质和污泥中的微量元素都是比较高的，在其周围土地种植的蔬菜和粮食中的微量元素也相应的高几倍。马路两旁种植的蔬菜中铅含量比一般地区的高得多，这是由于汽车废气中铅污染的结果。近海生物体内的重金属含量高于远海，这是由于工业废水的排放使得工业区地表水的重金属含量高于非工业区。

第二章 食品的采集、制备、保存与前处理

第一节 样品的采集

一、采样原则

样品的采集简称采样(又称检样、取样、抽样),是为了进行检验而从较大批量食品中抽取一定数量具有代表性的样品,应遵循下列采样原则。

1. 代表性

在通常情况下,待测食品的数量可能很大,而在实际工作中只需要几克样品,甚至是几毫克样品,即不可能将全部食品用于检测,此时就只能从大量的、所含成分不均匀的甚至所含成分不一致的被检样品中,抽取其中的一部分具有足够代表性的,能反映全部被检食品的组成、质量和卫生状况的食品作为样品,且尽可能保持样品的原有状态。否则即使此后的样品处理以及分析检测等一系列环节非常精密准确,其检测结果也毫无价值,得出的结论也是不准确的。

2. 真实性

采样人员应亲临现场采样,设法保持样品原有的理化指标,防止成分逸散或带入杂质,甚至是采样过程中的作假或伪造食品。所有采样用具也都要求清洁、干燥、无异味、无污染食品的可能,应尽可能避免使用对样品可能造成污染或影响检验结果的采样工具和采样容器。如果采样后不能立即进行分析,应采取合适的运送和储存方法,特别要注意温度和湿度的影响。

3. 准确性

性质不同的样品必须分开包装,并应视为来自不同的总体;采样方法应符合要求,采样的数量应满足检验及留样的需要;可根据感官性状进行分类或分档采样;采样记录务必清楚地填写在采样单上,并紧附于样品。

4. 及时性

采样应及时,采样后也应及时送检。尤其是检测样品中水分、微生物等易受环境因素影响的指标,或样品中含有挥发性物质或易分解破坏的物质时,应及时赴现场采样并尽可能缩短从采样到送检的时间。

二、采集程序

1. 背景调查

采样前应了解食品的详细情况,包括该批食品的原料来源、加工方法、运输和贮存条件及销售中各环节的状况;审查所有证件,包括运货单、质量检验证明书、兽医卫生检验证明书、商品检验机构或卫生防疫机构的检验报告等。

2. 现场检查

在现场观察整批食品的外部情况。有包装的食品要注意包装的完整性，即有无破损、变形、污痕等；未包装的食品要进行感官检查，即有无异臭、异味、杂物、霉变、虫害等。发现包装不良或有污染时，需打外包装进行检查，如果仍有问题，则需全部打开包装进行感官检查。

3. 样品采集

依据食品本身的特性、检测的目的以及采集的基本原则，采集具有代表性、准确性、真实性以及及时性的食品样品用于分析检测。

三、采样步骤

样品的采集一般分五个步骤，依次为：

1. 获得检样

由待分析的整批食品中的各个部分采集的少量样品。

2. 形成原始样品

将采集的许多份检样综合在一起称为原始样品。如果采得的检样互不一致，则不能把它们放在一起做成一份原始样品，而只能把质量相同的检样混在一起，做成若干份原始样品。

3. 得到平均样品

将原始样品经过技术处理后，再抽取其中一部分供分析检验用的样品称为平均样品。将平均样品三份，分别作为检验样品（供分析检测使用）、复验样品（供复验使用）和保留样品（供备用或查用）。

4. 填写采样记录

采样记录要求详细填写采样的单位、地址、日期、样品的批号、采样的条件、采样时的包装情况、采样的数量、要求检验的项目以及采样人等资料。

四、常用的采样工具

① 长柄勺、玻璃或金属采样管，用以采集液体样品。

② 采样铲，用以采集散装特大颗粒样品，如花生。

③ 半圆形金属管，用以采集半固体药品样品。

④ 金属探管、金属探子（图 2 - 1），用以采集袋装颗粒状或粉状食品。

图 2 - 1　金属探子

a. 金属探管　为一金属管，长 50 ~ 100cm，直径为 1.5 ~ 2.5cm，一端为尖头，另一端为长柄，管上有一条开口槽，从尖端通到长柄。采样时，槽口向下插入袋中，再将槽口朝下，粉状样品从槽口进入，然后拔出管子，将样品放入容器内。

b. 金属探子　为一锥形金属管子，中间凹空，一端为尖头。采样时，将尖端插入袋内，颗粒状样品从中间凹空处进入，并从管子一端流出。

⑤ 金属双层套管采样器（图 2 - 2）：适用于奶粉等祥品的采集，防止样品在采集时受外界环境污染。

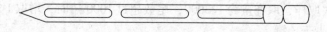

图 2 - 2　金属双层套管采样器

金属双层套管采样器由内外两根管子组成套筒，每隔一定的距离在两根管子上有相吻合的槽口，转动内管可以开闭各槽口。外管的一端为尖头，以便插入样品中。采样时，先将槽口关闭，插入样品后旋转内管，将槽口打开，样品进入槽内后，再旋转内管，关闭槽口。拔出采样管后，用小匙分别自管的上、中、下部取样，装入容器。

五、采样方法

采集的样品应充分代表检测样品的总体情况，一般将采样的方法分为随机抽样和代表性取样两种。随机抽样是使每个样品的每个部分都有被抽检的可能；代表性取样是根据样品随空间、时间和位置等的变化规律，采集能代表其相应部分的组成和质量的样品，如分层取样、随生产过程的各个环节采样、定期抽取货架上陈列了不同时间的食品的采样等。

随机取样可以避免人为倾向，但是对不均匀的食品进行采样，仅仅用随机抽样法是不完全的，必须结合代表性取样，要从有代表性的食品的各个部分分别取样。因此，通常采用随机抽样与代表性取样相结合的方式进行采样。具体的取样方法应根据分析对象的不同而异。

1. 均匀固体食品的采集

（1）大型包装食品的采集

大型包装食品如整车、整船、整仓、整堆食品，可用几何法采样，即将其看成规则几何体，如立方体、圆锥体、圆柱体等，然后把该几何体划分为若干相等的部分，再按下面的方式分别从每个相等的部分取样。

（2）有完整包装食品的采集

有完整包装（如桶、袋、箱、筐等）的食品于各部分按 $\sqrt{\dfrac{总件数}{2}}$ 取一定件数的样品。如果数量太多。可将样品再按顺序排列，然后仍按此公式取样，重复操作到需要的数量为止。打开包装后，分别从每个包装的上、中、下三层的中心和四角部位抽出更小的包装样品。如果小包装样品的数量较多，可以再进行缩分。若包装内为液体样品，在获取一定件数（桶、缸等）后，打开包装，于每个包装内的上、中、下三层的中心和四角部位移取等量样品，放于同一容器中混合均匀即可。

（3）无包装散装食品的采集

散装食品如粮食等，可以采取"四分法"取样。即先将其划分为上、中、下三层，然后在每层的中心和四角部位取等量样品，放于大塑料布上。提起四角摇荡，使其充分混匀；然后铺成均匀厚度的圆形或方形，划出两对角线，将样品分为四等份，取其对角两份，再铺平再分，如此反复操作直至取得需要量的样品为止。

（4）小包装食品的采集

各种小包装食品（500g 以下）按照每生产班次或同一批号的产品连同包装随机抽样。如果小包装外还有大包装（如纸箱），可在堆放的不同部位抽取，$\sqrt{\dfrac{总件数}{2}}$ 的大包装，打开大包装后，从每箱中随机抽取小包装（瓶、袋等），再缩减到所需数量。

① 罐头食品。

a. 按生产班次取样，取样量为 1/3000，尾数超过 1000 罐时，增取 1 罐。每班每个品种的取样量基数不得少于 3 罐。

b. 生产量较大的罐头，以班产量为 20000 罐作为基数，取样量为 1/3000；超过 20000

罐的罐头，取样量为 1/10000，尾数超过 1000 罐时，增取 1 罐。

c. 个别生产量过小，同品种、同规格可合并班次取样，但并班总罐数不超过 5000 罐，每生产班次取样量不少于 1 罐，并班后取样基数不少于 3 罐。

d. 按灭菌锅取样时，每锅检取 1 罐。每批每个品种的取样量不得少于 3 罐。

② 袋、听装奶粉　按批号采样，自该批产品堆放的不同部位采集总数的 0.1%，尾数超过 500 件时，加抽 1 件。每批、每个品种的取样量不得少于 2 件。

2. 较稠的半固体食品

如稀奶油、动物油脂、果酱等较稠的半固体食品不易充分混匀，可以先按 $\sqrt{\dfrac{总件数}{2}}$ 确定采样件（桶、罐）数，打开包装，用采样器从各桶（罐）中分上、中、下三层分别取出检样，然后将检样混合均匀，再按上述方法分取缩减，得到所需数量的平均样品。

3. 液体样品

① 包装体积不太大的食品（如植物油、鲜乳等）　可先按 $\sqrt{\dfrac{总件数}{2}}$ 确定采样件数，打开包装，用混合器充分混合（如容器内被检物不多，可用一个容器转移到另一个容器的方法混合）。然后用长形管或特制采样器从每个包装中采取一定量的检样；将检样综合到一起后，充分混合均匀形成原始样品；再用上述方法分取缩减得到所需数量的平均样品。

② 大桶装或散装的食品　这类食品不易混合均匀，可用虹吸法分层取样，每层 500mL 左右，得到多份检样，将检样充分混合均匀即得原始样品；然后取缩减得到所需数量的平均样品。

4. 组成不均匀的固体食品

肉、鱼、蛋、蔬菜等食品各部位组成极不均匀，个体大小及成熟程度差异很大，取样时更应注意代表性。采集送检样品时，根据分析的目的和要求不同，有时从样品的不同部位取样，混合后代表整个样品；有时从多个同一样品的同一部位取样，混合后代表某一部位的情况。

① 肉类　根据需要从整体的各部位取样（骨及毛发不包括在内），混合后代表该只动物；有时从多个同一样品的同一部位取样，混合后代表某一部位的情况。

② 水产类　小鱼、小虾可随机采取 2~3 条，切碎、混匀后形成原始样品，再取缩减得到所需数量的平均样品。大鱼可从若干个体上，分别从头、体、尾各部位取适当少量部分得到检样，切碎、混匀后形成原始样品，再取缩减得到所需数量的平均样品。

③ 果蔬类　体积较小的果蔬（如山楂、葡萄等），可随机采取若干个整体作为检样，切碎、混匀后形成原始样品，再取缩减得到所需数量的平均样品，体积较大的果蔬（如西瓜、苹果、萝卜等），可按成熟度及个体大小的组成比例，选取若干个个体作为检样，对每个个体按生长轴纵剖分 4 份或 8 份，取对角线 2 份，切碎、混匀得到原始样品，再取缩减得到所需数量的平均样品。体积蓬松的叶类菜（如小白菜、菠菜等），由多个包装（一筐、一捆）分别抽取一定数量的检样，混合后捣碎、混匀形成原始样品，再取缩减得到所需数量的平均样品。

④ 腐败变质、被污染及食物中毒可疑的食品　此类食品可分别采集外观有明显区别的样品，如色、香、味、包装及存放条件不同的食品。食物中毒的可疑食品应直接采取餐桌或厨房中的剩余食品，同时还应采集接触可疑食品的刀、板、容器的刮拭物及患者的血、尿、

粪便，这类样品切忌相混。

六、采样量

食品分析检验结果的准确与否通常取决于两个方面：采样的方法是否正确以及采样的数量是否得当。因此从整批食品中采取样品时，通常按一定的比例进行。确定采样的数量，应考虑分析项目的要求，分析方法的要求和被分析物的均匀程度三个因素。样品应一式3份，分别供检验、复检及复查使用。一般平均样品的数量不少于全部检验项目的4倍；检验样品、复制样品和保留样品一般每份不少于0.5g。检测掺伪物的样品与一般成分分析的样品不同，由于分析的项目事先不明确，属于捕捉性分析，因此，取样量要多一些。

七、采样的注意事项

所采样品均应保持被检对象原有的性状，不应因任何外来因素使样品在外观、化学检验和细菌检验上受到影响。因此，采样时应特别注意以下操作事项：

① 凡是接触样品的一切采样工具（如采样器、容器、包装纸等）必须清洁、干燥、无异味，必要时需要灭菌处理，不得带入污染物或被检样品需要检测的成分。例如，检测微量和痕量元素时，要对容器进行预处理，检测锌时，样品不能用含锌的橡皮膏封口；检测汞时，样品不能使用橡皮塞；测定铅量时，接触食品的器物不得检出含铅等。

② 设法保持样品原有的理化指标，在进行检测之前样品不得被污染，不得发生变化。样品包装应严密，以防止被检样品中水分和挥发性成分损失，同时避免被检样品吸收水分或有气味物质。为防止食品的酶活性改变、抑制微生物繁殖以及减少食物的成分氧化，样品一般应在避光、低温下贮存、运输。

③ 样品采集后，应尽快进行分析，以缩短样品在各阶段的停留时间，防止发生变化。

④ 采样容器根据检验项目，选用硬质玻璃瓶或聚乙烯制品。

⑤ 盛装样品的器具应贴牢标签，注明样品的名称、批号、采样地点、日期、检验项目、采样方法、数量、采样人及编号等。无采样记录的样品，不得接受检验。

⑥ 液体、半流体饮食品如植物油、鲜乳、酒或其他饮料，如用大桶或大罐盛装，应先充分混匀后再采样。样品应分别盛放在三个干净的容器中；粮食及固体食品应自每批食品上、中、下三层的不同部位分别采取部分样品，混合后按四分法对角取样，最后取有代表性样品；肉类、水产等食品应按分析项目要求分别采取不同部位的样品或混合后采样。

⑦ 感官性质不相同的样品，切不可混在一起，应该另行包装，并分别注明其性质。

⑧ 样品采集完后，应该在4h之内立即送往实验室进行检测，以免发生变化。

⑨ 掺伪食品和食物中毒的样品采集，要具有典型性。

第二节　样品的制备

按采样方法采集的样品往往数量过多，颗粒太大，组成不均匀，为了确保分析结果的正确性，必须对样品进行粉碎、混匀、缩分等适当的制备。制备各样品的目的在于保证样品的均匀度，即在分析时取任何部分的样品都能得到相同的测定结果。在样品制备过程中，应注意防止易挥发性成分的逸散和避免样品组成和理化性质发生变化。制备各样品时需根据被检样品的性质和检测要求采用不同的方法。

一、固体样品的制备

一般固体样品用粉碎法，即应用切细、粉碎、研磨等方法将样品制成均匀可检状态。含水量较少、硬度较大的固体样品（如谷类），可用粉碎机将样品粉碎混匀后过 20～40 目筛；含水量较高、韧性较强的样品（如肉类），可取可食部分放入绞肉机中绞匀，或用研钵研磨；含油量大的固体样品（如花生、大豆）需冷冻后直即粉碎，再过 20～40 目筛；含水分高、质地松软的食品（如蔬菜、水果类），多用匀浆法取可食部分放入匀浆机匀浆。各种机具应尽量选用惰性材料，如不锈钢、合金材料、玻璃、陶瓷、高强度塑料等。

为控制颗粒均匀一致，可采用标准筛过筛。标准筛为金属丝编织的不同孔径的配套过筛工具，可根据分析的要求选用。过筛时，要求全部样品都通过筛孔，未通过的部分应继续粉碎并过筛，直至全部样品都通过为止，而不应该把未过筛的部分随意丢弃，否则将造成食品样品中成分构成改变，从而影响样品的代表性。经过磨碎过筛的样品，必须进一步充分混匀。固体油脂应加热融化后再混匀。食品试样的一般处理方法见表 2-1。

表 2-1　食品试样的一般处理方法

试样名称	处理方法
鱼贝类	取食用部分（大鱼 3 条，小鱼 5 条）进行缩分，将相应量的鱼肉切成细条，放入绞肉机中绞碎，反复三次即得鱼糜。放入塑性袋内低温保存
肉类	直接制取不同部位的肌肉，切成细条，放入绞肉机绞碎，重复三次，即得均匀的分析试样。放入塑性袋内低温保存。如需长期保存，亦可将试样于 105℃烘干恒重，处理成干样。需测定所含之水分，以便在鲜样和干样之间进行换算
谷物类	将已粉碎的试样于烘箱内 65℃干燥 1～2h，计算失水重
蔬菜、水果类	无机成分分析：于 60℃下干燥、研匀
油脂类	对液态油，摇匀后直接取样。对固化油，加热熔化后再取样
乳类	牛奶取样应在充分搅拌的条件下进行、以防止奶油浮在表层。对固态奶油，应 40℃熔化后再取样
糖类	溶于 50℃的水中，过滤后制成液体试样。
饮料类	对茶叶、咖啡等固体饮料，可先用搅拌机使之粉碎，过筛，用温水提取，提取液作为分析试样。对啤酒、汽水等饮料，应于 20～25℃下温热，待 CO_2 完全排出后，直接用于分析。

1. 谷物样品

此类样品包括谷物、薯、籽、豆类及其他含淀粉的样品。首先用流水冲洗净粘在样品上的泥沙，然后用滤纸吸取表面残留的水分。薯类等需要去皮的食品首先应去皮，然后按前述的缩分法缩分。水分少的样品可以直接粉碎、充分混匀后作为分析试样。而水分多的样品需使用匀化器，混合器等混合均匀后作为分析样品。在操作过程中由于匀化器杯及切削器上的微量元素可能会混入样品中，所以应该注意考虑它们可能会产生的污染，并且在尽可能短的时间内完成匀化操作。在谷类、薯类及淀粉类的食品中，常常在加工过程中添加了一部分水，所以即便是同一类型的食品，含水量也不一定相同，对后续的测定结果将产生影响。应在测定前进行脱水处理或先测量样品的水分量。

2. 糖类

粉末状的糖可在充分混匀后进行缩分。而糖稀、蜂蜜等液体物应在充分搅拌后再取样。

搅拌过程中若发现容器内液体上、下层颜色不同或有结晶析出时，应在50℃以下的水浴上加热使样品均一化。

3. 糕点类

一般的饼干可用乳钵粉碎混合。中等硬度的糕点可用刀具、剪子等切细均一化后作为样品。软糕点可按其形状进行分割和缩分，或者使用匀化器混匀后作为样品。

4. 油脂类

液体样品经充分搅拌即可使用。如黄油等固体食品要经水浴软化后再充分搅匀作为样品。

5. 鱼和贝类

它们的可食部分因部位不同金属浓度各异。在测定前应根据需要进行缩分或把可食部分全部放在匀化器内使之均一化。

不同脏器中金属元素的浓度有很大的差异，所以应根据分析的目的对各脏器单独进行分析，或是把所有的脏器混匀后进行分析。

6. 蛋类

鲜蛋以全蛋作为分析样品时，将蛋磕碎除去蛋壳，充分搅拌。蛋白、黄分别取样时可按通常烹调中所用的方法将它们分开即可。

7. 乳类

液面已成膜的样品要使用匀化器或在原容器内充分搅拌。黏性大的炼乳类样品上下层差别很大，要充分搅拌。如果在水浴上加温使黏稠度降低将易于混合。

8. 饲料类

粉末、粒状物可按各类样品的处理方法进行处理，液体物要充分搅拌，有沉淀物、浮游物的样品要用匀化器使其均一化。

9. 蔬菜和水果类

这类样品品种多，形状千差万别，同一品种因部位不同差异显著。一般，应将样品除去泥土后取表2-2所列分析部位，用搅拌器或匀化器使之均一化。

表2-2　食品的处理方法

农作物	分析部位	农作物	分析部位
稻米	糙米	萝卜根	水洗、去泥后全部
燕麦、大麦、小麦、稞麦、小米、黍子、荞麦	脱壳麦粒、米粒	萝卜叶	去变质叶后全部
玉米	去皮、须、芯后全部	南瓜	去梗及籽后全部
草莓	去蒂后全部	甘蓝、白菜、莴苣	去变质叶及茎后全部
梅子、樱桃	去果梗及核后全部	黄瓜、菜瓜	去梗后全部
柿子	去蒂及籽后全部	牛蒡、姜、胡萝卜、藕	去泥土后全部
柚子	果实	甜菜、茼蒿、荷兰芹	去根后全部
柚子的果肉	包括中果皮	葱、圆葱	去外皮和根后全部
柚子的外果皮	去蒂后全部	辣椒	果实
广柑、蜜橘等	去果皮后全部	西红柿、茄子	去蒂后全部
栗子	去皮后全部	菜花	去变质叶后全部

农作物	分析部位	农作物	分析部位
西瓜	去果皮后全部	菠菜	去红根、须根、及变质叶后全部
甜瓜、香瓜、菠萝	去果皮及芯后全部	青豆角、青豌豆、毛豆、蚕豆	籽果
枇杷	去果梗及籽后全部	甘薯、芋头、山药、土豆	水洗去泥后全部
葡萄	去果梗后全部	小豆、菜豆、豌豆、落花生	去皮后茎部
桃	去果皮及核后全部	茶	茶叶
苹果、梨	去果核及蒂、梗后全部	啤酒花	干花
芦笋	茎		

二、液体、浆体或悬浮液体样品的制备

常采用简便工具将其搅拌均匀。常用的简便工具有玻璃搅拌棒和可以任意调节搅拌速度的电动搅拌器。

三、互不相溶液体的制备

油和水的混合物等互不相溶的液体应首先使不相溶的成分分离。然后分别进行采样，再制备成平均样品。

四、罐头的制备

水果罐头在捣碎前需清除果核；肉禽罐头应预先剔除骨头；鱼类罐头要将调味品（葱、辣椒等）分出后再捣碎，常用捣碎工具有高速组织捣碎机等。

第三节　样品的保存

采集的样品，为了防止其水分或挥发性成分散失以及其他待测成分含量的变化（如光解、高温分解、发酵等），应在短时间内进行分析。如果不能立即分析或是作为复验和备查的样品，则应妥善保存。

制备好的样品应放在密封洁净的容器内，于避光阴暗处保存，但切忌使用带有橡皮垫的容器，应根据食品种类选择其物理化学结构变化极小的适宜温度保存。对易腐败变质的样品保存在 $0 \sim 5℃$ 的冰箱里，保存时间也不宜过长，否则会致样品变质或待测物质的分解。

特殊情况下，可采用升华干燥来保存样品，又称为冷冻干燥。在进行冷冻干燥时，先将样品冷冻到冰点以下，水分即变成固态冰，然后在高真空下将冰升华以脱水，样品即被干燥。所用真空度约为 $0.1 \sim 0.3mm$ 汞柱的绝对压强，温度为 $-10 \sim -30℃$，而溢出的水分聚集于冷冻的冷凝器，并用干燥剂将水分吸收或直接用真空泵抽走。预冻温度和速度对样品有影响，为此须将样品的温度迅速降到"共熔点"以下。"共熔点"是指样品真正冷冻结成固体的温度，又称为完全固化温度。对于不同的物质其"共熔点"不同，苹果为 $-34℃$、番茄 $-40℃$、梨 $-33℃$。由于样品在低温下干燥，食品化学和物理结构变化很小，所以食品成分的损失比较少，可用于肉、鱼、蛋和蔬菜类样品的保存。保存时间可达数月或更长时间。

此外，样品保存还可以加入适量的不影响分析结果的防腐剂。样品保存环境要清洁干

燥，存放的样品要按日期、批号、编号摆放，以便查找。

第四节　样品的前处理

食品的化学组成非常复杂，既含有蛋白质、糖、脂肪、维生素及因污染引入的有机农药等大分子的有机化合物，又含有钾、钠、钙、铁等各种无机元素。这些组分之间往往通过各种作用力以复杂的结合态或络合态形式存在。当应用某种方法对其中某种组分的含量进行测定时，其他组分的存在，常给测定带来干扰。为了保证分析工作的顺利进行，得到准确的分析结果，必须在测定前破坏样品中各组分之间的作用力，使被测组分游离出来，同时排除干扰组分，以上这些操作过程统称为样品预处理。食品中元素的预处理是将试样转化成适于分离和测定的物理状态和化学状态，即将元素从其他物质中分离出来，一般需将有机物破坏后使之成为无机盐溶液，然后制备成适合测定的浓度范围，再进行测定。样品的预处理关系到分析测定的灵敏度、精密度和准确度，甚至是分析检验的成败，是食品成分分析过程中的一个重要环节。只有少数食品，如饮料、啤酒、白酒等，在测定微量元素的含量时不需要进行预处理，直接用原子吸收分光光度计即可测定。

食品样品的前处理应根据食品的种类、分析对象和被测组分的理化性质及所选用的分析方法决定选用哪种预处理方法，总的原则是试样在分解过程中不能引入待测组分，不能使待测组分有所损失，所用试剂及反应产物对测定应无干扰。干法灰化法和湿法消化法是元素分析中最常用的两种前处理方法，并且可适合于大多数元素。

一、干灰化法

干灰化法是一种应用广泛的样品分解方法，其实质是高温下的氧化分解，使有机物燃尽除去，而待测组分保留在干灰中。分解通常在可以控温的马弗炉中，样品在灰化炉中（一般550℃）被充分氧化。除汞外大多数金属元素和部分非金属元素的测定都可采用这种方法对样品进行预处理。

1. 原理

一般将一定量的样品置于坩埚中加热，使其中的有机物脱水、炭化、分解、氧化，再置马弗炉中（一般为450～550℃）灼烧灰化，使有机物成分彻底分解为 CO_2、水和其他气体而挥发，直至残灰为白色或浅灰色，所得的残渣即为无机成分，可用于测定。

2. 实验方法

干灰化法一般包括试样干燥、炭化、灰化及浸取几个步骤，每一个步骤对分析结果都可能产生影响。

（1）干燥

样品的干燥是分解之前的必需步骤。因为即使是那些被认定为稳定的物质在室内放置时也会吸收水分。水的分子不仅是被吸附在试样的表面，也会浸入试样组织内部使之液化。试样的吸水量是各种物质所固有的，但也会因环境不同而变化。一般试样中残存0.2%的水分就会带来分析值的误差。

固体有机化合物的熔点几乎均匀的分布在50～180℃范围内，其中有1/3的化合物熔点在100℃以上。对于这类化合物的标准干燥温度应低于其熔点20～30℃，即在70℃以下干燥。对于某些化合物也可在100～105℃下干燥。基本原则就是，在试样允许的范围内以尽可能高的温度长时间地减压干燥是合适的。

干燥一般是在装有干燥剂的减压干燥器内进行，而对于许多样品来说，在烘箱中干燥也是可行的。对于挥发性的溶剂则应在水浴上蒸发除去。

（2）炭化

经干燥处理后的样品应在电热板上小火加热，使样品慢慢炭化。温度一般控制在 200～300℃之间。温度过高可能造成样品中有机物质燃烧速度过快，而使样品中的某些挥发性组分随烟尘一起逸出，造成损失。

（3）灰化

炭化后的样品放置于冷马弗炉中，慢慢升温至所需的温度，以缓慢地进行灰化而不致使样品内的温度突然升高。由于挥发性无机化合物有损失的危险，所以灰化应在尽可能低的温度下进行；但温度又不能太低，否则难以保证在较短的时间内使所有的有机物完全燃烧。为了满足这两方面的要求，通常是在 500～550℃下灰化。灰化持续的时间取决于灰化温度，同时也取决于样品的性质、粒度及坩埚中样品层的厚度。最好的办法是把样品薄薄地铺在浅蒸发皿底上。通常完全灰化样品可能需几小时，最好让其在电炉中过夜。一般取 1.5g 样品，但对于液体，所取的体积取决于所要固体物质的量。

（4）浸取

灰化后的灰分一般可用水或稀酸溶解，对于某些难溶的灰分也可用浓盐酸或硝酸溶解，再用水稀释。当灰分中有较大量的硅酸存在时，可能会造成某些元素的吸附损失。在这种情况下，必须加入氢氟酸处理以除去灰分中的硅酸。不同样品其组成有很大的差别，灰分的性质也各不相同，因此必须在对样品组成有较好了解的基础上选择合适的溶剂溶解灰分。

干灰化法一般使用陶瓷坩埚作为容器。在电热板上加热分解残留炭时，使用烧杯状的器具或坩埚较为方便。但应注意，使用瓷坩埚或石墨器皿分解样品进行微量元素测定时，因容器的吸附会使样品中组分产生较大的损失。

3. 方法特点

此法的优点是：①基本不加或加入很少的试剂，因此试剂站污较少，空白值低；②因多数食品经灼烧后灰分的体积很小，因而能处理大批量的样品，可富集被测组分，降低检测下限；③有机物分解彻底；④设备简单，不需要特殊设备；⑤操作方便，不需要工作者严密看管。

此法的缺点是：①所需灰化时间较长；②由于敞口灰化，温度较高，易造成砷、铜、硒、锑、镉、汞等低沸点易挥发元素的损失；③盛放样品的坩埚以及器壁对被测组分有一定的吸留作用，由于高温灼烧使坩埚材料结构改变造成微小孔穴，使某些被测组分吸留于孔穴中很难溶出，只是测定结果和回收率随着灰化温度的升高和时间的增加而降低。

4. 方法误差的主要来源

（1）挥发损失

由于干灰化是在较高温度下于敞开体系中分解样品，所以一些易挥发元素（如卤素、As、Sb、Pb，Cd、Sn，Hg、Se、Te，S 和 P 等）可能以卤化物或有机物的形态挥发造成损失（表 2-3）。为减少这类现象的发生，应使灰化控制在较低的温度下进行。大量实验结果表明，在 450～550℃进行灼烧，或者是在使用添加剂的情况下控制较低的温度下进行灰化，对大部分元素可以获得满意的回收率。

表 2-3 干灰化元素在不同温度下的损失

元素	400℃	450℃	500℃	550℃	600℃	700℃
Ag	+++	0	0；+++	0；+		+++
Al		0	0；+			
As	+++	+++	0；+++	++；+++		+++
Au	++；+++		+++			+++
B	+++					
Ba		0		0		
Be		0	0		0	0
Bi		0	0；+			
Ca	++		0	0	0	0
Cd	0	0	++			
Co	+；+++	0；+++	0；+++	0	0；+++	0；+++
Cr	0	0	0	0	+++	++
Cs	+	0	++	0；++	++	+++
Cu	0	0；+++	0；++	0；+++	0；++	0；++
Fe	++；+++	0；+++	0；+++	0；+++		0；+++
Ge				0；++		
Hg	+++		+++	+++		+++
K	+++		+；+++	0；+	+	++；+++
Mg		0	0			0；+
Mn	0	0	0；+	0	0	0；++
Mo		0；+++	0；+++	0		++
Na	++	0；++	0	++		++
Ni	0	0	0；+	0	0	
P			0	0		
Pb	0	0；+	0；+++	0；+	0；+	0；+++
Pt		0	0			
Sb	+++		++	+		+++
Sn		0	0	0		0
Sr		0；+++	0，+++	0	0	0
Te	+++				+++	
Ti		0	0	0		
V	0	0	0	0	0	
W						
Zn	0	0；++	0，+++	0，+++	0；	0；+++

注："0"没有发现损失；"+"2%~5%损失；"++"6%~20%损失；"+++"超过20%损失。

（2）喷溅损失

这是由于升温速度过快和有机样品燃烧过于激烈造成。进行预炭化处理和控制升温速度可

46

防止这类损失的发生。特别是当处理含水量较大的样品时，由于温度过高或加热速度过快，常常造成溅射而产生损失。消除此误差的办法是灰化前首先干燥样品，然后慢慢升温灰化。

（3）灰分与容器材料间的反应

在高温下分解产生的碱性氧化物容易产生对石英容器的侵蚀。与坩埚反应产生的损失主要取决于灰化的温度和灰分的成分。一些无机化合物，如硫酸盐、硝酸盐或碳酸盐受热分解能产生碱性氧化物，而碱性氧化物容易与坩埚上釉或与石英反应，选择合适材料的坩埚，并采用尽可能低的灰化温度，可消除这些误差。

在测定碱金属和碱土金属时，应该使用铂坩埚。但是在灰分中有易被还原的金属（贵金属、铜、铅和碲）存在时，不能使用铂坩埚，因为这些金属易与铂形成合金。

（4）待测组分未完全溶出

在灰分溶出过程中，必须注意何种灰分用酸处理后会溶出哪一种或哪几种待测组分，然后才能弃掉剩余的残渣。只有主成分能溶于酸时，才能使用这种方法；微量元素具有被吸附或共沉淀于不溶残渣中的趋势，从而造成明显的损失。特别是硅质灰分和碳质残渣难溶于酸（HNO_3 或 HCl），能强烈地保留住无机化合物，特别是那些易被水解的离子，如锡（IV）等，从而导致这类元素（Si、Al）的损失。

加入一些辅助灰化剂（如硝酸、硝酸盐）有助于生成易溶于酸的灰分，防止某些组分（As、Pb，Cd，Cr 等）的挥发损失和避免灰分与容器材料之间化学反应的发生。但使用辅助灰化剂将导致因试剂不纯引起的污染。

（5）碳化物的吸附

灰化温度低于 500℃ 时，试样灰化不完全，残留的碳化物对 Cu^{2+}、Fe^{3+}、Co^{2+}、Ni^{2+}、Zn^{2+}、Pb^{2+}、Cd^{2+} 等金属离子有吸附作用，其中尤以 Fe、Ni、Co、Zn 为甚。在盐酸溶液中残留碳化物时，Fe、Ni、Co、Zn 的吸附量与其含量成正比，而 Mn 和 Al 的吸附量要小得多。残留碳化物的吸附能力与原始试样的种类有关。活性炭的吸附能力随 pH 值降低而减弱，随温度的降低而增强；而食糖、动物肝脏等试样的碳化物，在 pH1～5 的强酸溶液中仍有吸附性。对于各种有机碳化物的吸附作用，除了像活性炭吸附的那种物理作用之外，还必须考虑到化学的吸附作用。残留的碳化物不仅吸附试样中的金属成分，还直接影响微量非金属成分的回收率。

（6）灰化装置的污染

在新式的马弗炉中来自炉膛表面的污染已有所减少，但还是总有一些金属元素从炉壁上挥发出来。电炉的复杂工作经历也是造成污染的原因。此外，炉内温度分布不均，在设定的炉温条件下炉内不同位置的温度有时相差 50～80℃。所以为了减少试样中挥发性元素的损失，只好将炉温控制在较低的情况下工作。尽管如此，在炉内不同位置上，试样的灰化状态、金属成分的损失量以及灰化后的溶出率也有很大的差异。

5. 提高回收率的措施

（1）加入灰化固定剂

为了促进有机物的分解和提高待测组分的回收率，常常在所分解的样品中加入一些添加剂作为辅助灰化剂。辅助灰化剂的作用为：加速样品的氧化过程；防止灰分中某些组分挥发；防止灰分中的某些组分与坩埚材料发生反应。

应用最广泛的辅助灰化剂是一些氧化剂，如硝酸或硝酸盐等。这些氧化剂的加入可以促进某些物质的氧化反应，有助于疏松灰分及形成易溶解的灰分。这些氧化剂可以在开始灰化前加入，也可在灰化过程中不断地用酸处理局部炭化的样品，以便更快地排除被炭化的物质。目前，食品分析中应用最多的辅助灰化剂为 $Mg(NO_3)_2$。

硫酸作为辅助灰化剂的主要作用在于它可将某些易挥发的金属化合物转变为沸点较高、较难挥发的硫酸盐，可一定程度上避免挥发性损失；并可破坏某些易挥发的金属有机络合物。

各种碱，通常是一些碱土金属的氧化物或氢氧化物、碱金属碳酸盐、醋酸镁或碱土金属硝酸盐等也可以作为助灰剂。它的主要功能是防止某些元素，如氟，砷，磷和硼的挥发性损失。

加入辅助灰化剂后，所得到的灰分体积比用其他方法得到的灰分体积大。因而使样品中待测组分的浓度被冲稀，使其与坩埚接触的机会降低，减小了待测物质与坩埚反应所造成的损失。但辅助灰化剂的加入对灰分的成分有影响，特别是在微量分析时，易造成污染。

一般当灰化温度达 500℃，可加碳酸钙，550℃时加硫酸，850℃时加硫酸与硝酸镁的混合物，900℃时加磷酸氢钙。对于脂肪样品，最好加硝酸镁乙醇溶液。

例如，元素磷可能以含氧酸的形式挥发散失，硫酸盐共存散失更多，加氯化镁或硝酸镁可使磷元素、硫元素转变为磷酸镁或硫酸镁，防止它们损失；为了防止砷的挥发，常在灰化之前加入适量的氢氧化钙；对含锡的样品可加入适量的氢氧化钠；考虑到灰化过程中卤素的散失，样品必须在碱性条件下进行灰化，样品中加入氢氧化钠或氢氧化钙可使卤素转为难挥发的碘化钠或氯化钙；加入氯化镁及硝酸镁可使砷转变为不挥发的焦砷酸镁；氯化镁还起衬垫坩埚材料的作用，减少样品与坩埚的接触和吸留；在一般的灰化温度下，铅、锡容易挥发损失，加硫酸可使易挥发的氯化铅、氯化锡等转变为难挥发的硫酸盐。

（2）采取适宜的灰化温度

灰化食品样品时，应根据被测组分的性质，尽可能降低灰化温度，但温度过低会延长灰化时间，通常选用 500～550℃灰化 2h，或在 600℃灰化 0.5h，一般不超过 600℃。

二、低温干灰化法

低温干灰化法又称等离子体低温灰化法，1962 年 Gleit 等首次在分解有机试样时采用了等离子低温灰化法。它们用高频将低压的氧激发，使含原子态氧的等离子气体接触样品，在低温下缓慢氧化除去有机物。这种方法由于是在低温下依靠原子态氧的气相氧化灰化样品，可较好地抑制无机成分的挥发，并可较好地保持试样中无机物的化学组成及其立体结构。这是因为样品中仅有机物在与原子态氧接触的面上慢慢燃烧，试样总体并没有被加热，无机物没有发生热化学反应，仅仅作为灰分残留下来。金属有机物或金属单体在原子态氧作用下生成低价氧化物，但金属氧化物或其他稳定的无机化合物几乎没有受到影响。

1. 原理

将样品放在低温灰化炉中，先将炉内抽至近真空（约 10Pa），然后不断通入氧气，流速为 0.3～0.8L/min，再利用微波高频或超高频激发产生氧等离子体使氧气活化，最后在低温（25～300℃）下便可使样品完全灰化。低温灰化的速度与等离子体的流速、时间功率和样品体积有关。

2. 方法特点

此方法的优点是：①在常规灰化过程中，一般会产生挥发性损失的元素在此方法中可保留在低温灰化的残渣中，即有效地避免了高温灰化时元素的挥发损失、滞留、吸附而损失易挥发元素以及器壁反应以及试剂污染等问题，获得较好的准确度和精密度；②与其他简单燃烧法一样，不会发生金属污染，而且由于在低温下工作，所以残渣与容器之间发生反应的几率大大减少，回收率比高温法要好得多。

但缺点是此法消耗时间很长，一般需要十几甚至几十小时，而且一次分解的样品量不能太多，仪器的价格较高，迄今未得到普遍应用。

三、湿法消化法

湿法消化是常用的样品消解方法，是向样品中加入分解试剂（如酸、碱、盐等）而使样品消化，被测物质呈离子状态保存在溶液中。

1. 原理

向样品中加入氧化性强酸（如浓硝酸、浓硫酸和高氯酸等），并加热消煮，有时还要加一些氧化剂（如高锰酸钾、过氧化氢）或催化剂（如硫酸铜、硫酸汞、二氧化硒、五氧化二钒等），使样品中的有机物质完全分解、氧化，呈气态逸散，而待测成分转化为离子状态存在于消化液中，供检测使用。通常使用的氧化剂有：浓硝酸、浓硫酸、高氯酸、高锰酸钾和过氧化氢等。在实际工作中，经常采用需要多种试剂结合一起使用。

2. 方法特点

优点是：①由于使用强氧化剂，有机物分解速度快，消化所需时间短；②由于加热温度较干法低，故可减少金属挥发逸散的损失，容器对金属的吸留也少；③被测物质以离子状态保存在消化液中，便于分别测定其中的各种微量元素；④可根据元素特性和氧化性酸的特性选用不同的混合酸组合，因此适用性强，应用广泛。

缺点是：①在消化过程中，有机物快速氧化常产生大量有害气体，因此操作过程需在通风橱内进行；②消化初期，易产生大量泡沫且外溢，故需操作人员严密看管；③消化过程中大量使用各种氧化剂等，试剂用量较大，空白值偏高；④因处理液酸度的不同对原子吸收分光光度法等光谱法则有较大影响；⑤分解中硫酸的存在对一些元素（如铅），能够形成难溶盐而使测定值偏低。

3. 常用的分解试剂

对于多数样品来说，一般以无机酸作为分解试剂。当仅需要溶出金属元素时可以采用硝酸，若需要分解试样中的有机物和其他元素时，可使用以硝酸为基础的混合酸或其他混合酸。常用溶解试样的试剂及应用实例见表 2-4。

表 2-4　分解试样的方法举例

试样	待测元素	分解条件
鸟禽蛋	Na、Ca、Mg、Mn、Al、P、Cr、Cu、Fe、Zn	$HNO_3/HClO_4$（4 +1）
血、皮、牛肝	Fe、Cu、Al、Cr、Zn	HNO_3/H_2SO_4（2 + 1）回流 3h，试样用 25mL 酸分解
肉类、内脏、牛奶、豆类	Sr	在 NH_4Br 存在下，用硝酸回流分解，30 ~ 60min
粮食作物	Cd、Na、Ca、Mg、Mn、Al、K、P、Cr、Cu、Fe、Zn	$HNO_3/HClO_4/H_2SO_4$
海产品	Se	1g 试样，加 25mLHNO_3，静止 2h；加 5mL$HClO_4/H_2SO_4$ 微沸。蒸发至冒 $HClO_4$ 烟
蔬菜类	As、Cd、Co、Cr、Cu、Fe、Zn、Mn、Ni、Pb、Sb、Te	1g 试样加 7mL 混合酸 $H_2SO_4/HNO_3/H_2O_2$（1 + 3 + 3）回流 15min

在实际操作中，为了快速而有效地分解试样，通常用实验来选择酸的种类、用量、分解温度及受热时间等参数。一般来说，酸的用量随试样量的减少而降低，表2－5列出了两者之间的关系。

表2－5　样重与酸用量的关系

样重/mg 酸用量/mL	1	3	10	30	100	300
HNO_3	0.1	0.1	0.2	0.5	1.0	3.0
HCl	0.01	0.01	0.02	0.06	0.2	0.6
HF	0.01	0.01	0.02	0.06	0.2	0.6
$HClO_4$	0.01	0.01	0.02	0.06	0.2	0.6

虽然提高分解温度有利于增强酸的分解能力，缩短分解时间，但考虑到容器材料的承受能力以及试样蒸汽可能发生的穿漏，通常为了使分解容易进行和节省试剂，可以将样品置于硝酸中浸泡过夜(特别是干燥样品)，不仅试样容易溶解，还可以防止在加热时产生气泡。

在湿法分解中除利用酸的氢离子效应外，不同的酸还有其不同的作用，如氧化、还原，或成络作用等。因此为了提高样品的分解效率，也经常同时使用几种酸或加入其他盐类，即采取几种不同的氧化性酸类配合使用，利用各种酸的特点，取长补短，以达到安全、快速、完全破坏有机物的目的。

几种常用的试剂有：

① 硫酸　在样品消化时仅加入硫酸，在加热的情况下，依靠硫酸的脱水炭化作用，破坏有机物。由于硫酸的氧化能力较弱，消化液炭化变黑后，保持较长的炭化阶段，使消化时间延长。为此常加入硫酸钾或硫酸钠以提高其沸点，加适量的硫酸铜或硫酸汞作催化剂，来缩短消化时间。

② 硝酸－高氯酸　先加硝酸进行消化，待大量的有机物分解后，再加入高氯酸，或者以硝酸—高氯酸混合液先将样品浸泡过夜，或小火加热待大量泡沫消失后，再提高消化温度，直至完全消化为止。此法氧化能力强，反应速度快，炭化过程不明显；消化温度较低，挥发损失少。但由于这两种酸受热都易挥发，故当温度过高、时间过长时，容易烧干，并可能引起残余物燃烧或爆炸。为防止这种情况，有时加入少量硫酸。本法对还原性较强的样品，如酒精、甘油、油脂和大量磷酸盐存在时，不宜采用。

③ 硝酸－硫酸　此法是在样品中加入硝酸和硫酸的混合液，或先加入硫酸加热，使有机物分解，在消化过程中不断补加硝酸。这样可缩短炭化过程，并减少消化时间，反应速度适中。由于碱土金属的硫酸盐在硫酸中的溶解度较小，故此法不宜做食品中碱土金属的分析。如果样品含较大量的脂肪和蛋白质时，可在消化的后期加入少量的高氯酸或过氧化氢，以加快消化的速度。

上述几种消化方法各有利弊，在处理不同的样品或做不同的测定项目时，做法上略有差异。在掌握加热温度、加酸的次序和种类、氧化剂和催化剂的加入与否，可按要求和经验灵活控制，并同时做空白试验，以消除试剂和操作条件不同所带来的差异。

4. 消化的操作技术

湿分解法可在敞口容器中于高温、常压下进行，也可在密闭容器中在高温、高压下进行。根据消化的具体操作不同，消化技术可以分为下面几种。

① 敞口消化法　这是最常用的消化技术，通常在凯氏烧瓶或硬质锥形瓶中进行消化。操作时，在凯氏烧瓶中加入样品和消化液，将瓶倾斜呈约45°，用电炉、电热板或煤气灯加热，直至消化完全为止。由于本法敞口操作，有大量消化烟雾和消化分解产物逸出，故需要在通风橱中进行。

② 回流消化法　测定具有挥发性成分时，可在回流消化器中进行。这种消化器由于在上端连接冷凝器，可使挥发成分随同冷凝酸雾形成的酸液流回反应瓶中，不仅可以防止被测组分的挥发损失，而且可以防止烧干。

③ 冷消化法　又称低温消化法，开始将样品和消化液混合后，置于室温或37～40℃烘箱内，放置过夜。由于在低温下消化，可避免极易挥发的元素(如汞)的挥发损失，不需要特殊的设备，极为方便，但仅适用于含有有机物较少的样品。

④ 高压密封罐消化法　这是近几年开发的一种新型样品消化技术，此法是在上述常压湿消化的基础上，密封加压，使样品在强氧化剂和高压的作用下，将其中有机物分解，而待测元素以氧化物或盐的形式存在于消解液中。例如在聚四氟乙烯内罐中加入适量样品、氧化性强酸和氧化剂，放入密封罐后在120～150℃的烘箱中消化数小时，取出后自然冷却至室温，得到的消化液可直接用于测定。其特点是样品用量少，酸用量可以减少，消化速度快，彻底，能防止外界污染物进入，因而使空白值降低。由于消化温度可以相对降低，且密闭的消化系统可避免挥发，从而适宜于砷、铬、镉、铅、铜、锌、硒等易挥发元素的分析测定，且完全可以避免高温灰化法和常压湿法消化法中所存在的问题，已被应用于食品分析中。缺点是不便于处理成批样品，不适于常规分析，密封程度高，且高压消解罐的使用寿命有限。

5. 消化操作的注意事项

① 消化所用的试剂，应采用高纯的酸和氧化剂，所含杂质要少，并同时按与样品相同的操作作空白试验，以扣除消化试剂对测定数据的影响。如果空白值较高，应提高试剂纯度，并选择质量较好的玻璃器皿进行消化。

② 消化瓶内可以加玻璃珠或瓷片，以防止暴沸，凯氏烧瓶的瓶口应倾斜，不应对着人。加热时火力应集中于底部，瓶颈部位应保持较低的温度，以冷凝酸雾，并减少被测组分的挥发损失。消化时，如果产生大量的泡沫，除迅速减小火力外，可加入适量不影响测定的消泡剂，如辛醇、硅油等；也可将样品和消化液在室温下浸泡过夜，第二天再进行加热消化。

③ 在加热过程中需要补加酸或氧化剂时，首先要停止加热，待消化液稍冷后才沿瓶壁缓慢加入，以免发生剧烈反应，引起喷溅。另外在高温下补加酸，会使酸迅速挥发，既浪费又污染环境。

④ 选择分析方法时，必须对如下方面加以考虑：所选择的处理方法是否会导致被测组分的丢失；方法是否有效，能否将被测组分完全转化为可分析的形式；所使用的试剂是否与所用的容器发生反应等。

四、微波消解法

微波是频率约在300MHz～300GHz，即波长在100～0.1cm范围内的电磁波。它能穿透绝缘体介质，直接把能量辐射到有电介特性的物质上，以此来加热物体。以微波作为热源可迅速地分解样品，不仅缩短了分解时间，而且也增加了分解能力。最早使用的微波分解法是在一个敞开的容器中分解样品，虽然此方法提高了热效率，加快了样品分解速度。但某些元素的挥发性损失依然不能避免，而且分解过程中产生的酸气对微波炉还将产生腐蚀。在采用聚四氟乙烯密闭消化罐作为分解用容器之后，如上缺点可被基本克服，使微波加热的优点更为突出。因此被越来越广泛地应用于各种样品的消化分解中。

1. 微波消解法的特点

微波消解是利用微波能量快速分解样品的新方法，它结合了高压消解和微波快速加热两方面性能，因此与传统的加热方式相反，微波可使试样内部直接受热，可以迅速、有效地消化各类试样，所需时间由常规法的数小时缩短至 10～20min。其次可以避免易挥发元素(如 As、B、Cr、Hg、Sb、Se、Sn)的损失，降低空白值。即微波消解法具有速度快、试剂用量少、空白低、挥发损失少、污染少、回收率高等优点，现已被广泛用于污水、化妆品、食品等领域金属元素的检测。微波分析技术是分析领域中一种新的快速溶样技术，也是一种值得研究和推广的样品前处理方法。

2. 微波溶样装置

组成微波溶样的仪器装置可分为三部分：微波炉、溶样器皿和辅助件。

(1) 微波炉

典型的微波炉一般由微波发生器(磁控管)、波导、微波腔、搅拌器、循环器及转盘六部分组成。由磁控管发生的微波，传给波导，再由波导将微波送入微波腔，在微波腔中经搅拌器搅拌，使微波能量均匀分布在各个方向上，循环器的作用是保持磁控管不受损害，同时维持固定功率的输出。

将样品消化器皿置于一个旋转的转盘上，可使样品均匀地接受微波辐射。

磁控管是微波炉中的核心部分，它是由阳极和阴极构成的圆筒形二极管。二极管的截面有几千伏的电位差，在磁场谐作用下，释放出的振荡电子将能量交给微波场，再由密封在真空管中的天线将微波发射出去。由磁控管输出的微波能量一般以瓦计(1W = 14.33cal/min) 其输出功率为 600～700W。可以通过测量水温的升高来确定磁控管的表观输出功率 W_a，若用全功率将 1L 水加热 2min 则 $W_a = 35 \times \triangle T$。

通常微波溶样是使用少量无极高消耗系数的酸，在此情况下，会出现反射微波，即有部分能量反向流动，由微波腔流回磁控管。如无保护装置，会因磁控管过热，影响功率输出，甚至损坏磁控管。一般家用微波炉中无此装置而国外进口的分解样品专用微波炉装有热循环器装置，它采用铁氧体和静电磁场反射波转入虚设负载。能量在此处以热的形式释放，从而达到保护磁控管不受损害同时维持固定输出功率的目的。

(2) 溶样器皿

溶样器皿必须是由能透过微波的玻璃、陶瓷或塑料等材料制成。一般最常用的是聚四氟乙烯材料，由其制成的密闭消化罐具有如下特点：

① 此罐不吸收或很少吸收微波能量，故本身不发热。

② 耐腐蚀能力强。

③ 具有较高的熔点、耐热性好。

④ 疏水性表面、不易被浸润。

⑤ 强度差、长时间使用易变形。

聚四氟乙烯容器在使用前，应在 200℃ 下韧化 90h，如此可改善容器的抗张性，熔融黏滞性增强。使用前后容器应在热盐酸(1:1)中淋洗，再以热硝酸(1:1)清洗。

工程塑料的强度比聚四氟乙烯更高，而且微波穿透性也好。

由于无机酸在密闭容器中沸点明显升高，所以应避免使用高氯酸。

无机酸	HCl	HNO_3	HF	王水
大气压下酸的沸点	110	120	108	112
7 个大气压下酸的沸点	140	190	175	146

金属溶解过程中产生的氢气与罐中的氧反应，易爆炸，所以一般须在外反应完全后再闭罐。

（3）辅助部件

① 盖帽台：专用于打开和拧紧消化罐的盖帽，由于松开和拧紧有固定扭矩，保证了安全阀的正常工作。

② 收集罐与转盘：转盘周围最多可放置 12 个消化罐，中心放置一个收集罐，通过塑料管将全部消化罐与收集罐相连。工作时转盘以 6r/min 的匀速转动，使加热均匀。

③ 排气系统：排气系统可将积聚于炉内的废气排出。

3. 应用

微波加热的特点是物质内部的热效应取代了传统的热传导过程，与密闭高压罐相结合，使它在分解试样方面表现出许多优越性。与传统分解方法比较，该方法具有低能耗、快速高效、试剂用量少、空白值低、不易沾污、可避免挥发损失，试样不易被空气氧化等特点。因此，不仅适于一般元素试样的消解，对易挥发性元素（如硒、汞、砷等）的消解也表现出其特有的优越性。此种方法已在生化、地质、冶金、环保和商检各个部门得到广泛的应用。有机样品分解时由于产生大量的 CO_2 气体，在密闭容器中气体积累会很快超过限制压力。因此需要在闭罐前在电热板上加热预分解。而对于无机样品则需使用更强的混酸，加大功率才能有效地分解。

（1）有机样品

动物植物等样品中主要成分是碳水化合物，脂肪及蛋白质等有机物质。酸消解产生的大量 CO_2 和其他气体产物，若直接闭罐消解，可能引起容器超压，造成危险。为安全起见，除闭罐前将样品预消解外，也可在容器上装置压力释放阀，一旦容器内压力超过特定压力，则释放阀打开，排出气体。

一般可将 0.1g 样品置于 120mL 消化罐中，加入 10mL 浓硝酸，混匀。观察反应。若反应激烈，需待反应平息后再闭罐。先用 30% 的功率工作 10min，若加热了 2～3min 后发现罐内出现棕色气体，说明反应正常。若 10min 后仍无反应迹象，需增加功率，直至反应顺利进行，样品全溶为止。采用密闭罐消解大量有机样品时，可进行多次加热、冷却和开罐操作，以达到快速消解有机样品的目的。

如果消解后得到的是一种清亮的黄色溶液，可滴加数滴 H_2O_2 以褪色。

（2）无机样品

在 120mL 罐中先加入 0.5g 样品，加入 10mL 混酸（HNO_3 + HF 或王水，依样品组成而定）。加酸后，若冒泡，要待泡冒尽后再闭罐。以 40% 的功率工作 10min，若无反应，再增加功率和时间，直至样品全溶为止。

对于一些在常温常压下难以分解的样品，Borman 等设计了一种新型的样品分解装置——微波马弗炉，它可用于需要熔融或灰化样品的制备。这种装置是在微波炉腔内安装一个石英绝热体，在石英绝热体内放置一个高吸收微波能的材料，然后将装有样品的铂金坩埚等置于高吸收微波能材料的孔穴内。如此，传输到微波腔内的微波能几乎完全用于提高样品本身的温度。用 600W 的微波炉可在 2min 内，使石英绝热体内的温度达到约 1000℃。

在微波消解制样中，常用的消解试剂有 $HNO_3 - H_2O_2$、$HNO_3 - HCl$、$HNO_3 - HClO_4$ - HCl、$HNO_3 - HClO_4 - HF$、$HNO_3 - H_2SO_4$ 等。人们发现使用具有 HF 的混酸分解样品，可达到较好的分解效果。但是过量的氢氟酸的存在，在溶解矿物和冶金样品中会产生金属氟化物沉淀。而且会对分析中所使用的玻璃容器或炬管等产生腐蚀。为克服这一弱点，可在溶液中加入一定量的硼酸溶液。它不仅可以络合未反应的 HF 和溶解沉淀的氟化物，而且在原子吸收或 ICP 分析中起到基体改进剂的作用

根据样品的性质，除了以上制备和处理方法外，还有萃取、沉淀、过滤、蒸馏、离子交换等不同的分离采集方法，在实际应用中应根据具体样品和待测元素选择最佳方法。每一种预处理方法都有其自身的优缺点，如何选择合适的处理方法，要根据分析样品的性质，测定的目的，待测元素的种类、性质、含量、分析方法及方法的精度等综合考虑。

第三章 误差与数据处理

在食品的元素检测中，为了得到准确的分析结果，不仅要正确地记录、计算和报告数据，还要对分析结果的可靠性和准确度做出合理的判断和正确的表达，这些都涉及到有效数字和误差的概念。

第一节 误差

不同的工作要求使分析结果具有相应的准确度。不准确的分析结果会导致错误的结论。但是，在分析过程中，即使是技术很熟练的人，用同一方法对同一试样仔细地进行多次分析，也不能得到完全一致的分析结果，而只能获得在一定范围内波动的结果。这就是说分析过程中误差是客观存在的。因此，在进行定量测定时，必须对分析结果进行评价，判断其准确性，检查产生误差的原因，采取减小误差的有效措施，从而提高分析结果的可靠程度。

一、基本概念

1. 真值(x_T)

某一物理量本身具有的客观存在的真实数值，即为该量的真值。一般说来，真值是未知的，但下列情况的真值可以知道：

① 理论真值　如某化合物的理论组成等。

② 计量学约定真值　如国际计量大会上确定的长度、质量、物质的量单位等。

③ 相对真值　认定精度高一个数量级的测定值作为低一级的测量值的真值，这种真值是相对比较而言的。如科学实验中使用的标准样品及样品中组分的含量等。

2. 平均值($\overline{X}$)

n 次测量数据的算术平均值 $\overline{X}$ 为：

$$\overline{X} = \frac{x1 + x2 + \cdots + x_n}{n} \tag{3-1}$$

平均值虽然不是真值，但比单次测量结果更接近真值。因而日常工作中，总是重复测定数次，然后求得平均值。

3. 中位数(x_M)

一组测量数据按大小顺序排列，中间一个数据即为中位数，当测量值的个数为偶数时，中位数为中间相邻两个测量值的平均值。它的优点是能简便直观说明一组测量数据的结果，且不受两端具有过大误差的数据的影响。缺点是不能充分利用数据，因而不如平均值准确。

二、准确度和精密度

分析结果和真实值之间的差值叫误差。误差越小，分析结果的准确度越高，就是说，准确度表示分析结果与真实值接近的程度。

在实际工作中，分析人员在同一条件下平行测定几次，如果几次分析结果的数值比较接近，表示分析结果的精密度高。这就是说，精密度表示各次分析结果相互接近的程度。在分析化学中，有时用重复性和再现性表示不同情况下分析结果的精密度。前者表示同一分析人员在同一条件下所得分析结果的精密度，后者表示不同分析人员或不同实验室之间在各自的条件下所得分析结果的精密度。

1. 误差

测定结果(x)与真实值(x_T)之间的差值称为误差(E)，即：

$$E = x - x_T \tag{3-2}$$

误差越小，表示测定结果与真实值越接近，准确度越高；反之，误差越大，准确度越低。当测定结果大于真实值时，误差为正值，表示测定结果偏高；反之误差为负值，表示测定结果偏低。

误差可用绝对误差和相对误差表示。绝对误差表示测定值与真实值之差。相对误差是指误差在真实值中所占的百分率。

$$相对误差 = \frac{E}{x_T} \times 100\% \tag{3-3}$$

相对误差能反映误差在真实结果中所占的比例，这对于比较在各种情况下测定结果的准确度更为方便，为了避免与百分含量相混淆，分析化学中的相对误差常用千分率（‰或 ppt）表示。

2. 偏差

在实际工作中，对于待分析试样，一般要进行多次平行分析，以求得分析结果的算术平均值。在这种情况下，通常用偏差来衡量所得分析结果的精密度。偏差(d)与误差在概念上是不相同的，它表示测定结果(x)与平均结果$\overline{X}$之间的差值为：

$$d = x - \overline{x} \tag{3-4}$$

设一组测量数据为x_1、$x_2 \cdots x_n$，各单次测定值与平均值的偏差为：

$$d_1 = x_1 - \overline{x}$$
$$d_2 = x_2 - \overline{x}$$
$$\cdots$$
$$d_n = x_n - \overline{x}$$

单次测量结果的偏差之和等于零，即不能用偏差之和来表示一组分析结果的精密度。因此，为了说明分析结果的精密度，可以单次测量偏差的绝对值的平均值即平均偏差表示其精密度：

$$\overline{d} = \frac{|d_1| + |d_2| + \ldots + |d_n|}{n} \tag{3-5}$$

平均偏差没有正负号。

$$单次测量结果的相对平均偏差 = \frac{\overline{d}}{x} \times 1000‰ \tag{3-6}$$

3. 极差(R)

一组测量数据中，最大值(x_{max})与最小值(x_{min})之差称为极差，又称全距或范围误差。用该法表示误差，十分简单，适用于少数几次测定中估计误差的范围。它的不足之处是没有利用全部测量数据。

$$相对极差 = \frac{R}{x} \times 1000‰ \tag{3-7}$$

56

三、系统误差和随机误差

在定量分析中，对于各种原因导致的误差，根据其性质的不同，可以区分为系统误差和随机误差两大类。

1. 系统误差

系统误差是由某种固定的原因所造成的，使测定结果系统偏高或偏低。当重复进行测量时，它会重复出现。系统误差的大小，正负是可以测定的，至少在理论上说是可以测定的，所以又称可测误差。系统误差的最重要的特性，是误差具有"单向性"。

根据系统误差的性质和产生的原因，可将其分为：

① 方法误差　这种误差是由分析方法本身所造成的。例如，在重量分析中，由于沉淀的溶解，共沉淀现象、灼烧时沉淀的分解或挥发等；在滴定分析中，反应进行不完全、干扰离子的影响，计量点和滴定终点不符合及副反应的发生等，系统地导致测定结果偏高或偏低。

② 仪器和试剂误差　仪器误差来源于仪器本身不够精确。如砝码重量、容量器皿刻度和仪表刻度不准等。试剂误差来源于试剂不纯。例如，试剂和蒸馏水中含有被测物质或干扰物质，使分析结果系统偏高或偏低。

③ 操作误差　操作误差是由分析人员所掌握的分析操作与正确的分析操作有差别所引起的。例如，分析人员在称取试样时未注意防止试样吸湿，洗涤沉淀时洗涤过分或不充分，灼烧沉淀时温度过高或过低，称量沉淀时坩埚及沉淀未完全冷却等。

④ 主观误差　主观误差又称个人误差。这种误差是由分析人员本身的一些主观因素造成的。例如，分析人员在辨别滴定终点的颜色时，有的人偏深，有的人偏浅，在读取刻度值时，有的人偏高，有的人偏低等。在实际工作中，有的人还有一种"先入为主"的习惯，即在得到第一个测量值后，再读取第二个测量值时，主观上尽量使其与第一个测量值相符合，这样也容易引起主观误差。主观误差有时列入操作误差中。

2. 随机误差

随机误差又称偶然误差，它是由一些随机的偶然的原因造成的。例如测量时环境温度，湿度和气压的微小波动，仪器的微小变化，分析人员对各份试样处理时的微小差别等，这些不可避免的偶然原因，都将使分析结果在一定范围内波动，引起随机误差。由于随机误差是由一些不确定的偶然原因造成的，因而是可变的，有时大，有时小，有时正，有时负，所以随机误差又称不可测误差。随机误差在分析操作中是无法避免的。例如一个很有经验的人，进行很仔细的操作，对同一试样进行多次分析，得到的分析结果却不能完全一致，而是有高有低。随机误差的产生难以找出确定的原因，似乎没有规律性，但如果进行很多次测定，便会发现数据的分布符合一般的统计规律。这种规律是"概率统计学"研究的重要内容。

在分析化学中，除系统误差和随机误差外，还有一类"过失误差"。过失误差是指工作中的差错，是由于工作粗枝大叶，不按操作规程办事等原因造成的。例如读错刻度、记录和计算错误及加错试剂等。在分析工作中，当出现很大误差时，应分析其原因，若是过失所引起，则在计算平均值时舍去。通常，只要我们加强责任感，对工作认真细致，过失是完全可以避免的。

第二节　有效数字

一、有效数字

有效数字是指在分析工作中实际能够测得的数字。在有效数字中，只有最后一位数字是可疑的，其他数字都是确定的，对于可疑数字，除非特别说明，通常可理解它可能有 ±1 单位的误差。有效数字的位数，直接影响测定的相对误差。在测量准确度内，有效数字位数越多，测量也越准确，但超过了测量的范围，过多的位数是没有意义的，而且是错误的。因此所有的分析数据，应当根据仪器、方法的准确程度，只保留一位不定数字。例如在分析化学中，几个重要物理量的有效数字为：质量 ±0.0001g；容积 ±0.01mL；pH 值 ±0.01；电位 ±0.0001V；吸光度 ±0.001 等。其有效位数的确定，应遵循以下基本原则：

① 一个量值只保留一位不确定数字。在记录测量值时必须记一位不确定的数字，且只能记一位。

② 数字 0~9 都是有效数字，数字"0"在确定有效数字位数时，应根据具体情况而定。当0仅起定位作用时，不是有效数字。例如 1.0020 是五位有效数字，0.0012 则是两位有效数字。

③ 不能因为变换单位而改变有效数字。例如 0.0345g 是三位有效数字，用微克表示应为 $3.45 \times 10^4 \mu g$，而不能写成 34500μg。

④ 计算中的倍数、分数属于自然数，不是测量所得，因此有效数字位数可认为是无限位。

⑤ 对于 pH、pM、lgK 等对数值，其整数部分仅代表该数字的方次，因此其有效数字位数取决于小数部分数字的位数。pH = 10.28，有效数字为两位。

二、数字的修约规则

在处理数据过程中，涉及到的各测量值的有效数字位数可能不同，因此需要按照规则，确定各测定值的有效数字位数。各测量值的有效数字位数确定后，就要将多余的数字舍弃，这个过程称之为有效数字的修约，其原则是既不因保留过多的位数使计算复杂，也不因舍掉任何位数使准确度受损，按照国家标准（GB/T 8170—2008）采用"四舍六入五成双"规则。即当测量值中被修约的那个数字等于或小于 4 时，该数据舍去；等于或大于 6 时，则进位；等于 5 时，看 5 前面的数字，若是奇数则进位，若是偶数则舍弃，即修约后末尾数字都成为偶数；若 5 的后面还有不是"0"的任何数，则此时无论 5 的前面是奇数还是偶数，均应进位。例如：将 0.3742、4.586、13.35、0.4765 和 0.24651 四个测量值修约为三位有效数字时，结果分别为 0.374、4.59、13.4、0.476 和 0.247。修约数字时，只允许对原测量值一次修约，不能分几次修约。例如 0.5749 修约为两位有效数字，不能先修约为 0.575，再修约为 0.58，而应该一次修约为 0.57。

三、有效数字的运算规则

不同位数的几个有效数字在进行运算时，所得结果应保留几位有效数字与运算的类型有关。

1. 加减法

以绝对误差最大的数为准来确定有效数字的位数，即以小数点后位数最少的数据为准，其它的数据均修约到这一位。例如：

求 0.0121 + 25.64 + 1.05782 = ?

每个数据最后一位有 ±1 的绝对误差。即 0.0121 ± 0.0001，25.64 ± 0.01，1.50872 ± 0.00001，其中以小数点位数最少的 25.64 的绝对误差最大，在加合的结果中总的绝对误差取决于该数，所有数据有效数字应以它为准，先修约再计算：0.01 + 25.64 + 1.06 = 26.71

2. 乘除法

以相对误差最大的数为准来确定有效数字位数，即有效数字位数最少的数据为依据，其它的数据均修约到这一位。例如：

求 0.0121 × 25.64 × 1.05782 = ?

其中以 0.0121 的相对误差最大，即有效数字位数最少，因此所有的数据均修约为三位有效数字，再计算：0.0121 × 25.6 × 1.06 = 0.328。

分析结果通常以平均值来表示。在实际测定中，对高含量（质量分数大于 10%）组分的分析结果，一般要求有四位有效数字；对常量（质量分数 1% ~ 10%）组分的分析结果，则一般要求三位有效数字；对微量（质量分数小于 1%）的组分，一般只要求有两位有效数字。有关化学平衡的计算中，一般保留 2 ~ 3 位有效数字，pH 值的有效数字一般保留 1 ~ 2 位。有关误差的计算，一般也只保留 1 ~ 2 位有效数字，通常要使其值变得更大一些，即只进不舍。

第三节　显著性检验

在分析化学中，经常遇到这样的情况，某一分析人员对标准试样进行分析，得到的平均值与标准值不完全一致，或者他采用两种不同的分析方法对同一试样进行分析，得到的两组数据的平均结果不完全相符。还经常遇到这样的情况，两个不同分析人员或不同实验室对同一试样进行分析时，两组数据的平均结果存在较大的差异。这些情况向我们提出一个问题：这些分析结果的差异是由偶然误差引起的，还是它们之间存在系统误差呢？这类问题，在统计学中属于"假设检验"问题。如果分析结果之间存在明显的系统误差，就认为它们之间有"显著性差异"，否则，就认为没有显著性差异。这就是说，分析结果之间的差异纯属偶然误差引起的，是正常的，是人们可以接受的。

显著性检验方法在分析化学中最重要的是 t 检验法和 F 检验法。

一、t 检验法

1. 平均值与标准值的比较

在实际工作中，为了检查分析方法或操作过程是否存在较大的系统误差，可对标准试样进行若干次分析，再利用 t 检验法比较分析结果的平均值与标准试样的标准值之间是否存在显著性差异，就可作出判断。

在一定的置信度时，平均值的置信区间为：

$$\mu = \bar{x} \pm \frac{t_{\alpha},_{f}S}{\sqrt{n}} \qquad (3-8)$$

很明显，如果这一区间能将标准值 μ 包括在其中，即使 μ 与 $\bar{x}$ 不完全一致，我们也只能作出 μ 与 $\bar{x}$ 之间不存在显著性差异的结论，因为按 t 分布规律，这些差异是偶然误差造成的，不属于系统误差。

进行 t 检验时，通常并不要求计算其置信区间，而是首先按下式计算出 t 值：

$$t = \frac{|\bar{x} - \mu|}{s}\sqrt{n} \tag{3-9}$$

如果 t 值 $> t_{\alpha,f}$（见附表A），则存在显著性差异，否则不存在显著性差异。在分析化学中，通常以95%的置信度为检验标准，即显著性水准为5%。

2. 两组平均值的比较

不同分析人员或同一分析人员采用不同方法分析同一试样，所得到的平均值，一般是不相等的。现在要判断这两组数据之间是否存在系统误差，即两平均值之间是否有显著性差异？对于这样的问题，亦可采用 t 检验法。

设两组分析数据为：n_1，s_1，$\bar{x}_1$；n_2，s_2，$\bar{x}_2$。s_1 和 s_2 分别表示第一组和第二组分析数据的精密度，它们之间是否有显著性差异，可采用后面介绍的 F 检验法进行判断。如证明它们之间没有显著性差异，则可认为 $s_1 = s_2 = s_3$。

$$s = \sqrt{\frac{\text{偏差平方和}}{\text{总自由度}}} = \sqrt{\frac{\sum(x_{1i} - \bar{x}_1)^2 + \sum(x_{2i} - \bar{x}_2)^2}{(n_1 - 1) + (n_2 - 1)}} \tag{3-10}$$

s 称为合并标准偏差。总自由度 $f = n_1 + n_2 - 2$。

为了判断两组平均值 $\bar{x}_1$ 与 $\bar{x}_2$ 之间是否存在显著性差异，必须推导出计算两个平均值之差的 t 值。设两组数据的真值为 μ_1 和 μ_2，则有

$$t = \frac{\bar{x}_1 - \bar{x}_2}{s}\sqrt{\frac{n_1 n_2}{n_1 + n_2}} \tag{3-11}$$

当 $t > t_{表}$ 时，可以认为 $\mu_1 \neq \mu_2$，两组分析数据不属于同一总体，即它们之间存在显著性差异，反之，当 $t \leqslant t_{表}$ 时，可以认为 $\mu_1 = \mu_2$，两组分析数据属于同一总体，即它们之间不存在显著性差异。

二、F 检验法

F 检验法主要通过比较两组数据的方差 s^2，以确定它们的精密度是否有显著性差异。至于两组数据之间是否存在系统误差，则在进行 F 检验并确定它们的精密度没有显著性差异之后，再进行 t 检验。

$$s^2 = \frac{\sum\limits_{i=1}^{n}(x - \bar{x})^2}{n - 1} \tag{3-12}$$

F 检验法的步骤很简单。首先计算出两个样本的方差，分别为 $s_大$ 和 $s_小$，它们相应地代表方差较大和较小的那组数据的方差，然后计算 F 值：

$$F = \frac{s_大^2}{s_小^2} \tag{3-13}$$

计算时，规定 $s_大^2$ 为分子，$s_小^2$ 为分母，这样才能与附表所列 F 值进行比较。很明显，如果两组数据的精密度相差不大，则 $s_大^2$ 与 $s_小^2$ 相差也不大，F 值趋近于1；相反，如果两者之间存在显著性差异，则 $s_大^2$ 与 $s_小^2$ 之间的差别就会很大，相除的结果，F 值一定很大。在一定的置信度及自由度的情况下，如 F 值大于表中所相应 F 值（见附表B），则认为它们之间存在显著性差异（置信度95%），否则不存在显著性差异。

第四节　可疑测定值的取舍

在实验中，当对同一试样进行多次平行测定时，常常出现某一两个测定值比其余测定值明显地偏大或偏小，这一数据称之为可疑值(也称离群值或极端值)。可疑值的取舍会影响结果的平均值，尤其当数据少时影响更大，因此在计算前必须对可疑值进行合理的取舍。若可疑值确定是由过失造成的，则可以弃去不要，否则不能随意舍弃或保留，应该用统计检验的方法，根据随机误差分布规律来确定该可疑值与其他数据是否来源于同一总体，以决定取舍。统计学中对可疑值的取舍方法有几种，其中比较简单的有 $4\bar{d}$ 法、Q 检验法以及效果较好的格鲁布斯法。

一、$4\bar{d}$ 法

根据正态分布规律，偏差超过 3σ 的个别测定值的概率小于 0.3%，故当测定次数不多时，这一测定值通常可以舍去。已知 $\delta = 0.80\sigma$，$3\sigma \approx 4\delta$，即偏差超过 4δ 的个别测定值可以舍去。

对于少量实验数据，只能用 s 代替 σ，用 $\bar{d}$ 代替 δ，故粗略地可以认为，偏差大于 $4\bar{d}$ 的个别测定值可以舍去。很明显，这样处理问题是存在较大误差的。但是，由于这种方法比较简单，不必查表，故至今仍为人们所采用。显然，这种方法只能应用于处理一些要求不高的实验数据。当 $4\bar{d}$ 法与其他检验法矛盾时，应以其他法则为准。

用 $4\bar{d}$ 法判断异常值的取舍时，首先求出除异常值外的其余数据的平均值 $\bar{x}$ 和平均偏差 $\bar{d}$，然后将异常值与平均值进行比较，如绝对差值大于 $4\bar{d}$，则可疑值舍去，否则保留。

二、格鲁布斯(Grubbs)法

有一组数据，从小到大排列为：x_1，x_2，$\cdots$，x_{n-1}，x_n。其中 x_1 或 x_n 可能是异常值，需要首先进行判断，决定其取舍。

用格鲁布斯法判断异常值时，首先计算出该组数据的平均值及标准偏差，再根据统计量 T 进行判断。统计量 T 与异常值、平均值及标准偏差有关。

$$\text{设 } x_1 \text{ 是可疑的，则 } T = \frac{\bar{x} - x_1}{s} \tag{3-14}$$

$$\text{设 } x_n \text{ 是可疑的，则 } T = \frac{x_n - \bar{x}}{s} \tag{3-15}$$

如果 T 值很大，说明异常值与平均值相差很大，有可能要舍去。T 值要多大才能确定该异常值应舍去呢？这要看我们对置信度的要求如何。统计学家们制定了临界 $T_{\alpha, n}$ 表(见附表C)，可供查阅。如果 $T \geq T_{\alpha, n}$，则异常值应舍去，否则应保留。α 为显著性水准，n 为实验数据数目。

格鲁布斯法最大的优点是在判断异常值的过程中，将正态分布中的两个最重要的样本参数 $\bar{x}$ 及 s 引入进来，故方法的准确性较好。这种方法的缺点是需要计算 $\bar{x}$ 及 s，手续稍麻烦。

三、Q 检验法

设一组数据，从小到大排列为：x_1，x_2，$\cdots$，x_{n-1}，x_n。设 x_n 为异常值，则根据统计量 Q 进行判断，确定其取舍。统计量 Q 为：

$$Q = \frac{x_n - x_{n-1}}{x_n - x_1} \qquad\qquad (3-16)$$

式中分子为异常值与其相邻的一个数值的差值，分母为整个数据的极差。Q 值越大，说明 x_n 离群越远，至一定界限时，即应舍去。Q 称为"舍弃商"。统计学家已经计算出不同置信度时的 Q 值，当计算所得 Q 值大于表中的 $Q_表$ 值时，该异常值即应舍去，否则应予保留。

如 x_1 为异常值，则按下式计算 Q 值：

$$Q = \frac{x_2 - x_1}{x_n - x_1} \qquad\qquad (3-17)$$

然后将 Q 值与 $Q_表$ 值(见附表 D)进行比较，确定其取舍。

最后应该指出，异常值的取舍是一项十分重要的工作。在实验过程中得到一组数据后，如果不能确定个别异常值确系由于"过失"引起的，就不能轻易地去掉这些数据，而是要用上述统计检验方法进行判断之后，才能确定其取舍。在这一步工作完成后，就可以计算该组数据的平均值、标准偏差以及进行其它有关数理统计工作。

第五节　提高分析结果准确度的方法

前面讨论了误差的产生及其有关原理，在此基础之上，结合实际情况，简要讨论如何减少、控制和消除分析过程中的误差。

一、选择合适的分析方法

各种分析方法的准确度和灵敏度是不相同的。例如滴定分析，灵敏度虽不高，但对于高含量组分的测定，能获得比较准确的结果，相对误差一般是千分之几。相反，对于低含量组分的测定，滴定法的灵敏度一般达不到，而一般仪器分析法的灵敏度较高，相对误差虽然较大，但对于低含量组分的测定，因允许有较大的相对误差，所以这时采用仪器分析法是比较合适的。

二、增加平行测定次数，减小随机误差

在消除系统误差的前提下，平行测定次数愈多，平均值愈接近真实值。因此，增加测定次，可以减少随机误差。在一般化学分析中，对于同一试样，通常要求平行测定 2～4 次，以获得较准确的分析结果。增加更多的测定次数，虽可获得更为准确的结果，但耗时太多，也需要在实际工作中加以考虑.

三、消除测量过程中的系统误差

消除测量过程中的系统误差，是一件非常重要而又比较难以处理的问题。在实际工作中，有时遇到这样的情况，几个平行测定的结果非常接近，似乎分析工作没有什么问题了，可是用其它可靠的方法一检查，就发现分析结果有严重的系统误差，甚至因此而造成严重差错。由此可见，在分析工作中，必须十分重视系统误差的消除。

造成系统误差有各方面的原因，通常根据具体情况，采用不同的方法来检验和消除系统误差。

1. 对照试验

对照试验是检验系统误差的有效方法。进行对照试验时，常用已知结果的试样与被测试

样一起进行对照试验，或用其他可靠的分析方法进行对照试验，也可由不同人员、不同单位进行对照试验。

标准试样的分析结果比较可靠，可供进行对照试验用。进行对照试验时，尽量选择与试样组成相近的标准试样进行对照分析。根据标准试样的分析结果，即可判断试样分析结果有无系统误差。

在判断系统误差的过程中，为了使判断结果可靠，宜采用有关统计方法进行检验。

由于标准试样的数量和品种有限，所以有些单位又自制一些所谓"管理样"，以此代替标准试样进行对照分析。管理样事先经过反复多次分析，其中各组分的含量也是比较可靠的。

如果没有适当的标准试样和管理试样，有时可以自己制备"人工合成试样"来进行对照分析。人工合成试样是根据试样的大致成分由纯化合物配制而成，配制时，要注意称量准确，混合均匀，以保证被测组分的含量是准确的。

进行对照试验时，如果对试样的组成不完全清楚，则可以采用"加入回收法"进行试验。这种方法是向试样中加入已知量的被测组分，然后进行对照试验，看看加入的被测组分能否定量回收，以此判断分析过程是否存在系统误差，用其他可靠的分析方法进行对照试验也是经常采用的一种办法。作为对照试验用的分析方法必须可靠，一般选用国家颁布的标准分析方法或公认的经典分析方法。

在许多生产单位中，为了检查分析人员之间是否存在系统误差和其他问题，常在安排试样分析任务时，将一部分试样重复安排在不同分析人员之间，互相进行对照试验，这种方法称为"内检"。有时又将部分试样递交其他单位进行对照分析，这种方法称为"外检"。

2. 空白试验

由试剂和器皿带进杂质所造成的系统误差，一般可作空白试验来扣除。所谓空白试验，就是在不加试样的情况下，按照试样分析同样的操作手续和条件进行试验。试验所得结果称为空白值。从试样分析结果中扣除空白值后，就得到比较可靠的分析结果。

空白值一般不应很大，否则扣除空白时会引起较大的误差。当空白值较大时，就只好从提纯试剂和改用其他适当的器皿来解决问题。

3. 校准仪器

仪器不准确引起的系统误差，可以通过校准仪器来减小其影响。例如砝码、移液管和滴定管等，在精确的分析中，必须进行校准，并在计算结果时采用校正值。在日常分析工作中，因仪器出厂时已进行过校准，只要仪器保管妥善，通常可以不再进行校准。

4. 分析结果的校正

分析过程中的系统误差，有时可采用适当的方法进行校正。

第六节　分析结果的评价

一、精密度

精密度是指多次平行测定结果相互接近的程度。这些测试结果的差异是由偶然误差造成的，它代表着测定方法的稳定性和重现性。精密度的高低可用偏差来衡量。偏差是指个别测定结果与几次测定结果的平均值之间的差别。偏差有绝对偏差和相对偏差之分。测定结果与测定平均值之差为绝对偏差，绝对偏差占平均值的百分比为相对偏差。

二、准确度

准确度是指测定值与真实值的接近程度。测定值与真实值越接近，则准确度越高。准确度主要是由系统误差决定的，它反映测定结果的可靠性。准确度高的方法精密度必然高，而精密度高的方法准确度不一定高。准确度高低可用误差来表示。误差越小，准确度越高。误差是分析结果与真实值之差。误差有两种表示方法，即绝对误差和相对误差。绝对误差指测定结果与真实值之差；相对误差是绝对误差占真实值（通常用平均值代表）的百分率。选择分析方法时，为了便于比较，通常用相对误差表示准确度。

三、灵敏度

灵敏度是指某方法对单位浓度或单位量待测物质变化所产生的响应量的变化程度，即分析方法所能检测到的最低限度。不同的分析方法有不同的灵敏度，一般而言，仪器分析法具有较高的灵敏度，而化学分析法（重量分析和容量分析）灵敏度相对较低。在选择分析方法时，要根据待测成分的含量范围选择适宜的方法。一般来说，待测成分含量低时，需选用灵敏度高的方法；含量高时宜选用灵敏度低的方法，以减少由于稀释倍数太大所引起的误差。由此可见灵敏度的高低并不是评价分析方法好坏的绝对标准。一味追求选用高灵敏度的方法是不合理的。如重量分析和容量分析法，灵敏度虽不高，但对于高含量的组分的测定能获得满意的结果，相对误差一般为千分之几。相反，对于低含量组分的测定，重量法和容量法的灵敏度一般达不到要求，这时应采用灵敏度较高的仪器分析法。而灵敏度较高的方法相对误差较大，但对低含量组分允许有较大的相对误差。

四、检出限

检出限是指为某特定分析方法在给定的置信度内可从试样中检出待测物质的最小浓度或最小值。所谓检出是指定性检出，即判定试样中存有浓度高于空白的待测物质。检出限除了与分析中所用试剂和水的空白有关外，还与仪器的稳定性及噪声水平有关。检出限有仪器检出限和方法检出限两类。

仪器检出限：指产生的信号比仪器噪音大 3 倍的待测物质的浓度，但不同仪器检出限定义有所差别。

方法检出限：指当用一完整的方法，在 99% 置信度内，产生的信号不同于空白中被测物质的浓度。

灵敏度和检出限是两个从不同角度表示检测器对测定物质敏感程度的指标，前者越高，后者越低，说明其检测性能越好。

第四章　食品中金属元素的分析方法

食品中元素的分析方法早期广泛应用的是比色法和电化学方法，随着分析测定方法研究的不断发展，可选方法也越来越多，例如原子吸收光谱法和原子发射光谱法由于其较高的灵敏度、选择性、重现性、精密度和准确度，因此目前具有比较广泛的应用。比色法和分光光度法具有设备简单、价廉、较高的灵敏度，为我国一般基础实验室所采用。此外原子荧光光度法、原子发射光谱法、质谱法和 X 荧光光谱法也已成功地应用于食品中元素的分析，但因仪器昂贵，且成本高，目前仅限于研究领域。

第一节　滴定分析法

一、概　述

滴定分析法又叫容量分析法。这种方法是将一种已知准确浓度的试剂溶液（标准溶液），滴加到被测物质的溶液中，或者是将被测物质的溶液滴加到标准溶液中，直到所加的试剂与被测物质按化学计量定量反应为止，然后根据试剂溶液的浓度和用量，计算被测物质的含量。这种已知准确浓度的试剂溶液就是滴定剂。通常将滴定剂从滴定管加到被测物质溶液中的过程叫滴定。当加入的标准溶液与被测物质定量反应完全时，反应到达了化学计量点（简称"计量点"）。计量点一般依据指示剂的变色来确定。在滴定过程中，指示剂正好发生颜色变化的转变点称为滴定终点。滴定终点与计量点不一定恰好符合，由此而造成的分析误差称为终点误差。

滴定分析通常用于测定常量组分，即被测组分的含量一般在 1% 以上。有时也可以用于测定微量组分。滴定分析法比较准确，在较好情况下，测定的相对误差不大于约 0.2%。

滴定分析简便、快速，可用于测定很多元素，且有足够的准确度。因此，它在生产实践和科学实验中具有很大的实用价值。

滴定法是国家标准所规定的用于检测食品中钙（GB/T5009.92—2003）、碘（SC/T3010—2001）、饮用天然矿泉水中镁（GB/T8538—2008）等元素的方法。

二、滴定方式

1. 直接滴定法

直接滴定法是滴定分析中最常用和最基本的滴定方法。凡是满足下述要求的反应，都可用直接滴定法，即用标准溶液直接滴定待测物质。

① 反应必须具有确定的化学计量关系。即反应按一定的反应方程式进行。这是定量计算的基础。

② 反应必须定量地进行。通常要求达到 99.9% 以上。

③ 必须具有较快的反应速度。对于速度较慢的反应，有时可加热或加入催化剂来加速反应的进行。

④ 必须有适当简便的方法确定滴定终点。

有时反应不能完全符合上述要求，因而不能采用直接滴定法。遇到这种情况时，可采用下述几种方法进行滴定。

2. 返滴定法

当试液中待测物质与滴定剂反应很慢（如 Al^{3+} 与 EDTA 的反应），或者用滴定剂直接滴定固体试样（如用 HCl 滴定固体 $CaCO_3$）时，反应不能立即完成，故不能用直接滴定法进行滴定。此时可先准确地加入过量标准溶液，使与试液中的待测物质或固体试样进行反应，待反应完成后，再用另一种标准溶液滴定剩余的标准溶液，这种滴定方法称为返滴定法。

3. 置换滴定法

当待测组分所参与的反应不按一定反应式进行或伴有副反应时，不能采用直接滴定法。可先用适当试剂与待测组分反应，使其定量地置换为另一种物质，再用标准溶液滴定这种物质，这种滴定方法称为置换滴定法。

4. 间接滴定法

不能与滴定剂直接起反应的物质，有时可以通过另外的化学反应，以滴定法间接进行测定。例如将 Ca^{2+} 沉淀为 CaC_2O_4 后，用 H_2SO_4 溶解，再用 $KMnO_4$ 标准溶液滴定与 Ca^{2+} 结合的 $C_2O_4^{2-}$，从而间接测定 Ca^{2+}。

由于返滴定法、置换滴定法、间接滴定法的应用，大大扩展了滴定分析的应用范围。

第二节　吸光光度法

吸光光度法是基于物质对光的选择性吸收而建立起来的分析方法，包括比色法、可见及紫外分光光度法及红外光谱法等。

比色法是国家标准所规定的用于检测食品中砷（GB/T5009.11—2003 和 GB/T5009.76—2003）、铅（GB/T5009.12—2010）、锌（GB/T5009.14—2003）、镉（GB/T5009.15—2003）、硒（GB/T5009.16—2003）、汞（GB/T5009.17—2003）、氟（GB/T5009.18—2003）、镍（GB/T5009.138—2003）等元素的方法。

分光光度法是国家标准所规定的用于检测食品中砷（GB/T5009.11—2003）、铜（GB/T5009.13—2003）、铅（GB/T5009.75—2003）、磷（GB/T5009.87—2003）、锗（GB/T5009.151—2003）、铝（GB/T5009.182—2003）、钒（GB/T15503—1995）、饮用天然矿泉水中铁，镁，锰，钴，铜，锌，铝，钒，砷（GB/T8538—2008）、钴（HJ550—2009）、碘（WS302—2008）等元素的方法。

一、概　述

1. 光的基本性质

光是一种电磁波，如果按照波长或频率排列，则得到如表 4-1 所示的电磁波谱表。

表 4-1　电磁波谱表

光谱名称	波长范围	跃迁类型	分析方法
X 射线	0.1～100nm	K 和 L 层电子	X 射线光谱法
远紫外光	10～200nm	中层电子	真空紫外光度法

光谱名称	波长范围	跃迁类型	分析方法
近紫外光	200~400nm	价电子	紫外光度法
可见光	400~750nm	价电子	比色及可见光度法
近红外光	0.75~2.5μm	分子振动	近红外光谱法
中红外光	2.5~5.0μm	分子振动	中红外光谱法
远红外光	5.0~1000μm	分子转动和低位振动	远红外光谱法
微波	0.1~100cm	分子转动	微波光谱法
无线电波	1~1000m		核磁共振光谱法

光具有两象性：波动性和粒子性，波动性是指光按波动形式传播。例如，光的折射，衍射，偏振和干涉等现象，就明显地表现其波动性。光的波长 λ、频率 ν 与速度 c 的关系为：$\lambda\nu=c$。式中 λ 以 cm 表示；ν 以 Hz 表示；c 为光速，在真空中等于 2.9979×10^{10}cm/s，约等于 3×10^{10}cm/s。

光同时又具有粒子性。例如，光电效应就明显地表现其粒子性。光是由光微粒子（光量子或光子）所组成的。光量子的能量与波长的关系为：$E=h\nu=hc/\lambda$。式中 E 为光量子能量（J）；ν 为频率（Hz）；h 为普朗克常数（6.6256×10^{-34}J·s）。不同波长（或频率）的光，其能量不同，短波的能最大，长波的能量小。

2. 吸收光谱的产生

吸收光谱有原子吸收光谱和分子吸收光谱。分子吸收光谱比较复杂。这是由分子结构的复杂性所引起的。在同一电子能级中有几个振动能级，而在同一振动中又有几个转动能。电子能级间的能量差一般为 1~20 电子伏特（eV）。因此，由电子能级跃迁而产生的吸收光谱，位于紫外及可见光部分。这种由价电子跃迁而产生的分子光谱称为电子光谱。

在电子能级变化时，不可避免地亦伴随着分子振动和转动能级的变化。因此，分子的电子光谱通常比原子的线状光谱复杂得多，呈带状光谱。如果用近红外线（波长约 1~25μm，能量约 1~0.05eV）激发分子，则不足以引起电子能级的跃迁，而只能引起分子振动能级（能级间的能量差约 0.05~1eV）和转动能级（能级间的能量差小于 0.05eV）的跃迁。这样得到的吸收光谱称为振动–转动光谱或红外吸收光谱。各种物质的分子对红外光的选择吸收与其分子结构密切相关，因此，红外吸收光谱法可应用于分子结构的研究。

波长 200~400nm 范围的光称为紫外光。人眼能感觉到的光的波长大约在 400~750nm 之间，称为可见光。白光是一种混合光，它是由红、橙、黄、绿、青、蓝、紫等各种色光按一定比例混合而成的。各种色光的波长范围不同。物质的颜色正是由于物质对不同波长的光具有选择吸收作用而产生的。例如，硫酸铜溶液因吸收白光中的黄色光而呈蓝色。如果将两种相对应颜色的光按一定比例混合，可以成为白光。因此，这两种色光称为互补色光。以上粗略地用物质对各种色光的选择吸收来说明物质呈现的颜色。如果测量某种物质对不同波长单色光的吸收程度，以波长为横坐标，吸光度为纵坐标作图，可得到一条曲线（吸收光谱曲线或光吸收曲线）。它能更清楚地描述物质对光的吸收情况。

3. 比色法和分光光度法的方法特点

① 灵敏度高　这类方法常用于测定试样中 $1\%\sim10^{-3}\%$ 的微量组分，甚至可测定低至 $10^{-4}\%\sim10^{-5}\%$ 的痕量组分。

② 准确度较高　一般比色法的相对误差为 5% ~ 10%，分光光度法为 2% ~ 5%，对于常量组分的测定，已完全能满足要求。如采用精密的分光光度计测量，相对误差可减少至 1% ~ 2%。

③ 应用广泛　几乎所有的无机离子和许多有机化合物都可以直接或间接地用比色法或分光光度法进行测定。

④ 操作简便、快速，仪器设备也不复杂　近年来，由于新的灵敏度高、选择性好的显色剂和掩蔽剂的不断出现，常常可不经分离就能直接进行比色或分光光度测定。

二、原子吸收方法原理

1. 目视比色法

用眼睛观察，比较溶液颜色深度以确定物质含量的方法称为目视比色法。常用的目视比色法是标准系列法。用一套由相同质料制成的、形状大小相同的比色管（容量有 10、25、50 及 100mL 等几种），将一系列不同量的标准溶液依次加入各比色管中，再分别加入等量的显色剂及其他试剂，并控制其他实验条件相同，最后稀释至同样体积。这样使配成一套颜色逐渐加深的标准色阶。将一定量被测试液置于另一比色管中，在同样条件下进行显色，并稀释至同样体积。然后从管口垂直向下观察，也可以从比色管侧面观察，若试液与标准系列中某溶液的颜色深度相同，即透过光强度相等时，则这两个比色管中溶液的浓度相等，如果被测试液颜色深度介于相邻两个标准溶液之间，则试液浓度也就介于这两个标准溶液的浓度之间。

2. 光电比色法

光电比色法是借助光电比色计来测量一系列标准溶液的吸光度，绘制标准曲线，然后根据被测试液的吸光度，从标准曲线上求得被测物质的浓度或含量。

光电比色法与目视比色法在原理上并不完全一样。光电比色法是比较有色溶液对某一波长光的吸收情况，目视比色法则是比较透过光的强度。例如，测定溶液中 $KMnO_4$ 的含量时，光电比色法测量的是 $KMnO_4$ 溶液对黄绿色光的吸收情况，目视比色法则是比较 $KMnO_4$ 溶液透过红紫色光的强度。

与目视比色法比较，光电比色法有下述优点：用光电池代替人的眼睛进行测量，提高了准确度；当有某些有色物质共存时，可以采用适当的滤光片或适当的参比溶液来消除干扰，因而提高了选择性。

3. 分光光度法

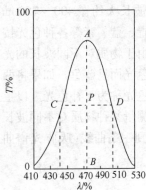

图 4 - 1　滤光片的透光曲线和光谱半宽度

分光光度法的基本原理与光电比色法是相同的，所不同的仅在于获得单色光的方法不同。前者采用棱镜或光栅等分光器，后者采用滤光片。利用分光器可以获得纯度较高的单色光（半宽度 5 ~ 10nm），所用仪器是分光光度计。分光光度法的测量范围不再局限于可见光区域内，而是扩展到紫外和红外光区域。

单色光的纯度，一般用光谱半宽度表示。在图 4 - 1 中，从适光曲线上的最高点 A 作垂线，与横坐标相交于 B 点，再在 AB 线的中点 P 处作水平线，与透光曲线相交于 C、D 两点，则 C、D 间的距离（用 nm 表示），就是透过峰的 1/2 高度处的宽度，称为光谱半宽度。光谱半宽度愈小，透过的单色光就愈纯。

分光光度法的特点是：

① 由于入射光是纯度较高的单色光，因此，用分光光度法可以得到十分精确细致的吸收光谱曲线。通过选择最合适的波长进行测定，可使偏离朗伯－比耳定律的情况大为减少，标准曲线直线部分的范围更大。分光光度计一般比较精密，因而分析结果的准确度较高。

② 由于可以任意选取某种波长的单色光，故在一定条件下，利用吸光度的加和性，可以同时测定溶液中两种或两种以上的组分。

③ 由于入射光的波长范围扩大了，故许多无色物质，只要它们在紫外或红外光区域内有吸收峰，都可以用分光光度法进行测定。

三、分光光度计

分光光度计一般按工作波长范围分类，如表 4－2 所示。

表 4－2　分光光度计的分类

分类	工作范围 λ/nm	光源	单色器	接受器	国产型号
可见分光光度计	420～700	钨灯	玻璃棱镜	硒光电池	72 型
	360～700	钨灯	玻璃棱镜	光电管	721 型
紫外、可见和近红外分光光度计	200～1000	氢灯 及钨灯	石英棱镜 或光栅	光电管或 光电倍增管	751 型 WFD－8 型
红外分光光度计	760～40000	硅碳棒或 辉光灯	岩盐或 萤石棱镜	热电堆或 测辐射热器	WFD－3 型 WFD－7 型

紫外、可见分光光度计主要应用于无机物和有机物含量的测定，红外分光光度计主要用于结构分析。

国产 721 型分光光度计是目前实验室普遍使用的简易型可见分光光度计，其光学系统如图 4－2 所示。

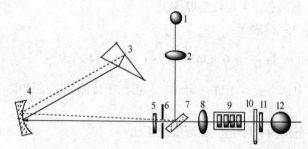

图 4－2　721 型可见分光光度计光学系统构造图

1—光源钨灯；2—聚光透镜；3—色散棱镜（玻璃）；4—球面准直镜；5—保护玻璃；6—入射狭缝；
7—平面反射镜；8—聚光透镜；9—玻璃比色皿；10—光路闸门；11—保护玻璃；12—G－D7 型真空光电管

第三节　原子吸收光谱法

一、概　述

原子吸收光谱法也称为原子吸收分光光度法，是 20 世纪 50 年代出现的一种仪器分析方法，用于直接或间接测定样品中金属元素含量，原子吸收是目前定量测定食品中微量元素所应用最广泛的方法之一。

目前原子吸收光谱法不需要进行复杂的分离操作就可以用来测定 70 多种金属和类金属元素的含量，既可以进行痕量分析，也可以进行微量甚至常量的测定。原子吸收仪器的操作简便，分析速度快，对大多数元素都有较高的灵敏度，可测定试样中 mg/L 或 μg/L 数量级的组分。由于原子吸收法使用的光源就是被测元素做成的发射光谱灯，因为共振发射和共振吸收对某一元素来说是特征的，因此分析的选择性高，干扰较小，通常对试样只需要进行简单的处理，就可直接进行分析，避免了繁杂的分离步骤，节省了分析时间，也容易得到准确的分析结果。此外还具有精密度好、适用范围广、操作简便、易于掌握等优点。其缺点是不能多元素同时分析；原子吸收光谱法分析不同元素，必须使用不同的元素灯，操作起来比较繁琐。

原子吸收光谱法是国家标准所规定的用于检测食品中砷（GB/T5009.11—2003）、铅（GB/T5009.12—2010）、铜（GB/T5009.13—2003）、锌（GB/T5009.14—2003）、镉（GB/T5009.15—2003）、汞（GB/T5009.17—2003）、铁，镁，锰（GB/T5009.90—2003）、钙（GB/T5009.92—2003）、铬（GB/T5009.123—2003）、镍（GB/T5009.138—2003）、锗（GB/T5009.151—2003）、饮用天然矿泉水中铁，钴，铜，钠，镍，铅，铬，钒，铝，镉，硒，汞（GB/T8538—2008）等元素的方法。

二、原　理

原子吸收光谱法是基于从光源发射的待测元素的特征辐射通过样品蒸气时，被蒸气中待测元素的基态原子所吸收，然后根据辐射强度的减弱程度进行元素定量分析的一种方法。

在实际工作中，对于原子吸收值的测量，是以一定光强的单色光 I_0 通过原子蒸气，然后测出被吸收后的光强 I，此吸收过程符合朗伯 - 比耳定律，即

$$I = I_0 \cdot e^{-K_v L} \tag{4-1}$$

式中，K_v 为吸收系数，L 为吸收层厚度。

吸光度 A 可用式(4-2)表示：

$$A = \lg \frac{I_0}{I} = 0.4343 \cdot K_v \cdot L = 0.4343 \cdot K_1 \cdot N \cdot L \tag{4-2}$$

在实际分析过程中，当实验条件一定时，N 正比于待测元素的浓度，所以

$$A = KC \tag{4-3}$$

即在一定的浓度范围内，吸光度和浓度成正比。

三、原子吸收光谱仪

原子吸收光谱仪又称原子吸收分光光度计，由光源系统、原子化系统、分光系统和检测系统四部分组成，基本构造如图 4-3 所示：

1. 光源系统

光源的作用是辐射待测元素的特征光谱，实际上就是辐射共振线和其他非吸收谱线。为了测出待测元素的峰值吸收，必须使用锐线光源。空心阴极灯是目前应用最广的光源，空心阴极灯是由玻璃管制成的封闭着低压气体的放电管。主要是由一个阳极和一个空心阴极组成。阴极为空心圆筒形，由待测元素的高纯金属和合金直接制成，贵重金属以其箔衬在阴极内壁。阳极为钨棒。灯的光窗材料一般为石英玻璃或硬质玻璃。制作时先抽成真空，然后再充入少量氖或氩等惰性气体，用来载带电流、使阴极产生溅射及激发原子发射特征的锐线光谱。

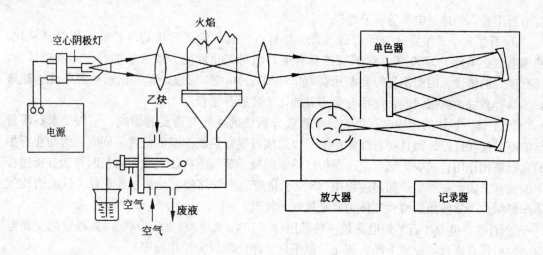

图4-3 原子吸收分光光度计基本构造图

2. 原子化系统

原子化系统的作用就是将待测元素转变成原子蒸气。常用的原子化系统有两类:火焰原子化系统和无火焰原子化系统。

(1)火焰原子化系统

火焰原子化系统中,常用的是预混合型原子化器,它由雾化器、混合室和燃烧器三部分组成。它是将液体试样经喷雾器形成雾滴,这些雾滴在雾化室中与燃气和助燃气均匀混合,除去大液滴后,再进入燃烧器,形成火焰。

① 雾化器 雾化器的作用是将待测试液变成细雾。雾滴越小、越多,在火焰中生成的基态自由原子就越多。喷雾器一般为同轴型雾化器,多采用不锈钢、聚四氟乙烯或玻璃等制成。根据伯努利原理,在毛细管外壁与喷嘴口构成的环形间隙中,由于高压助燃气空气或氧化亚氮以高速通过,先达成负压区,从而将试液沿毛细管吸入,并被高速气流分散成雾滴。

② 混合室 混合室也称为雾化室,它的作用主要是使雾滴与燃气充分混合,去除大雾滴,并使燃气和助燃气充分混合,以便在燃烧时得到稳定的火焰。

③ 燃烧器 试液的雾滴进入燃烧器,在火焰中经过干燥、熔化、蒸发和离解等过程后,产生大量的基态自由原子及少量的激发态原子、离子和分子。燃烧器一般为长缝型的,吸收光程较长,原子化程度高、火焰稳定,而且噪声小。一般燃烧器的高度能上下调节,以便选取适宜的火焰部位测量。为了改变吸收光程,扩大测量浓度范围,燃烧器可旋转一定角度。

④ 火焰 火焰的作用是把待测元素离解成游离基态原子。火焰的选择要考虑到燃烧的速度和火焰的温度。燃烧速度要保证火焰稳定,可燃混合气体的供应速度应大于燃烧速度。但供气速度过大,会使火焰离开燃烧器,变得不稳定,甚至吹灭火焰;供气速度过小,将会引起回火。火焰温度的高低主要取决于燃料气体和助燃气体的种类、燃料气与助燃气的流量。按火焰燃气和助燃气比例的不同,可将火焰分为三类:化学计量火焰、富燃火焰和贫燃火焰。

(2)无火焰原子化系统

无火焰原子化系统最常用的是石墨炉原子化器,将被测元素样品注入石墨炉内,经过不同温度的加温使样品在高温下原子化。通过分光光度计把原子化时吸收某一锐线光谱的能量记录下来,经过运算求得待测元素的含量。

无火焰原子化系统主要通过干燥、灰化、原子化和净化四步完成,石墨炉原子化系统主要由石墨管、炉体、电源等部分组成。

① 石墨管　石墨管分为普通石墨管、热解石墨管和涂层石墨管。普通石墨管易氧化，使用温度必须低于 2700 ℃；热解石墨具有很好的耐氧化性能，致密性能好，不渗透试液，具有良好的惰性，因而不易与高温元素(如 V、Ti、Mo 等)形成碳化物而影响原子化。热解石墨具有较好的机械强度，使用寿命明显地优于普通石墨管。

② 炉体　炉体的结构对石墨炉原子吸收分析法的性能有重要的影响，一般要求石墨管与炉座间接触良好，而且要有弹性伸缩，以适应石墨管热胀伸缩的位置。同时，为防止石墨的高温氧化作用，减少记忆效应，保护已热解的原子蒸气不再被氧化，可及时排泄分析过程中的烟雾，因此在石墨炉加热过程中(除原子化阶段内气路停气之外)需要有足量的惰性气体作保护。通常使用的惰性气体主要是氩气和氮气。

③ 石墨炉电源　石墨炉电源是一种低压(8~12V)大电流(300~600A)而稳定的交流电源。一般设有能自动完成干燥、灰化、原子化、净化阶段的操作程序。

与火焰原子化法相比，石墨炉原子化法因为试样直接注入石墨管内，样品几乎全部蒸发并参与吸收，灵敏度高、检测限低。同时，石墨炉原子化法是将试样直接注入原子化器，从而减少溶液一些物理性质对测定的影响，还可直接分析固体样品，排除了火焰原子化法中存在的火焰组分与被测组分之间的相互作用，减少了由此引起的化学干扰。由于注入原子化器的样品几乎全部被原子化，试样用量少，通常固体样品为 0.1~10mg，液体试样为 5~50μL，但这同时也是该法的一个缺点，由于取样量少，相对灵敏度低，方法精密度比火焰原子化法差，通常约为 2%~5%。

(3)低温原子化法

低温原子化法又称化学原子化法，其原子化温度为室温至摄氏数百度。常用的有汞低温原子化法及氢化法。

① 汞低温原子化法　室温下汞有一定的蒸气压，沸点为 357℃。对试样进行化学预处理得到汞原子，由载气(Ar 或 N₂)将汞蒸气送入吸收池内测定。

② 氢化物原子化法　在一定的酸度下，将被测元素还原成极易挥发与分解的氢化物，如 AsH_3、SnH_4、BiH_3 等。这些氢化物经载气送入石英管后，进行原子化与测定。该法适用于 Ge、Sn、Pb、As、Sb、Bi、Se 和 Te 等元素。

3. 分光系统

分光系统也称为单色器，其作用是将待测元素的共振线与邻近线分开。由入射狭缝、出射狭缝、反射镜和色散元件组成，色散元件一般为光栅。

4. 检测系统

检测系统的作用是将分光系统分出的光信号进行光电转换，并将其以一定的信号显示出来。它通常由光电转换装置、放大装置、对数转换装置和显示装置组成。原子吸收光谱法中常用的检测系统为光电倍增管。

四、原子吸收分析方法

1. 火焰原子吸收光谱法

火焰原子化过程是一个复杂的高温物理、化学过程。一方面燃烧反应产生热能(温度)，使试样溶液蒸发、分解和原子化；另一方面试样溶液与火焰中的产物或半分解产物之间发生化学反应而影响原子化。化合物在火焰中的实际状况由火焰的类型及其状态决定，常用的火焰类型有：空气－乙炔火焰、氧化亚氮－乙炔火焰、空气－氢气火焰、氩气－氢气火焰和空气－丙烷火焰等，火焰的类型及状态不同对元素的原子化效率也不相同。其中空气－乙炔火焰是应用最为广泛的一种火焰，其燃烧稳定，重复性好，噪声低，对大多数元素都有足够的灵敏度，大约可测 30 多种元素。

火焰原子化法的主要优点是灵敏度一般高于分光光度法（比色法），若采用适当的分离富集手段，可以达到无火焰原子吸收法的灵敏度。与常用的化学法相比，操作简单，相对来说干扰少，分析速度快，仪器操作方便，一般仪器的相对误差可控制在 1%～2%。主要缺点是火焰温度较低，对一些难溶元素如 Al、V、Ti、Mo 等，由于生成难离解化合物，原子化效率不同，测定灵敏度低。在火焰中常伴随着一些化学反应，会产生一些干扰，另外一般采用液体喷雾口，雾化效率低，与无火焰法相比，灵敏度要低 2～3 个数量级.

2. 石墨炉原子吸收光谱法

石墨炉原子化法的原理是将试样放置在电阻发热体上（通常是石墨管）然后用大电流通过电阻发热体，产生高达 2000～3000℃的高温，使试样蒸发和原子化，以达到测定的目的。与火焰法相比，石墨炉原子化法的主要特点在于：绝对灵敏度高，测定的特征浓度最高可达 10^{-14}g 吸收，适合于低含量样品的分析。有利于难溶氧化物的分解和自由原子的形成；样品用量小，通常固体样品为 0.1～10mg，液体样品为 1～25μL，因此特别适合于微量样品的分析。但由于取样量很小，相对灵敏度低，且样品不均匀性所产生的影响较严重，其测量精度较火焰法低，通常为 2%～5%。

3. 氢化物原子化分析技术

氢化物原子化是一种低温原子化方法，该法主要用来测定 Ge、Sn、Pb、As、Sb、Bi、Se、Te 几种元素。氢化物法的优点是氢化物的生成过程本身又是一个分离过程，碱金属、碱土金属、IA 族元素以及 Ti、Zn、Hf、La、Y、V 等不干扰 Ge、Sn 等八种元素氢化物的生成。但缺点是 Ge、Sn 等八种元素生成氢化物的电位很相近，有可能会同时发生，并且生成的氢化物是较强的还原剂，容易被氧化形成有毒的氢化物。

4. 冷蒸气原子化分析技术

冷蒸气原子化分析技术是基于汞的独特性质而建立的，可用于汞的测定。汞的蒸气压非常高，是易于挥发的重金属元素，测定时先将试样进行必要酌处理让汞转变成易于气化的化学形态，以使汞完全蒸发出来，然后将汞蒸气导入气体流动吸收池内，进行测定。冷蒸气原子化分析技术目前已广泛应用于测汞仪分析中。

第四节　原子发射光谱法

一、概　述

原子发射光谱分析可以用来进行定性分析和定量分析。在合适的实验条件下，利用元素的特征谱线可以无误地确定哪种元素的存在，所以光谱定性分析是很可靠的方法，既灵敏快速，又简便。周期表上约 70 多种元素，可以用光谱方法较容易地定性鉴定，这是光谱分析的突出应用。

原子发射光谱法操作简单，分析速度快；具有较高的灵敏度和选择性；试剂用量少，一般只需几克至几十毫克；微量分析准确度高；干扰小且可以多元素同时测定。此外，在很多情况下光谱分析前不必把待分析的元素从基体元素中分离出来。其次是，一次分析可以在一个试样中同时测得多种元素的含量。该方法是目前定性及半定量的检测食品中微量元素的最好方法之一。但由于仪器结构复杂，价格昂贵，且必须用氩气做工作气体，使用费用较高，所以普及较慢。

原子发射光谱法是国家标准所规定的用于检测食品中钾、钠（GB/T5009.91—2003）等元素的方法。

二、原理

原子发射光谱分析是根据原子所发射的光谱来测定物质的化学组分的。不同物质由不同元素的原子所组成，而原子都包含着一个结构紧密的原子核，核外围绕着不断运动的电子。每个电子处在一定的能级上，具有一定的能量。在正常的情况下，原子处于稳定状态，它的能量是最低的，这种状态称为基态。但当原子受到外界能量（如热能、电能等）作用时，原子由于与高速运动的气态粒子和电子相互碰撞而获得了能量，使原子中外层的电子从基态跃迁到更高的能级上，处在这种状态的原子称激发态。这种将原子中的一个外层电子从基态跃迁至激发态所需的能量称为激发电位，通常以电子伏来度量。当外加的能量足够大时，可以把原子中的电子从基态跃迁至无限远处，也即脱离原子核的束缚力，使原子成为离子，这种过程称为电离。原子失去一个外层电子成为离子时所需的能量称为一级电离电位。当外加的能量更大时，离子还可进一步电离成二级离子（失去 2 个外层电子）或三级离子（失去 3 个外层电子）等，并具有相应的电离电位。这些离子中的外层电子也能被激发，其所需的能量即为相应离子的激发电位。

处于激发态的原子是十分不稳定的，在极短的时间内（约 10^{-8} s）便跃迁至基态或其他较低的能级上。当原子从较高能级跃迁到基态或其他较低的能级的过程中，将释放出多余的能量，这种能量是以一定波长的电磁波的形式辐射出去的，其辐射的能量可用下式表示：$\triangle E = E_2 - E_1 = h\upsilon = hc/\lambda$。式中 E_2，E_1 分别为高能级、低能级的能量，通常以电子伏为单位；h 为普朗克（Planck）常量（6.6256×10^{-34} J·s）；υ 及 λ 分别为所发射电磁波的频率及波长；c 为光在真空中的速度，等于 2.997×10^{10} cm·s^{-1}。

从上式可见，每一条所发射的谱线的波长，取决于跃迁前后两个能级之差。由于原子的能级很多，原子在被激发后，其外层电子可有不同的跃迁，但这些跃迁应遵循一定的规则（即"光谱选律"），因此对特定元素的原子可产生一系列不同波长的特征光谱线（或光谱线组），这些谱线按一定的顺序排列，并保持一定的强度比例。原子的各个能级是不连续的（量子化）。电子的跃迁也是不连续的，这就是原子光谱是线状光谱的根本原因。

光谱分析就是从识别这些元素的特征光谱来鉴别元素的存在（定性分析），而这些光谱线的强度又与试样中该元素的含量有关，因此又可利用这些谱线的强度来测定元素的含量（定量分析）。这就是发射光谱分析的基本依据。应注意，一般所称"光谱分析"，就是指发射光谱分析，或更确切地讲是"原子发射光谱"，因为如前所述，它是根据物质中不同原子的能级跃迁所产生的光谱线来研究物质的化学组成的。

根据前述可知发射光谱分析的过程可如下进行。使试样在外界能量的作用下转变成气态原子，并使气态原子的外层电子激发至高能态。当从较高的能级跃迁到较低的能级时，原子将释放出多余的能量而发射出特征谱线。对所产生的辐射经过摄谱仪器进行色散分光，按波长顺序记录在感光板上，就可呈现出有规则的谱线条，即光谱图。然后根据所得光谱图进行定性鉴定或定量分析。

三、光谱分析仪器

进行光谱分析的仪器设备主要由光源、分光系统（光谱仪）及观测系统三部分组成。

1. 光源

作为光谱分析用的光源对试样都具有两个作用过程。首先把试样中的组分蒸发离解为气态原子，然后使这气态原子激发，使之产生特征光谱。因此光源的主要作用是对试样的蒸发和激发提供所需的能量。光谱分析用的光源常常是决定光谱分析灵敏度、准确度的重要因素，因此必须对光源的种类、特点及应用范围有基本的了解。由于光谱分析的试样的种类繁多，例如试样的状态可能是气体、液体或固体；而固体又可能是块状或粉末状的；试样有良导体、绝缘体、半导体之分；分析的元素有易被激发的，有难以激发的等等。因此光谱分析用的光源应该适合于各种要求和目的，有所选择。最常用的光源有直流电弧、交流电弧、电火花等等。随着科学技术的发展，为了进一步提高光谱分析的灵敏度和准确度，为了适应用于微区分析的目的，近年来在光源上有了一些重要的发展，例如激光光源、电感耦合等离子体（ICP）焰炬等等。

（1）直流电弧

直流电弧发生器的基本电路如图 4-4 所示，利用直流电作为激发能源。常用电压为 150 ~ 380V，电流为 5 ~ 30A。可变电阻（称作镇流电阻）用以稳定和调节电流的大小，电感（有铁心）用来减小电流的波动，G 为放电间隙（分析间隙）。这种光源的弧焰温度与电极和试样的性质有关，一般可达 4000 ~ 7000K，可使 70 种以上的元素激发，所产生的谱线主要是原子谱线。其主要优点是分析的绝对灵敏度高，背景小，适用于进行定性分析及低含量杂质的测定。但因弧光游移不定，再现性差，电极头温度比较高，所以这种光源不宜用于定量分析及低熔点元素的分析。

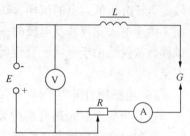

图 4-4　直流电弧发生器
E—直流电源；V—直流电压表；
A—直流安培表；R—镇流电阻；
L—电感；G—分析间隙

（2）交流电弧

交流电弧有高压电弧和低压电弧两类。前者工作电压达 2000 ~ 4000V，可以利用高电压把弧隙击穿而燃烧，但由于装置复杂，操作危险，因此实际上已很少使用。低压交流电弧应用较多，工作电压一般为 110 ~ 220V，设备简单，操作安全。由于交流电随时间以正弦波形式发生周期变化，因而低压电弧不能像直流电弧那样，依靠两个电极接触来点弧，而必须采用高频引燃装置，使其在每一交流半周时引燃一次，以维持电弧不灭。交流电弧发生器的典型电路如图 4-5 所示。

由于交流电弧的电弧电流有脉冲性，它的电流密度比在直流电弧中要大，弧温较高（略高于 4000 ~ 7000K），所以在获得的光谱中，出现的离子线要比直流电弧中稍多些。这种光源的最大优点是稳定性比直流电弧高，操作简便安全，因而广泛应用于光谱定性、定量分析中，但灵敏度较差些。

（3）高压火花

高压火花发生器的线路如图 4-6 所示。电源电压 E 由调节电阻 R 适当降压后，经变压器 B，产生 10 ~ 25kV 的高压。当电容器 C 上的充电电压达到分析间隙 G 的击电压时，就通

过电感 L 向分析间隙 G 放电，产生具有振荡特性的火花放电。放电完后，又重新充电、放电，反复进行。

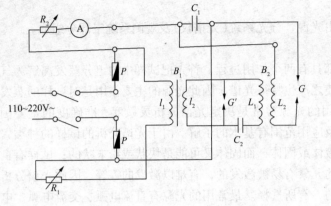

图 4 – 5　交流电弧发生器

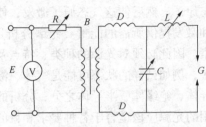

图 4 – 6　高压火花发生器

这种光源的特点是放电的稳定性好，电弧放电的瞬间温度可高达 10000K 以上，适用于定量分析及难激发元素的测定。由于激发能量大，所产生的谱线主要是离子线，又称为火花线。但这种光源每次放电后的间隙时间较长，电极头温度较低，因而试样的蒸发能力较差，较适合于分析低熔点的试样。缺点是灵敏度较差，背景大，不宜做痕量元素的分析。另一方面，由于电火花仅涉及电极的一小点上，若试样不均匀，产生的光谱不能全面代表被分析的试样，故仅适用于金属、合金等组成均匀的试样。由于使用高压电压电源，操作时应注意安全。

（4）电感耦合等离子体（inductive coupled high frequency plasma，ICP）焰炬

这是当前发射光谱分析中发展迅速、极受重视的一种新型光源。一般由高频发生器、等离子体炬管和雾化器组成（图 4 – 7）。

所谓等离子体是指电离了的但在宏观上呈电中性的物质。对于部分电离的气体，只要满足宏观上呈电中性这一条件，也称为等离子体。这些等离子体的力学性质（可压缩性，气体分压正比于绝对温度等）与普通气体相同，但由于带电粒子的存在，其电磁学性质却与普通中性气体相差甚远。作为发射光谱分析激发光源的等离子体焰炬有多种，ICP 是其中最常用的一种。lCP 形成的原理同高频加热的原理相似。

以 ICP 作为光源的发射光谱分析（ICP – AES）具有下述特性：

① ICP 的工作温度比其他光源高，在等离子体核处达 10000K，在中央通道的温度也有 6000 ~ 8000K，且又是在惰性气氛条件下，原子化条件极为良好，有利于难熔化合物的分解和元素的激发，因此对大多数元素都有很高的分析灵敏度。

② 由 ICP 形成过程可知，ICP 是涡流态的，且在高频发生器较高时，等离子体因趋肤效应形成环状。

③ ICP 中电子密度很高，所以碱金属的电离在 ICP 中不会造成很大的干扰。

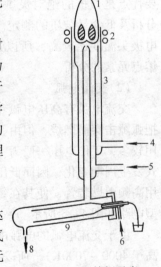

图 4 – 7　ICP 焰炬示意

1—等离子体焰炬；2—高频感应线圈；3—石英炬管；4—等离子气流；5—辅助气流；6—载气；7—试样溶液；8—废液；9—雾化器

76

④ ICP 是无极放电，没有电极污染。

⑤ ICP 的载气流速较低（通常为 $0.5 \sim 2L \cdot min^{-1}$），有利于试样在中央通道中充分激发，而且耗样量也较少。

⑥ ICP 一般以氩气作工作气体，由此产生的光谱背景干扰较少。

以上这些分析特性，使得 ICP - AES 有灵敏度高，检测限低（$10^{-9} \sim 10^{-11}$ g/L，精密度好，相对标准偏差一般为 0.5% ~2%），工作曲线线性范围宽等优点。因此同一份试液可用于从宏量至痕量元素的分析，试样中基体和共存元素的干扰小，甚至可以用一条工作曲线测定不同基体的试样中的同一元素：这就为光电直读式光谱提供了一个理想的光源。

2. 光谱仪（摄谱仪）

光谱仪是用来观察光源的光谱的仪器。它将光源发射的电磁波分解为按一定次序排列的光谱。发射光谱分析根据接收光谱辐射方式的不同可以有三种方法，即看谱法、摄谱法和光电法。图 4 - 8 是这三种方法的示意图。由图可见，这三种方法基本原理都相同，都是把激发试样获得的复合光通过入射狭缝射在分光元件上，使之色散成光谱，然后透过测量谱线而检测试样中的分析元素。而其区别在于看谱法用人眼去接收，摄谱法用感光板接受，而光电法则用光电倍增管、阵列检测器接收光谱辐射。

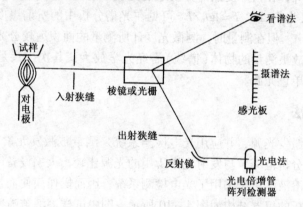

图 4 - 8　发射光谱分析的看谱法、摄谱法、光电法

① 棱镜摄谱法　棱镜摄谱仪的种类很多，根据棱镜色散能力大小的不同，可分为大、中、小型摄谱仪。根据所选用棱镜材料的不同，又可分为适用于可见光区的玻璃棱镜摄谱仪，适用于紫外区的石英棱镜摄谱仪，以及适用于远紫外区的萤石棱镜光电直读式光谱仪。平时较常使用的是中型石英棱镜摄谱仪。棱镜摄谱仪主要由照明系统、准光系统、色散系统（棱镜）及投影系统（暗箱）四部分组成，如图 4 - 9 所示。

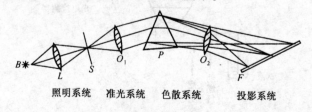

图 4 - 9　棱镜摄谱仪光路示意图

② 光栅摄谱仪　光栅摄谱仪应用衍射光栅作为色散元件，利用光的衍射现象进行分光。光栅可以用于由几纳米到几百微米的整个光学谱域，而对于棱镜则很难找到在 120nm 以下

和 60μm 以上适用的材料，因而光栅是一种非常有用的色散元件。由于光栅刻划技术的不断提高，并应用了复制技术，因而光栅光谱仪以及其他一些应用光栅作色散元件的光学仪器（如红外分光光度计等）得到愈来愈广泛的应用。光栅摄谱仪比棱镜摄谱仪有更高的分辨率，且色散率基本上与波长无关，它适用于一些含复杂谱线的元素如稀土元素、铀、钍等试样的分析。

3. 观测设备

以摄谱法进行光谱分析时，必须有一些观测设备。例如在观察谱片时，有需要将摄得的谱片进行放大投影在屏上以便观察的光谱投影仪（或称映谱仪），测量谱线黑度时用的测微光度计（黑度计），以及测量谱线间距的比长仪等。

① 光谱投影仪（映谱仪）　在进行光谱定性分析及观察谱片时需用此设备。一般放大倍数为 20 倍左右。

② 测微光度计（黑度计）　用来测量感光板上所记录的谱线黑度，主要用于光谱定量分析。在光谱分析时，照射至感光板上的光线越强，照射时间越长，则感光板上的谱线越黑。常用黑度来表示谱线在感光板上的变黑程度。将一束光强为 a 的光束投射在谱片未受光处，透过的光线的强度为 I_0，在谱片变黑部分投过的光线强度为 I，则谱片变黑处的透光率 $T = I/I_0$，而黑度 s 则定义为 $s = \lg 1/T = \lg I_0/I$。可见在光谱分析中的所谓黑度，实际上相当于分光光度法中的吸光度 A。但在测量时，测微光度计所测量的面积远较分光光度法小，一般只有 $0.02 \sim 0.05\,\text{mm}^2$，故被测量的物体（谱线）需经光学放大；其次，只是测量谱线对白光的吸收，因此不必使用单色光源。

四、火焰光度法

本法利用火焰作激发光源，并应用光电检测系统来测量被激发元素所发射的辐射强度，因而仍属于发射光谱分析范畴。与发射光谱所用的光源比较，火焰设备简单，稳定性高，光谱简单，可直接分析溶液，由于采用了光电检测系统，因而操作简便而快速。

火焰分光光度分析的仪器结构如图 4 - 10 所示。图中试样溶液被喷射成雾状进入燃烧火焰中，然后在火焰温度下蒸发和激发，发射的辐射经单色器（光栅或棱镜），分离出欲测元素的特征谱线，以光电检测器（光电管或光电倍增管）测量其强度，有关燃烧器及火焰与原子吸收分光光度分析相同。

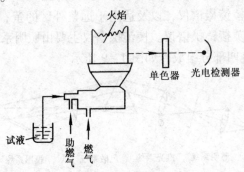

图 4 - 10　火焰分光光度计示意图

有一些简易的仪器，其单色器及检测系统由滤光片、硒光电池和检流计所组成，称火焰光度计。这种仪器的结构更为简单，但选择性较差，常用于碱金属、钙等几种谱线简单的元素的测定。由于钠、钾的测定一般较为困难，而以火焰光度法测定则快速简便，且仪器又较简单，因此此法在一些试样（如玻璃、硅酸盐、血浆等）的分析中得到了广泛的应用。

用火焰光度法进行定量分析时，谱线强度与浓度之间的关系同样可用 $I = ac^b$ 表示。在使用火焰光度法时，应注意其干扰问题。实验证明，碱金属之间能相互增强激发。酸，特别是硫酸、磷酸的存在，能使碱金属及碱土金属的辐射强度减弱。铝的存在能使钙的辐射强度降低。有机溶剂，如甲醇、丙酮等能增强碱金属的辐射，而当溶液中存在有机物时，将会改变溶液的黏度、表面张力等而影响试液的雾化和激发。为此，要得到准确的结果，应使被测试液和标准溶液具有尽量一致的组成。应用火焰光度法的定量分析方法，同原子吸收分光光度分析一样，可采用标准曲线法和标准加入法。

第五节　原子荧光光谱法

一、概　述

原子荧光光谱法是一种新的痕量分析技术，从发光机理来看属于一种发射光谱分析方法；但与原子吸收分析也有许多相似之处，因此可以认为这一方法是原子发射光谱和原子吸收分析的综合和发展。

1. 原子荧光光谱分析法的主要优点是：

① 灵敏度较高　特别是锌、镉等元素的检出限比其他分析方法低一、二个数量级，而且待测元素的原子蒸汽所产生的原子荧光辐射强度与激发光源强度成比例，这一特性对于改进原子荧光分析检出限提供了一个有希望的途径。现在已有20多种元素的原子荧光分析检出限优于原子吸收分析和原子火焰发射光谱。

② 谱线简单　原子荧光的谱线比较简单。采用日盲光电倍增管和高增益的检测电路，可制作非色散原子荧光分析仪。这种仪器结构简单，价格便宜。

③ 效率高　原子荧光是向各个方向进行辐射的，便于制作多道仪器，可同时进行多元素测定；另一方面用高强度的连续光源和电子计算机控制的快速扫描仪器可以大大提高分析效率。

④ 选择性好　分析曲线的线性较好，特别是用激光光源作激发光源时分析曲线的线性范围要比其他光度法宽二、三个数量级。

除此之外，原子荧光光谱法还具有检出限低、谱线简单、干扰小、线性范围宽、易实现多元素同时测定、所用试剂毒性小、便于操作、实用性较强等优点。这些优点使原子荧光光谱已成为越来越被重视的仪器分析方法，与原子吸收、火焰发射等光谱分析技术互相补充，在食品分析、环境科学、高纯物质，矿物和矿石、生物制品和医学分析等方面得到了日益广泛的应用。

但是原子荧光光谱法也存在一些不足，即在使用的时候会存在荧光淬灭效应、散射光干扰等问题，这导致在测量复杂试样或高含量样品时会遇到困难。因此，原子荧光光谱法的应用不如原子吸收光谱法和原子发射光谱法广泛，但可作为这两种方法的补充。

原子荧光光谱法是国家标准所规定的用于检测食品中砷（GB/T5009.11—2003）、铅（GB/T5009.12—2010）、镉（GB/T5009.15—2003）、锡（GB/T5009.16—2003）、汞（GB/T5009.17—2003）、硒（GB/T5009.93—2010）、锑（GB/T5009.137—2003）、锗（GB/

T5009. 151—2003）、饮用天然矿泉水中硒，汞，砷（GB/T8538—2008）、水中汞含量（NF/T90—113—2—2002）等元素的方法。

二、原 理

原子荧光是原子蒸气受具有特征波长的光源照射后，其中一些自由原子被激发跃迁到较高能态，然后去激发跃迁到某一较低能态（常常是基态）而发射出特征光谱的物理现象。当激发辐射的波长与所产生的荧光波长相同时，这种荧光称为共振荧光。它是原子荧光分析中最常用的一种荧光。如果自由原子由其一能态经激发跃迁到较高能态，去激发而跃迁到不同于原来能态的另一较低能态，就有各种不同类型的原子荧光出现。各种元素都有特定的原子荧光光谱，据此可以辨别元素的存在。并根据原子荧光强度的高低可测得试样中待测元素的含量。这就是原子荧光光谱分析。

原子荧光光谱分析是在原子发射光谱分析，荧光分析法和原子吸收分光光度法的基础上发展起来的，它和荧光分析法比较，主要的区别在于荧光分析法是测量基态分子受激发而产生的分子荧光，可用以测定样品中分子的含量，而原子荧光是原子产生的，故可用于测定样品中的原子含量。它又不同于火焰或等离子等原子发射光谱分析。

原子发射光谱法一般用电弧、火花、火焰、激光以及等离子光源来激发，是由粒子互相发生碰撞交换能量而使原子激发发光的，其激发机理是属于热激发的。原子荧光分析则是将待测样品由原子化器来实现原子化，再经激发光束照射后而被激发，是属于原子激发或称为光激发的。所以可以认为，原子荧光分析法是原子发射光谱和原子吸收光谱的综合和发展。

1. 原子荧光的类型

自从原子荧光现象发现以来，由于新技术的不断发展，可调谐激光器的应用，原子荧光产生的形式更加多样化了，原子荧光的类型达 14 种之多。但应用在分析上的主要分共振荧光、非共振荧光与敏化荧光三种类型。如图 4 - 11 所示。并简述如下：

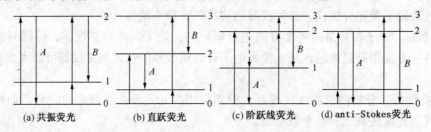

(a) 共振荧光　　(b) 直跃荧光　　(c) 阶跃线荧光　　(d) anti-Stokes荧光

图 4 - 11　原子荧光的基本类型

（1）共振荧光

气态原子吸收共振线被激发后，再发射与原吸收线波长相同的荧光即是共振荧光。它的特点是激发线与荧光线的高低能级相同，其产生过程见图中（a）所示。如锌原子吸收213.86nm 的光，它发射荧光的波长也为 213.861nm。若原子受热激发处于亚稳态，再吸收辐射进一步激发，然后再发射相同波长的共振荧光，此种原子荧光称为热助共振荧光。不过由于在原子化器中受激发的原子经历了碰撞过程而损失能量，所以发射出荧光的光子数目要比所吸收的光子数目少。荧光的量子效率一般小于 1。此类型的转换形式最为普遍，应用最为广泛。

（2）非共振荧光

当荧光与激发光的波长不相同时，产生非共振荧光。非共振荧光又分为直跃线荧光、阶

80

跃线荧光和 anti - Stokes(反斯托克斯)荧光。

① 直跃线荧光　激发态原子跃迁回至高于基态的亚稳态时所发射的荧光称为直跃线荧光，见图(b)。由于荧光的能级间隔小于激发线的能级间隔，所以荧光的波长大于激发线的波长。如铅原子吸收 283.31nm 的光，而发射 405.78nm 的荧光。它是激发线和荧光线具有相同的高能级，而低能级不同。如果荧光线激发能大于荧光能，即荧光线的波长大于激发线的波长称为 Stokes 荧光；反之，称为 anti - Stokes 荧光。直跃线荧光为 Stokes 荧光。

② 阶跃线荧光　有两种情况，正常阶跃荧光为被光照激发的原子，以非辐射形式去激发返回到较低能级，再以发射形式返回基态而发射的荧光。很显然，荧光波长大于激发线波长。例钠原子吸收 330.30nm 光，发射出 588.99nm 的荧光。非辐射形式为在原子化器中原子与其他粒子碰撞的去激发过程。热助阶跃荧光为被光照射激发的原子，跃迁至中间能级，又发生热激发至高能级，然后返回至低能级发射的荧光。例如铬原子被 359.35nm 的光激发后，会产生很强的 357.87nm 荧光。阶跃线荧光产生见图(c)。

③ anti - Stokes 荧光　当自由原子跃迁至某一能级，其获得的能量一部分是由光源激发能供给，另一部分是热能供给，然后返回低能级所发射的荧光为 anti - Stokes 荧光。其荧光能大于激发能，荧光波长小于激发线波长。例如铟吸收热能后处于一较低的亚稳能级，再吸收 451.13nm 的光后，发射 410.18nm 的荧光，见图(d)。

(3) 敏化荧光

受光激发的原子与另一种原子碰撞时，把激发能传递给另一个原子使其激发，后者再以发射形式去激发而发射荧光即为敏化荧光。火焰原子化器中观察不到敏化荧光，在非火焰原子化器中才能观察到。在以上各种类型的原子荧光中，共振荧光强度最大，最为常用。

2. 原子荧光光谱分析的基本方程

原子荧光光谱分析法是用一定强度的激发光源照射含有一定浓度的待测元素的原子蒸气时，将产生一定强度的原子荧光，测定原子荧光的强度即可求得待测样品中该元素的含量。

假设激发光源是稳定的，则照射到原子蒸汽上的某频率入射光强度可近似看成一常量 I_0，假设入射光是平行而均匀的光束，由原子化器产生的原子蒸气可以近似地看成理想气体，自吸收可忽略不计，则原子吸收的辐射强度可表示为：

$$I_a = I_0 A(1 - e^{-\varepsilon lN}) \tag{4-4}$$

式中，I_a 为被吸收的辐射强度；I_0 为单位面积上接受的光源强度；A 为受光源照射在检测系统中观察到的有效面积；l 为吸收光程长；N 为单位长度内的基态原子数；ε 为峰值吸收系数。

荧光强度 I_F，与吸收的辐射强度 I_a。有如下关系：

$$I_F = \varphi I_a \tag{4-5}$$

式中，φ 为量子效率。

将式(4-4)代入式(4-5)得：

$$I_F = \varphi A I_0 (1 - e^{-lbN}) \tag{4-6}$$

将上式展开得：

$$I_F = \varphi A I_0 \varepsilon lN \left[1 - \frac{\varepsilon lN}{2} - \frac{(\varepsilon lN)^2}{6} \cdots \right] \tag{4-7}$$

当原子浓度很低时，$\dfrac{\varepsilon lN}{2}$ 及以后的高次项可忽略，则上式可写为：

$$I_F = \varphi A I_0 \varepsilon l N \qquad (4-8)$$

这就是原子荧光光谱分析的基本方程。此式表示，荧光强度与原子浓度成正比，在实际工作中，仪器参数和测试条件保持一定，所以可以认为原子荧光强度与待测原子浓度成正比。即：

$$I_F = \alpha \cdot c \qquad (4-9)$$

为原子荧光定量分析的依据。

三、原子荧光光谱仪

尽管原子荧光光谱仪有不同类型，但其基本部分都由下列单元组成：激发光源、原子化器、单色器（或滤光器）、光电检测器。为了避免激发光源的辐射被检测，光源照射和荧光检测轴成直角，其原理如图4-12所示

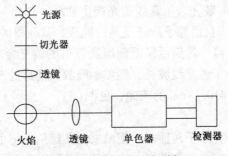

图4-12　原子荧光光谱仪

1. 激发电源

原子荧光光谱分析本质上是一种光激发光谱技术，所以适宜的激发光源的研究是原子荧光研究的主要课题之一。比较理想的原子荧光光源应满足下列要求：

① 发光强度高、噪音低。

② 稳定性好，工作寿命长，多用性广、成本低和安全可靠。

③ 光源对分析曲线的线性影响小等。

近年来，人们在探索新光源方面做了不少工作，已经试制了各种类型的光源。如线光源主要有高强度空心阴极灯、无投放电灯及可调染料激光器等；连续光源主要采用大功率氙弧灯。线光源一般产生较高辐射强度，且通常比适用的连续光源成本低些，但连续光源却具有提供多元素分析的优点，一般较稳定，聚焦和操作较简单，寿命也较长。

原子荧光光源的类型很多，这里仅介绍几种被认为是较理想的光源。

(1)高强度空心阴极灯

高强度空心阴极灯的结构如图4-13所示。

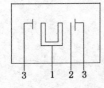

图4-13　高强度
空心阴极灯
1—阴　极；2—阳
极；3—辅助电极

其特点是在普通空心阴极灯中，加上一对辅助电极。辅助电极的作用是产生第二次放电，从而大大提高金属元素共振线的强度，而其他谱线的强度增加不大。这对测定谱线较多的元素，如铁、钴、镍和钼等较为有利。

（2）无极放电灯

无极放电灯的灯管外壳采用石英做成，其结构如图4-14所示。灯头内充以惰性气体与少量被测元素或其化合物（挥发温度在200~400℃）。常用的惰性气体是氩气，气压为133~1333Pa。

82

无极放电灯的工作原理是：将灯管置于微波装置的谐振腔内，在微波电场的耦合作用下，灯中充填气体被加热以至形成高温等离子区。同时待测元素或其盐类也被加热蒸发进入等离子区，在微波等离子区中进一步原子化，并在高温等离子区中被激发而发射出含有待测元素的特征原子谱线的光辐射。

无极放电灯比高强度空心阴级灯的亮度高，自吸收小，寿命长。它特别适用于那些在短波区有共振线的易挥发元素的测定。

（3）激光光源

激光光源是一种具有单色性好、方向集中和输出功率高等优点的新型光源。目前用于原子荧光光谱分析的激光器有红宝石、钕玻璃、氮气、掺钕的钇铝石榴石和染料激发器等，用得较多的是可调谐染料激光器。可调谐染料激光器的工作方式可以是脉冲的，也可以是连续的，工作物质就是各种染料，最常用的染料是罗丹明6G。

（4）氙弧灯

原子荧光分析是测量来自光源照射原子蒸气所产生的二次发光，而且产生的原子荧光谱线较为简单。因此，受吸收谱线分布和轮廓的影响并不显著，所以连续光源也能用作原子荧光分析的激发光源，用得较多，效果较好的是高压氙弧灯。

连续光源的主要优点是能用于多元素分析。这是因为连续光源包含着连续的频率分布，分析线在连续光源频率分布范围内的元素都能激发。其主要缺点是一定要用单色器，但色散率要求不高。

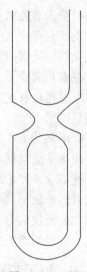

图4-14 无极
放电灯

2. 原子化系统

原子化系统的作用是将试样中的待测元素转变成原子蒸气，原子化程度的高低，决定于原子化器的结构、雾化效率、雾滴大小、被测物质和溶剂的物理化学性质、溶化与蒸发过程以及火焰温度等因素。使试样原子化的方法有火焰原子化法和无火焰原子化法两种。

（1）火焰原子化

用火焰把样品进行原子化时，要求它能够高速地产生自由原子，并具有火焰背景的噪声低、稳定性好、记忆效应小等先决条件。其原子化的主要过程如下：首先是将分析溶液进行雾化，形成潮湿的气溶胶，气溶胶在进入火焰之前，要经过脱溶剂而变成干燥的气溶胶。当送入原子化器时，它吸收火焰中的热能后，经过熔融或升华成为分子蒸气。然后，其中一部分解离为自由原子，再经过激发和去激发的过程而发射出原子荧光。

（2）无火焰原子化

用火焰对样品进入原子化，虽已被广泛使用，但由于它本身仍存在一些缺点，使分析效果受到了一定程度的限制。例如：火焰原子化含有可降低荧光率的淬灭剂，使某些元素的原子化效率很低，且试样在火焰中被气体高度稀释而不易得到较好的检出限以及火焰需连续喷雾样品，不适合于分析小体积样品等。

无火焰原子化技术在一定程度上克服了上述的缺点，无火焰原子化一般分高温器皿原子化和低温器皿原子化。目前高温原子化器有石墨炉、杯或棒、金属炉、丝环等；低温原子化器有测汞仪，测砷的原子化器和氢化物——石英管炉原子化器等。

3. 光学系统

原子荧光仪器类型不同，其光学系统中的单色器就有差别。目前实验室所用的原子荧光仪器可分为非色散原子荧光光谱仪和有色散原子荧光光谱仪两大类。

由于只有产生受激吸收之后，才能产生荧光，所以原子荧光的谱线仅限于那些强度较大的共振线。其谱线数目将比原子吸收线更少，因此可考虑使用非色散的原子荧光光谱仪。

在有色散原子荧光光谱仪中的色散元件用单色器。由于原子荧光强度很低，谱线少，因而要求单色仪有较强的聚光本领，但色散率要求并不高，一般用 0.2~0.3 m 光栅分光仪就能满足要求。

4. 检测系统

检测系统包括光电信号的较换及电信号的测量。前者采用的检测器件有各种光电倍增管、光电管、光敏二极管、光敏电阻等，最常用的是光电倍增管。在原子荧光光谱分析中，电信号的测量是属于弱电流信号的检测，检测系统必须考虑到将分析信号和仪器的光学元件所产生的干扰信号(散射、反射、非特征的热发射等)相区别，还要和光电倍增管的噪声相区别。常用的检测方法有三种：直流测量、带有锁定放大器的交流测量和光子计数。

四、原子荧光分析方法

1. 氢化物原子荧光光谱法

微量元素分析中应用较多的是氢化物原子荧光光谱法，其原理是用强还原剂硼氢化钠(钾)在酸性(盐酸)溶液中与待测元素生成气态的氢化物，然后将此氢化物引入电加热的石英管中进行原子化，再记录峰值的高度。其反应过程如下：

$$M + BH_4^- + 2H^+ + 3H_2O \rightarrow 2MH_3 \uparrow + 3H_2 \uparrow$$
$$2MH_3 \rightarrow 2M + 3H_2 \uparrow$$

反应式中 M 为砷、锑、铋、硒、碲、锡、锗和铅等元素的金属阳离子，它们与硼氢化钾(钠)作用都形成氢化物，但汞则生成金属蒸气被氩气载入氢-氩火焰中受激发。其反应式如下：

$$Hg^{2+} + BH_4^- + 2H^+ + 3H_2O \rightarrow Hg \uparrow + BO_3^{3-} + 6H_2 \uparrow$$

由于硼氢化钠(钾)的还原性很强，在弱碱性溶液中易于保存，使用方便，反应速度快，且待测元素可全部转变为气体，并全部通过电加热石英管，而有很高的灵敏度。

近年来这种技术在原子荧光光谱分析中应用较广。尤其是适合于测定易挥发元素如：As、Sb、Bi、Hg、Se、Te、Pb、Sn、Ge 等，具有很高的灵敏度，具有分析速度快，仪器价格便宜，干扰少，易推广的特点。

2. 火焰原子荧光光谱法

将样品中待测的元素经过火焰原子化过程把它转变为基态原子，并用无极放电灯或高强度空心阴极灯激发原子蒸气而产生荧光信号，以原子荧光光谱仪检测其峰值，称为火焰原子荧光光谱分析法。整个火焰原子化的过程与原子吸收分析法大致相同，试样溶液经过雾化器雾化后形成微小雾滴，在雾化室与燃料气和助燃气混合而形成气溶胶，导入燃烧器进行原子化。但在原子荧光分析上所采用原子化形式，大都是紊流火焰原子化器，紊流式屏蔽火焰原子化器和等离子炬为吸收池，可获得较强的荧光信号。

第六节　分子荧光光谱分析

一、概　述

当紫外光照射到某些物质的时候，这些物质会发射出各种颜色和不同强度的可见光，而当紫外光停止照射时,这种光线也随之很快地消失,这种光线称为荧光。产生荧光的物质称为荧光物质,利用某些物质被紫外光照射后所产生的,能够反映出该物质特性的荧光,以进行该物质的定性分析和定量分析,称为荧光分析。

分子荧光光谱法是国家标准所规定的用于检测食品中硒(GB/T5009.93—2010)等元素的方法。

荧光分析的优点是:

① 灵敏度高 一般都高过应用最广泛的比色法和分光光度法,比色法及分光光度法的灵敏度通常在千万分之几,而荧光分析法的灵敏度常达亿分之几,甚至有千亿分之几的。如果荧光分析法与纸层析或薄层层析等方法结合进行,还可能达到更高的灵敏度。

② 荧光分析法的选择性高 这主要是指对有机化合物的分析而言,因为凡是会发生荧光的物质,首先必须会吸收一定频率的光,但会吸收光的物质却不一定会产生荧光,而且对于某一给定波长的激发光,会产生荧光的一些物质发出的荧光波长也不尽相同,因而只要控制荧光分光光度计中激发光和荧光单色器的波长,便可能得到选择性良好的方法。

③ 荧光分析法还有方法快捷,操作简便,重现性好,取样容易,试样需要量少等优点

因此该法广泛应用于工业、农业、食品、医药、卫生,司法鉴定和科学研究各个领域中,可以用荧光分析鉴定和测定的无机物、有机物、生物物质、药物等的数量与日俱增。荧光分析法也有它的不足之处,主要是指共存物干扰大,荧光对环境因素敏感,且应用范围还不够广泛。因为有许多物质本身不会产生荧光,而要加入某种试剂才能达到荧光分析的目的,还得要广泛地研究。此外,对于荧光的产生和化合物结构的关系,尚需人们更加深入地研究。

二、原 理

1. 荧光发生的机理

处于分子基态单重态中的电子对,其自旋方向相反,当其中一个电子被激发时,通常跃迁至第一激发单重态轨道上,也可能跃迁至能级更高的单重态上。过种跃迁是符合光谱选律的。如果跃迁至第一激发三重态轨道上,则属于禁阻跃迁。单重态与三重态的区别在于电子自旋方向的不同,及激发三重态的能级稍低一些,如图 4-15 所示。由图可见,在单重激发态中,电子的自旋方向仍然和处于基态轨道的电子配对,而在三重激发态中,两个电子平行自旋。单重态分子具有抗磁性,其激发态的平均寿命大约为 $10^{-8}s$,而三重态分子具有顺磁性,其激发态的平均寿命约为 $10^{-4}s \sim 1s$ 以上,通常用 S 和 T 分别表示单重态和三重态。

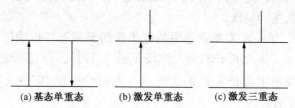

(a) 基态单重态   (b) 激发单重态   (c) 激发三重态

图 4-15 单重态及三重态激发示意图

如图 4-16 所示为荧光、磷光能级图,图中 S_0 表示分子基态;S_1、S_2 分别表示第一激发单重态和第二激发单重态,T_1 表示第一激发三重态。基态和激发态都有几十不同的振动能级,用 $V=0$,1,2,3…表示。

85

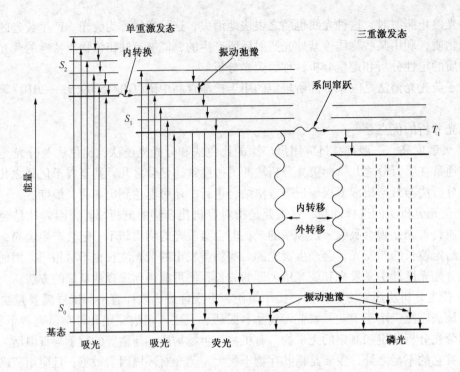

图 4 – 16 荧光、磷光能级图

处于激发态的电子，通常以辐射跃迁或无辐射跃迁的方式再回到基态，辐射跃迁主要涉及荧光、延迟荧光或磷光的发射；无辐射跃迁则是指以热的形式辐射多余的能量，包括振动弛豫、内部转移、系间窜跃及外部转移等，情况比较复杂。各种跃迁方式发生的可能性及程度与荧光物质本身的结构及激发时的物理和化学环境等因素有关。

① 振动弛豫　在同一电子能级中，电子由高振动能级转至低振动能级，而将多余的能量以热的形式发出。发生振动弛豫的时间为 10^{-12} s 数量级。如图 4 – 16 中各振动能级间的小箭头表示振动弛豫的情况。

② 内部转移　当两个电子能级非常靠近以致其振动能级有重叠时，常发生电子由高能级以无辐射跃迁方式转移至低能级。如两个单重激发态和两个三重激发态的较低激发态的高振动能级常常同较高激发态的低振动能级相重叠。重叠的地方，两激发态的位能是一样的，所以内部转移效率很高，速度很快，一般只需 $10^{-13} \sim 10^{-11}$ s 的时间，这种内部转移过程如图 4 – 16 所示。图中指出：处于高激发重态的电子，通过内部转移及振动弛豫，都跃回到第一激发单重态的最低振动能级。

③ 荧光发射　处于第一激发单重态中的电子跃回至基态各振动能级时，将得到最大波长为 λ_3 的荧光。很明显，λ_3 的波长较激发波长 λ_1 或 λ_2 都长，而且不论电子开始被激发至什么高能级，最终将只发射出波长为 λ_3 的荧光。荧光的产生在 10^{-6} s $\sim 10^{-9}$ s 内完成。另外，基态中也有振动弛豫跃迁。

④ 系间窜跃　指不同多重态间的无辐射跃迁。例如 $S_1 \rightarrow T_1$ 就是一种系间窜跃。通常，发生系间窜跃时，电子由 S_1 的较低振动能级转移至 T_1 的较高振动能级处。

⑤ 磷光发射　电子由基态单重态激发至第一激发三重态的几率很小，因为这是禁阻跃迁。但是，由第一激发单重态的最低振动能级，有可能以系间窜跃方式转至第一激发三重态，再经过振动弛豫，转至其最低振动能级，由此激发态跃回至基态时，发射磷光。这个跃

迁过程（$T_1 \rightarrow S_0$）也是自旋禁阻的，发光速度较慢，约为 $10^{-4} \sim 100s$。所以，这种跃迁所发射的光，在光照停止后，仍可持续一段时间。由此可见，荧光和磷光的根本区别是：荧光是电子由激发单重态—基态跃迁产生的，而磷光则由激发三重态—基态跃迁产生的。

⑥ 外转移　指激发分子与溶剂分子或其他溶质分子的相互作用和能量转换而去活化的过程。由较低的激发单重态及较低的三重态的非辐射跃迁可包含外转移也可包含内转移。正因为在激发态分子去活化过程中存在外转移及内转移，特别是内转移占优势，所以大多数化合物没有荧光。

在一般情况下，由于三重态的最低振动能级同激发单重态的最低振动能级之间的能量差已足够大，热能不能够将三重态重新激发到单重态。但某些分子通过热激活可以再回到电子激发态的各个振动能级，然后再由第一电子激发态的最低振动能级降落至基态而发生荧光，这种荧光称为迟滞荧光。

2. 激发光谱和荧光光谱

任何发荧光的物质分子都具有两个特征光谱，即激发光谱和荧光发射光谱（简称荧光光谱）。

（1）激发光谱

固定测量波长为荧光的最大发射波长，改变激发光的波长，测量荧光强度的变化。以激发光波长为横坐标，荧光强度为纵坐标作图，即可得到荧光物质的激发光谱，所以激发光谱是引起荧光的激发辐射在不同波长处的荧光相对强度。

激发光谱的形状与测量时选择的发射光谱谱带中的发射波长无关，但其相对强度与所选择的发射波长有关。当发射波长固定在样品发射光谱中最强的波峰时，所得的激发光谱强度最大。通常情况下，激发光谱的形状与吸收光谱的形状极为相似，有时激发光谱曲线与吸收光谱曲线可能相同，但前者是荧光强度与波长的关系曲线，后者则是吸光度与波长的关系曲线。两者在性质上是不相同的。当然，在激发光谱的最大波长处，处于激发态的分子数目是最多的，这可说明所吸收的光能量也是最多的，能产生最强的荧光。

（2）荧光光谱

固定激发光波长和强度不变，扫描发射波长，以荧光强度对荧光波长所绘成的曲线称为该荧光物质的荧光光谱。荧光光谱表示该物质在不同波长处所发出的荧光相对强度。

在荧光的产生过程中，由于存在各种形式的无辐射跃迁，损失了一部分能量，所以荧光分子的发射相对于吸收位移到较长的波长。

荧光发射显示的普遍特征是：荧光光谱的形状与激发波长的选择无关；荧光光谱与吸收光谱呈镜像对称关系。

三、荧光分析仪器

用于测量荧光的仪器种类很多。但它们通常均由以下四个部分组成：激发光源、用于选择激发波长和荧光波长的单色器、液槽及测量荧光的检测器。图 4 – 17 为荧光光度计示意图。由光源发出的光，经第一单色器（激发光单色器）后，得到所需要的激发光波长。设其强度为 I_0，通过样品池后，由于一部分光线被荧光物质所吸收，故其透射强度减为 I_0。荧光物质被激发后，将向四面八方发射荧光，但为了消除入射光及散射光的影响，荧光的测量应在与激发光成直角的方向上进行。仪器中的第二单色器称为荧光单色器，它的作用是消除溶液中可能共存的其他光线的干扰，以获得所需要的荧光。荧光作用于检测器上，得到相应的电讯号，经放大后，再用适当的记录器记录。

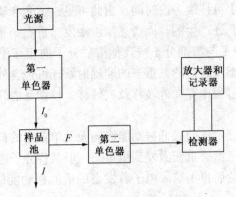

图4-17　荧光光度计示意图

1. 激发光源

对激发光源主要应考虑其稳定性和强度。因为光源的稳定性，直接影响测量的重复性和精确度；而光源的强度又直接影响测定的灵敏度。

常用光源有高压汞灯和氙灯。高压汞灯的平均寿命约为$1500 \sim 3000h$，荧光分析中常用的是365nm、405nm、436nm三条谱线。目前大部分荧光分光光度计都采用150W和500W的高压氙灯作为光源。因为氙灯能在紫外和可见区给出比较好的连续光谱。但是它在紫外区的强度没有汞灯大，氙灯在250nm以下强度很弱，氙灯需要严格稳定的电源。

2. 单色器

荧光计具有两个单色器——激发单色器和发散单色器。根据所用单色器的种类不同，可将众多的荧光计分为两类：滤光荧光计和荧光分光光度计。前者的激发和发射单色器都用滤光片，这类荧光计的特点是结构简单，价廉和有一定的灵敏度，能用于已知组分样品的定量分析。但是各种不同的荧光物质具有不同的吸光特性和荧光特性，为了了解荧光物质的特性或建立荧光分析方法，常常需要得到该荧光物质的激发光谱。这是滤光荧光计所不能胜任的，需用荧光分光光度计。荧光分光光度计用棱镜和光栅作为色散元件，能扫描光谱，大部分荧光分光光度计都各用一只光栅作为激发单色器和发射单色器，现在有些仪器已使用双单色器。

3. 液槽

荧光分析用的液槽须用低荧光的材料制成，通常用石英。形状以正方形或长方形为宜，它们的散射光的干扰比圆柱形或其他形式的要小。

4. 检测器

荧光的强度通常比较弱，所以要求检测器有较高的灵敏度，一般用光电管或光电倍增管作检测器。

四、荧光分析方法

目前荧光分析大多用于定量测定，从分析方法来说大致可分为直接测定法和间接测定法。

直接测定法是利用物质自身发射的荧光进行定量测定。由于自身发射荧光的化合物为数不多，即使一些芳香族化合物在紫外光照射下能发生荧光，但荧光强度还比较弱，有时达不到测定方法的灵敏度要求，所以直接测定法应用不广。

间接测定法是利用有机试剂与荧光较弱或不显荧光的物质共价或非共价结合形成发射荧光的配合物再进行测定，很多无机阳离子的测定都用这种方法。

此外还可用荧光淬灭法进行测定。某些元素虽不与有机试剂组成发射荧光的配合物，但这些元素的离子可从发射荧光的其他金属有机配合物中夺取有机试剂或金属离子以组成更为稳定的配合物或难溶化合物，导致溶液荧光强度的降低，由荧光降低的程度来测定该元素的含量。

具体测定方法与分光光度法基本相同。

1. 标准曲线法

荧光分析一般多采用标准曲线法。以已知量的标准物质经过和试样同样的处理后，配成一系列的标准溶液。测定这些溶液的荧光强度后，以荧光强度为纵坐标，相应浓度为横坐标，绘制标准曲线。然后根据试样溶液的荧光强度，在标准曲线上求试样中荧光物质的含量。

2. 比较法

如果已知某测定物质的荧光工作曲线的浓度线性范围，可直接用比较法。取已知量的荧光物质(此量一定要在工作曲线的线性范围之内)配成一标准溶液，测定其荧光强度，然后在同样条件下测定试样溶液的荧光强度，由标准溶液的浓度和两个溶液的荧光强度的比值，求得试样中荧光物质的含量。

第七节　电分析化学法

利用物质的电学及电化学性质来进行分析的方法称为电分析化学法。它通常是使待分析的试样溶液构成化学电池(电解池或原电池)，然后根据所组成电池的某些物理量(如两电极间的电位差，通过电解池的电流或电量，电解质溶液的电阻等)与其化学量之间的内在联系来进行测定。因而电分析化学法可以分为三种类型。

第一类是通过试液的浓度在某一特定实验条件下与化学电池中某些物理量的关系来进行分析的。这些物理量包括电极电位(电位分析等)、电阻(电导分析等)、电量(库仑分析等)、电流–电压曲线(伏安分析等)等。这些方法是电分析化学法中很重要的一大类方法，发展亦很迅速。例如离子选择性电极就是 20 世纪 60 年代以来，在电位分析法领域内迅速发展起来的一个活跃的分支。又如伏安分析法，由于电解方式的不同(直流电压、方波电压、脉冲电压等)、电解电压大小的不同、电极类型的不同、测量手段的不同、所研究物理量的关系不同等，由它所派生的方法目前已不下几十种。

第二类方法是以上述这些电物理量的突变作为滴定分析中终点的指示，所以又称为电容量分析法。属于这一类方法的有电位滴定、电流滴定、电导滴定等。

第三类方法是将试液中某一个待测组分通过电极反应转化为固相(金属或其氧化物)，然后由工作电极上析出的金属或其氧化物的质量来确定该组分的量。这一类方法实质上是一种重量分析法，不过不使用化学沉淀剂而已。所以这类方法称为电重量分析法，也即通常所称的电解分析法。这种方法在分析化学中也是一种重要的分离手段。

一、电位分析法

1. 原理

电位分析法是电分析化学方法的重要分支，它的实质是通过在零电流条件下测定两电极间的电位差(即所构成原电池的电动势)进行分析测定。它包括电位测定法和电位滴定法。

已知能斯特公式(Nernt equation)表示了电极电位 E 与溶液中对应离子活度之间存在的简单关系。例如对于氧化还原体系：

$$O_x + ne^- \longrightarrow Red \tag{4-10}$$

$$E = E^\theta_{O_x/Red} + \frac{RT}{nF}\ln\frac{a_{O_x}}{a_{Red}} \tag{4-11}$$

式中，E^θ 是标准电极电位；R 是摩尔气体常数($8.31441J \cdot mol/K$)；F 是法拉第常数($96486.70C/mol$)；T 是热力学温度；n 是电极反应中传递的电子，a_{O_x} 及 a_{Red} 为氧化态 O_x 及还原态 Red 的活度。

对于金属电极，还原态是纯金属，其活度是常数定为1，则上式可写作：

$$E = E^\theta_{M^{n+}/M} + \frac{RT}{nF}\ln a_{M^{n+}} \tag{4-12}$$

式中，$a_{M^{n+}}$ 为金属离子 M^{n+} 的活度。

由上式可见，测定了电极电位，就可确定离子的活度(或在一定条件下确定其浓度)，这就是电位测定法的依据。

2. 离子选择电极法

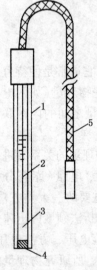

图4-18 氟离子
选择性电极

1—塑料管或玻璃管；
2—内参比电极；3—内
参比溶液（NaF -
NaCl）；4—氟化镧单
晶膜；5—接线

近30多年来，在电位分析法的领域内发展起来一个新兴而活跃的分支——离子选择性电极分析法。离子选择性电极(ion selective electrode)是一种化学敏感器或膜电极，是以选择性膜对特定离子产生选择性响应，从而指示溶液中该待测离子的活度(浓度)的指示电极。通过在样品溶液中同时浸入电极电位稳定的参比电极和电极电位随待测离子活度改变而改变的指示电极组成电池，测定该电池电动势，从而求出待测离子含量。

离子选择电极法是国家标准所规定的用于检测食品中氟(GB/T 5009.18—2003)等元素的方法。

(1)离子选择电极法的特点

该法具有灵敏度高(对于某些离子的测定灵敏度可达 10^{-6} 数量级)；选择性好；仪器设备简单，价格便宜，简便快速；样品用量少；适于现场测量，易于推广；能直接测定液体试样，而不受颜色和浊度的干扰；对复杂样品无需预处理，操作方便、有利于连续与自动分析等优点，因此发展极为迅速。但是也存在一些不足，如测量偏差较大，电极寿命短等。

(2)离子选择性电极的构造

各种离子选择性电极的构造随薄膜(敏感膜)不同而略有不同，但一般都由薄膜及其支持体，内参比溶液(含有与待测离子相同的离子)，内参比电极(Ag/AgCl 电极)等组成。图4-18表示有代表性的氟离子选择性电极的构造。

用离子选择性电极测定有关离子，一般都是基于内部溶液与外部溶液之间产生的电位差，即所谓膜电位。

(3)离子选择性电极的种类

离子选择性电极的种类繁多，且与日俱增。1976年国际纯粹化学与应用化学联合会

(IUPAC)基于离子选择性电极绝大多数都是膜电极这一事实，依据膜特征，推荐将离子选择性电极分为以下几类：

① 晶体(膜)电极　这类电极的薄膜一般都是由难溶盐经过加压或拉制成单晶、多晶或混晶的活性膜。由于制备敏感膜的方法不同，晶体膜又可分为均相膜和非均相膜两类。均相膜电极的敏感膜由一种或几种化合物的均匀混合物的晶体构成，而非均相膜除了电活性物质外，还加入某种惰性材料，如硅橡胶、聚氯乙烯、聚苯乙烯、石蜡等，其中电活性物质对膜电极的功能起决定性作用。

氟离子选择性电极是这种电极的代表。将氟化镧单晶(掺入微量氟化铕(Ⅱ)以增加导电性)封在塑料管的一端，管内装 0.1mol/LNaF － 0.1mol/LNaCl 溶液(内部溶液)，以 Ag － AgCl 电极作内参比电极，即构成氟电极。氟化镧单晶可移动离子是 F^- (亦即由 F^- 传递电荷)，所以电极电位反映试液中 F^- 活度：

$$\Delta E_M = K - \frac{2.303RT}{F} \lg a_{F^-} \qquad (4-13)$$

一般在 $1 \sim 10^{-6}$ mol/L 范围内其电极电位符合能斯特公式。电极的检测下限实际由单晶的溶度积决定，LaF_3 饱和溶液中氟离子活度约为 10^{-7} mol/L 数量级，因此氟电极在纯水体系中检测下限最低亦即在 10^{-7} mol/L 左右。

氟电极具有较好的选择性，主要干扰物质是 OH^-。产生干扰的原因，很可能是由于在膜表面发生如下的反应：

$$LaF_3 + 3OH^- \longrightarrow La(OH)_3 + 3F^-$$

反应产物 F^- 为电极本身的响应而造成正干扰。在较高酸度时由于形成 HF_2^- 而降低氟离子活度，因此测定时需控制试液 pH 在 $5 \sim 6$ 之间。镧的强络合剂会溶解 LaF_3，使 F^- 活度的响应范围缩短。

② 非晶体(膜)电极－刚性基质电极　玻璃电极属于刚性基质电极，它是出现最早，至今仍属应用最广的一类离子选择性电极。除此以外，钠玻璃电极(pNa 电极)亦为较重要的一种。其结构与 pH 玻璃电极相似，选择性主要决定于玻璃组成。

③ 活动载体电极(液膜电极)　此类电极是用浸有某种液体离子交换剂的惰性多孔膜作电极膜制成。Ca^{2+} 选择性电极是这类电极的一个重要例子。它的构造如图 4 － 19 所示。电极内装有两种溶液，一种是内部溶液(0.1mol/LCaCl$_2$ 水溶液)，其中插入内参比电极(Ag － AgCl 电极)；另一种是液体离子交换剂，它是一种水不溶的非水溶液，如 0.1mol/L 二癸基膦酸钙的苯基膦酸二辛酯溶液，底部用多孔性膜材料如纤维素渗析膜与外部溶液隔开，这种多孔性膜是憎水性的，仅支持离子交换剂液体形成一薄膜。

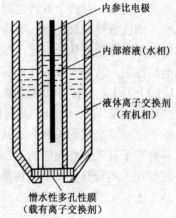

内参比电极
内部溶液(水相)
液体离子交换剂(有机相)
憎水性多孔性膜(载有离子交换剂)

图 4 － 19　液膜电极

④ 敏化电极　此类电极包括气敏电极、酶电极等。气敏电极是基于界面化学反应的敏化电极。实际上，它是一种化学电池，由一对电极，即离子选择性电极(指示电极)与参比电极组成。这一对电极组装在一个套管内，管中盛电解质溶液，管的底部紧靠选择性电极敏感膜，装有透气膜使电解液与外部试液隔开。试液中待测组分气体扩散通过透气膜，进入离子电极的敏感膜与透气膜之间的极薄液层内，使液层内某一能由离子电极测出的离子活度发

生变化，从而使电池电动势发生变化而反映出试液中待测组分的量。由此可见，将气敏电极称为电极似不确切，故有的资料称之为"探头"，"探测器"或"传感器"。

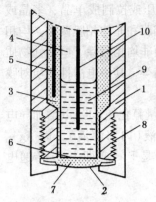

图 4 - 20　气敏氨电极

1—电极管；2—透气膜；3—0.1mol/L NH₄Cl 溶液；4—离子电极(pH 玻璃电极)；5—Ag - AgCl 参比电极；6—离子电极的敏感膜(玻璃膜)；7—电解质溶液(0.1mol/L NH₄Cl)薄层；8—可卸电极头；9—离子电极的内参比溶液；10—离子电极的内参比电极

图 4 - 20 是一种气敏氨电极示意图，指示电极用平头形玻璃电极；参比电极是 AgCl 电极。此电极对置于盛有 0.1mol/L NH₄Cl(内部电解质溶液)的塑料套管中，管底用一聚偏氟乙烯微孔透气膜与试液隔开。测定试样中的氨时，向试液中加入强碱使铵盐转化为溶解的氨，由扩散作用通过透气膜进入 0.1mol/L NH₄Cl 溶液而影响其 pH 以及玻璃电极电位，故测量电池的电动势就可以求出氨的含量。

与气敏电极相似，酶电极也是一种基于界面反应敏化的离子电极。此处的界面反应是酶催化的反应。酶是具有特殊生物活性的催化剂，它的催化反应选择性强，催化效率高，而且大多数催化反应可在常温下进行。而催化反应的产物如 CO_2、NH_3、NH_4^+、CN^-、F^-、S^{2-}、I^-、NO_2^- 等大多数离子可被现有的离子选择性电极所响应。目前已有为数众多的高纯酶商品供应，但价格昂贵，且寿命较短，使应用受到限制，值得指出的是以动植物组织代替酶作为生物膜催化材料所构成的组织电极是敏化电极的一种有意义的进展。

⑤ 离子敏场效应晶体管(ion sensitive field effective transistor, ISFET)

ISFET 是在金属 - 氧化物 - 半导体场效应晶体管(MOSFET)基础上构成的，它既具有离子选择电极对敏感离子响应的特性，又保留场效应晶体管的性能。MOSFET 的结构如图 4 - 10 所示，由 p 型 Si 薄片做成，其中有两个高掺杂的 n 区，分别作为源极和漏极，在两个 n 区之间的 Si 表面上有一层很薄的 SiO_2 绝缘层，绝缘层上则为金属栅极，构成金属 - 氧化物 - 半导体组合层，它具有高阻抗转换的特性，如在源极和漏极之间施加电压，电子便从源极流向漏极，即有电流通过沟道(称为漏极电流 I_d)，I_d 受栅极和源极间电压控制。若将 MOSFET 的金属栅极换成离子选择电极的敏感膜，即成为对相应离子有响应的 ISFET。当它与试液接触并与参比电阻组成测量体系时，由于膜与溶液的界面产生膜电位叠加在栅压上，ISFET 的漏极电流 I_d 就会发生相应的变化，I_d 与响应离子活度之间具有相似于能斯特公式的关系，这就是 ISFET 的工作原理和定量关系基础。如果在栅极模上形成对各种离子有选择性响应的膜，就可制成各种离子电极，ISFET 是全固态器件，体积小，易于微型化，本身具有高阻抗转换和放大功能等优点，已在生物医学、临床诊断、环境分析、食品工业、生产过程监控等方面得到应用。

二、伏安分析法

以测定电解过程中的电流 - 电压曲线(伏安曲线)为基础的一大类电化学分析法称为伏安法。它是一类应用广泛而重要的电化学分析法。极谱分析也属于伏安法，在这种方法中应用了滴汞电极作为工作电极，通常将使用滴汞电极的伏安法称为极谱法。

1. 极谱分析的特点

① 灵敏度高，最适宜的测定浓度范围约为 $10^{-2} \sim 10^{-4}$mol/L。

② 相对误差一般为 ±2%，可与比色法等相媲美。

③ 在合适的情况下，可同时测定 4~5 种物质(例如 Cu^{2+}、Cd^{2+}、Ni^{2+}、Zn^{2+}、Mn^{2+} 等)，不必预先分离。

④ 分析时只需很少量的试样。

⑤ 分析速度快，适宜于同一品种大量试样的分析测定。

⑥ 电解时通过的电流很小(通常小于 $100\mu A$)，所以分析后溶液成分基本上没有改变，被分析过的溶液重新进行测定，其结果仍与前次相符。

⑦ 凡在滴汞电极上可起氧化还原反应的物质，包括金属离子、金属络合物、阴离子和有机化合物，都可用极谱法测定。某些不起氧化还原反应的物质，也可设法应用间接法测定，因而极谱法的应用范围很广泛。

但是上述极谱方法(通常称为经典极谱方法，与以后发展起来的技术区别)存在着一些问题。首先是它的灵敏度受到一定的限制。如前所述，这主要是由于电容电流的存在而造成的。

另外，当试样中含有的大量组分较之欲测定的微量组分更易还原时，应用一般的极谱亦会遇到困难。此时由于该组分产生一个很大的前波，使 $E_{1/2}$ 较负的组分受到掩蔽，因此需要进行费时的分离工作，而这种分离工作往往会引起组分的损失及带入杂质而导致误差。

经典极谱法的另一个缺点是它的分辨力低，除非两种被测物的半波电位相差 100mV 以上，否则要准确测量各个波高会有困难。

为解决上述存在的一些问题，发展了一些新的极谱技术，其中已得到比较广泛应用的有极谱催化波、单扫描极谱、方波极谱、脉冲极谱以及溶出伏安法等。

2. 极谱催化波

催化波是在电化学和化学动力学的理论基础上发展起来的提高极谱分析灵敏度和选择性的一种方法。它最低可检测至 $10^{-8} \sim 10^{-11} mol/L$，共存元素干扰少，有较好的选择性，所用仪器就是一般的极谱仪或示波极谱仪，因此方法简便、快速、灵敏度很高，所以受到重视。目前我国的科技工作者已提出了对 50 多个元素的 70 多种催化波体系，经常作分析应用的有 30 多种元素，并已成功地应用于食品、冶金材料、环保监测和复杂的矿石分析中作微量、痕量，甚至超痕量的测定。

催化示波极谱法是国家标准所规定的用于检测食品中铬(GB/T5009.123—2003)以及检测饮用天然矿泉水中砷、铬、锌、铅、钒(GB/T8538—2008)等元素的方法。

极谱电流按其电极过程的不同可分为以下几种：

① 受扩散控制的极谱电流——扩散电流，可逆波；

② 受电极反应速度控制的极谱电流——扩散电流，不可逆波；

③ 受吸附作用控制的极谱电流——吸附电流；

④ 受化学反应速度控制的极谱电流——动力波、催化波。

极谱动力波可分为三类：

第一类是化学反应超前于电极反应：

$$Y \underset{K_b}{\overset{K_f}{\rightleftharpoons}} A \xrightarrow{ne^-} B$$

第二类是化学反应滞后于电极反应：

$$A \xrightarrow{ne^-} B \underset{K_b}{\overset{K_f}{\rightleftharpoons}} P$$

上述两类动力波并不能增加极谱波的灵敏度，故不予讨论。

第三类是化学反应与电极反应平行

$$A + ne^- \longrightarrow B（电极反应）$$

$$B + X \xrightarrow{K_1} A + Z（化学反应）$$

A 在电极上被还原为 B。若溶液中存在有第三种物质 X，它具有较强的氧化性，能较快地把 B 氧化为原来的氧化态 A，再生的 A 又在电极上还原，这样，就形成了一个电极反应－化学反应－电极反应的循环。这种情况称为电极反应与化学反应相平行。由于 A 在电极反应中消耗的，又在化学反应中得到补偿，因此 A 在反应前后的浓度几乎不变，从这一点看，A 可以称为催化剂。虽然电流是由 A 还原而产生的，但实际消耗的是氧化剂 X。所以在这反应中，A 催化了 X 的还原。因催化反应而增加了的电流称为催化电流，它与催化剂 A 的浓度成正比，其数值要比单纯只是扩散电流时大很多倍，有些甚至大 3～4 个数量级，所以对于痕量物质的分析具有重要的意义。

3. 单扫描极谱法

单扫描法与经典极谱相似，也是根据电流－电压曲线来进行分析的。所不同的是加到电解池两电极的电压扫描速度不同。经典极谱要获得一个极谱波，需要用近百滴汞，所加直流电压的扫描速度缓慢，一般为 0.2V/min，单扫描极谱则是在一滴汞的形成过程中的一段很短的时间内进行快速线性扫描，例如在 2s 内扫描 0.5V 电压。由于这样快的扫描速度，只有采用阴极射线示波器才能在一个汞滴上观察其电流－电压曲线，因此过去曾称为示波极谱法。

单扫描极谱法是国家标准所规定的用于检测食品中铅（GB/T5009.12—2010）等元素的方法。

（1）单扫描极谱的工作原理

单扫描极谱的工作原理如图 4－21（a）所示。在极谱电解池两个电极上加一个随时间作线性变化的直流电压（锯齿波）U。所得的极谱电解电流在电阻 R 上产生一个电位降 iR，将此 iR 电位降经放大后加到示波器的垂直偏向板上，同时将加在电解池两个电极上的电压经放大后加到示波器的水平偏向板上。这样就可在示波器的荧光屏上观察到完整的 $i - U_{de}$ 曲线，如图 4－21（b）所示。由于这种方法外加电压变化速度很快，电极面附近的被测物在电极上迅速起电化学反应，因此电流急剧增加。随后当电压再增加时，由于扩散层厚度增加而使电流又迅速下降。因而所得电流－电压曲线出现峰形。电流的最大值称为峰值电流，以 i_p 表示。峰值电流所对应的电位称峰值电位，以 E_p 表示。

由图 4－21（a）可见，在示波极谱仪中采用了三电极体系，即在滴汞电极（DMIE）和参比电极（SCE）之外，还增加了一个辅助电极（亦称为对电极，一般用铂电极），以确保滴汞电极的电位完全受外加电压所控制，而参比电极电位则保持恒定。在三电极体系中极谱电流在滴汞电极（工作电极）与辅助电极间流过，参比电极与工作电极组成一个电位监控回路，因为运算放大器输入阻抗高，实际上没有明显的电流通过参比电极而使其电位保持恒定，当回路的电阻较大（如使用陶瓷甘汞电极或在非水介质中测定时）或电解电流较大时，电解池的 iR 降便相当大，滴汞电极的电位就不能简单地随外加电压的线性变化进行相应的电压扫描，而在三电极体系中。当参比电极和工作电极间的电位差由此而产生偏离时，其偏差信号通过参比电极电路反馈回放大器的输入端，调整放大器的输出使工作电极电位恢复到预计值，于

94

是工作电极就能完全受外加电压 U 的控制，起到消除电位失真的作用。

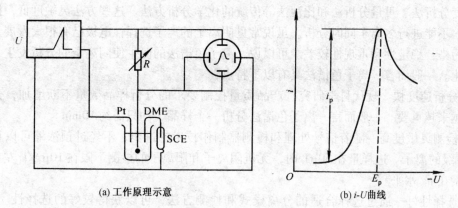

(a) 工作原理示意   (b) i-U 曲线

图 4 - 21   单扫描极谱

（2）单扫描极谱的特点

单扫描极谱的原理与经典极谱法基本相同，因此一般说来其应用范围是相同的。但在单扫描法中，由于电压扫描速度很快，因此电极反应的速度对电流的影响很大。对电极反应为可逆的物质，极谱图上出现明显的尖峰状；对于可逆性差或不可逆反应，由于其电极反应速度较慢，跟不上电压扫描速度，所得图形的尖峰状就不明显或甚至没有尖峰，因此灵敏度低。除此之外，单扫描极谱法还具有下述一些特点：

① 灵敏度高，检测限一般可达 10^{-7}mol/L，甚至可达 5×10^{-8}mol/L，比经典极谱法高 2 ~3 个数量级。

② 测量峰高比测量波高易于得到较高的精密度。

③ 方法快速、简便。由于扫描速度快，并只需在荧光屏上直接读取峰高，只需几秒至十几秒钟就可完成一次测量。

④ 分辨率高。此法可分辨两个半波电位相差 35 ~50mV 的离子。

⑤ 前还原物质的干扰小，在数百甚至近千倍前还原物质存在时，不影响后还原物质的测定。这是由于在电压扫描前有 5s 的静止期，相当于电极表面附近进行了电解分离。

⑥ 由于氧波为不可逆波，其干扰作用也就大为降低。因此分析前往往可不除去溶液中的溶解氧。

第八节　离子色谱法

一、概　述

离子色谱法是以低交换容量的离子交换树脂为固定相对离子性物质进行分离，用电导检测器连续检测流出物电导变化的一种液相色谱方法。专用的离子色谱仪配置的是离子交换柱和电导检测器，这也正是它与普通液相色谱仪的不同之处。用专用的离子色谱仪可以进行离子交换色谱和离子排斥色谱两种方式的分析。目前，这两种分离方式仍然是离子色谱日常分析工作的主体。

溶液中离子性成分的分析是一个经典的分析化学课题。对无机阳离子（金属离子）的分析来说，较早就有原子吸收光谱法（AAS）、电感耦合等离子体发射光谱法（ICP - AES）、X射线荧光光谱法等既快速又灵敏的分析方法。而一些有机阳离子（如胺类物质）的分离和分析就缺乏行之有效的方法。对阴离子的分析来说，在离子色谱法出现之前，只能用容量分析法、光度分析法、重量分析法和比浊法等传统的化学分析方法。这些方法灵敏度低，操作烦琐费时，不能进行多离子同时分析。虽说常见阴离子的离子选择性电极已有很大发展，但电极易被污染，稳定性和重现性较差。可以说，离子色谱法的诞生使阴离子的分析发生了革命性的变化。一般而言，离子色谱法具有以下特点：

① 分析速度快 现代科学研究、产品质量控制要求的分析样品数量不断增加，分析速度显得越来越重要。一般而言，离子色谱法分析一个样品平均只需约 10min。

② 检测灵敏度高 随着信号处理和检测器制作技术的进步，不经过预浓缩可以直接检测 $\mu g/L$ 级的离子。进样量在 50μL 时，无机阴离子和阳离子的检测下限在 10$\mu g/L$ 左右。绝对检出量在 ng 水平。

③ 选择性好 通过选择合适的分离模式和检测方法，可以获得较好的选择性。首先，一定的分离模式只对某些离子有保留，如在分离含有机物的食品、生物等样品时，IC 可以较好地避免有机物的干扰。在使用抑制型电导检测时，可以通过抑制器将被测离子的反离子从体系中排除，只有与被测离子带相同电荷的离子有响应。采用只对被测离子有响应的选择性检测器也可大大提高选择性。

④ 多离子同时分析 在 20min 左右时间内，实现 10 个以上离子的同时分离已是一件很容易的事。现在，同时分离无机离子和有机离子、离子与非离子极性化合物、阴离子与阳离子等不同类型离子已不再困难。另外，离子色谱法的峰面积工作曲线的线性范围一般有 2～3 个数量级，所以，含量相差数百倍或上千倍的不同离子也可一次进样同时准确定量。

⑤ 离子色谱柱的稳定性高 色谱柱的稳定性主要由所用填料的类型决定。离子色谱法中使用最多的是有机聚合物作基质的填料。这种填料比反相 HPLC 中通常使用的硅胶基质填料要耐强酸和强碱性流动相。有机聚合物作基质的填料不如硅胶基质填料耐有机溶剂，所以，在离子色谱中，为了改善疏水性离子的色谱峰形状，在流动相中加入有机溶剂时必须控制很小的有机溶剂比例（如 5% 以下）。近两年已有能耐 100% 有机溶剂和在全 pH 值范围（pH1～14）内适用的高性能离子色谱柱上市。

离子色谱也存在一些缺点，如分离效率较低；分析速度相对较慢；有时易受基体影响；分析成本较高等。尽管如此，IC 已经是一种硬件相当成熟的技术，在今后相当长的时期内，IC 仍将为离子性物质的最佳分离方法。

离子色谱法是国家标准所规定的用于检测饮用天然矿泉水中锂，钾，钠（GB/T8538—2008）等元素的方法。

二、原　理

按分离机理可以将离子色谱法分为离子交换色谱法（IEC）、离子排斥色谱法（ICE）、离子对色谱法（IPC）。

① 离子交换色谱法是基于流动相中溶质离子（样品离子）和固定相表面离子交换基团之间的离子交换过程的色谱方法。分离机理主要是电场相互作用，其次是非离子性的吸附过程。其固定相主要是以聚苯乙烯和多孔硅胶作基质（载体），在其表面导入了离子交换功能基的离子交换剂。离子交换色谱可以用于无机和有机离子的分离。阴离子的分离主要是采用季铵基作功能基的阴离子交换剂，阳离子的分离主要采用硝酸基和羧酸基作功能基的阳离子交换剂。

② 离子排斥色谱的分离机理主要源于 Donnan 膜平衡、体积排阻和分配过程。固定相是具有较高交换容量的全磺化交联聚苯乙烯阳离子交换树脂，这种阳离子交换树脂一般不能用于阳离子的离子交换色谱分离。离子排斥色谱对于从强酸中分离弱酸以及弱酸的相互分离是非常有用的。如果选择适当的检测方法，离子排斥色谱还可以用于氨基酸、醛及醇的分析。

③ 离子对色谱的主要分离机理是吸附与分配。而定相则是普通 HPLC 体系中最常用的低极性的十八烷基或八烷基银合硅胶，固定相的选择性主要靠改变流动相来调节，通过在流动相中加入一种与溶质离子带相反电荷的离子对试剂，使之与溶质离子形成中性的疏水性化合物。离子对色谱基本上可以采用通常的反相 HPLC 的分离体系。离子对色谱在生物医药样品中离子性有机物的分析，工业样品中离子性表面活性剂，以及环境与农业样品中过渡金属离子配合物的分析方面非常有用。

④ 离子抑制色谱法的分离机理和离子对色谱法相似，不过，它是通过控制流动相的 pH 值，弱酸或弱碱的离解得到抑制，使其以未离解的分子状态在两相间分配或吸附。离子抑制色谱法主要用于有机弱酸弱碱的分析。离子抑制色谱与离子对色谱的基本原理是相同的，都是将溶质离子转变成中性的、具有一定疏水性的分子。离子抑制色谱法也主要采用通常的反相 HPLC 的分离体系。

三、离子色谱仪

和一般的 HPLC 仪器一样，现在的离子色谱仪一般也是先做成一个个单元组件，然后根据分析要求将各所需单元组件组合起来。最基本的组件是高压输液泵、进样器、色谱柱、检测器和数据系统(记录仪、积分仪或化学工作站)。此外，还可根据需要配置流动相在线脱气装置、梯度装置、自动进样系统、流动相抑制系统、柱后反应系统和全自动控制系统等。图 4-22 是离子色谱仪最常见的两种配置的构造示意图，上图没有流动相抑制系统，是通常所说的非抑制型离子色谱仪；下图带流动相抑制系统，是通常所说的抑制型离子色谱仪。离子色谱仪的基本构成及工作原理与液相色谱相同，所不同的是离子色谱仪通常配置的检测器

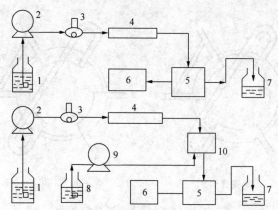

图 4-22 非抑制型(上)和抑制型(下)
离子色谱仪的构造示意图
1—流动相容器；2—流动相输液泵；3—进样器；
4—色谱柱；5—电导检测器；6—工作站；7—废液瓶；
8—再生液容器；9—再生液输液泵；10—抑制器

不是紫外检测器，而是电导检测器，通常所用的分离柱不是液相色谱所用的吸附型硅胶柱或分配型ODS柱，而是离子交换剂填充柱。另外，在离子色谱中，特别是在抑制型离子色谱中往往用强酸性或强碱性物质作流动相，因此，仪器的流路系统耐酸耐碱的要求更高一些。

离子色谱仪的工作过程是：输液泵将流动相以稳定的流速（或压力）输送至分析体系，在色谱柱之前通过进样器将样品导入，流动相将样品带入色谱柱，在色谱柱中各组分被分离，并依次随流动相流至检测器，抑制型离子色谱则在电导检测器之前增加一个抑制系统，即用另一个高压输液泵将再生液输送到抑制器，在抑制器中，流动相的背景电导被降低，然后将流出物导入电导检测池，检测到的信号送至数据系统记录、处理或保存。非抑制型离子色谱仪不用抑制器和输送再生液的高压泵，因此仪器的结构相对要简单得多，价格也要便宜很多。

1. 流动相输送系统

一个完整的流动相输送系统包括流动相容器、脱气装置、梯度洗脱装置和输液泵四个主要部件。为了使仪器耐酸碱和有机溶剂，必须用不锈钢、聚四氟乙烯或玻璃等材料制造。色谱柱中的填料颗粒细小，而且是在高压下填充的，流动相流经色谱柱时会产生很大的阻力，仪器系统一般需要维持数兆帕的柱进口压力来提供合适的流速。尽管多数分析柱最初使用时通常只有数兆帕的压力，但随着使用时间的增长，柱压会逐渐增大，而且，考虑到个别体系及其他原因引起的压力增加，设计时的仪器耐压上限必须更高。

2. 进样器

进样器是将样品溶液准确送入色谱柱的装置，分手动和自动两种方式。进样器要求密封性好，死体积小，重复性好，进样时引起色谱系统的压力和流量波动要很小。现在的液相色谱仪所采用的手动进样器几乎都是耐高压、重复性好和操作方便的阀进样器。六通阀进样器是最常用的，进样体积由定量管确定，常规离子色谱法中通常使用的是 10μL、20μL 和 50μL 体积的定量管。进样器的结构如图 4 - 23 所示。操作时先将阀柄置于图 4 - 23(a) 所示的采样位置，这时进样口只与定量管接通，处于常压状态。用微量注射器(体积应大于定量管体积)注入样品溶液，样品停留在定量管中。将进样器阀柄顺时针转动 60°至图 4 - 23(b) 所示助进样位置时，流动相与定量管接通，样品被流动相带到色谱柱中。

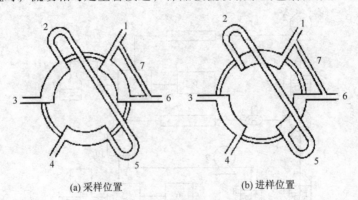

(a) 采样位置　　　　　　　　　　　(b) 进样位置

图 4 - 23　六通阀进样器工作原理

1—接色谱柱；2—5 - 样品环；3—进样口；

4—废液口；6—泵接口；7—分流管

3. 色谱柱

色谱柱是实现分离的核心部件，要求柱效高、柱容量大和性能稳定。柱性能与柱结构、填料特性、填充质量和使用条件有关。色谱柱管为内部抛光的不锈钢管柱或塑料柱管，其结构如图 4 - 24 所示。通过柱两端的接头与其他部件(如前连进样器,后接检测器)连接。通过螺帽将柱管和柱接头牢固地连成一体。从一端柱接头的剖面图可以看出,为了使柱管与柱接头牢固而严密地连接,通常使用一套两个不锈钢垫圈,呈细环状的后垫圈固定在柱管端头合适位置,呈圆锥型的前垫圈再从柱管端头套进出,正好与接头的倒锥形相吻合。用连接管各部件连接时的接头也都采用类似的方法。另外,在色谱柱的两端还需各放置一块由多孔不锈钢材料烧结而成的过滤片,出口端的过滤片起挡住填料的作用,入口端的过滤片既可防止填料倒出,又可保护填充床在进样时不被损坏。

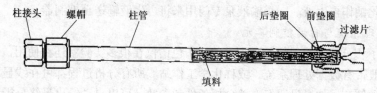

图 4 - 24　色谱柱结构图

分析型离子色谱柱的内径通常在 4 ~ 8mm 范围。国产柱内径多为 5mm、国外柱最典型的柱内径是 4.6mm,另外还有 4mm 和 8mm 内径柱。柱长通常在 50 ~ 100mm,比普通液相色谱柱要短。柱管内部填充 5 ~ 10μm 粒径的球形颗粒填料。内径为 1 ~ 2mm 的色谱柱通常称为半微柱。内径在 1mm 以下的色谱柱通常称为微型柱。在微量离子色谱中也用到内径为数十纳米的毛细管柱(包括填充型和内壁修饰型)。色谱柱在装填料之前是没有方向性的,但填充完毕的色谱柱是有使用方向的,即流动相的方向应与柱的填充方向(装柱时填充液的流向)一致。色谱柱的管外都以箭头显著地标示了该柱的使用力向,安装和更换色谱柱时一定要使流动相能按箭头所指方向流动。

4. 柱温箱

普通的液相色谱仪通常是可以不配置柱恒温箱的,而离子色谱仪通常需要配柱恒温箱,将离子色谱柱、电导池和抑制器置于恒温箱中。这是因为离子交换柱和抑制器中所进行的离子交换反应、电导池中柱流出物中的离子的迁移率都对温度很敏感,有时温度对分离也会产生很大的影响。通常的柱恒温箱可在 20 ~ 60℃ 范围内恒温,在无特别目的时,一般将柱温箱设定在略高于室温,如 30 ~ 40℃。

5. 检测器

检测器是用来连续监测经色谱柱分离后的流出物的组成和含量变化的装置。它利用溶质(被测物)的某一物理或化学性质与流动相有差异的原理,当溶质从色谱柱流出时,会导致流动相背景值发生变化,从而在色谱图上以色谱峰的形式记录下来。如果所测定的是流出物的整体性质,则称为整体性质检测器;如果所测定的是溶质离子的性质,则称为溶质性质检测器。例如电导检测器测定的是流出物整体的电导率,所以它是一种整体性质检测器,而其他整体性质检测器还有折射率检测器、介电常数检测器等。又如紫外检测器测定的是溶质的紫外吸收,所以是一种溶质性质检测器。根据检测器的适用离子的范围可将检测器分为通用型检测器和选择性检测器。对绝大多数离子都有响应的检测器称作通用检测器,电导检测器对所有离子都有响应,是离子色谱中应用得最多的通用检测器。只对部分离子有响应的检测器称为选择性检测器,如紫外检测器只对有紫外吸收的离子有响应,电化学检测器只对具有电活性(氧化性或还原性)的离子有响应,它们是离子色谱中常用的选择性检测器。

99

6. 抑制器

抑制型电导检测离子色谱使用的是强电解质流动相。如分析阴离子用碳酸钠、氢氧化钠，分析阳离子用稀硝酸、稀硫酸等。这类流动相的背景电导高，而且被测离子以盐的形式存在于溶液中，检测灵敏度很低。为了提高检测灵敏度，就需降低流动相的背景电导，并将被测离子转变成更高电导率的形式。抑制器连接在分离柱和检测器之间，柱流出物从一端流入抑制器，再生液从相反的另一端流入抑制器。在抑制器中，流动相与再生液之间进行离子交换反应，达到降低背景电导和增加溶质电导的目的。分析阴离子时通常用稀硫酸作再生液，分析阳离子时通常用稀氢氧化钠作再生液。一个输液泵专门用来将再生液输送至抑制器。

7. 数据处理系统与自动控制单元

一些配置了积分仪或记录仪的老型号的离子色谱仪在很多实验室还在使用，但近几年新购置的仪器，一般带有数据处理系统，或称化学工作站。所有分析过程都可在线显示，数据可自动采集、处理和储存。如果设置好有关分析条件和参数，可以自动给出最终分析结果。

自动控制单元将各部件与计算机连接起来，在计算机上通过色谱软件将指令传给控制单元，对整个分析实现自动控制，从而使整个分析过程全自动化。也有的色谱仪没有设计专门的控制单元，而是每个单元分别通过控制部件与计算机相连，通过计算机分别控制仪器的各部分。

四、重金属分析

在重金属的分析中，使用更多的还是 4 - (2 - 吡啶偶氮)间苯二酚 PAR 柱后衍生分光光度法。分离既可采用离子对分离机理，也可采用离子交换机理。在离子对色谱分离过程中，离子对试剂一般存在于流动相中。由于流动相的背景电导较高，因此重金属离子电导检测的灵敏度一般较低，采用紫外 - 可见分光光度检测可以提高分析灵敏度。如 Hg^{2+}、Pb^{2+}、Cr^{3+}、Cu^{2+}、Fe^{3+}、Al^{3+} 和 Zn^{2+} 与 PAR 的柱后反应可用来测定许多重金属离子。

采用硅胶基质离子交换剂和酒石酸流动相可分离包括 Fe^{3+}、Cu^{2+}、Pb^{2+}、Zn^{2+}、Ni^{2+}、Al^{3+}、Cd^{2+}、Fe^{2+}、Ca^{2+}、Mn^{2+} 和 Mg^{2+} 在内的十多种金属离子。分离后的金属离子与 PAR - Zn - EDTA 试剂进行柱后衍生化，在 520nm 处进行光度法测定。

第九节 气相色谱法

一、概 述

色谱法是一种分离技术，这种分离技术应用于分析化学中，就是色谱分析。它以其具有高分离效能、高检测性能、分析时间快速而成为现代仪器分析方法中应用最广泛的一种方法。

1. 分类

色谱法有多种类型，从不同角度出发，有各种分类法。

① 按流动相的物态，色谱法可分为气相色谱法(流动相为气体)和液相色谱法(流动相为液体)；再按固定相的物态，又可分为气固色谱法(固定相为固体吸附剂)、气液色谱法(固定相为涂在固体担体上或毛细管壁上的液体)、液固色谱法和液液色谱法等。

② 按固定相使用的形式，可分为柱色谱法(固定相装在色谱柱中)、纸色谱法(滤纸为固定相)和薄层色谱法(将吸附剂粉末制成薄层作固定相)等。

③ 按分离过程的机制，可分为吸附色谱法(利用吸附剂表面对不同组分的物理吸附性能的差异进行分离)、分配色谱法(利用不同组分在两相中有不同的分配系数来进行分离)、离子交换色谱法(利用离子交换原理)和排阻色谱法(利用多孔性物质对不同大小分子的排阻作用)等。

2. 气相色谱法的特点

气相色谱是色谱中的一种，就是用气体做为流动相的色谱法。由于样品在气相中传递速度快，因此样品组分在流动相和固定相之间可以瞬间地达到平衡。另外加上可选作固定相的物质很多，因此气相色谱法是一个分析速度快和分离效率高的分离分析方法。在分离分析方面，具有如下一些特点：

① 高灵敏度　可检出 $10^{-11} \sim 10^{-13}$ g 的物质，可作超纯气体、高分子单体的痕迹量杂质分析和空气中微量毒物的分析。

② 高选择性　可有效地分离性质极为相近的各种同分异构体和各种同位素。

③ 高效能　可把组分复杂的样品分离成单组分。

④ 速度快　一般分析只需几分钟即可完成，有利于指导和控制生产。

⑤ 应用范围广　既可分析低含量的气、液体，亦可分析高含量的气、液体，可不受组分含量的限制。

⑥ 所需试样量少　一般气体样用几毫升，液体样用几微升或几十微升。

⑦ 设备和操作比较简单，仪器价格便宜。

气相色谱法是国家标准所规定的用于检测食品中碘(GB/T5413.23—2010)、锡(GB/T5009.215—2003)、甲基汞(GB/T5009.17—2003)等物质的方法。

二、原　理

用气体作为流动相的色谱法称为气相色谱法。根据固定相的状态不同，又可将其分为气固色谱和气液色谱。气固色谱是用多孔性固体为固定相，分离的主要对象是一些永久性的气体和低沸点的化合物。但由于气固色谱可供选择的固定相种类甚少，分离的对象不多，且色谱峰容易产生拖尾，因此实际应用较少。气相色谱多用高沸点的有机化合物涂渍在惰性载体上作为固定相，一般只要在450℃以下有 $1.5 \sim 10kPa$ 的蒸汽压，且热稳定性好的有机及无机化合物都可用气液色谱分离。由于在气液色谱中可供选择的固定液种类很多，容易得到好的选择性，所以气液色谱有广泛的实用价值。气相色谱是一种物理的分离方法。利用被测物质各组分在不同两相间分配系数(溶解度)的微小差异，当两相作相对运动时，这些物质在两相间进行反复多次的分配，使原来只有微小的性质差异产生很大的效果，而使不同组分得到分离。气相色谱流程如图 4-25 所示。

载气由高压钢瓶 1 供给，经减压阀 2 减压后，进入载气净化干燥管 3 以除去载气中的水分。由针形阀 4 控制载气的压力和流量。流量计 5 和压力表 6 用以指示载气的柱前流量和压力。再经过进样器(包括汽化室)7，试样就在进样器注入(如为液体试样，经汽化室瞬间汽化为气体)。由不断流动的载气携带试样进入色谱柱 8，将各组分分离，各组分依次进入检测器 9 后放空。检测器信号由记录仪 10 记录，就可得到分析的色谱图。

三、气相色谱仪

气相色谱仪由五大系统组成：气路系统、进样系统、分离系统、控温系统以及检测和记录系统。

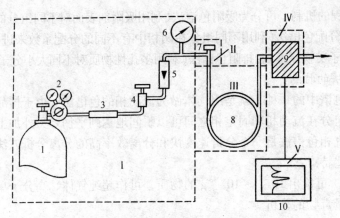

图 4 - 25 气相色谱流程图

1—高压钢瓶；2—减压阀；3—载气净化干燥管；
4—针形阀；5—流量计；6—压力表；7—进样器；
8—色谱柱；9—检测器；10—记录仪。

1. 气路系统

气相色谱仪具有一个让载气连续运行、管路密闭的气路系统。通过该系统，可以获得纯净的、流速稳定的载气。它的气密性、载气流速的稳定性以及测量流量的准确性，对色谱结果均有很大的影响，因此必须注意控制。

常用的载气有氮气和氢气，也有用氦气、氩气和空气。载气的净化，需经过装有活性炭或分子筛的净化器，以除去载气中的水、氧等不利的杂质。流速的调节和稳定是通过减压阀、稳压阀和针形阀串联使用后达到。一般载气的变化程度 <1%。

2. 进样系统

进样系统包括进样器和气化室两部分。进样系统的作用是将液体或固体试样，在进入色谱柱之前瞬间汽化，然后快速定量地转入到色谱柱中。进样的大小、进样时间的长短、试样的汽化速度等都会影响色谱的分离效果和分析结果的准确性和重现性。

① 进样器　液体样品的进样一般采用微量注射器。气体样品的进样常用色谱仪本身配置的推拉式六通阀或旋转式六通阀定量进样。

② 汽化室　为了让样品在汽化室中瞬间汽化而不分解，因此要求汽化室热容量大，无催化效应。为了尽量减少柱前谱峰变宽，汽化室的死体积应尽可能小。

3. 分离系统

分离系统由色谱柱组成。色谱柱主要有两类：填充柱和毛细管柱。

① 填充柱由不锈钢或玻璃材料制成，内装固定相，一般内径为 2～4mm，长 1～3m。填充柱的形状有 U 型和螺旋型两种。

② 毛细管柱又叫空心柱，分为涂壁、多孔层和涂载体空心柱。空心毛细管柱材质为玻璃或石英。内径一般为 0.2～0.5mm，长度 30～300m，呈螺旋型。色谱柱的分离效果除与柱长、柱径和柱形有关外，还与所选用的固定相、柱填料的制备技术以及操作条件等许多因素有关。

4. 控制温度系统

温度直接影响色谱柱的选择分离、检测器的灵敏度和稳定性。控制温度主要对色谱柱炉、汽化室、检测室的温度控制。色谱柱的温度控制方式有恒温和程序升温两种。

对于沸点范围很宽的混合物，一般采用程序升温法进行。程序升温指在一个分析周期内柱温随时间由低温向高温作线性或非线性变化，以达到用最短时间获得最佳分离的目的。

5. 检测和放大记录系统

① 检测系统　根据检测原理的差别，气相色谱检测器可分为浓度型和质量型两类。浓度型检测器测量的是载气中组分浓度的瞬间变化，即检测器的响应值正比于组分的浓度，如热导检测器(TCD)和电子捕获检测器(ECD)。质量型检测器测量的是载气中所携带的样品进入检测器的速度变化，即检测器的响应信号正比于单位时间内组分进入检测器的质量，如氢焰离子化检测器(FID)和火焰光度检测器(FPD)。

② 记录系统　记录系统是一种能自动记录由检测器输出的电信号的装置。

四、气相色谱分析方法

1. 气相色谱定性方法

各种物质在一定色谱条件下都有确定不变的保留值，因此保留值可作为一种定性指标。GC 定性分析还存在一定问题。其应用仅限于当未知物通过其他方面的考虑(如来源，其他定性方法的结果等)后，已被确定可能为某几个化合物或属于某种类型时作最后的确证；其可靠性不足以鉴定完全未知的物质。近几年，GC/MS、GC/光谱联用技术的开发，计算机的应用，打开了广阔的应用前景。

(1)根据色谱保留值进行定性

定性方法的可靠性与色谱柱的分离效率有密切的关系，为了提高可靠性，应该采用重现性较好和较少受到操作条件影响的保留值。由于保留时间(或保留体积)受柱长、固定液含量、载气流速等操作条件的影响比较大，因此一般适宜采用仅与柱温有关，而不受操作条件影响的相对保留值作为定性指标。对于比较简单的多组分混合物，如果其中所有待测组分均为已知，它们的色谱峰也能一一分离，那么为了确定各个色谱峰所代表的物质，可将各个保留值与各相应的标准试样在同一条件下所测得的保留值进行对照比较，确定各个组分(相对保留值法)。

(2)多柱法

在一根色谱柱上用保留值鉴定组分有时不一定可靠，因为不同物质有可能在同一色谱柱上具有相同的保留值，所以应采用双柱或多柱法进行定性分析，即采用两根或多根性质(极性)不同的色谱柱进行分离，观察未知物和标准试样的保留值是否始终重合。

(3)与其它他法结合的定性分析法

① 与质谱、红外光谱等仪器联用　GC 与 MS 联用，是目前复杂未知物定性的最有效工具之一。

② 与化学方法配合进行定性分析　带有某些官能团的化合物，经一些特殊试剂处理，发生物理变化或化学反应后，其色谱峰将会消失或提前或移后，比较处理前后色谱图的差异，就可初步辨认试样含有哪些官能团。

(4)利用检测器的选择性进行分析

不同类型的检测器对各种组分的选择性和灵敏度是不相同的。TCD 对无机物和有机物都有响应；FID 对有机物灵敏度高，对无机物无响应；ECD 只对含有卤素、氧、氮等电负性强的组分灵敏度高；FPD 只对含硫、磷的物质有信号。

2. 气相色谱定量方法

在一定的色谱操作条件下，流入检测器的待测组分 i 的含量 m_i(质量或浓度)与检测器的响应信号(峰面积 A 或峰高 h)成正比：

$$m_i = f_i \times A_i \text{ 或 } m_i = f_i \times h_i \qquad (4-14)$$

式中，f_i 为定量校正因子。要准确进行定量分析，必须准确地测量响应信号，确求出定量校正因子 f_i。

此两式是色谱定量分析的理论依据。

（1）峰面积的测量

① 峰高乘半峰宽法　将色谱峰视为等腰三角形，得到的面积为实际面积的 0.94 倍，故实际面积应为（适合于对称峰）：

$$A = 1.065h \times Y_{1/2} \text{（在相对计算时，系数 1.065 可约去）} \qquad (4-15)$$

② 峰高乘平均峰宽法：　对于不对称峰的测量，在峰高 0.15 和 0.85 处分别测出峰宽，由下式计算峰面积：

$$A = h \times (Y_{0.15} + Y_{0.85})/2 \qquad (4-16)$$

此法测量时比较麻烦，但计算结果较准确。

③ 自动积分法　具有微处理机（工作站、数据站等），能自动测量色谱峰面积，对不同形状的色谱峰可以采用相应的计算程序自动计算，得出准确的结果，并由打印机打出保留时间和 A 或 h 等数据。

（2）定量校正因子

由于同一检测器对不同物质的响应值不同，所以当相同质量的不同物质通过检测器时，产生的峰面积（或峰高）不一定相等。为使峰面积能够准确地反映待测组分的含量，就必须先用已知量的待测组分测定在所用色谱条件下的峰面积，以计算定量校正因子。

$$m_i = f_i \times A_i \qquad (4-17)$$

式中，f_i 称为绝对校正因子，即是单位峰面积所相当的物质量。它与检测器性能、组分和流动相性质及操作条件有关，不易准确测量。在定量分析中常用相对校正因子，即某一组分与标准物质的绝对校正因子之比，即：

$$f_i = \frac{A_s \cdot m_i}{A_i \cdot m_s} \qquad (4-18)$$

式中，A_i、A_s 分别为组分和标准物质的峰面积；m_i、m_s 分别为组分和标准物质的量。m_i、m_s 可以用质量或摩尔质量为单位，其所得的相对校正因子分别称为相对质量校正因子和相对摩尔校正因子，用 f_m 和 f_M 表示。

校正因子一般都由实验者自己测定。准确称取组分和标准物，配制成溶液，取一定体积注入色谱柱，经分离后，测得各组分的峰面积，再由上式计算 f_m 或 f_M。常用的标准物质，对 TCD 是苯，对 FID 是正庚烷。

（3）定量计算方法

① 外标法　当能够精确进样量的时候，通常采用外标法进行定量。这种方法标准物质单独进样分析，从而确定待测组分的校正因子；实际样品进样分析后依据此校正因子对待测组分色谱峰进行计算得出含量。外标法是最常用的定量方法，其计算过程如下：

绝对校正因子 f_i 的计算

$$f_i = m_s/A_i \qquad (4-19)$$

式中，m_s 是标准样品中组分 i 的含量；A_i 是标准样品谱图中组分 i 的峰面积。

外标法的计算公式

$$m_i = A_i \times f_i \qquad (4-20)$$

这里 m_i 是未知样品中组分 i 的含量。

② 归一化法　归一化法有时候也被称为百分法，不需要标准物质帮助来进行定量。它直接通过峰面积或者峰高进行归一化计算从而得到待测组分的含量。其特点是不需要标准物，只需要一次进样即可完成分析。

归一化法兼具内标和外标两种方法的优点，不需要精确控制进样量，也不需要样品的前处理；缺点在于要求样品中所有组分都出峰，并且在检测器的响应程度相同，即各组分的绝对校正因子都相等。归一化法的计算公式如下：

$$m_i = \frac{A_i f_i}{\sum\limits_{i=1}^{n} A_i f_i} \times 100\% \qquad (4-21)$$

③ 内标法　选择适宜的物质作为预测组分的参比物，定量加到样品中去，依据欲测定组分、参比物在检测器上的响应值（峰面积或峰高）之比和参比物加入量进行定量分析的方法叫内标法。特点是标准物质和未知样品同时进样，一次进样。

内标法的计算公式推导如下：

$$\omega_i = \frac{W_i}{W} \times 100\% = \frac{W_i}{W_s} \times \frac{W_s}{W} \times 100\%$$

$$= \frac{A_i f_{w1}}{A_s f_{w_x}} \times \frac{W_s}{W} \times \% = \frac{A_i}{A_s} \times f_{wi/s} \times \frac{W_s}{W} \times 100\% \qquad (4-22)$$

式中，A_i，A_s 分别为待测组分和内标物的峰面积；W_s，W 分别为内标物和样品的质量；$f_{wi/s}$ 是待测组分对于内标物的相对质量校正因子（此值可自行测定，测定要求不高时也可以由文献中待测组分和内标物组分对苯的相对质量校正因子换算求出）。

④ 内加法　在无法找到样品中没有的合适的组分作为内标物时，可以采用内加法；在分析溶液类型的样品时，如果无法找到空白溶剂，也可以采用内加法。内加法也经常被称为标准加入法。

第五章　必需元素的测定

第一节　食品中钾和钠含量的测定

一、火焰发射光谱法测定食品中钾、钠的含量

1. 原理

试样处理后，导入火焰光度计中，经火焰原子化后，分别测定钾、钠的发射强度。钾发射波长766.5nm，钠发射波长589nm。其发射强度与它们的含量成正比，与标准系列比较定量。

2. 试剂

① 硝酸、高氯酸。

② 混合酸消化液：硝酸 + 高氯酸 = 4 + 1。

③ 钠及钾标准储备溶液：将氯化钾及氯化钠（纯度大于99.99%）于烘箱中110～120℃干燥2h。

精确称取1.9068g氯化钾及2.5421g氯化钠，分别溶于水中，并移入1000mL容量瓶中，稀释至刻度，贮存于聚乙烯瓶内，4℃保存。此溶液每毫升相当于1mg钾或钠。

④ 标准使用液：

a. 钾标准使用液　吸取5.0mL钾标准储备溶液于100mL容量瓶中，用水稀释至刻度，贮存于聚乙烯瓶中，4℃保存。此溶液每毫升相当于50μg钾。

b. 钠标准使用液　吸取10.0mL钠标准储备溶液于100mL容量瓶中，用水稀释至刻度，贮存于聚乙烯瓶中，4℃保存。此溶液每毫升相当于100μg钠。

3. 仪器

所用玻璃仪器均用硫酸　重铬酸钾洗液浸泡数小时，再用洗衣粉充分洗刷后，用自来水反复冲洗，最后用去离子水冲洗晾干或烘干，方可使用。

实验室常用玻璃仪器：

高型烧杯：250mL。

电热板：1000～3000W。

火焰光度计。

4. 分析步骤

（1）试样处理

准确称取均匀干试样0.5～1g，湿样1～2g，饮料等液体试样3～5g于250mL高型烧杯中，加20～30mL混合酸消化液，盖上表面皿，置于电热板或电沙浴上加热消化。如消化不完全，再补加几毫升混合酸消化液，继续加热消化，直至无色透明为止。加几毫升水，加热以除去多余的硝酸。待烧杯中的液体接近2～3mL时，取下冷却。用水洗并转移到10mL刻度试管中，定容至刻度(也可用测铁、镁、锰的消化好的液样进行钾和钠的测定)。取与消

化试样相同量的混合酸消化液，按上述操作做试剂空白测定。

（2）测定

① 钾的测定　吸取 0.0mL、0.5mL、1.0mL、1.5mL、2.0mL、2.5mL 钾标准使用液，分别置于 250mL 容量瓶中，用水稀释至刻度，混匀（容量瓶中溶液每毫升分别相当于 0.0μg、0.1μg、0.2μg、0.3μg、0.4μg、0.5μg 钾）。将消化样液、试剂空白液、钾标准稀释液分别导入火焰，测定发射强度。测定条件为：波长，766.5nm；空气压力，0.4×10^5Pa；燃气的调整以火焰中不出现黄火焰为准。以钾含量对应浓度的发射强度绘制标准曲线。

② 钠的测定　吸取 0.0mL、1.0mL、2.0mL、3.0mL、4.0mL 钠标准使用液，分别置于 100mL 容量瓶中，用水稀释至刻度（容量瓶中溶液每毫升分别相当于 0.0μg、1.0μg、2.0μg、3.0μg、4.0μg 钠）。将消化样液、试剂空白液、钠标准稀释液分别导入火焰，测定其发射强度。测定条件为：波长 589.0nm，空气压力 0.4×10^5Pa，燃气的调整以火焰中不出现黄火焰为准。以钠含量对应浓度的发射强度绘制标准曲线。

5. 结果计算

见式（5-1）：

$$X = \frac{(c_1 - c_0) \times V \times f \times 100}{m \times 1000} \qquad (5-1)$$

式中　X——试样中元素的含量，mg/100g；

　　　c_1——测定用试样液中元素的浓度（由标准曲线查出），μg/mL；

　　　c_0——试剂空白液中元素的浓度（由标准曲线查出），μg/mL；

　　　V——试样液定容体积，mL；

　　　f——试样液稀释倍数；

　　　m——试样的质量，g。

计算结果保留到小数点后两位。

6. 精密度

在重复性条件下获得的两次独立测定结果的绝对差值不得超过算术平均值的7%（钾）和9%（钠）。

7. 检出限和线性范围

钾的检出限为 0.05μg，钠的检出限为 0.3μg。线性范围：钾为 0.1~0.5μg；钠为 1.0~4.0μg。

二、火焰发射光度法测定饮用天然矿泉水中钾和钠的含量

本法测钾、钠的最低检测质量浓度分别为 0.1mg/L 和 1.0mg/L。

1. 原理

钾和钠容易电离，在火焰中具有较高的发射强度，且在一定范围内其发射强度与浓度成正比。可分别用 766.5nm 和 589.0nm 灵敏共振线进行测定，与标准系列比较定量。

2. 试剂

① 硝酸溶液（1+1）。

② 钾标准贮备溶液[$\rho(K^+) = 1.00$mg/mL]　称取 1.9067g 已在110℃烘至恒重的氯化钾（优级纯），溶于少量纯水中，加入 10mL 硝酸溶液，再用纯水稀释至 1000mL。

③ 钠标准贮备溶液[$\rho(Na^+) = 10.00$mg/mL]　称取 25.421g 已在140℃烘至恒重的氯化

钠(基准试剂)，溶于少量纯水中，加入 10mL 硝酸溶液，再用纯水稀释至 1000mL。

④ 钾、钠混合标准溶液　吸取适量钾、钠标准贮备溶液，用纯水稀释 10 倍，使其每毫升溶液中含 0.10mg 钾和 1.00mg 钠。

3. 仪器

① 原子吸收分光光度计。

② 空气压缩机或空气钢瓶气。

③ 乙炔钢瓶气。

4. 分析步骤

（1）样品测定

按仪器说明书将发射部分调节至最佳状态，波长：钾 766.5nm，钠 589.0nm；火焰：贫燃性，测量高度为 2cm。将水样直接喷入火焰，测定其钾、钠发射强度。

若水样中钾、钠含量较高，可稀释样品；或选择较小的狭缝和较小的增益；或选用次灵敏共振线进行测定。

（2）校准曲线的绘制

① 精确吸取钾、钠混合标准溶液 0mL、0.1mL、0.5mL、…、50.0mL，用纯水稀释至1L，配制为每升含钾 0mg、0.1mg、0.5mg、…、5.0mg，含钠 0mg、1.0mg、5.0mg、…、50.0mg 的标准系列。应根据水样中钾、钠含量的高低选择适当的标准系列的质量浓度范围。

② 测定其发射强度。

③ 以质量浓度(mg/L)为横坐标，发射强度为纵坐标绘制校准曲线。

5. 结果计算

水样中钾或钠的质量浓度按式(5-2)计算。

$$\rho(K^+ \text{ 或 } Na^+) = \rho_1 \times D \qquad (5-2)$$

式中　$\rho(K \text{ 或 } Na)$——水样中钾或钠的质量浓度，mg/L；

ρ_1——以水样测得的发射强度，从校准曲线上查得的水样中钾或钠的质量浓度，mg/L；

D——水样稀释倍数。

6. 精密度与准确度

同一实验室对含钾 3.0mg/L、钠 30.0mg/L，其中包含钙 60mg/L、镁 18mg/L、氯213.5mg/L 的人工合成水样，24 次测定的相对标准偏差均为 1.5%，相对误差分别为 0.33%和 0.6%。

三、火焰原子吸收分光光度法测定饮用天然矿泉水中钾、钠的含量

本法测钾和钠的最低检测质量浓度分别为 0.05mg/L 和 0.01mg/L。

1. 原理

钾、钠基态原子能吸收来自本金属元素空心阴极灯发射的共振线，且其吸收强度与钾、钠原子的质量浓度成正比。将水样导入火焰原子化器中使钾、钠离子原子化后，分别在其灵敏共振线 766.5nm 和 589.0nm 下测定其吸光度，与标准系列比较定量。钾、钠含量高时，可采用其次灵敏共振线 404.5nm 和 330.2nm。二者均可用空气-乙炔火焰。

2. 试剂

① 硝酸溶液(1+1)。

② 钾标准贮备溶液[$\rho(K^+) = 1.00mg/mL$]　称取 1.9067g 已在 110℃烘至恒重的氯化钾（优级纯），溶于少量纯水中，加入 10mL 硝酸溶液，再用纯水稀释至 1000mL。

③ 钠标准贮备溶液[$\rho(Na^+) = 10.00mg/mL$]　称取 25.421g 在 140℃烘至恒重的氯化钠（基准试剂），溶于少量纯水中，加入 10mL 硝酸溶液，再用纯水稀释至 1000mL。

④ 钾、钠混合标准溶液　吸取适量钾、钠标准贮备溶液用纯水稀释至 1.00mL 含 0.05mg 钾和 0.05mg 钠。

3. 仪器

① 原子吸收分光光度计　配有钾、钠空心阴极灯。

② 空气压缩机或空气钢瓶气。

③ 乙炔钢瓶气。

4. 分析步骤

（1）样品测定

按仪器说明书，将仪器调至测钾、钠最佳状态。将水样直接喷入火焰，测定其吸光度。样品中钾、钠含量较高时，可转动燃烧器角度，或用次灵敏共振线 404.5nm 和 330.2nm 测定其吸光度。

（2）校准曲线的绘制

① 精确吸取钾、钠混合标准溶液或标准贮备液用纯水稀释配成下列含量的标准系列：钾：0mg/L、0.05mg/L、…、3.00mg/L（波长 486.5nm）或 0mg/L、1mg/L、…、15.00mg/L（波长 404.5nm）。钠：0mg/L、0.01mg/L、…、0.50mg/L（波长 589.0nm）或 0mg/L、1.00mg/L、…、60.00mg/L（波长 330.2nm）。

② 按水样分析步骤与样品同时测定。

③ 以质量浓度（mg/L）为横坐标，吸光度为纵坐标绘制校准曲线。

5. 结果计算

水样中钾或钠的质量浓度按式(5 - 3)计算。

$$\rho(K^+ 或 Na^+) = \rho_1 \times D \tag{5 - 3}$$

式中　$\rho(K^+ 或 Na^+)$——水样中钾或钠的质量浓度，mg/L；

ρ_1——以水样测得的发射强度，从校准曲线上查得的水样中钾或钠的质量浓度，mg/L；

D——水样稀释倍数。

6. 干扰

在一般情况下共存元素干扰较小，但当大量钠存在时，钾的电离受到抑制，从而使钾的吸收强度增大，可在标准溶液中添加相应量的钠离子予以校正。铁稍有干扰，磷酸盐产生较大的负干扰，添加一定量镧盐后可以消除。在测定钠时，盐酸和氯离子通常使钠的吸收强度降低，可在标准溶液中添加相应量盐酸予以校正。

四、离子色谱法测定饮用天然矿泉水中锂、钾、钠的含量

取样 100μL 时，最低检测质量浓度是锂 0.005mg/L、钾 0.05mg/L、钠 0.05mg/L。

1. 原理

由于锂、钾、钠三种阳离子的结构不同，它们对低交换容量的阳离子交换树脂的亲合力也不相同，分配系数存在着差异，所以在交换柱中被淋洗的速度也不相同。因此，当水样注

109

入离子色谱仪后，在淋洗液的携带下，流过装有阳离子交换树脂的分离柱时，它们按 Li^+、Na^+、K^+ 的顺序被分离开，然后流入抑制柱，将强电解质的淋洗液转变成弱电解质，降低了背景电导。最后流经电导池，依次测定各离子的峰高(或峰面积)。用同样条件下绘制的校准曲线，即可求出水样中 Li^+、Na^+ 和 K^+ 的含量。

2. 试剂

本法采用电导率小于 $1\mu S/cm$ 的蒸馏水(或去离子水)配制标准溶液和淋洗液。

① 盐酸溶液(1+1)。

② 淋洗液$[c(HCl)=0.005mol/L]$　吸取 4.2mL 盐酸$(\rho_{20}=1.19g/mL)$，用水稀释至 10L，摇匀。

③ 四甲基氢氧化铵再生溶液(3g/L)　量取 240mL 四甲基氢氧化铵溶液$[(CH_3)_4NOH]$，其中含四甲基氢氧化铵 24g，加水稀释至 8L，混匀。

④ 锂标准贮备溶液$[\rho(Li^+)=1.00mg/mL]$　称取 1.0646g 碳酸锂(Li_2CO_3)，加少许水湿润，然后逐滴加入盐酸溶液，使碳酸锂完全溶解后，再过量 2 滴，移入 200mL 容量瓶中，加水稀释至刻度，混匀。

⑤ 锂标准中间溶液$[\rho(Li^+)=0.10mg/mL]$　吸取 10.00mL 锂标准贮备溶液于 100mL 容量瓶中，加水稀释至刻度，混匀。

⑥ 锂标准使用溶液$[\rho(Li^+)=0.01mg/mL]$　吸取 10.00mL 锂标准中间溶液于 100mL 容量瓶中，加水稀释至刻度，混匀。

⑦ 钠标准贮备溶液$[\rho(Na^+)=1.00mg/mL]$　称取 0.5084g 在 500℃ 灼烧 1h，在干燥器中冷却 0.5h 的氯化钠(NaCl)，溶于少量水中，移入 200mL 容量瓶中，加水稀释至刻度，混匀。

⑧ 钠标准使用溶液$[\rho(Na^+)=0.50mg/mL]$　吸取 25.00mL 钠标准贮备溶液于 50mL 容量瓶中，加水稀释至刻度，混匀。

⑨ 钾标准贮备溶液$[\rho(K^+)=1.00mg/mL]$　称取 0.4457g 在 500℃ 灼烧 1h，在干燥器中冷却 0.5h 的硫酸钾(K_2SO_4)，溶于少量水中，移入 200mL 容量瓶中，加水稀释至刻度，混匀。

⑩ 钾标准使用溶液$[\rho K^+)=0.10mg/mL]$　吸取 10.00mL 钾标准贮备溶液于 100mL 容量瓶中，加水稀释至刻度，混匀。

3. 仪器

① 离子色谱仪。

② 阳离子保护柱。

③ 阳离子分离柱。

④ 阳离子抑制柱。

4. 分析步骤

(1) 水样的测定

按仪器说明书的要求，将仪器调至最佳状态。待基线稳定后，用注射器注入 1~2mL 待测样品，钾离子峰出完后，即可进行下一个水样的测定。根据记录的各离子的峰高(或峰面积)，从校准曲线上即可求得水样中锂、钠、钾的含量。

(2) 校准曲线的绘制

准确吸取锂标准使用溶液 0mL、0.10mL、0.20mL、0.40mL、1.00 和 2.00mL；钠标准

使用溶液 0mL、0.20mL、0.40mL、0.80mL、2.00mL 和 4.00mL，钾标准使用溶液 0mL、0.20mL、0.40mL、0.80mL、2.00mL 和 4.00mL 于一系列 200mL 容量瓶中，加水稀释至刻度，混匀，此标准系列的质量浓度(mg/L)见表 5 – 1。

表 5 – 1　标准系列质量浓度

Li⁺/(mg/L)	0	0.005	0.01	0.02	0.05	0.10
Na⁺/(mg/L)	0	0.50	1.00	2.00	5.00	10.00
K⁺/(mg/L)	0	0.10	0.20	0.40	1.00	2.00

按水样的分析步骤进行测定，记录各离子的峰高(或峰面积)，分别以它们的质量浓度为横坐标，峰高(或峰面积)为纵坐标绘制校准曲线。

5. 结果计算

水样中 K^+(Li^+ 或 Na^+)的质量浓度按式(5 – 4)计算。

$$\rho(B^+) = \rho_1 \times D \qquad (5-4)$$

式中　$\rho(B^+)$——水样中 K^+(Li^+ 或 Na^+)的质量浓度，mg/L；

ρ_1——从 K^+(Li^+ 或 Na^+)的校准曲线上分别查得的试样中各离子的质量浓度，mg/L；

D——水样稀释倍数。

6. 精密度与准确度

同一实验室对含 0.05mg/L 锂、2.00mg/L 钠、0.50mg/L 钾的人工合成溶液进行 8 次平行测定，其相对标准偏差分别为锂 0.97%、钠 0.79%、钾 1.56%。

加标准回收时，锂 0.01mg/L、钠 1.50mg/L 和钾 0.4mg/L，它们的回收率分别为：锂 95% ~104%、钠 95% ~102%、钾 97% ~104%。

第二节　食品中钙含量的测定

一、原子吸收分光光度法测定食品中钙的含量

1. 原理

试样经湿消化后，导入原子吸收分光光度计中，经火焰原子化后，吸收 422.7nm 的共振线，其吸收量与含量成正比，与标准系列比较定量。

2. 试剂

① 盐酸、硝酸、高氯酸。

② 混合酸消化液　硝酸 + 高氯酸 =4 +1。

③ 0.5mol/L 硝酸溶液　量取 32mL 硝酸，加去离子水并稀释至 1000mL。

④ 20g/L 氧化镧溶液　称取 23.45g 氧化镧(纯度大于 99.99%)，现用少量水湿润再加 75mL 盐酸于 1000mL 容量瓶中，加去离子水稀释至刻度。

⑤ 钙标准储备溶液　准确称取 1.2486g 碳酸钙(纯度大于 99.99%)，加 50mL 去离子水，加盐酸溶解，移入 1000mL 容量瓶中，加 20g/L 氧化镧溶液稀释至刻度，贮存于聚乙烯瓶内，4℃保存。此溶液每毫升相当于 500μg 钙。

⑥ 钙标准使用液　吸取储备上述钙标准储备溶液 5.0mL 于 100mL 容量瓶中，加 20g/L

氧化镧溶稀释至刻度。此溶液每毫升相当于 $25\mu g$ 钙，贮存于聚乙烯瓶内，$4°C$ 保存。

3. 仪器与设备

所用玻璃仪器均以硫酸－重铬酸钾洗液浸泡数小时，再用洗衣粉充分洗刷后用水反复冲洗，最后用去离子水冲洗晒干或烘干，方可使用。

原子吸收分光光度计。

4. 分析步骤

（1）试样处理

① 试样制备　微量元素分析的试样制备过程中应特别注意防止各种污染。所用设备如电磨、绞肉机、匀浆器、打碎机等必须是不锈钢制品。所用容器必须使用玻璃或聚乙烯制品，做钙测定的试样不得用石磨研碎。鲜样（如蔬菜、水果、鲜鱼、鲜肉等）先用自来水冲洗干净后，再用去离子水充分洗净。干粉类试样（如面粉、奶粉等）取样后立即装容器密封保存，防止空气中的灰尘和水分污染。

② 试样消化　精确称取均匀干试样 $0.5\sim1.5g$（湿样 $2.0\sim4.0g$，饮料等液体试样 $5.0\sim10.0g$）于 $250mL$ 高型烧杯，加混合酸消化液 $20\sim30mL$，盖上表面皿，置于电热板或沙浴上加热消化。如未消化好而酸液过少时，再补加几毫升混合酸消化液，继续加热消化，直至无色透明为止。加几毫升水，加热以除去多余的硝酸。待烧杯中液体接近 $2\sim3mL$ 时，取下冷却。用 $20g/L$ 氧化镧溶液洗并转移于 $10mL$ 刻度试管中，并定容至刻度。取与消化试样相同量的混合酸消化液，按上述操作做试剂空白试验测定。

（2）测定

分别吸取 $25\mu g/mL$ 的钙标准使用液 $1mL$、$2mL$、$3mL$、$4mL$、$6mL$ 于 5 个 $50mL$ 容量瓶中，均加 $20g/L$ 氧化镧溶稀释至刻度。分别配制成 $0.5\mu g/mL$、$1.0\mu g/mL$、$1.5\mu g/mL$、$2.0\mu g/mL$、$3.0\mu g/mL$ 的标准稀释液。

测定操作参数为：波长 $422.7nm$，空气－乙炔火焰，仪器狭缝、空气及乙炔的流量、灯头高度、元素灯电流等均按照仪器说明调至最佳状态。

将消化好的试样液、试剂空白液和钙元素的标准浓度系列分别导入火焰进行测定。

5. 结果计算

$$X = \frac{(c_1 - c_0) \times V \times f \times 100}{m \times 1000} \qquad (5-5)$$

式中　X——试样中元素的含量，$mg/100g$；

$\quad c_1$——测定用试样液中元素的浓度，$\mu g/mL$；

$\quad c_0$——试剂空白液中元素的浓度，$\mu g/mL$；

$\quad V$——试样定容体积，mL；

$\quad f$——稀释倍数；

$\quad m$——试样质量，g。

计算结果保留到小数点后两位。

6. 精密度

在重复性条件下获得的两次独立测定结果的绝对差值不得超过算术平均值的 10%。

7. 检出限和线性范围

检出限为 $0.1\mu g$，线性范围为 $0.5\sim2.5\mu g$。

二、EDTA 滴定法测定食品中钙的含量

1. 原理

钙与氨羧络合剂能定量地形成金属络合物，其稳定性比钙与指示剂所形成的络合物更强。在适当的 pH 值范围内，以氨羧络合剂 EDTA 滴定，在达到当量点时，EDTA 就自指示剂络合物中夺取钙离子，使溶液呈现游离指示剂的颜色（终点）。根据 EDTA 络合剂用量，可计算钙的含量。

2. 试剂

① 1.25mol/L 氢氧化钾溶液　精确称取 70.13g 氢氧化钾，用水稀释至 1000mL。

② 10g/L 氰化钠溶液　称取 1.0g 氰化钠，用水稀释至 100mL。

③ 0.05mol/L 柠檬酸钠溶液　称取 14.7g 柠檬酸钠（$Na_3C_6H_5O_7 \cdot 2H_2O$），用水稀释至 1000mL。

④ 混合酸消化液　硝酸 + 高氯酸 = 4 + 1。

⑤ EDTA 溶液　准确称取 4.50gEDTA（乙二胺四乙酸二钠），用水稀释至 1000mL，贮存于聚乙烯瓶中，4℃保存。使用时稀释 10 倍即可。

⑥ 钙标准溶液　准确称取 0.1248g 碳酸钙（纯度大于 99.99%，105 ~ 110℃烘干 2h），加水 20mL 及 0.5mol/L 盐酸 3mL 溶解，移入 500mL 容量瓶中，加水稀释至刻度，贮存于聚乙烯瓶中，4℃保存。此溶液每毫升相当于 100μg 钙。

⑦ 钙红指示剂　称取 0.1g 钙红指示剂（$C_{21}O_7N_2SH_{14}$），用水稀释至 100mL，溶解后即可使用。贮存于冰箱中可保持一个半月以上。

3. （三）仪器

所有玻璃仪器均以硫酸 – 重铬酸钾洗液浸泡数小时，再用洗衣粉洗刷，后用水反复冲洗，最后用去离子水冲洗，晒干或烘干，方可使用。

实验室常用玻璃仪器：高型烧杯（250mL）、微量滴定管（1mL 或 2mL）、碱式滴定管（50mL）、刻度吸管（0.5 ~ 1mL）、电热板：（1000 ~ 3000W）。

4. 分析步骤

（1）试样处理

同"原子吸收分光光度法测定食品中钙的含量"的样品处理方法。

（2）测定

① 标定 EDTA 浓度　吸取 0.5mL 钙标准溶液，以 EDTA 滴定，标定其 EDTA 的浓度，根据滴定结果计算出每毫升 EDTA 相当于钙的毫克数，即滴定度（T）。

② 试样及空白滴定　分别吸取 0.1 ~ 0.5mL（根据钙的含量而定）试样消化液及空白于试管中，加 1 滴氰化钠溶液和 0.1mL 柠檬酸钠溶液，用滴定管加 1.25mol/L 氢氧化钾溶液 1.5mL，加 3 滴钙红指示剂，立即以稀释 10 倍 EDTA 溶液滴定，至指示剂由紫红色变为蓝色为止。

5. 结果计算

$$X = \frac{(V - V_0) \times T \times f \times 1000}{m} \quad\quad (5 - 6)$$

式中　X——试样中钙含量，mg/100g；

　　　T——EDTA 滴定度，mg/mL；

V——滴定试样时所用 EDTA 量，mL；

V_0——滴定空白时所用 EDTA 量，mL；

f——试样稀释倍数；

m——试样质量，g。

计算结果保留到小数点后两位。

6. 精密度

在重复性条件下获得的两次独立测定结果的绝对差值不得超过 10%。

7. 线性范围

5~50μg。

第三节 食品中磷含量的测定

一、分光光度法测定食品中总磷的含量

1. 原理

食物中的有机物经酸氧化，使磷在酸性条件下与钼酸铵结合生成磷钼酸铵。此化合物被对苯二酚、亚硫酸钠还原成蓝色化合物——钼蓝。用分光光度计在波长 660nm 处测定钼蓝的吸收光值，以定量分析磷含量。

2. 试剂

① 硫酸　相对密度 1.84g/mL。

② 高氯酸–硝酸消化液　1+4 混合液。

③ 15% 硫酸溶液　取 15mL 硫酸缓缓加入到 80mL 水中混匀，冷却后用水稀释至 100mL。

④ 钼酸铵溶液　称取 0.5g 钼酸铵[$(NH_4)_6MO_7O_{24}\cdot4H_2O$]用 15% 硫酸稀释至 100mL。

⑤ 对苯二酚溶液　称取 0.5g 对苯二酚于 100mL 水中，使其溶解，并加入 1 滴浓硫酸（减缓氧化作用）。

⑥ 亚硫酸钠溶液　称取 20g 无水亚硫酸钠于 100mL 水中，使其溶解。此溶液需在实验前临时配制，否则可使钼蓝溶液发生混浊。

⑦ 磷标准储备液（100μg/mL）　精确称取在 105℃ 下干燥的磷酸二氢钾（优级纯）0.4394g，置于 1000mL 容量瓶中，加水溶解并稀释至刻度。此溶液每毫升含 100μg 磷。

⑧ 磷标准使用液（10μg/mL）　准确吸取 10mL 磷标准储备液，置于 100mL 容量瓶中，加水稀释至刻度，混匀。此溶液每毫升含磷 10μg。

3. 仪器

实验室常用设备、分光光度计。

4. 分析步骤

（1）试样处理

称取各类食物的均匀干试样 0.1~0.5g 或湿样 2~5g 于 100mL 凯氏烧瓶中，加入 3mL 硫酸、3mL 高氯酸–硝酸消化液，置于消化炉上。瓶中液体初为棕黑色，待溶液变成无色或微带黄色清亮液体时，即消化完全。将溶液放冷，加 20mL 水，赶酸，冷却，转移至 100mL 容量瓶中，用水多次洗涤凯氏烧瓶，洗液合并倒入容量瓶内，加水至刻度，混匀。此

溶液为试样测定液。取与消化试样同量的硫酸、高氯酸－硝酸消化液，按同一方法做空白溶液。

（2）磷标准曲线

准确吸取磷标准使用液0mL、0.5mL、1.0mL、2.0mL、3.0mL、4.0mL、5.0mL（相当于含磷量0μg、5μg、10μg、20μg、30μg、40μg、50μg），分别置于20mL具塞试管中，依次加入2mL钼酸溶液摇匀，静置几秒钟。加入1mL亚硫酸钠溶液，1mL对苯二酚溶液，摇匀。加水至刻度，混匀。静置0.5h以后，在分光光度计660nm波长处测定吸光度。以测出的吸光度对磷含量绘制标准曲线。

（3）测定

准确吸取试样测定液2mL及同量的空白溶液，分别置于20mL具塞试管中，依次加入2mL钼酸溶液摇匀，静置几秒钟。加入1mL亚硫酸钠溶液，1mL对苯二酚溶液，摇匀。加水至刻度，混匀。静置0.5h以后，在分光光度计660nm波长处测定吸光度。以测出的吸光度在标准曲线上查得试样液中磷的含量。

5. 结果计算

$$X = \frac{m_1}{m} \times \frac{V_1}{V_2} \times 100 \qquad (5-7)$$

式中　X——试样中磷含量，mg/100g；

　　m_1——由标准曲线查得或回归方程算得试样测定液中磷的质量，mg；

　　V_1——试样消化液定容总体积，mL；

　　V_2——测定用试样消化液的体积，mL；

　　m——试样的质量，g。

计算结果保留两位有效数字。

6. 精密度

在重复性条件下获得的两次独立测定结果的绝对差值不得超过算术平均值的5%。

7. 检出限和线性范围

检出限均为2μg，线性范围为5~50μg。

二、分子吸收光谱法测定食品中总磷的含量

1. 原理

食品中的有机物经酸破坏以后，磷在酸性条件下与钼酸铵结合生成磷钼酸铵。用氯化亚锡、硫酸肼还原磷钼酸铵成蓝色化合物——钼蓝。蓝色强度与磷含量成正比，可进行比色定量。

2. 试剂

① 硝酸、硫酸、高氯酸。

② 15%硫酸溶液　取15mL硫酸，加入到80mL水中，混匀。放冷以后用水稀释至100mL。

③ 5%硫酸溶液　取5mL硫酸，加入到90mL水中，混匀。放冷以后用水稀释至100mL。

④ 3%硫酸溶液　取3mL硫酸，加入到90mL水中，混匀。放冷以后用水稀释至100mL。

⑤ 钼酸铵溶液　称取0.5g钼酸铵$[(NH_4)_6 MO_7 O_{24} \cdot 4H_2O]$，用15%硫酸稀释

至 100mL。

⑥ 氯化亚锡 - 硫酸肼混合液　称取 0.1g 氯化亚锡（$SnCl_2 \cdot 2H_2O$），0.2g 硫酸肼（$NH_2NH_2 \cdot H_2SO_4$），加 3% 硫酸溶液并用其稀释至 100mL。此溶液置棕色瓶中，贮存于冰箱中至少可保存一个月。

⑦ 磷标准储备液　精确称取在 105℃ 干燥至恒量的磷酸二氢钾（优级纯）0.4394g，用水溶解于 100mL 容量瓶中，并加水至刻度，混匀。此溶液每毫升含 1mg 磷。置聚乙烯瓶贮于冰箱中保存。

⑧ 磷标准使用液　准确吸取磷标准储备液 1.00mL 于 100mL 容量瓶中，用水稀释至刻度，混匀。此溶液每毫升含 10μg 磷。

3. 仪器

分光光度计。

4. 分析步骤

（1）试样处理

称取各类食品的均匀干样 0.1 ~ 0.5g，湿样 5g 左右于 100mL 三角瓶中，加硝酸 15mL，高氯酸 2mL，硫酸 2mL，混匀。于电热板或电炉上小火加热消化，瓶中液体开始变棕黑色时，不断沿瓶壁补加硝酸至有机质分解完全。加大火力，至消化液产生浓密的白烟，溶液澄明或微带黄色。消化液放冷，加水 20mL。放冷以后转移至 100mL 容量瓶中，用水多次洗涤三角瓶，合并洗液于容量瓶中，加水至刻度，混匀，作为试样测定溶液。取与消化试样同量的硝酸、高氯酸、硫酸，按同一方法做试剂空白溶液。

（2）标准曲线绘制

取磷标准使用液 0mL、0.2mL、0.4mL、0.6mL、0.8mL、1.0mL（相当于磷 0μg、2.0μg、4.0μg、6.0μg、8.0μg、10.0μg），分别置于 25mL 比色管中，各加水约 15mL，5% 硫酸溶液 2.5mL，钼酸铵溶液 2mL，氯化亚锡 - 硫酸肼混合液 0.5mL，各管均补加水至 25mL，混匀。在室温放置 20min 以后，用 2cm 比色杯，在 660nm 波长处，以零管作参比，在分光光度计上分别测定其吸光度，以吸光度对磷含量绘制标准曲线。

（3）测定

准确吸取试样测定溶液 1 ~ 2mL 及同量的试剂空白液，分别置于 25mL 比色管中，各加水约 15mL，5% 硫酸溶液 2.5mL，铝酸铵溶液 2mL，氯化亚锡 - 硫酸肼混合液 0.5mL。各管均补加水至 25mL，混匀。在室温放置 20min 以后，用 2cm 比色杯，在 660nm 波长处，用水作参比，在分光光度计上分别测定其吸光度。以测出的吸光度在标准曲线上查得试样液的磷含量。

5. 结果计算

$$X = \frac{(m_1 - m_0) \times V_1}{m \times V_2} \times \frac{100}{1000} \qquad (5-8)$$

式中　X——试样中磷含量，mg/100g；

m_1——由标准曲线上查得试样测定溶液中磷的质量，μg；

m_0——空白溶液中磷的质量，μg；

m——试样的质量，g；

V_1——试样消化的总体积，mL；

V_2——测定用试样消化液的体积，mL。

计算结果保留两位有效数字。

6. 精密度

在重复性条件下获得的两次独立测定结果的绝对差值不得超过算术平均值的5%。

7. 检出限和线性范围

检出限均为2μg，线性范围为2～10μg。

三、光度法测定食品中磷酸盐的含量

适用于西式蒸煮、烟熏火腿中复合磷酸盐(以磷酸盐计)的测定。

1. 原理

试样中的磷酸盐与酸性钼酸铵作用，生成淡黄色的磷钼酸盐，此盐可经还原呈显蓝色，一般称为钼蓝。蓝色的深浅，与磷酸盐含量成正比。

2. 试剂

① 稀盐酸(1 + 1)。

② 钼酸铵溶液(50g/L)　称取25g钼酸铵溶于300mL水中，再加75%(体积分数)硫酸溶液(溶解75mL浓硫酸于水中，再用水稀释至100mL)使成500mL。

③ 对氢醌(对苯二酚)溶液(5g/L)　称取0.5g对氢醌(对苯二酚)，溶解于100mL水中，加硫酸1滴以使氧化作用减慢。

④ 亚硫酸钠溶液(200g/L)　称取20g亚硫酸钠溶解于100mL蒸馏水中。此溶液应每次试验前临时配制，否则可能会使钼蓝溶液发生混浊。

⑤ 磷酸盐标准溶液　精确称取0.7165g磷酸二氢钾(KH_2PO_4)溶于水中，移入1000mL容量瓶中，并用水稀释至刻度。此溶液每毫升相当于500μg磷酸盐。吸取10.0mL此溶液，置于500mL容量瓶中，加水至刻度，此溶液每毫升相当于10μg磷酸盐(PO_4^{3-})。

3. 分析步骤

(1) 标准曲线绘制

分别吸取磷酸盐标准溶液(每毫升相当于10μg磷酸盐)0mL、0.2mL、0.4mL、0.6mL、0.8mL和1.0mL，分别置于25mL比色管中，再于每管中依次加入2.0mL钼酸铵溶液，1mL亚硫酸钠溶液(200g/L)，1mL对氢醌(对苯二酚)溶液，加蒸馏水稀释至刻度，摇匀，静止30min后，以零管溶液为空白，于660nm处比色，测定各标准溶液的光密度，并绘制标准曲线。

(2) 测定

① 将瓷蒸发器在火上加热灼烧、冷却，准确称取均匀试样2～5g，在火上灼烧成炭分，再于55℃成灰分，直至灰分呈白色为止(必要时，可在加入浓硝酸湿润后再灰化，有促进试样灰化至白色的作用)，加10mL稀盐酸(1 + 1)及硝酸2滴，在水浴上蒸干，再加2mL稀盐酸(1 + 1)，用水分数次将残渣完全洗入100mL容量瓶中，并用水稀释至刻度，摇匀，过滤(如无沉淀则不需过滤)。

② 取滤液0.5mL(视磷量多少定)，置于25mL比色管中，加入2mL钼酸铵溶液，1mL亚硫酸钠溶液(200g/L)，1mL对氢醌(对苯二酚)溶液，加蒸馏水稀释至刻度，摇匀，静止30min后，以零管溶液为空白，于660nm处比色，根据测得的光密度，从标准曲线上求得相应磷的含量。

4. 结果计算

$$X = \frac{m_1}{m} \times 1000 \qquad (5-9)$$

式中 X ——试样中磷酸盐含量，mg/kg；

m ——从标准曲线中查出的相当于磷酸盐（PO_4^{3-}）的质量，mg；

m_1 ——测定时所吸取试样溶液相当于试样的质量，g。

计算结果保留两位有效数字。

5. 精密度

在重复性条件下获得的两次独立测定结果的绝对差值不得超过算术平均值的5%。

四、磷钼蓝分光光度法测定水中单质磷的含量

适用于地表水、地下水、工业废水和生活污水中单质磷的测定。

1. 方法原理

用甲苯做萃取剂，萃取水样中的单质磷。萃取液经溴酸钾–溴化钾溶液将单质磷氧化成正磷酸盐，在酸性条件下，正磷酸盐与钼酸铵反应生成的磷钼杂多酸被还原剂氯化亚锡还原成蓝色络合物，其吸光度与单质磷的含量成正比，用分光光度计测定其吸光度，计算单质磷的含量。

水中单质磷的含量小于0.05mg/L时，用乙酸丁酯富集后再进行显色测定，可以减少干扰，提高灵敏度和检测的可靠性。

2. 试剂和材料

除非另有说明，分析时均使用符合国家标准的分析纯试剂。试验用水符合GB/T6682三级水标准。

① 甲苯 $\rho_{20}(C_7H_8) = 0.867$g/mL，优级纯。

② 盐酸 $\rho_{20}(HCl) = 1.19$g/mL，优级纯

③ 高氯酸 $\rho_{20}(HClO_4) = 1.67$g/mL，优级纯。

④ 抗坏血酸（$C_6H_8O_6$） 优级纯。

⑤ 甘油 $\rho_{20}(C_3H_8O_3) = 1.26$g/mL，优级纯。

⑥ 无水乙醇 $\rho_{20}(CH_3CH_2OH) = 0.789$g/mL，优级纯。

⑦ 乙酸丁酯 $\rho_{20}(C_8H_{16}O_2) = 0.876$g/mL，优级纯。

⑧ 磷酸二氢钾（KH_2PO_4） 优级纯。

⑨ 硝酸溶液 （1+5）。

⑩ 硫酸溶液 （1+1）。

⑪氢氧化钠溶液 $w(NaOH) = 20\%$ 称取20.0g氢氧化钠，溶解于100mL水中。

⑫溴酸钾–溴化钾溶液 分别称取10g溴酸钾（$KBrO_3$）和8g溴化钾（KBr），溶解于400mL水中。

⑬钼酸铵溶液Ⅰ $w[(NH_4)_6Mo_7O_{24} \cdot 4H_2O] = 2.5\%$ 称取2.5g钼酸铵，加入1:1硫酸溶液70mL，待钼酸铵溶解后用水稀释至100mL。

⑭钼酸铵溶液Ⅱ $w[(NH_4)_6Mo_7O_{24} \cdot 4H_2O] = 5\%$ 称取12.5g钼酸铵，溶解于150mL水中，不断搅拌，将其缓慢加入到100mL硝酸溶液（1+5）中。

⑮氯化亚锡溶液：$w(SnCl_2) = 10\%$ 称取1g氯化亚锡，溶解于15mL盐酸中，加入

50mL 水，再称取 1.5g 抗坏血酸，溶解于上述溶液中，加水稀释至 100mL，贮于棕色瓶中，在冰箱内可保存 4~5d。

⑯氯化亚锡甘油溶液 $w(SnCl_2)=2.5\%$　称取 2.5g 氯化亚锡，溶解于 100mL 甘油中。此溶液可在水浴中加热，以促进溶解。

⑰磷酸二氢钾标准贮备液 $\rho(P)=50.0\mu g/mL$　准确称取 0.2197g 磷酸二氢钾（预先在 105~110℃ 电烘箱中干燥 2h 至恒重），溶解于水，移入 1000mL 容量瓶中，用水稀释至刻线，混匀。

⑱磷酸二氢钾标准使用液 $\rho(P)=2.00\mu g/mL$　临用时，吸取 10.00mL 磷酸二氢钾标准贮备液于 250mL 容量瓶中，用水稀释至刻线。

⑲酚酞指示液 $\rho=10g/L$　称取 1g 酚酞溶解于 100mL 无水乙醇中。

3. 仪器和设备

① 可见分光光度计：配有光程为 30mm 的比色皿。

② 电热板。

③ 具塞比色管：50mL。

④ 分液漏斗：100mL、250mL。

⑤ 磨口锥形瓶：250mL。

⑥ 防爆沸玻璃珠。

4. 样品

（1）样品采集和保存

样品采集至塑料瓶或硬质玻璃瓶中，采样后调节样品 pH 值为 6~7，48h 内测定。

（2）试样制备

① 萃取　移取 10.0~100mL（视样品中磷含量而定）样品于 250mL 分液漏斗中，加入 25mL 甲苯，充分震荡 5min，并经常开启活塞排气。静置分层后，将下层水相移入另一支 250mL 分液漏斗，加入 15mL 甲苯重复萃取 2min 后静置，弃去水相，将有机相并入第一支分液漏斗。向第一支分液漏斗中加入 15mL 水，震荡 1min 后静置，弃去水相，有机相重复操作水洗 6 次。

② 氧化　向盛有有机相的第一支分液漏斗中加入 10~15mL 溴酸钾 - 溴化钾溶液，2mL 硫酸溶液（1+1），震荡 5min，并经常开启活塞排气。静置 2min 后加入 2mL 高氯酸，再震荡 5min 后，移入 250mL 磨口锥形瓶内，加入数粒玻璃珠，在电热板上缓缓加热以驱赶过量的高氯酸和除溴（注意勿使样品溅出或蒸干），至白烟减少时，取下冷却。加入 10mL 水及 1 滴酚酞指示剂，用 20% 氢氧化钠溶液中和至呈粉红色，滴加（1+1）硫酸溶液至粉红色刚好消失，移入 50mL 容量瓶中，用去离子水稀释至刻度。

5. 分析步骤

（1）校准曲线的绘制

① 直接比色法　单质磷含量大于 0.05mg/L 的样品，校准曲线按照下列步骤操作，取 8 支 50mL 具塞比色管，按表 5-2 配制校准系列。

表 5-2　单质磷直接比色法校准系列

瓶号	0	1	2	3	4	5	6
磷酸二氢钾标准使用液/mL	0.00	0.50	1.00	3.00	5.00	7.00	8.50
单质磷含量/μg	0.00	1.00	2.00	6.00	10.0	14.0	17.0

分别向每支比色管中加水至 50mL，加入 2mL 钼酸铵溶液 I 及 1mL 氯化亚锡甘油溶液，混匀。室温在 20℃ 以上，显色 20min；室温低于 20℃ 时，显色 30min。在波长 690nm 处，用 30mm 比色皿，以水为参比，测定吸光度。以扣除试剂空白的吸光度对应单质磷含量绘制校准曲线。

② 萃取比色法　单质磷含量小于 0.05mg/L 的样品，校准曲线按照下列步骤操作。取 6 支 100mL 分液漏斗，按表 5 - 3 配制校准系列。

表 5 - 3　单质磷萃取比色法校准系列

瓶号	0	1	2	3	4	5
磷酸二氢钾标准使用液/mL	0.00	0.50	1.00	1.50	2.00	2.50
单质磷含量/μg	0.00	1.00	2.00	3.00	4.00	5.00

分别向每支分液漏斗中加水至 50mL，加入 3mL 硝酸溶液（1＋5）、7mL 钼酸铵溶液 II 和 10mL 乙酸丁酯，震荡 1min，弃去水相。向有机相中加入 2mL 氯化亚锡溶液，摇匀，再加入 1mL 无水乙醇，轻轻转动分液漏斗，使水珠下降，放尽水相，将有机相倾入 30mm 比色皿，在波长 720nm 处，以乙酸丁酯为参比测定吸光度。以扣除试剂空白的吸光度对应单质磷含量绘制校准曲线。

（2）样品分析

① 单质磷含量大于 0.05mg/L 的样品，采取直接比色法。移取适量体积经萃取、氧化制备好的试样（视样品中单质磷的含量而定）于 50mL 具塞比色管中，以下步骤同上述"直接比色法"。

② 单质磷含量小于 0.05mg/L 的样品，采用有机相萃取比色。移取适量体积经萃取、氧化制备好的试样（视样品中单质磷的含量而定）于 100mL 分液漏斗中，以下步骤同上述"萃取比色法"。

6. 结果计算

样品中的单质磷含量 ρ 按照公式（5 - 10）计算

$$\rho = \frac{mV_2}{V_1V_3} \tag{5 - 10}$$

式中　ρ——样品中单质磷的含量，mg/L；

　　　m——根据校准曲线计算出试料中单质磷的含量，μg；

　　　V_1——样品体积，mL；

　　　V_2——试样的定容体积，$V_2 = 50mL$；

　　　V_3——显色反应时移取的试样体积，mL。

7. 检出限

当取样体积为 100mL 时，直接比色法的方法检出限为 0.003mg/L，测定下限为 0.010mg/L，测定上限为 0.170mg/L。

8. 干扰和消除

水样中含砷化物、硅化物和硫化物的量分别为单质磷含量的 100 倍、200 倍和 300 倍时，对本方法无明显干扰。

9. 注意事项

① 操作所用的玻璃器皿，可用（1＋5）盐酸浸泡 2h，或用不含磷的洗涤剂清洗。

② 比色皿用后应以稀硝酸或铬酸洗液浸泡片刻，以除去吸附的钼蓝有色物。

③ 警告　甲苯有毒，高氯酸、溴酸钾 - 溴化钾溶液具有腐蚀性，高氯酸与有机物的混合物经加热可能发生爆炸，操作务必在通风橱内进行，操作者须小心谨慎。

第四节　食品中铁、镁、锰含量的测定

一、原子吸收分光光度法测定食品中铁、镁、锰的含量

1. 原理

试样经湿消化后，导入原子吸收分光光度计中，经火焰原子化后，铁、镁、锰分别吸收248.3nm、285.2nm、279.5nm 的共振线，其吸收量与它们的含量成正比，与标准系列比较定量。

2. 试剂

① 盐酸、硝酸、高氯酸。

② 混合酸消化液　硝酸 + 高氯酸 = 4 + 1。

③ 0.5mol/L 硝酸溶液　量取 32mL 硝酸，加去离子水稀释至 1000mL。

④ 标准溶液(铁、镁、锰标准溶液)　准确称取金属铁、金属镁、金属锰(纯度大于99.99%)各 1.0000g，或含 1.0000g 纯金属相对应的氧化物。分别加硝酸溶解并移入三只1000mL 容量瓶中，加 0.5mol/L 硝酸溶液稀释至刻度。贮存于聚乙烯瓶内，4℃保存。此三种溶液每毫升各相当于 1mg 铁、镁、锰。

⑤ 标准应用液　铁、镁、锰标准使用液的配制见表 5 - 4。铁、镁、锰标准使用液配制后，贮存于聚乙烯瓶内，4℃保存。

表 5 - 4　标准使用液配制

元素	标准溶液浓度 /(μg/mL)	吸取标准溶液量 /mL	稀释体积 /mL	标准使用液浓度 /(μg/mL)	稀释溶液
铁	1000	10.00	100	100	
镁	1000	5.0	100	50	0.5mol/L 硝酸溶液
锰	1000	10.0	100	100	

3. 仪器

所用玻璃仪器均以硫酸 - 重铬酸钾洗液浸泡数小时，再用洗衣粉充分洗刷后再用水反复冲洗，最后用去离子水冲洗，晒干或烘干，方可使用。

① 实验室常用设备。

② 原子吸收分光光度计。

4. 分析步骤

(1) 试样处理

① 试样制备　微量元素分析的试样制备过程应特别注意防止各种污染。所用设备如电磨、绞肉机、匀浆器、打碎机等必须是不锈钢制品。所用容器必须使用玻璃或聚乙烯制品。

鲜湿样(如蔬菜、水果、鲜鱼、鲜肉等)用自来水冲洗干净后，要用去离子水充分洗净。干粉类试样(如面粉、奶粉等)取样后立即装容器密封保存，防止空气中的灰尘和水分污染。

② 试样消化　精确称取均匀试样干样 0.5～1.5g，湿样 2.0～4.0g，饮料等液体样品 5.0～10.0g 于 250mL 高型烧杯中，加混合酸消化液 20～30mL，盖上表面皿，置于电热板或电沙浴上加热消化。如未消化好而酸液过少时；再补加几毫升混合酸消化液，继续加热消化，直至无色透明为止。再加几毫升水，加热以除去多余的硝酸。待烧杯中的液体接近 2～3mL 时，取下冷却。用去离子水洗并转移于 10mL 刻度试管中，加水定容至刻度。取与消化试样相同量的混合酸消化液，按上述操作做试剂空白测定。

（2）测定

将铁、镁、锰标准使用液分别配制成不同浓度系列的标准稀释液，方法见表 5-5，测定操作参数见表 5-6。

表 5-5　不同浓度系列标准稀释液的配制方法

元素	使用液浓度/(μg/mL)	吸取使用液量/mL	稀释体积/mL	标准使用液浓度/(μg/mL)	稀释溶液
铁	100	0.5 1 2 3 4	100	100	
镁	50	0.5 1 2 3 4	500	50	0.5mol/L 硝酸溶液
锰	100	0.5 1 2 3 4	200	100	

表 5-6　测定操作参数

元素	波长/nm	光源	火焰	标准系列浓度范围/(μg/mL)	稀释溶液
铁	248.3			0.5～4.0	
镁	285.2	紫外	空气-乙炔	0.05～1.0	0.5mol/L 硝酸溶液
锰	279.5			0.25～2.0	

其他实验条件：仪器狭缝、空气及乙炔的流量、灯头高度、元素灯电流等均按使用的仪器说明调至最佳状态。

5. 结果计算

以各浓度系列标准溶液与对应的吸光度绘制标准曲线。

测定用试样液及试剂空白液由标准曲线查出浓度值（c 及 c_0），再按式（5-11）计算。

$$X = \frac{(c_1 - c_0) \times V \times f \times 100}{m \times 1000} \quad\quad (5-11)$$

式中 X——试样中元素的含量，mg/100g；

  c_1——测定用试样液中元素的浓度（由标准曲线查出），μg/mL；

  c_0——试剂空白液中元素的浓度（由标准曲线查出），μg/mL；

  V——试样定容体积，mL；

  f——稀释倍数；

  m——试样的质量，g。

计算结果保留到小数点后两位。

6. 精密度

在重复性条件下获得的两次独立测定结果的绝对差值不得超过算术平均值的10%。

7. 本方法检出限

铁为0.2μg/mL，镁为0.05μg/mL，锰为0.1μg/mL。

二、乙二胺四乙酸二钠滴定法测定饮用天然矿泉水中镁的含量

1. 原理

取用乙二胺四乙酸二钠滴定法滴定钙后的溶液，破坏钙试剂指示剂后，当pH值为9~10时，在有铬黑T指示剂存在下，以乙二胺四乙酸二钠（简称EDTA-2Na）溶液滴定镁离子，当到达等当点时，溶液呈现天蓝色。

2. 试剂

① 缓冲溶液（pH = 10） 将67.5g氯化铵（NH_4Cl）溶解于300mL蒸馏水中，加570mL氢氧化铵（$\rho_{20} = 0.88g/mL$），用纯水稀释至1000mL。

② 铬黑T指示剂（5g/L） 称取0.5g铬黑T（$C_{20}H_{12}N_3NaO_7S$），溶于100mL三乙醇胺（$C_6H_{15}NO_3$）中。

③ 乙二胺四乙酸二钠标准溶液[$c(C_{10}H_{14}N_2O_8Na_2 \cdot 2H_2O) = 0.01mol/L$]的配制 称取3.72g乙二胺四乙酸二钠（EDTA-2Na），溶解于1000mL蒸馏水中。

④ 乙二胺四乙酸二钠标准溶液的标定：

a. 锌标准溶液 称取0.6~0.7g纯金属锌粒，溶于盐酸溶液（1+1）中，置于水浴上温热至完全溶解，移入容量瓶中，定容至1000mL。

按式（5-12）计算锌标准溶液的浓度。

$$c(Zn) = \frac{m}{65.38} \quad\quad (5-12)$$

式中 $c(Zn)$——锌标准溶液的浓度，mol/L；

  m——锌的质量，mg；

  65.38——锌的摩尔质量，g。

b. 吸取25.0mL锌标准溶液于150mL三角瓶中，加入25mL蒸馏水，加入几滴氨水至有微弱氨味，再加5mL氯化铵缓冲溶液和4滴铬黑T指示剂，在不断振荡下用EDTA标准溶液滴定至不变的天蓝色，同时做空白试验。

EDTA标准溶液的浓度按式（5-13）计算。

$$c(EDTA) = \frac{c(Zn) \times V_2}{V_1 - V_0} \quad\quad (5-13)$$

式中 $c(EDTA)$——EDTA 标准溶液的浓度，mol/L；

$c(Zn)$——锌标准溶液的浓度，mol/L；

V_2——锌标准溶液的体积，mL；

V_1——消耗 EDTA 标准溶液的体积，mL；

V_0——空白试验消耗 EDTA 标准溶液的体积，mL。

3. 仪器

① 滴定管　25mL。

② 移液管　50mL、25mL 和 5mL。

③ 三角瓶　150mL。

4. 分析步骤

取测定钙后的溶液，以盐酸溶液(1+1)酸化至刚果红试纸变为蓝紫色，放置 5~10min，此时溶液应无色，若颜色不褪时，可加热使之褪色。

滴加氨缓冲溶液到刚果红试纸变红，再过量 1~2mL，加 5 滴铬黑 T 指示剂，用 EDTA-2Na 标准溶液滴定，直到溶液颜色呈不变的天蓝色。记录用量。

5. 结果计算

水样中镁的质量浓度按式(5-14)计算。

$$\rho(Mg) = \frac{V_1 \times c \times 24.305}{V} \times 1000 \qquad (5-14)$$

式中 $\rho(Mg)$——水样中镁的质量浓度，mg/L；

V_1——滴定消耗 EDTA-2Na 标准溶液的体积，mL；

c——EDTA-2Na 标准溶液的浓度，mol/L；

V——水样体积，mL；

24.305——与 1.00m LEDTA-2Na 标准溶液[$c(EDTA) = 1.000$mol/L]相当的以克表示的镁的质量。

6. 精密度与准确度

同一实验室对含 21.4mg/L 镁、39.2mg/L 钙以及 3.90mg/L 钾、29.4mg/L 钠、溶解性总固体 283mg/L 的水样经 7 次测定，其相对标准偏差为 1.65%，相对误差为 1.34%。

7. 干扰

本法的主要干扰元素为铁、锰、铝、铜、镍、钴等金属离子，能使指示剂褪色，或终点不明显。硫化钠及氰化钾可掩蔽重金属的干扰，盐酸羟胺可使高价铁离子及高价锰离子还原为低价离子而消除其干扰。

三、二氮杂菲分光光度法测定饮用天然矿泉水中铁的含量

本法最低检测质量为 2.5μg(以 Fe 计)，若取 50mL 水样则最低检测质量浓度为 0.05mg/L(以 Fe 计)。

钴、铜超过 5mg/L，镍超过 2mg/L，锌超过铁的 10 倍时有干扰。铋、镉、汞、钼和银可与二氮杂菲试剂产生浑浊现象。

1. 原理

在 pH 为 3~9 条件下，低价铁离子与二氮杂菲生成稳定的橙色络合物，在波长 510nm 处有最大光吸收。二氮杂菲过量时，控制溶液 pH 为 2.9~3.5 可使显色加快。

水样先经加酸煮沸溶解难溶的铁化合物，同时消除氰化物、亚硝酸盐、多磷酸盐的干扰。加入盐酸羟胺将高铁还原为低铁，还可消除氧化剂的干扰。水样过滤后，不加盐酸羟胺，可测定溶解性低价铁含量。水样过滤后，加盐酸溶液和盐酸羟胺，测定结果为溶解性总铁含量。水样先经加酸煮沸，使难溶性铁的化合物溶解，经盐酸羟胺处理后，测定结果为总铁含量。

　　2. 试剂

　　① 盐酸溶液(1+1)。

　　② 乙酸铵缓冲溶液(pH=4.2)　称取250g乙酸铵($NH_4C_2H_3O_2$)溶于150mL纯水中，再加入700mL冰乙酸，混匀，备用。

　　③ 盐酸羟胺溶液(100g/L)　称取10g盐酸羟胺($NH_2OH \cdot HCl$)，溶于纯水中，并稀释至100mL。

　　④ 二氮杂菲溶液(1.0g/L)　称取0.1g二氮杂菲($C_{12}H_8N_2 \cdot H_2O$，又名1,10-二氮杂菲、邻二氮菲，有水合物及盐酸盐两种，均可用)溶解于加有2滴盐酸($\rho_{20}=1.19g/mL$)的纯水中，并稀释至100mL。此溶液1mL可测定100μg以下的低价铁。

　　⑤ 铁标准贮备溶液[ρ(Fe)=100μg/mL]　称取0.7022g硫酸亚铁铵[$Fe(NH_4)_2(SO_4)_2 \cdot 6H_2O$]，溶于少量纯水，加3mL盐酸($\rho_{20}=1.19g/mL$)，于容量瓶中用纯水定溶至1000mL。

　　⑥ 铁标准使用溶液[ρ(Fe)=10.0μg/mL]　吸取10.00mL铁标准贮备液，移入容量瓶中，用纯水定容至100mL。此溶液使用时现配。

　　3. 仪器

　　① 锥形瓶：150mL。

　　② 具塞比色管：50mL。

　　③ 分光光度计。

　　4. 分析步骤

　　① 吸取50.0mL混匀的水样(含铁量超过50μg时，可取适量水样加纯水稀释至50mL)于150mL锥形瓶中。

　　② 另取150mL锥形瓶8个，分别加入铁标准使用溶液0mL、0.25mL、0.50mL、1.00mL、2.00mL、3.00mL、4.00mL和5.00mL，加纯水至50mL。

　　③ 向水样及标准系列锥形瓶中各加4mL盐酸溶液和1mL盐酸羟胺溶液，小火煮沸至约剩30mL，冷却至室温后移入50mL比色管中。

　　④ 向水样及标准系列比色管中各加2mL二氮杂菲溶液，混匀后再加10.0mL乙酸铵缓冲溶液，各加纯水至50mL，混匀，放置10~15min。于波长510nm处，用2cm比色皿，以纯水为参比，测量吸光度。绘制校准曲线，从曲线上查出样品管中铁的质量。

　　5. 注释

　　① 所有玻璃器皿每次用前均需用稀硝酸浸泡才能得到理想的结果。

　　② 总铁包括水体中悬浮性铁和微生物体中的铁，取样时应剧烈振摇均匀，并立即取样，以防止结果出现很大的差别。

　　③ 乙酸铵试剂可能含有微量铁，故缓冲溶液的加入量要准确一致。

　　④ 若水样较清洁，含难溶亚铁盐少时，可将所加各种试剂用量减半。但标准系列与样品应一致。

6. 结果计算

水样中总铁的质量浓度按式(5-15)计算。

$$\rho(\text{Fe}) = \frac{m}{V} \qquad (5-15)$$

式中　$\rho(\text{Fe})$——水样中总铁的质量浓度，mg/L；

$\qquad$ m——从校准曲线上查得的样品管中铁的质量，μg；

$\qquad$ V——水样体积，mL。

7. 精密度与准确度

有 39 个实验室用本法测定含铁 150μg/L 的合成水样，其他金属离子浓度(μg/L)为：汞，5.1；锌，39；镉，29；锰，130。相对标准偏差为 18.5%，相对误差为 13.3%。

四、过硫酸铵分光光度法测定饮用天然矿泉水中锰的含量

本法最低检测质量为 2.5μg，若取 50mL 水样测定，则最低检测质量浓度为 0.05mg/L。小于 100mg/L 的氯化物不干扰测定。

1. 原理

在硝酸银存在下，锰被过硫酸铵氧化成紫红色的高锰酸盐，其颜色的深度与锰的含量成正比。如果溶液中有过量的过硫酸铵时，生成的紫红色至少能稳定 24h。

氯离子因能沉淀银离子而抑制催化作用，可由试剂中所含的汞离子予以消除。加入磷酸可络合铁等干扰元素。如水样中有机物较多，可多加过硫酸铵，并延长加热时间。

2. 试剂

以下配制试剂及稀释溶液所用的纯水不得含还原性物质，否则可加过硫酸铵处理(例如取 500mL 去离子水，加 0.5g 过硫酸铵煮沸 2min 放冷后使用)。

① 过硫酸铵$[(\text{NH}_4)_2\text{S}_2\text{O}_8]$　干燥固体。

注：过硫酸铵在干燥时较为稳定，水溶液或受潮的固体容易分解放出过氧化氢而失效。本法常因此试剂分解而失败，应注意。

② 硝酸银-硫酸汞溶液　称取 75g 硫酸汞(HgSO_4)溶于 600mL 硝酸溶液(2+1)中；再加 200mL 磷酸($\rho_{20}=1.19\text{g/mL}$)及 35mg 硝酸银($\text{AgNO}_3$)，放冷后加纯水至 1000mL，储于棕色瓶中。

③ 盐酸羟胺溶液(100g/L)　称取 10g 盐酸羟胺($\text{NH}_2\text{OH}\cdot\text{HCl}$)加纯水溶解，并稀释至 100mL。

④ 锰标准贮备溶液$[\rho(\text{Mn})=1\text{mg/mL}]$　称取 1.2912g 氧化锰(优级纯)或 1.000g 金属锰，加硝酸溶液(1+1)溶解后，用纯水定容至 1000mL。

⑤ 锰标准使用溶液$[\rho(\text{Mn})=10\mu\text{g/mL}]$　吸取 5.00mL 锰标准贮备溶液，用纯水定容至 500mL。

3. 仪器

① 锥形瓶：150mL。

② 具塞比色管：50mL。

③ 分光光度计。

4. 分析步骤

① 吸取 50.0mL 水样于 150mL 锥形瓶中。另取九个 150mL 锥形瓶，分别加入锰标准使

用溶液 0mL、0.25mL、0.50mL、1.00mL、3.00mL、5.00mL、10.0mL、15.0mL 和 20.0mL，加纯水至 50mL。

② 向水样及标准系列瓶中各加 2.5mL 硝酸银－硫酸汞溶液，煮沸至约剩 45mL 时，取下稍冷。如有浑浊，可用滤纸过滤。

③ 将 1g 过硫酸铵分次加入锥形瓶中，慢慢加热至沸。若水中有机物较多，取下稍冷后再分次加入 1g 过硫酸铵，再加热至沸，使显色后的溶液中保持有剩余的过硫酸铵。取下，放置 1min 后，用水冷却。

④ 将水样及标准系列瓶中的溶液分别移入 50mL 比色管中，加纯水至刻度，混匀。于波长 530nm 处，用 5cm 比色皿，以纯水为参比，测定样品和标准系列的吸光度。如原水样有颜色时，可向有色的样品溶液中滴加盐酸羟胺溶液至生成的高锰酸盐完全褪色为止。再次测定此水样的吸光度。

⑤ 绘制校准曲线，从曲线上查出样品管中的锰的质量。有颜色的水样，应由测得的样品溶液的吸光度减去测得的样品空白吸光度，再从校准曲线上查出锰的质量。

5. 结果计算

水样中锰的质量浓度按式(5－16)计算。

$$\rho(Mn) = \frac{m}{V} \qquad (5-16)$$

式中　$\rho(Mn)$——水样中锰的质量浓度，mg/L；

　　　　m——从校准曲线上查得的样品管中锰的质量，μg；

　　　　V——水样体积，mL。

6. 精密度与准确度

有 22 个实验室用本法测定含锰 130μg/mL 的合成水样，其他金属浓度(μg/L)为：汞，5.1；锌，39；铜，26.5；镉，29；铁，150；铬，46；铅，54。相对标准差为 7.9%，相对误差为 7.7%。

五、甲醛肟分光光度法测定饮用天然矿泉水中锰的含量

本法最低检测质量浓度为 0.02mg/L。钴大于 1.5mg/L 时，出现正干扰。

1. 原理

在碱性溶液中，甲醛肟与锰形成棕红色的化合物，在波长 450nm 处测定吸光度。

2. 试剂

① 硝酸(ρ_{20} = 1.42g/mL)。

② 过硫酸钾($K_2S_2O_8$)。

③ 亚硫酸钠(Na_2SO_3)。

④ 硫酸亚铁铵溶液　称取 70mg 硫酸亚铁铵[$(NH_4)_2Fe(SO_4) \cdot 6H_2O$]，加入 10mL 硫酸溶液(1＋9)，用纯水稀释至 1000mL。

⑤ 氢氧化钠溶液(160g/L)　称取 160g 氢氧化钠(NaOH)，溶于纯水，并稀释至 1000mL。

⑥ 乙二胺四乙酸二钠溶液(372g/L)　称取 37.2g 乙二胺四乙酸二钠($C_{10}H_{14}N_2O_8Na_2 \cdot 2H_2O$)，加入约 50mL 氢氧化钠溶液，搅拌至完全溶解，用纯水稀释至 100mL。

⑦ 甲醛肟溶液　称取 10g 盐酸羟胺($NH_2OH \cdot HCl$)，溶于约 50mL 纯水中，加 5mL 甲醛

溶液($\rho_{20} = 1.08 \text{g/mL}$)，用纯水稀释至 100mL。将试剂保存在阴凉处，至少可保存一个月。

⑧ 氨水溶液($35 + 100$)　量取 70mL 氨水($\rho_{20} = 0.88 \text{g/mL}$)，用纯水稀释至 200mL。

⑨ 盐酸羟胺溶液(417g/L)　称取 41.7g 盐酸羟胺（$NH_2OH \cdot HCl$），溶于纯水并稀释至 100mL。

⑩ 氨性盐酸羟胺溶液　将氨水溶液和盐酸羟胺溶液等体积混合即成。

⑪锰标准使用溶液[$\rho(Mn) = 10 \mu\text{g/mL}$]　吸取 5.00mL 锰标准贮备溶液，用纯水定容至 500mL。

⑫硝酸溶液[$c(HNO_3) = 0.1 \text{mol/L}$]。

3. 仪器

① 锥形瓶：100mL。

② 具塞比色管：50mL。

③ 分光光度计。

4. 分析步骤

（1）水样的预处理

对含有悬浮锰及有机锰的水样，需进行预处理。处理步骤为：取一定量的水样于锥形瓶中，按每 50mL 水样加 0.5mL 硝酸、0.25g 过硫酸钾，放入玻璃珠数粒，在电炉上煮沸 30min，取下稍冷，用快速定性滤纸过滤，用硝酸溶液洗涤滤纸数次。滤液中加入约 0.5g 亚硫酸钠，用纯水定容至一定体积，作为测试溶液。若是清洁水样，可不经预处理直接测定。

（2）测定

吸取 50.0mL 水样或测试溶液于比色管中。另取 50mL 比色管 8 支，分别加入锰标准使用溶液 0mL、0.10mL、0.25mL、0.50mL、1.00mL、2.00mL、3.00mL 和 4.00mL，加纯水至刻度。

向水样及标准系列管中各加 1.0mL 硫酸亚铁铵溶液、0.5mL 乙二胺四乙酸钠溶液，混匀后，加入 0.5mL 甲醛肟溶液，并立即加 1.5mL 氢氧化钠溶液，混匀后打开管塞静置 10min。再加入 3mL 氨性盐酸羟胺溶液，至少放置 1h（室温低于 15℃时，放入温水浴中），在波长 450nm 处，用 5cm 比色皿以纯水为参比，测定吸光度。绘制校准曲线，并查出水样管中锰的质量。

5. 结果计算

水样中锰的质量浓度按式（5-17）计算。

$$\rho(Mn) = \frac{m}{V} \qquad (5-17)$$

式中　$\rho(Mn)$——水样中锰的质量浓度，mg/L；

　　　　m——从校准曲线上查得的样品管中锰的质量，μg；

　　　　V——水样体积，mL。

6. 精密度与准确度

三个实验室测定了锰质量浓度为 0.02mg/L、0.10mg/L 和 0.40mg/L 的人工合成水样，相对标准差分别 10% ~ 16.6%、4.6% ~ 5.0% 和 1.4% ~ 3.0%；单个实验室测定了锰质量浓度为 0.8mg/L 的人工合成水样，相对标准差为 1.1%。

七个实验室采用自来水、井水、河水、矿泉水和人工合成水样作加标回收试验，回收率为 94% ~ 108%。

第五节　食品中铜含量的测定

一、原子吸收光谱法测定食品中铜的含量

1. 原理

试样经处理后，导入原子吸收分光光度计中，原子化以后，吸收324.8nm共振线，其吸收值与铜含量成正比，与标准系列比较定量。

2. 试剂

① 硝酸。

② 石油醚。

③ 硝酸（10%）　取10mL硝酸置于适量水中，再稀释至100mL。

④ 硝酸（0.5%）　取0.5mL硝酸置于适量水中，再稀释至100mL。

⑤ 硝酸（1+4）。

⑥ 硝酸（4+6）　量取40mL硝酸置于适量水中，再稀释至100mL。

⑦ 铜标准溶液　准确称取1.0000g金属铜（99.99%），分次加入硝酸（4+6）溶解，总量不超过37mL，移入1000mL容量瓶中，用水稀释至刻度。此溶液每毫升相当于1.0mg铜。

⑧ 铜标准使用液Ⅰ　吸取10.0mL铜标准溶液，置于100mL容量瓶中，用0.5%硝酸溶液稀释至刻度，摇匀，如此多次稀释至每毫升相当于1.0μg铜。

⑨ 铜标准使用Ⅱ　将铜标准使用液Ⅰ稀释至每毫升相当于0.10μg铜。

3. 仪器

所用玻璃仪器均以硝酸（10%）浸泡24h以上，用水反复冲洗，最后用去离子水冲洗晾干后，方可使用。

① 捣碎机。

② 马弗炉。

③ 原子吸收分光光度计。

4. 分析步骤

（1）试样处理

① 谷类（除去外壳），茶叶、咖啡等磨碎，过20目筛，混匀。蔬菜、水果等试样取可食部分，切碎、捣成匀浆。称取1.00~5.00g试样，置于石英或瓷坩埚中，加5mL硝酸，放置0.5h，小火蒸干，继续加热炭化，移入马弗炉中，500±25℃灰化1h，取出放冷，再加1mL硝酸浸湿灰分，小火蒸干。再移入马弗炉中，500℃灰化0.5h，冷却后取出，以1mL硝酸（1+4）溶解4次，移入10.0mL容量瓶中，用水稀释至刻度，备用。取与消化试样相同量的硝酸，按同一方法做试剂空白试验。

② 水产类　取可食部分捣成匀浆。称取1.00~5.00g，置于石英或瓷坩埚中，以下操作同"谷类样品"处理方法。

③ 乳、炼乳、乳粉　称取2.00g混匀试样，置于石英或瓷坩埚中，以下操作同谷类样品。

④ 油脂类　称取2.00g混匀试样，固体油脂先加热融成液体，置于100mL分液漏斗中，加10mL石油醚，用硝酸（10%）提取2次，每次5mL，振摇1min，合并硝酸液于50mL容量

瓶中，加水稀释至刻度，混匀，备用。并同时作试剂空白试验。

⑤ 饮料、洒、醋、酱油等液体试样，可直接取样测定，固形物较多时或仪器灵敏不足时，可把上述试样浓缩后，置于石英或瓷坩埚中，以下操作同谷类样品。

（2）测定

① 吸取 0mL、1.0mL、2.0mL、4.0mL、6.0mL、8.0mL、10.0mL 铜标准使用液 Ⅰ（1.0μg/mL），分别置于10mL 容量瓶中，加硝酸（0.5%）稀释至刻度，混匀。容量瓶中每毫升分别相当于0μg、0.10μg、0.20μg、0.40μg、0.60μg、0.80μg、1.00μg 铜。

将处理后的样液、试剂空白液和各容量瓶中铜标准液分别导入调至最佳条件火焰原子化器进行测定。参考条件：灯电流 3～6mA，波长 324.8nm，光谱通带 0.5nm，空气流量 9L/min，乙炔流量 2L/min，灯头高度 6mm，氘灯背景校正。以铜标准溶液含量和对应吸光度，绘制标准曲线或计算直线回归方程，试样吸收值与曲线比较或代入方程求得含量。

② 吸取 0mL、1.0mL、2.0mL、4.0mL、6.0mL、8.0mL、10.0mL 铜标准使用液 Ⅱ（0.10mg/mL）分别置于10mL 容量瓶中，加硝酸（0.5%）稀释至刻度，摇匀。容量瓶中每毫升相当于0μg、0.01μg、0.02μg、0.04μg、0.06μg、0.08μg、0.10μg 铜。

将处理后的样液、试剂空白液和各容量瓶中铜标准液 10～20μL 分别导入调至最佳条件石墨炉原子化器进行测定。参考条件：灯电流 3～6mA，波长 324.8nm，光谱通带 0.5nm，保护气体 1.5L/min（原子化阶段停气）。操作参数：干燥 90℃，20s；灰化，20s；升到800℃，20s；原子化 2300℃，4s。以铜标准溶液 Ⅱ 系列含量和对应吸光度，绘制标准曲线或计算直线回归方程，试样吸收值与曲线比较或代入方程求得含量。

③ 氯化钠或其它物质干扰时，可在进样前用硝酸铵（1mg/mL）或磷酸二氢铵稀释或进样后（石墨炉）再加入与试样等量上述物质作为基体改进剂。

5. 结果计算

（1）火焰法

试样中铜的含量按式（5-18）进行计算。

$$x = \frac{(A_1 - A_2) \times V \times 1000}{m \times 1000}$$
(5-18)

式中　X——试样中铜的含量，mg/kg 或 mg/L；

　　　A_1——测定用试样中铜的含量，μg/mL；

　　　A_2——试剂空白液中铜的含量，μg/mL；

　　　V——试样处理后的总体积，mL；

　　　m——试样质量或体积，g 或 mL。

（2）石墨炉法

试样中铜的含量按式（5-19）进行计算。

$$X = \frac{(A_1 - A_2) \times 1000}{m/(V_1/V_2) \times 1000}$$
(5-19)

式中　X——试样中铜的含量，mg/kg 或 mg/L；

　　　A_1——测定用试样消化液中铜的质量，μg；

　　　A_2——试剂空白液中铜的质量，μg；

　　　m——试样质量（体积），g 或 mL；

　　　V_1——试样消化液的总体积，mL；

V_2——测定用试样消化液体积，mL。

计算结果保留两位有效数字，试样含量超过 10mg/kg 时保留三位有效数字。

6. 精密度

在重复性条件下获得的两次独立测定结果的绝对差值不得超过算术平均值的 10%。

7. 检出限

火焰原子化法为 1.0mg/kg，石墨炉原子化法为 0.1mg/kg。

二、二乙基二硫代氨基甲酸钠法测定食品中铜的含量

1. 原理

试样经消化后，在碱性溶液中铜离子与二乙基二硫代氨基甲酸钠生成棕黄色络合物，溶于四氯化碳，与标准系列比较定量。

2. 试剂

① 四氯化碳。

② 柠檬酸铵、乙二胺四乙酸二钠溶液 称取 20g 柠檬酸铵及 5g 乙二胺四乙酸二钠溶于水中，加水稀释至 100mL。

③ 硫酸(1 +17) 量取 20mL 硫酸，倒入 300mL 水中，冷后再加水稀释至 360mL。

④ 氨水(1 +1)。

⑤ 酚红指示液(1g/L) 称取 0.1g 酚红，用乙醇溶解至 100mL。

⑥ 铜试剂溶液 二乙基二硫代氨基甲酸钠[(C$_2$H$_5$)$_2$NOS$_2$Na·3H$_2$O]溶液(1g/L)，必要时可过滤，贮存于冰箱中。

⑦ 硝酸(3 +8) 量取 60mL 硝酸，加水稀释至 160mL。

⑧ 铜标准溶液 准确称取 1.0000g 金属铜(99.99%)，分次加入硝酸(4 +6)溶解，总量不超过 37mL，移入 1000mL 容量瓶中，用水稀释至刻度。此溶液每毫升相当于 1.0mg 铜。

⑨ 铜标准使用液 吸取 10.0mL 铜标准溶液，置于 100mL 容量瓶中，用 0.5% 硝酸溶液稀释至刻度，摇匀，如此多次稀释至每毫升相当于 1.0μg 铜。

3. 仪器

分光光度计。

4. 分析步骤

(1)试样消化(硝酸 – 高氯酸 – 硫酸法)

① 粮食、粉丝、粉条、豆干制品、糕点、茶叶等及其他含水分少的固体食品 称取 5.00g 或 10.00g 的粉碎试样，置于 250 ~ 500mL 定氮瓶中，先加水少许湿润，加数粒玻璃珠、10 ~ 15mL 硝酸 – 高氯酸混合液，放置片刻，小火缓缓加热，待作用缓和，放冷。沿瓶壁加入 5mL 或 10mL 硫酸，再加热，至瓶中液体开始变成棕色时，不断沿瓶壁滴加硝酸 – 高氯酸混合液至有机质分解完全。加大火力，至产生白烟，待瓶口白烟冒净后，瓶内液体再产生白烟为消化完全，该溶液应澄明无色或微带黄色，放冷。(在操作过程中应注意防止爆沸或爆炸)加 20mL 水煮沸，除去残余的硝酸至产生白烟为止，如此处理两次，放冷。将冷后的溶液移入 50mL 或 100mL 容量瓶中，用水洗涤定氮瓶，洗液并入容量瓶中，放冷，加水至刻度，混匀。定容后的溶液每 10mL 相当于 1g 试样，相当加入硫酸量 1mL。取与消化试样相同量的硝酸 – 高氯酸混合液和硫酸，按同一方法做试剂空白试验。

② 蔬菜、水果 称取 25.00g 或 50.00g 洗净打成匀浆的试样，置于 250 ~ 500mL 定氮瓶

中，以下操作同"粮食等样品"处理方法。定容后的溶液每10mL相当于5g试样，相当加入硫酸量1mL。取与消化试样相同量的硝酸 – 高氯酸混合液和硫酸，按同一方法做试剂空白试验。

③ 酱、酱油、醋、冷饮、豆腐、腐乳、酱腌菜等　称取10.00g或20.00g试样（或吸取10.0mL或20.0mL液体试样），置于250～500mL定氮瓶中，以下操作同"粮食等样品"处理方法。定容后的溶液每10mL相当于2g或2mL试样，相当加入硫酸量1mL。取与消化试样相同量的硝酸 – 高氯酸混合液和硫酸，按同一方法做试剂空白试验。

④ 含酒精性饮料或含二氧化碳饮料　吸取10.00mL或20.00mL试样，置于250mL～500mL定氮瓶中，以下操作同粮食等样品。定容后的溶液每10mL相当于2mL试样，相当加入硫酸量1mL。取与消化试样相同量的硝酸 – 高氯酸混合液和硫酸，按同一方法做试剂空白试验。

⑤ 含糖量高的食品　称取5.00g或10.0g试样，置于250～500mL定氮瓶中，先加少许水使温润，加数粒玻璃珠、5～10mL硝酸 – 高氯酸混合后，摇匀。缓缓加入5mL或10mL硫酸，待作用缓和停止起泡沫后，先用小火缓缓加热（糖分易炭化），不断沿瓶壁补加硝酸 – 高氯酸混合液，待泡沫全部消失后，再加大火力，至有机质分解完全，发生白烟，溶液应澄明无色或微带黄色，放冷。放置片刻，小火缓缓加热，待作用缓和，放冷。以下操作同"粮食等样品"处理方法。定容后的溶液每10mL相当于1g试样，相当加入硫酸量1mL。取与消化试样相同量的硝酸 – 高氯酸混合液和硫酸，按同一方法做试剂空白试验。

⑥ 水产品　取可食部分试样捣成匀浆，称取5.00g或10.0g（海产藻类、贝类可适当减少取样量），置于250～500mL定氮瓶中，以下操作同"粮食等样品"处理方法。定容后的溶液每10mL相当于1g试样，相当加入硫酸量1mL。取与消化试样相同量的硝酸 – 高氯酸混合液和硫酸，按同一方法做试剂空白试验。

（2）测定

吸取定容后的10.0mL溶液和同量的试剂空白液，分别置于125mL分液漏斗中，加水稀释至20mL。

吸取0mL、0.50mL、1.00mL、1.50mL、2.00mL、2.50mL铜标准使用液（相当0μg、5.0μg、10.0μg、15.0μg、20.0μg、25.0μg铜），分别置于125mL分液漏斗中，各加硫酸（1+17）至20mL。于试样消化液、试剂空白液和铜标准液中，各加5mL柠檬酸铵，乙二胺四乙酸二钠溶液和3滴酚红指示液，混匀，用氨水（1+1）调至红色。各加2mL铜试剂溶液和10.0mL四氯化碳，剧烈振摇2min，静置分层后，四氯化碳层经脱脂棉滤入2cm比色杯中，以四氯化碳调节零点，于波长440nm处测吸光度，标准各点吸光值减去零管吸光值后，绘制标准曲线或计算直线回归方程，试样吸光值与曲线比较，或代入方程求得含量。

5. 结果计算

试样中铜的含量按式（5-20）进行计算。

$$X = \frac{(A_1 - A_2) \times 1000}{m/(V_2/V_1) \times 1000} \qquad (5-20)$$

式中　X——试样中铜的含量，mg/kg或mg/L；

A_1——测定用试样消化液中铜的质量，μg；

A_2——试剂空白液中铜的质量，μg；

m——试样质量（体积），g或mL；

V_1——试样消化液的总体积，mL；

V_2——测定用试样消化液体积，mL。

计算结果保留两位有效数字，试样含量超过 10mg/kg 时保留三位有效数字。

6. 精密度

在重复性条件下获得的两次独立测定结果的绝对差值不得超过算术平均值的 10%。

7. 检出限

2.5mg/kg。

三、二乙基二硫代氨基甲酸钠分光光度法测定饮用天然矿泉水中铜的含量

本法最低检测质量为 2μg，若取 100mL 水样测定，最低检测质量浓度为 0.02mg/L。

铁与这种试剂形成棕色化合物对本法有干扰，可用柠檬酸掩蔽。镍、钴与试剂呈绿黄色至暗绿色，可用 EDTA 掩蔽。铋与试剂呈黄色，但在 440nm 波长吸收极小，存在量为铜的两倍时，其干扰可以忽略。锰呈微红色，但颜色很不稳定，微量时显色后放置一段时间，颜色即可褪去。含量高时，加入盐酸羟胺，即可消除干扰。

1. 原理

在 pH 为 9~11 的氨溶液中，铜离子与二乙基二硫代氨基甲酸钠反应，生成棕黄色络合物，用四氯化碳或三氯甲烷萃取后比色定量。

2. 试剂

以下所有试剂均需用不含铜的纯水配制。

① 氨水(1+1)。

② 四氯化碳或三氯甲烷。

③ 二乙基二硫代氨基甲酸钠溶液(1g/L)　称取 0.1g 二乙基二硫代氨基甲酸钠[($C_2$$H_5$)$_2$$NCS_2$Na]，溶于纯水中并稀释至 100mL。储存于棕色瓶内，在冰箱内保存。

④ 乙二胺四乙酸二钠 – 柠檬酸三铵溶液　称取 5g 乙二胺四乙酸二钠($C_{10}$$H_{14}$$N_2$$O_8$$Na_2$·$2H_2$O)和 20g 柠檬酸三铵[($NH_4$)$_3$$C_6$$H_5$$O_7$]，溶于纯水中，并稀释成 100mL。

⑤ 铜标准使用溶液[ρ(Cu) = 10μg/mL]　吸取 10.00mL 铜标准贮备溶液用纯水定容至 1000mL。

⑥ 甲酚红溶液(1.0g/L)　称取 0.1g 甲酚红($C_{21}$$H_{18}$$O_5$S)，溶于乙醇[$\varphi$($C_2$$H_5$OH) = 95%]并稀释至 100mL。

3. 仪器

① 分液漏斗　250mL。

② 具色比色管　10mL。

③ 分光光度计。

4. 分析步骤

① 取 100mL 水样于 250mL 分液漏斗中(若水样色度过高时，可置于烧杯中，加入少量过硫酸铵，煮沸，使体积浓缩至 70mL，冷却后加水稀释至 100mL)。

② 另取 6 个 250mL 分液漏斗，各加 100mL 纯水，然后分别加入铜标准使用溶液 0mL、0.20mL、0.40mL、0.60mL、0.80mL 和 1.00mL，混匀。

③ 向样品及标准系列溶液中各加 5mL 乙二胺四乙酸二钠 – 柠檬酸三铵溶液及 3 滴甲酚红溶液，滴加氨水至溶液由黄色变为浅红色，再各加 5mL 二乙基二硫代氨基甲酸钠溶液，

混匀，放置 5min。

④ 各加 10.0mL 四氯化碳或三氯甲烷，振摇 2min，静置分层。用脱脂棉擦去分液漏斗颈内水膜，将四氯化碳相放入干燥的 10mL 具塞比色管中。

⑤ 于波长 436nm 处，用 2cm 比色皿，以四氯化碳为参比，测定样品及标准系列溶液的吸光度。绘制校准曲线，并从曲线上查出样品管中铜的质量。

5. 结果计算

水样中铜的质量浓度按式（5-21）计算。

$$\rho(Cu) = \frac{m}{V} \qquad (5-21)$$

式中　$\rho(Cu)$——水样中铜的质量浓度，mg/L；

　　　　m——从校准曲线上查得的样品管中铜的质量，μg；

　　　　V——水样体积，mL。

6. 精密度与准确度

有 20 个实验室用本法测定含铜 26.5μg/L 的合成水样，各金属浓度（μg/L）分别为：汞，5.1；锌，39；镉，29；铁，150；锰，130。相对标准偏差 25.8%，相对误差 17.0%。

四、无火焰原子吸收分光光度法测定饮用天然矿泉水中铜的含量

本法最低检测质量 34pg，若取 20μL 水样测定，则最低检测质量浓度为 1.7μg/L。水中共存离子一般不产生干扰。

1. 原理

样品经适当处理后，注入石墨炉原子化器，所含的金属离子在石墨管内经原子化高温蒸发解离为原子蒸气。待测元素的基态原子吸收来自同种元素空心阴极灯发射的共振线，其吸收强度在一定范围内与金属浓度成正比。

2. 试剂

① 铜标准贮备溶液[$\rho(Cu) = 1mg/mL$]　称取 0.5000g 纯铜粉溶于 10mL 硝酸溶液（1+1）中，并用纯水定容至 500mL。

② 铜标准中间溶液[$\rho(Cu) = 50μg/mL$]　吸取 5.00mL 铜标准贮备溶液于 100mL 容量瓶中，用硝酸溶液（1+99）定容至刻度，摇匀。

③ 铜标准使用溶液[$\rho(Cu) = 1μg/mL$]　吸取 2.00mL 铜标准中间溶液于 100mL 容量瓶中，用硝酸溶液（1+99）定容至刻度，摇匀。

3. 仪器

① 石墨炉原子吸收分光光度计：配有铜元素空心阴极灯。

② 氩气钢瓶。

③ 微量加液器　20μL。

④ 容量瓶　100mL。

⑤ 仪器工作条件　参考仪器说明书将仪器工作条件调整至测铜最佳状态，波长 324.7nm，石墨炉工作程序见表 5-7。

4. 分析步骤

① 吸取铜标准使用溶液 0mL、1.00mL、2.00mL、3.00mL 和 4.00mL 于 5 个 100mL 容量瓶内，用硝酸溶液（1+99）稀释至刻度，摇匀，分别配制成 $\rho(Cu)$ 为 0ng/mL、10.0ng/mL、

20. 0ng/mL、30. 0ng/mL 和 40. 0ng/mL 的标准系列。

表 5 - 7　石墨炉工作程序

程序	干燥	灰化	原子化	清除
温度/℃	120	900	2300	2500
斜率/s	20	10		
保持/s	10	20	5	3
氩气流量/(mL/min)	300	0		300

② 仪器参数设定后依次吸取 20μL 试剂空白，标准系列和样品，注入石墨管，启动石墨炉控制程序和记录仪，记录吸收峰高或峰面积。绘制校准曲线，并从曲线上查出铜的质量浓度。

5. 结果计算

若样品经处理或稀释，从校准曲线查出铜质量浓度后，按式(5 - 22)计算。

$$\rho(Cu) = \frac{\rho_1 \times V_1}{V} \qquad\qquad (5-22)$$

式中　$\rho(Cu)$——水样中铜的质量浓度，μg/L；

ρ_1——从校准曲线上查得的试样中铜的质量浓度，μg/L；

V——水样体积，mL；

V_1——测定样品的体积，mL。

五、火焰原子吸收分光光度法测定饮用天然矿泉水中铜、铁、锰、锌、镉、铅的含量

1. 直接法

本法适宜的测定范围：铜 0. 2 ~ 5. 0mg/L，铁 0. 3 ~ 5. 0mg/L，锰 0. 1 ~ 3. 0mg/L，锌 0. 05 ~ l. 0mg/L，镉 0. 05 ~ 2. 0mg/L，铅 1. 0 ~ 20mg/L。

（1）原理

水样中金属离子被原子化后，吸收来自同种金属元素空心阴极灯发出的共振线（铜，324. 7nm；铅，283. 3nm；铁，248. 3nm；锰，279. 5nm；锌，213. 9nm；镉，228. 8nm），其吸收强度与样品中该元素的含量成正比。在其他条件不变的情况下，根据测定被吸收的谱线强度，与标准系列比较定量。

（2）试剂

以下配制试剂所用的纯水均为去离子蒸馏水。

① 铁标准贮备溶液[$\rho(Fe) = 1mg/mL$]　称取 1. 000g 纯铁粉[$w(Fe) > 99.9\%$]或 1. 4300g 氧化铁（Fe_2O_3，优级纯），加入 10mL 硝酸溶液（1 + 1），慢慢加热并滴加盐酸（$\rho_{20} = 1. 19g/mL$）助溶，至完全溶解后加纯水定容至 1000mL。

② 铜标准贮备溶液[$\rho(Cu) = lmg/mL$]　称取 1. 000g 纯铜粉[$w(Cu) > 99.9\%$]，溶于 15mL 硝酸溶液（1 + 1）中，用纯水定容至 1000mL。

③ 锰标准贮备溶液[$\rho(Mn) = 1mg/mL$]　称取 1. 2912g 氧化锰（MnO，优级纯）或称取 1. 000g 金属锰[$w(Mn) > 99.8\%$]，加硝酸溶液（1 + 1）溶解后，用纯水定容至 1000mL。

④ 锌标准贮备溶液[$\rho(Zn) = 1mg/mL$]　称取 1.000g 纯锌[$w(Zn) > 99.9\%$]，溶于 20mL 硝酸溶液(1 + 1)中，并用纯水定容至 1000mL。

⑤ 镉标准贮备溶液[$\rho(Cd) = 1mg/mL$]　称取 1.000g 纯镉粉，溶于 5mL 硝酸溶液(1 + 1)中，并用纯水定容至 1000mL。

⑥ 铅标准贮备溶液[$\rho(Pb) = 1mg/mL$]　称取 1.5985g 干燥的硝酸铅[$Pb(NO_3)_2$]，溶于约 200mL 纯水中，加入 1.5mL 硝酸($\rho_{20} = 1.42g/mL$)，用纯水定容至 1000mL。

⑦ 硝酸($\rho_{20} = 1.42g/mL$)　优级纯。

⑧ 盐酸($\rho_{20} = 1.19g/mL$)　优级纯。

(3) 仪器

本方法中所有玻璃器皿，使用前均应先用硝酸溶液(1 + 1)浸泡，并直接用纯水清洗。特别是测定锌所用的器皿，更应严格防止与含锌的水(自来水)接触。

① 原子吸收分光光度计　配有铜、铁、锰、锌、镉、铅空心阴极灯。

② 电热板。

③ 抽气瓶和玻璃砂芯滤器。

(4) 分析步骤

① 水样的预处理　澄清的水样可直接进行测定；悬浮物较多的水样，分析前需酸化并消化有机物。若需测定溶解的金属，则应在采样时将水样通过 0.45μm 滤膜过滤，然后按每升水样加 1.5mL 硝酸酸化使其 pH 小于 2。

水样中的有机物一般不干扰测定，为使金属离子能全部进入水溶液和促使颗粒物质溶解有利于萃取和原子化，可采用盐酸 – 硝酸消化法。于每升酸化水样中加入 5mL 硝酸。混匀后取定量水样，按每 100mL 水样加入 5mL 盐酸。在电热板上加热 15min。冷至室温后，用玻璃砂芯漏斗过滤，最后用纯水稀释至一定体积。

② 水样测定　将各种金属标准贮备溶液用每升含 1.5mL 硝酸的纯水稀释，并配制成下列浓度(mg/L)的标准系列：铜，0.20 ~ 5.0mg；铁，0.3 ~ 5.0mg；锰，0.10 ~ 3.0mg；锌，0.05 ~ 1.0mg；镉，0.05 ~ 2.0mg；铅，1.0 ~ 20mg。

将标准系列溶液和样品溶液依次喷入火焰，测量吸光度。绘制校准曲线，并查出各待测金属元素的质量浓度。

注：所列测定范围受不同型号仪器的灵敏度及操作条件的影响而变化时，可酌情改变上述测定范围。

(5) 结果计算

从校准曲线直接查出水样中待测金属的质量浓度(mg/L)。

(6) 精密度和准确度

8 个实验室测定含铁 78μg/L 的合成水样，其他金属的浓度(μg/L)为：镉，27；铬，65；铜，37；汞，4；镍，96；铅，113；锌，26；锰，47。相对标准偏差为 12.3%，相对误差为 13.3%。

22 个实验室测定含锰 130μg/L 的合成水样，其他金属浓度(μg/L)为：汞，5.1；锌，39；铜，26.5；镉，29；铁，150；铬，46；铅，54。相对标准偏差为 7.9%，相对误差为 7.7%。

11 个实验室测定含锌 478μg/L 和 26μg/L 的合成水样，其他成分的浓度(μg/L)为：铝，852 和 435；砷，182 和 61；铍，261 和 183；镉，59 和 27；钴，348 和 96；铬，304 和 65；

铜，374 和 37；铁，796 和 78；汞，7.6 和 4.4；锰，478 和 47；镍，165 和 96；铅，383 和 113；硒，48 和 16；钒，848 和 470。相对标准偏差分别为 9.2% 和 7.6%，相对误差分别为 4.0% 和 0%。

18 个实验室测定含镉 27μg/L 的合成水样，其他离子浓度（μg/L）为：汞，4.4；锌，26；铜，37；铁，7.8；锰，47。测得镉的相对标准偏差为 4.6%，相对误差为 3.7%。

17 个实验室测定含铅 383μg/L 和 13μg/L 的合成水样，其他成分的浓度（μg/L）为：铝，852 和 435；砷，182 和 61；铍，261 和 183；镉，59 和 27；镍，165 和 96；钴，348 和 96；铬，304 和 65；铜，374 和 37；铁，796 和 78；硒，48 和 16；汞，7.6 和 4.4；锰，478 和 47；钒，848 和 470；锌，478 和 26。测定铅的相对标准偏差分别为 5.5% 和 5.2%，相对误差分别为 0.5% 和 1.8%。

2. 萃取法

本法最低检测质量为铁、锰、铅，2.5μg；铜，0.75μg；锌、镉，0.25μg。若取 100mL 水样萃取，则最低检测质量浓度分别为铁、锰、铅，25μg/L；铜，7.5μg/L；锌、镉，2.5μg/L。

本法适宜的测定范围：铁、锰、铅，25～300μg/L；铜，7.5～90μg/L；锌、镉，2.5～30μg/L。

（1）原理

于微酸性水样中加入吡咯烷二硫代氨基甲酸铵，和金属离子形成络合物，用甲基异丁基甲酮萃取，萃取液喷雾，测定各自波长下的吸光度，求出待测金属离子的浓度。

（2）试剂

① 各种金属离子的标准贮备溶液　同"直接法"。

② 各种金属离子的标准使用溶液　用每升含 1.5mL 硝酸的纯水将各种金属离子贮备溶液稀释成 1.00mL 含 10μg 铁、锰和铅，1.00mL 含 3.0μg 铜及 1.00mL 含 1.0μg 锌、镉的标准使用液。

③ 甲基异丁基甲酮 [（CH$_3$）$_2$CHCH$_2$COCH$_3$，简称 MIBK]　注：对品级低的甲基异丁基甲酮，需用 5 倍体积的盐酸溶液（1＋99）振摇，洗除所含杂质，弃去盐酸相，再用纯水洗去过量的酸。

④ 酒石酸溶液（150g/L）　称取 150g 酒石酸（C$_4$H$_6$O$_6$）溶于纯水中，稀释至 1000mL。酒石酸中如含有金属杂质时，在溶液中加入 10mL APDC 溶液，用 MIBK 萃取提纯。

⑤ 硝酸溶液 [c（HNO$_3$）＝1mol/L]　吸取 7.1mL 硝酸（ρ_{20}＝1.42g/mL）加到纯水中，稀释至 100mL。

⑥ 氢氧化钠溶液（40g/L）　称取 4g 氢氧化钠（NaOH）溶于纯水中，并稀释至 100mL。

⑦ 溴酚蓝指示剂（0.5g/L）　称取 0.05g 溴酚蓝（C$_{19}$H$_{10}$Br$_4$O$_5$S），溶于乙醇 [Φ（C$_2$H$_5$OH）＝95%] 中，并稀释至 100mL。

⑧ 吡咯烷二硫代氨基甲酸铵溶液（APDCl）（20g/L）　称取 2g 吡咯烷二硫代氨基甲酸铵（C$_5$H$_{12}$N$_2$S$_2$）溶于纯水中，滤去不溶物，并稀释至 100mL，临用前配制。

（3）仪器

① 原子吸收分光光度计　配有铁、锰、铜、锌、镉、铅空心阴极灯。

② 分液漏斗　125mL。

③ 具塞试管　10mL。

（4）分析步骤

吸取 100mL 水样于 125mL 分液漏斗中。

分别向 6 个 125mL 分液漏斗中加入各金属标准使用溶液 0mL、0.25mL、0.50mL、1.00mL、2.00mL 和 3.00mL，加每升含 1.5mL 硝酸的纯水至 100mL，成为含有 0μg/L、25.0μg/L、50.0μg/L、100.0μg/L、200.0μg/L 和 300.0μg/L 铁、锰、铅和 0μg/L、7.50μg/L、15.0μg/L、30.0μg/L、60.0μg/L 和 90.0μg/L 铜以及 0μg/L、2.50μg/L、5.00μg/L、10.0μg/L、20.0μg/L 和 30.0μg/L 锌、镉的标准系列。

向盛有水样及金属标准溶液的分液漏斗中各加 5mL 酒石酸溶液，混匀。以溴酚蓝指示剂，用硝酸溶液或氢氧化钠溶液调节水样及标准溶液的 pH 至 2.2～2.8，此时溶液由蓝色变为黄色。

向各分液漏斗加入 2.5mL 吡咯烷二硫代氨基甲酸铵溶液，混匀。再各加入 10mL 甲基异丁基甲酮，振摇 2min。静置分层，弃去水相。用滤纸或脱脂棉擦去分液漏斗颈内壁的水膜。另取干燥脱脂棉少许塞于分液漏斗颈末端，将萃取液通过脱脂棉滤入干燥的具塞试管中。

将甲基异丁基甲酮通过细导管喷入火焰，并调节进样量为每分钟 0.8～1.5mL。减少乙炔流量，调节火焰至正常高度。

将标准系列和样品萃取液及甲基异丁基甲酮间隔喷入火焰，测定吸光度（测定应在萃取后 5h 内完成）。绘制校准曲线，并查出水样中待测金属的质量浓度（mg/L）。

（5）结果计算

样品经浓缩或稀释后萃取，可从校准曲线上查得待测金属浓度后按式（5-23）计算。

$$\rho(B) = \frac{\rho_1 \times 100}{V} \tag{5-23}$$

式中　$\rho(B)$——水样中待测金属的质量浓度，mg/L；

　　　　ρ_1——从校准曲线上查得的待测金属质量浓度，mg/L；

　　　　V——水样体积，mL；

　　　　100——用纯水稀释后的体积，mL。

（6）精密度与准确度

有 5 个实验室用本法测定合成水样，其中各金属浓度（μg/L）分别为：铜，26.5；汞，5.1；锌，39；镉，29；铁，150；锰，130。相对标准偏差为 9.3%，相对误差为 6.8%。

3. 共沉淀法

本法最低检测质量：铜、锰，2μg/L；锌、铁，2.5μg/L；镉，1μg/L；铅，5μg/L。若取 250mL 水样共沉淀，则最低检测质量浓度分别为铜、锰，0.008mg/L；锌、铁，0.01mg/L；镉，0.004mg/L 和铅，0.02mg/L。

本法适宜的测定范围：铜、锰，0.008～0.04mg/L；锌、铁，0.01～0.05mg/L；镉，0.004～0.02mg/L；铅，0.02～0.1mg/L。

（1）原理

水样中的铜、铁、锌、锰、镉、铅等金属离子经氢氧化镁共沉淀捕集后，加硝酸溶解沉淀，酸液喷雾，测定各自波长下的吸光度，求出待测金属离子的浓度。

（2）试剂

① 各种金属离子的标准贮备溶液　同"直接法"。

② 各种金属离子的混合标准溶液　分别吸取一定量的各种金属离子标准贮备溶液置于

同一容量瓶中，用每升含 1.5mL 硝酸的纯水稀释，使成下列浓度（μg/mL）：镉，1.00；铜、锰，2.00；铁、锌，2.50；铅，5.00。

③ 氯化镁溶液（100g/L）　称取 10g 氯化镁（$MgCl_2 \cdot 6H_2O$）用纯水溶解，并稀释至 100mL。

④ 氢氧化钠溶液（200g/L）。

⑤ 硝酸溶液（1+1）。

（3）仪器

① 原子吸收分光光度计　配有铁、锰、铜、锌、镉、铅空心阴极灯。

② 量筒　250mL。

③ 容量瓶　25mL。

（4）分析步骤

① 量取 250mL 水样于量筒中，加入 2mL 氯化镁溶液，边搅拌边滴加 2mL 氢氧化钠溶液（如加酸保存水样，则先用氨水中和至中性）。然后继续搅拌 1min。静置使沉淀下降到 25mL 以下（约需 2h），用虹吸法吸去上清液至剩余体积为 20mL 左右，加 1mL 硝酸溶液溶解沉淀，转入 25mL 容量瓶中，加纯水至刻度，摇匀。

② 另取 6 个量筒，分别加入混合标准溶液 0mL、1.00mL、2.00mL、3.00mL、4.00mL 和 5.00mL，加纯水至 250mL，以下操作按上述①进行。

③ 将水样及标准系列溶液分别喷雾，测定各自波长下的吸光度。绘制校准曲线，并查出水样中各金属离子的质量浓度。

（5）结果计算

可从校准曲线上直接查出各金属离子的质量浓度。

（6）精密度与准确度

10 个实验室测定了含有低、中、高浓度铜的加标水样，相对标准偏差分别为：低浓度（0.008～0.012mg/L）6.6%～13.5%；中浓度（0.024～0.025mg/L）4.8%～6.1%；高浓度（0.04mg/L 以上）0.50%～6.9%。

10 个实验室测定了铅的精密度，相对标准偏差分别为：低浓度（0.02～0.025mg/L）4.4%～13.9%；中浓度（0.04～0.06mg/L）2.9%～13.2%；高浓度（0.08mg/L 以上）3.8%～15.7%。

10 个实验室测定了镉的精密度，相对标准偏差分别为：低浓度（0.004～0.01mg/L）3.8%～11.20%；中浓度（0.04～0.06mg/L）2.9%～13.2%；高浓度（0.06mg/L 以上）1.2%～12.4%。

8 个实验室测定了锌的精密度，相对标准偏差分别为：低浓度（0.005～0.01mg/L）4.4%～14.1%；中浓度（0.02～0.04mg/L）2.9%～10.6%；高浓度（0.05mg/L 以上）1.4%～10.9%。

6 个实验室测定了铁和锰的精密度。铁的相对标准偏差分别为：低浓度（0.01～0.015mg/L）6.7%～17.8%；中浓度（0.04mg/L）3.9%～15.5%；高浓度（0.05mg/L 以上）0.9%～14.7%。锰的相对标准偏差分别为：低浓度（0.008～0.01mg/L）4.4%～14.4%；中浓度（0.02～0.04mg/L）2.5%～9.4%；高浓度（0.05mg/L 以上）0.8%～11.4%。

10 个试验室做了铜、铅的回收率试验。铜的回收率为：加标浓度 0.008～0.016mg/L 时，92.3%～109%；加标浓度 0.028～0.05mg/L 时，92.3%～108%；加标浓度 0.4～2.0mg/L 时，92.5%～105%。铅的回收率为：加标浓度 0.02mg/L 时，86.8%～107%；加标浓度 0.04～

0.07mg/L 时，91.4% ~108%；加标浓度 0.16 ~0.8mg/L 时，82.3% ~137%。

8 个试验室做了锌的回收率试验。加标浓度 0.01mg/L 时，回收率 92.0% ~107%；加标浓度 0.04 ~0.08mg/L 时，98.0% ~110%；加标浓度 0.24 ~2.0mg/L 时，95.0% ~117%。

6 个试验室做了镉、铁、锰的回收率试验。镉的回收率为：加标浓度 0.004 ~0.016mg/L 时，92.5% ~105.5%；加标浓度 0.04 ~0.08mg/L 时，95.0% ~106%；加标浓度 0.2 ~0.24mg/L 时，95.0% ~102.5%。铁的回收率为：加标浓度 0.04mg/L 时，95.4% ~112.8%；加标浓度 0.4mg/L 时，97.5% ~102.5%；加标浓度 1.2 ~2.0mg/L 时，94.0% ~101%。锰的回收率为：加标浓度 0.04mg/L 时，90% ~100%；加标浓度 0.4mg/L 时，97.5% ~105%；加标浓度 1.2 ~2.0mg/L 时，92.5% ~103%。

4. 巯基棉富集法

本法最低检测质量：铅，$1\mu g$；镉，$0.1\mu g$；铜，$1\mu g$。若取 500mL 水样富集，则最低检测质量浓度（mg/L）：铅，0.004；镉，0.0004 和铜，0.004。

若取 500mL 水样，经巯基棉富集分离与洗脱处理，大多数阳离子不干扰测定。

（1）原理

水中痕量的铅、镉、铜经巯基棉富集分离后，在盐酸介质中用火焰原子吸收分光光度法测定，以吸光度定量。

（2）试剂

以下配制试剂所用的纯水均为去离子蒸馏水，所用试剂均为优级纯。

① 铅、镉、铜标准贮备溶液 同"直接法"。

② 铅、镉、铜混合标准溶液 用铅、镉、铜标准贮备溶液稀释成下列浓度的混合标准溶液：$\rho(Pb) = 10\mu g/mL$；$\rho(Cd) = 10\mu g/mL$ 和 $\rho(Cu) = 10\mu g/mL$。

③ 巯基棉 取 100mL 巯基乙醇酸（$CH_2SHCOOH$），70mL 乙酸酐［$(CH_3CO)_2O$］，32mL 乙酸［$\Phi(CH_3COOH) = 36\%$］，0.3mL 硫酸（$\rho_{20} = 1.84g/mL$）及 10mL 去离子水，依次加到 250mL 广口瓶中，充分摇匀，冷却至室温。另取 30g 脱脂棉放入广口瓶中，让棉花完全浸湿，待反应热散去后（必要时可用冷水冷却），加盖，在 35℃ 烘箱中放置 2 ~4d 后取出，经漏斗或滤器抽滤至干。用纯水充分洗去未反应的物质，再加入盐酸溶液（1mol/L）淋洗，最后用纯水淋洗至中性。抽干后摊开，在 30℃ 烘箱中烘干，放入棕色瓶中于密闭冷暗处保存，有效期至少可达一年。

（3）仪器

本法所用玻璃器皿均用硝酸溶液（1 +4）浸泡 12h，并用纯水洗净。

① 原子吸收分光光度计 配有铜、镉、铅空心阴极灯。

② 巯基棉富集装置 用 500mL 分液漏斗制成。

③ 具塞刻度试管 10mL。

（4）分析步骤

① 称取 0.1g 巯基棉均匀地装入分液漏斗的颈管中，加入少量纯水使巯基棉湿润。加入 5mL 盐酸溶液（1 +98）使其通过巯基棉，再用纯水淋洗至中性。

② 取 500mL 加硝酸保存的水样，用氨水（1 +9）调节 pH 至 6.0 ~7.5，移入 500mL 分液漏斗中，以 5mL/min 的流速使水样通过巯基棉，水样流完后用洗耳球吹尽颈管中残留水样。用 4.5mL 80℃ 热盐酸溶液分两次通过巯基棉洗脱待测组分，收集洗脱液于 10mL 刻度试管内（每次吹尽巯基棉中的残留液），加纯水定容至 5mL。

140

③ 吸取铅、镉、铜混合标准溶液 0mL、1.00mL、3.00mL、5.00mL 和 7.50mL 分别置于 5 支 25mL 比色管中，用盐酸溶液（1＋49）稀释至刻度。

④ 将标准系列和样品溶液依次喷入火焰，测定吸光度，绘制校准曲线并查出各待测金属的质量。

（5）结果计算

水样中铜（或镉、铅）的质量浓度按式（5－24）计算。

$$\rho(B) = \frac{m}{V} \tag{5-24}$$

式中 $\rho(B)$——水样中铜（或镉、铅）的质量浓度，mg/L；

m——从校准曲线查得的样品中的金属质量，μg；

V——水样体积，mL。

（6）精密度与准确度

7 个实验室重复测定加标水样，其铅含量为 2.00～22.0μg/L，铜含量为 1.5～22.0μg/L，镉含量为 0.25～3.0μg/L。相对标准偏差，铅为 2.0%～10.0%；铜为 4.0%～6.0%；镉为 0.8%～10%。

测定含铅 5～22μg/L，铜 3～22μg/L，镉 0.5～3μg/L 的加标水样，回收率分别为铅 90.0%～105%，铜 96.0%～104% 和镉 94.0%～105%。

第六节　食品中锌含量的测定

一、原子吸收光谱法测定食品中锌的含量

1. 原理

试样经处理后，导入原子吸收分光光度计中，原子化以后，吸收 213.8nm 共振线，其吸收值与锌含量成正比，与标准系列比较定量。

2. 试剂

① 4－甲基戊酮－2（MIBK，又名甲基异丁酮）。

② 磷酸（1＋10）。

③ 盐酸（1＋11）　量取 10mL 盐酸加到适量水中再稀释至 120mL。

④ 混合酸　硝酸＋高氯酸（3＋1）。

⑤ 锌标准溶液　准确称取 0.500g 金属锌（99.99%）溶于 10mL 盐酸中，然后在水浴上蒸发至近干，用少量水溶解后移入 1000mL 容量瓶中，以水稀释至刻度，贮于聚乙烯瓶中，此溶液每毫升相当 0.50mg 锌。

⑥ 锌标准使用液　吸取 10.0mL 锌标准溶液置于 50mL 容量瓶中，以盐酸（0.1mol/L）稀释至刻度，此溶液每毫升相当于 100.0μg 锌。

3. 仪器

原子吸收分光光度计。

4. 分析步骤

（1）试样处理

① 谷类　去除其中杂物及尘土，必要时除去外壳，磨碎，过 40 目筛，混匀。称取约

5.00～10.00g 置于 50mL 瓷坩埚中，小火炭化至无烟后移入马弗炉中，500℃±25℃灰化约 8h 后，取出坩埚，放冷后再加入少量混合酸，小火加热，不使干涸，必要时加少许混合酸，如此反复处理，直至残渣中无炭粒，待坩埚稍冷，加 10mL 盐酸(1+11)，溶解残渣并移入 50mL 容量瓶中，再用盐酸(1+11)反复洗涤坩埚，洗液并入容量瓶中，并稀释至刻度，混匀备用。取与试样处理相同量的混合酸和盐酸(1+11)，按同一操作方法做试剂空白试验。

② 蔬菜、瓜果及豆类　取可食部分洗净晾干，充分切碎或打碎混匀。称取 10.00～20.00g 置于瓷坩埚中，加 1mL 磷酸(1+10)，小火炭化至无烟后移入马弗炉中，以下操作同"谷类样品"处理方法。

③ 禽、蛋、水产类　取可食部分充分混匀。称取 5.00～10.00g 置于瓷坩埚中，小火炭化至无烟后移入马弗炉中，以下操作同谷类样品处理方法。

④ 乳类　经混匀后，量取 50mL，置于瓷坩埚中，加 1mL 磷酸(1+10)，在水浴上蒸干，再小火炭化至无烟后移入马弗炉中，以下操作同"谷类样品"处理方法。

（2）测定

吸取 0.10mL、0.20mL、0.40mL、0.80mL 锌标准使用液，分别置于 50mL 容量瓶中，以盐酸(1mol/L)稀释至刻度，混匀(各容量瓶中每毫升分别相当于 0μg、0.2μg、0.4μg、0.8μg、1.6μg 锌)。

将处理后的样液、试剂空白液和各容量瓶中锌标准溶液分别导入调至最佳条件的火焰原子化器进行测定。参考测定条件：灯电流 6mA，波长 213.8nm，狭缝 0.38nm，空气流量 10L/min，乙炔流量 2.3L/min，灯头高度 3mm，氘灯背景校正，以锌含量对应吸光值，绘制标准曲线或计算直线回归方程，试样吸光值与曲线比较或代入方程求出含量。

5. 结果计算

试样中锌的含量按式(5-25)进行计算。

$$X = \frac{(A_1 - A_2) \times 1000}{m \times 1000} \qquad (5-25)$$

式中　X——试样中锌的含量，mg/kg 或 mg/L；

A_1——测定用试样液中锌的含量，μg/mL；

A_2——试剂空白液中锌的含量，μg/mL；

m——试样质量或体积，g 或 mL；

V——试样处理液的总体积，mL。

计算结果保留两位有效数字。

6. 精密度

在重复性条件下获得的两次独立测定结果的绝对差值不得超过算术平均值的 10%。

7. 检出限

0.4mg/kg。

二、二硫腙比色法测定食品中锌的含量

1. 原理

试样经消化后，在 pH 为 4.0～5.5 时，锌离子与二硫腙形成紫红色络合物，溶于四氯化碳，加入硫代硫酸钠，防止铜、汞、铅、铋、银和镉等离子干扰，与标准系列比较定量。

142

2. 试剂

① 乙酸钠溶液（2mol/L）　称取 68g 乙酸钠（$CH_2COONa \cdot 3H_2O$），加水溶解后稀释至 250mL。

② 乙酸（2mol/L）　量取 10.0mL 冰乙酸，加水稀释至 85mL。

③ 乙酸－乙酸盐缓冲液　乙酸钠溶液（2mol/L）与乙酸（2mol/L）等量混合，此溶液 pH 为 4.7 左右。用二硫腙－四氯化碳溶液（0.1g/L）提取数次，每次 10mL，除去其中的锌，至四氯化碳层绿色不变为止，弃去四氯化碳层，再用四氯化碳提取乙酸－乙酸盐缓冲液中过剩的二硫腙，至四氯化碳无色，弃去四氯化碳层。

④ 氨水（1＋1）。

⑤ 盐酸（2mol/L）　量取 10mL 盐酸，加水稀释至 60mL。

⑥ 盐酸（0.02mol/L）　吸取 1mL 盐酸（2mol/L），加水稀释至 100mL。

⑦ 盐酸羟胺溶液（200g/L）　称取 20g 盐酸羟胺，加 60mL 水，滴加氨水（1＋1），调节 pH 至 4.0～5.5，用二硫腙－四氯化碳溶液（0.1g/L）处理。

⑧ 硫代硫酸钠溶液（250g/L）　用乙酸（2mol/L）调节 pH 至 4.0～5.5。用二硫腙－四氯化碳溶液（0.1g/L）处理。

⑨ 二硫腙－四氯化碳溶液（0.1g/L）。

⑩ 二硫腙使用液：吸取 1.0mL 二硫腙－四氯化碳溶液（0.1g/L），加四氯化碳至 10.0mL，混匀。用 1cm 比色杯，以四氯化碳调节零点，于波长 530nm 处测吸光度（A）。用式（5－26）计算出配制 100mL 二硫腙使用液（57% 透光率）所需的二硫腙－四氯化碳溶液（0.10g/L）毫升数（V）。

$$V = \frac{10 \times (2 - \lg 57)}{A} \times \frac{2.44}{A} \qquad (5-26)$$

⑪ 锌标准溶液　准确称取 0.1000g 锌，加 10mL 盐酸（2mol/L），溶解后移入 1000mL 容量瓶中，加水稀释至刻度。此溶液每毫升相当于 100.0μg 锌。

⑫ 锌标准使用液　吸取 1.0mL 锌标准溶液，置于 100mL 容量瓶中，加 1mL 盐酸（2mol/L），以水稀释至刻度，此溶液每毫升相当于 1.0μg 锌。

⑬ 酚红指示液（1g/L）　称取 0.1g 酚红，用乙醇溶解至 100mL。

3. 仪器

分光光度计。

4. 分析步骤

（1）试样消化（硝酸－高氯酸－硫酸法）

① 粮食、粉丝、粉条、豆干制品、糕点、茶叶等及其他含水分少的固体食品　称取 5.00g 或 10.00g 的粉碎试样，置于 250～500mL 定氮瓶中，先加水少许使湿润，加数粒玻璃珠、10～15mL 硝酸－高氯酸混合液，放置片刻，小火缓缓加热，待作用缓和，放冷。沿瓶壁加入 5mL 或 10mL 硫酸，再加热，至瓶中液体开始变成棕色时，不断沿瓶壁滴加硝酸－高氯酸混合液至有机质分解完全。加大火力，至产生白烟，待瓶口白烟冒净后，瓶内液体再产生白烟为消化完全，该溶液应澄明无色或微带黄色，放冷（在操作过程中应注意防止爆沸或爆炸）。加 20mL 水煮沸，除去残余的硝酸至产生白烟为止，如此处理两次，放冷。将冷后的溶液移入 50mL 或 100mL 容量瓶中，用水洗涤定氮瓶，洗液并入容量瓶中，放冷，加水至刻度，混匀。定容后的溶液每 10mL 相当于 1g 试样，相当加入硫酸量 1mL。取与消化试样

相同量的硝酸－高氯酸混合液和硫酸，按同一方法做试剂空白试验。

② 蔬菜、水果　称取 25.00g 或 50.00g 洗净打成匀浆的试样，置于 250~500mL 定氮瓶中，以下操作同"粮食等样品"处理方法。定容后的溶液每 10mL 相当于 5g 试样，相当加入硫酸量 1mL。取与消化试样相同量的硝酸－高氯酸混合液和硫酸，按同一方法做试剂空白试验。

③ 酱、酱油、醋、冷饮、豆腐、腐乳、酱腌菜等　称取 10.00g 或 20.00g 试样（或吸取 10.0mL 或 20.0mL 液体试样），置于 250~500mL 定氮瓶中，以下操作同"粮食等样品"处理方法。定容后的溶液每 10mL 相当于 2g 或 2mL 试样，相当加入硫酸量 1mL。取与消化试样相同量的硝酸－高氯酸混合液和硫酸，按同一方法做试剂空白试验。

④ 含酒精性饮料或含二氧化碳饮料　吸取 10.00mL 或 20.00mL 试样，置于 250~500mL 定氮瓶中，以下操作同"粮食等样品"处理方法。定容后的溶液每 10mL 相当于 2mL 试样，相当加入硫酸量 1mL。取与消化试样相同量的硝酸－高氯酸混合液和硫酸，按同一方法做试剂空白试验。

⑤ 含糖量高的食品　称取 5.00g 或 10.0g 试样，置于 250~500mL 定氮瓶中，先加少许水使温润，加数粒玻璃珠、5~10mL 硝酸－高氯酸混合后，摇匀。缓缓加入 5mL 或 10mL 硫酸，待作用缓和停止起泡沫后，先用小火缓缓加热（糖分易炭化），不断沿瓶壁补加硝酸－高氯酸混合液，待泡沫全部消失后，再加大火力，至有机质分解完全，发生白烟，溶液应澄明无色或微带黄色，放冷。放置片刻，小火缓缓加热，待作用缓和，放冷。以下操作同"粮食等样品"处理方法。定容后的溶液每 10mL 相当于 1g 试样，相当加入硫酸量 1mL。取与消化试样相同量的硝酸－高氯酸混合液和硫酸，按同一方法做试剂空白试验。

⑥ 水产品　取可食部分试样捣成匀浆，称取 5.00g 或 10.0g（海产藻类、贝类可适当减少取样量），置于 250~500mL 定氮瓶中，以下操作同"粮食等样品"处理方法。定容后的溶液每 10mL 相当于 1g 试样，相当加入硫酸量 1mL。取与消化试样相同量的硝酸－高氯酸混合液和硫酸，按同一方法做试剂空白试验。

（2）测定

准确吸取 5~10mL 定容的消化液和相同量的试剂空白液，分别置于 125mL 分液漏斗中，加 5mL 水、0.5mL 盐酸羟胺溶液（200g/L），摇匀，再加 2 滴酚红指示液，用氨水（1＋1）调节至红色，再多加 2 滴。再加 5mL 二硫腙－四氯化碳溶液（0.1g/L），剧烈振摇 2min。静置分层。将四氯化碳层移如另一分液漏斗中，水层再用少量二硫腙－四氯化碳溶液振摇提取，每次 2~3mL，直至二硫腙－四氯化碳溶液绿色不变为止。合并提取液，用 5mL 水洗涤，四氯化碳层用盐酸（0.02mol/L）提取 2 次，每次 10mL，提取时剧烈振摇 2min，合并盐酸（0.02mol/L）提取液，并用少量四氯化碳洗去残留的二硫腙。

吸取 0mL、1.0mL、2.0mL、3.0mL、4.0mL、5.0mL 锌标准使用液（相当 0μg、1.0μg、2.0μg、3.0μg、4.0μg、5.0μg 锌），分别置于 125mL 分液漏斗中，各加盐酸（0.02mol/L）至 20mL。于试样提取液、试剂空白提取液及锌标准溶液各分液漏斗中加 10mL 乙酸－乙酸盐缓冲液、1mL 硫代硫酸钠溶液（250g/L），摇匀，再各加入 10.0mL 二硫腙使用液，剧烈振摇 2min。静置分层后，经脱脂棉将四氯化碳层滤入 1cm 比色杯中，以四氯化碳调节零点，于波长 530nm 处测吸光度，标准各点吸收值减去零管吸收值后绘制标准曲线，或计算直线回归方程，样液吸收值与曲线比较或代入方程求得含量。

5. 结果计算

试样中锌的含量按式(5－27)进行计算。

$$X = \frac{(A_1 - A_2) \times 1000}{m/(V_2/V_1) \times 1000} \qquad (5-27)$$

式中　X——试样中锌的含量，mg/kg 或 mg/L;

　　A_1——测定用试样消化液中锌的质量，μg;

　　A_2——试剂空白液中锌的质量，μg;

　　m——试样质量或体积，g 或 mL;

　　V_1——试样消化液的总体积，mL;

　　V_2——测定用消化液的体积，mL。

计算结果保留两位有效数字。

6. 精密度

在重复性条件下获得的两次独立测定结果的绝对差值不得超过算术平均值的10%。

三、二硫腙比色法(一次提取)测定食品中锌的含量

1. 原理

试样经消化后，在 pH 为 4.0 ~ 5.5 时，锌离子与二硫腙形成紫红色络合物，溶于四氯化碳，加入硫代硫酸钠，防止铜、汞、铅、铋、银和镉等离子干扰，与标准系列比较定量。

2. 试剂

① 乙酸－乙酸盐缓冲液　乙酸钠溶液(2mol/L)与乙酸(2mol/L)等量混合，此溶液 pH 为 4.7 左右。

② 硫代硫酸钠溶液(250g/L)　用乙酸(2mol/L)调节 pH 至 4.0 ~ 5.5。用二硫腙－四氯化碳溶液(0.1g/L)处理。

③ 二硫腙－四氯化碳溶液(0.01g/L)。

④ 氨水(1 + 1)。

⑤ 锌标准使用液　吸取 1.0mL 锌标准溶液，置于 100mL 容量瓶中，加 1mL 盐酸(2mol/L)，以水稀释至刻度，此溶液每毫升相当于 1.0μg 锌。

⑥ 甲基橙指示液(2g/L)　称取 0.2g 甲基橙，用乙醇(20%)溶解并稀释至 100mL。

3. 仪器

分光光度计。

4. 分析步骤

(1) 试样消化

同二硫腙比色法中硝酸－高氯酸－硫酸消化法。

(2) 测定

准确吸取 5 ~ 10mL 定容的消化液和相同量的试剂空白液，分别置于 125mL 分液漏斗中，加水至 10mL。

吸取 0mL、1.0mL、2.0mL、3.0mL、4.0mL、5.0mL 锌标准使用液(相当于 0μg、1.0μg、2.0μg、3.0μg、4.0μg、5.0μg 锌)，分别置于 125mL 分液漏斗中，各加水至 10mL。

于试样消化液、试剂空白液及锌标准液中各加 1 滴甲基橙指示液，用氨水调至由红变蓝，再各加 5mL 乙酸－乙酸盐缓冲液及 1mL 硫代硫酸钠溶液(250g/L)混匀后，各加

10.0mL 二硫腙－四氯化碳溶液（0.01g/L），剧烈振摇 4min，静置分层，以下操作同二硫腙比色法测定。

5. 结果计算

同二硫腙比色法，用公式（5－27）计算。

6. 精密度

同二硫腙比色法。

7. 检出限

2.5mg/kg。

四、锌试剂－环己酮分光光度法测定饮用天然矿泉水中锌的含量

本法最低检测质量为 5μg，若取 20mL 水样测定，则最低检测质量浓度为 0.25mg/L。

1. 原理

锌与锌试剂在 pH 为 9.0 条件下生成蓝色络合物。其他重金属也能与锌试剂生成有色络合物，加入氰化物可络合锌及其他重金属，但加入环己酮能使锌有选择性地从氰化络合物中游离出来，并与锌试剂发生显色反应。

2. 试剂

① 环己酮。

② 抗坏血酸钠或抗坏血酸（$C_6H_8O_6$）。

③ 氰化钾溶液（10g/L）　称取 1.0g 氰化钾（KCN）溶于 100mL 纯水中。

④ 缓冲溶液（pH＝9）　称取 8.4g 氢氧化钠（NaOH），溶于 500mL 纯水中，加入 31g 硼酸（H_3BO_3），溶解后再加纯水至 1000mL。

⑤ 锌试剂溶液　称取 100mg 锌试剂［$HOC_6H_3(SO_3H)N:NC(C_6H_5):NNC_6H_4COOH$］，溶于 100mL 甲醇中。

⑥ 锌标准贮备溶液［$\rho(Zn)=1mg/mL$］　称取 1.000g 纯锌［$w(Zn)>99.9\%$］，溶于 20mL 硝酸溶液（1＋1）中，并用水定容至 1000mL。

⑦ 锌标准使用溶液［$\rho(Zn)=10\mu g/mL$］　临用前吸取 10.0mL，锌标准贮备溶液定容至 1000mL。

3. 仪器

① 比色管　50mL。

② 分光光度计。

4. 分析步骤

① 吸取澄清水样（如浑浊可用 0.45μm 滤膜过滤）用盐酸溶液（1＋5）或氢氧化钠溶液（80g/L）调节 pH 至 7，然后吸取 20.0mL 于 50mL 比色管中。

② 分别吸取锌标准使用溶液 0mL，0.50mL、1.00mL、3.00mL、5.00mL、10.0mL 和 15.0mL 置于 50mL 比色管中，分别加水稀释至 20mL。

③ 加入 0.5g 抗坏血酸钠，混匀。如用抗坏血酸，则需加约 0.6mL 氢氧化钠溶液（200g/L），调至中性。注：锰在 0.1mg/L 以下时，可不加抗坏血酸钠。

④ 向标准及水样管中各加 5.0mL 缓冲液，2.0mL 氰化钾溶液，3.0mL 锌试剂溶液。每加一种试剂均需充分混匀。

⑤ 各加 1.5mL 环己酮，充分混合至溶液透明。

⑥ 在波长 620nm 处，用 1cm 比色皿，以试剂空白为参比，测定吸光度。

⑦ 绘制校准曲线并查出水样管中锌的质量。

5. 结果计算

水样中锌的质量浓度按式(5-28)计算。

$$\rho(\mathrm{Zn}) = \frac{m}{V} \tag{5-28}$$

式中　$\rho(\mathrm{Zn})$——水样中锌的质量浓度，mg/L；

　　　　m——从校准曲线查得的水样管中锌的质量，μg；

　　　　V——水样体积，mL。

6. 精密度与准确度

同一实验室测定高、中、低三种浓度的加标水样，相对标准偏差 2.3% ~ 4.6%。取两种地面水和一种自来水做回收试验，回收率 93.3% ~ 107.6%。

另有两个实验室的测定结果，相对标准偏差分别为 0.7% ~ 4.2% 和 2.3% ~ 6.8%；回收率分别为 97.1% ~ 100.2% 和 96.4% ~ 107%。

7. 干扰

加入抗坏血酸钠可降低锰的干扰。Cu^{2+}、Pb^{2+}、Fe^{3+} 和 Mn^{2+} 质量浓度分别不超过 30mg/L、50mg/L、7mg/L 和 5mg/L 时，对测定无干扰。

五、催化示波极谱法测定饮用天然矿泉水中锌的含量

本法最低检测质量为 0.1μg，若取 10mL 水样测定，则最低检测质量浓度为 10μg/L。

下述共存物质(mg/L)对本法无干扰：Ca^{2+}，200；Mg^{2+}，40；Fe^{2+}、Mn^{2+}，1.0；Cu^{2+}、Cd^{2+}、Pb^{2+}、As^{3+}，20；大量的 K^{+}、Na^{+}、NO_2、SO_4^{2-}、F 存在时不干扰测定。

1. 原理

在酒石酸钾钠 - 乙二胺体系中，锌与乙二胺形成络合物，吸附于滴汞电极上，在 -1.45V 形成灵敏的络合物吸附催化波，其峰高与锌含量成正比。

2. 试剂

① 酒石酸钾钠溶液(40g/L)　称取 4g 酒石酸钾钠($\mathrm{KNaC}_4\mathrm{H}_4\mathrm{O}_6 \cdot 4\mathrm{H}_2\mathrm{O}$)，用纯水溶解并稀释至 100mL。

② 乙二胺溶液(1 + 1.5)　取 40mL 乙二胺($\mathrm{H}_2\mathrm{NCH}_2\mathrm{CH}_2\mathrm{NH}_2$)，加 60mL 纯水，混匀。

③ 无水亚硫酸钠溶液(10g/L)　称取 1g 无水亚硫酸钠($\mathrm{Na}_2\mathrm{SO}_3$)，用纯水溶解并稀释至 100mL。

④ 硝酸 - 高氯酸(1 + 1)　取硝酸($\rho_{20} = 1.42\mathrm{g/mL}$)与高氯酸($\rho_{20} = 1.67\mathrm{g/mL}$)等体积混合。

⑤ 锌标准贮备溶液[$\rho(\mathrm{Zn}) = 1\mathrm{mg/mL}$]　称取 1.000g 纯锌[$w(\mathrm{Zn}) > 99.9\%$]，溶于 20mL 硝酸溶液(1 + 1)中，并用水定容至 1000mL。

⑥ 锌标准使用液[$\rho(\mathrm{Zn}) = 10\mathrm{μg/mL}$]　将锌标准贮备溶液用纯水逐级稀释。

3. 仪器

① 瓷坩埚　30mL。

② 电热板。

③ 示波极谱仪。

4. 分析步骤

① 吸取10.0mL水样于30mL瓷坩埚中，加入0.5mL硝酸-高氯酸，在电热板上缓缓消化，直至得到白色残渣。同时作试剂空白。

② 取8个30mL瓷坩埚，分别加入锌标准使用液0mL、0.10mL、0.30mL、0.50mL、0.80mL、1.00mL、1.20mL和1.50mL。

③ 向样品及标准中各加入2.0mL酒石酸钾钠溶液，0.5mL无水亚硫酸钠溶液，1.0mL乙二胺溶液，加纯水至10.0mL。

④ 于示波极谱仪上，用三电极系统，阴极化，原点电位为-1.30V，导数扫描。在-1.45V处读取水样及标准系列的峰高。以锌质量为横坐标，峰高为纵坐标，绘制校准曲线，从曲线上查出水样中锌的质量。

5. 结果计算

水样中锌的质量浓度按式(5-29)计算。

$$\rho(Zn) = \frac{m}{V} \qquad (5-29)$$

式中 $\rho(Zn)$——水样中锌的质量浓度，mg/L；

$\quad\quad m$——从校准曲线中查出的水样中锌的质量，μg；

$\quad\quad V$——水样体积，mL。

6. 精密度与准确度

四个实验室对含锌0.1~5.0μg的水样，重复测定66次，相对标准偏差为4.5%~12.2%。

四个实验室对加标0.1~5.0μg锌的34份水样进行回收试验，回收率为86%~120%，平均回收率为101%。

第七节 食品中钴含量的测定

一、5-氯-2-(吡啶偶氮)-1,3-二氨基苯分光光度法测定水质中总钴的含量

1. 原理

在pH为5~6的乙酸—乙酸钠缓冲介质中，钴与5-氯-2-(吡啶偶氮)-1,3-二氨基苯(简称5-Cl-PADAB)反应生成紫红色络合物，用分光光度计于570nm波长处测定其吸光度，其摩尔吸光系数为1.03×10^5L/(mol·cm)，钴浓度在0.02~0.16mg/L范围内符合朗伯比尔定律。

水中钴含量低于0.02mg/L时，用巯基棉或XAD-2型大孔网状树脂预富集后，再进行显色测定，其灵敏度可提高5~50倍。

2. 试剂和材料

除非另有说明，分析时均使用符合国家标准的分析纯试剂。水，GB/T6682，三级。

① 硝酸 $\rho(HNO_3) = 1.42$g/mL，优级纯。

② 高氯酸 $\rho(HClO_4) = 1.67$g/mL，优级纯。

③ 盐酸 $\rho(HCl) = 1.19$g/mL，优级纯。

④ 硫酸 $\rho(H_2SO_4) = 1.84$g/mL，优级纯。

148

⑤ 巯基乙酸。

⑥ 乙酐。

⑦ 36% 乙酸。

⑧ 95% 乙醇。

⑨ 氨水 pH = 10。

⑩ 盐酸溶液 1 + 1。

⑪ 盐酸溶液 $c(HCl) = 3mol/L$。

⑫ 盐酸溶液 $c(HCl) = 1mol/L$。

⑬ 氢氧化钠(NaOH)溶液($w = 20\%$) 称取 20.0g 氢氧化钠，溶解于 100mL 水中。

⑭ 酒石酸铵($C_4H_{12}N_2O_6$)溶液($w = 10\%$) 称取 10.0g 酒石酸铵，溶解于水，稀释至 100mL。

⑮ 硫代硫酸钠($Na_2S_2O_7 \cdot 5H_2O$)溶液($w = 20\%$) 称取 20.0g 硫代硫酸钠，溶解于水，稀释至 100mL。

⑯ 氯化铵 – 氨水($NH_4Cl – NH_4OH$)缓冲溶液(pH = 10) 称取 20.0g 氯化铵(NH_4Cl)，溶解于 100mL 浓氨水中，密塞，置于冰箱中保存。

⑰ 乙酸 – 乙酸钠(HAC – NaAC)缓冲溶液(pH = 5 ~ 6) 称取 21.0g 无水乙酸钠，溶解于少量水中，加入乙酸调节 pH 至 5 ~ 6，用水稀释至 1000mL。

⑱ 5 – Cl – PADAB 乙醇溶液($w = 0.1\%$) 称取 0.10g 5 – Cl – PADAB，溶解于 95% 的乙醇溶液中，并稀释至 100mL。贮存于棕色瓶中。

⑲ 焦磷酸钠($Na_4P_2O_7 \cdot 10H_7O$)溶液($w = 5\%$) 称取 5.0g 焦磷酸钠，溶解于水，稀释至 100mL。

⑳ 钴标准贮备液 $\rho(Co) = 100\mu g/mL$ 称取 0.03515g 基准试剂三氧化二钴，加入 2.5mL 盐酸溶解，移入 250mL 容量瓶中，用水稀释至标线。

㉑ 钴标准使用液 $\rho(Co) = 2\mu g/mL$ 吸取 10.00mL 钴标准贮备液($100\mu g/mL$)，移入 500mL 容量瓶中，用水稀释至标线。

㉒ 对硝基酚($C_6H_5NO_3$)溶液($w = 0.2\%$) 称取 0.20g 对硝基酚，溶解于水，稀释至 100mL。

㉓ 巯基棉 a. 于磨口瓶中依次加入 100mL 分析纯巯基乙酸、60mL 乙酐、40mL36% 乙酸、0.3mL 硫酸，充分混合。冷却至室温后，加入 30g 脱脂棉，使其完全浸没，加盖，置于 40℃烘箱中 2 ~ 4d 后取出，抽滤，用蒸馏水洗至中性，在 30℃烘干。放入磨口瓶中，加盖避光低温贮存，可保存三个月。b. 巯基棉也可按下列方法制备：在小广口瓶中加入 70mL 巯基乙酸，0.4mL 硫酸，摇匀。加入 10g 脱脂棉使其完全浸没，加盖，于室温下放置 24h。以下步骤同上。

㉔ XAD – 2 型大孔网状树脂 将 XAD – 2 型树脂用甲醇浸泡(淹没树脂)24h，然后过滤，用 3mol/L 盐酸溶液洗涤数次，再用氨水冲洗数次，最后用蒸馏水洗至中性。

3. 仪器和设备

除非另有说明，分析时均使用符合国家标准的 A 级玻璃量器。

① 可见分光光度计 配有光程为 20mm 的比色皿。

② 富集装置 采用直径为 1cm 的固相萃取柱，内填 0.25g 巯基棉或 0.5g 树脂。

4. 样品

（1）样品的采集和保存

根据水样中钴的含量，采集250mL至2L水样。样品采集后，加硫酸或盐酸至pH<2，对基体复杂的废水样品，应使酸度约为1%，在0~4℃保存。

（2）试样的制备

① 硝酸-高氯酸消解　对于含有机质较高的地表水和污水，吸取水样2~20mL（视水样中钴含量而定）于100mL烧杯中，加入2mL硝酸，盖上表面皿，于电热板上加热煮沸1~5min，取下稍冷，加入1~2mL高氯酸（视有机质含量多少而定），继续加热至冒浓白烟，并持续至溶液无黑色残渣透明为止。取下冷却后，转移至25mL具塞比色管中，加入1~2滴对硝基酚指示剂，滴加20%氢氧化钠溶液至溶液呈现黄色，待测。

② 预富集　对于含钴量在0.02mg/L以下的样品，需进行预富集。若水样中含有机质或其他杂质，应事先进行消解，再进行预富集。

a. 巯基棉法预富集　取水样500mL（视水样中钴含量而定），加入2.5mL10%酒石酸铵溶液、2.5mL20%硫代硫酸钠，调节pH至8.5~9.5，加入10mL氯化铵-氨水缓冲溶液，以1~4mL/min的流速通过吸附装置富集，待水样流完后，用1mol/L盐酸4mL以1~4mL/min的流速分两次进行洗脱，洗脱液用25mL具塞比色管承接，向洗脱液中加入1~2滴对硝基酚，滴加20%氢氧化钠溶液至溶液呈现黄色，待测。

b. XAD-2型树脂预富集　取水样500mL（视水样中钴含量而定），调节pH至5~6，加入乙酸-乙酸钠缓冲溶液10mL，5-Cl-PADAB溶液1.5mL，在沸水浴上加热（或直接加热至近沸）5min。冷却后用20%NaOH溶液调节pH至10，以1~2mL/min的流速通过吸附装置富集，用10mL95%的乙醇溶液分两次洗脱，洗脱液用50mL烧杯承接。洗脱完毕，将其放在水浴或低温电热板上，蒸发至5mL左右，取下冷却。加入(1+1)HCl溶液10mL，转移至25mL具塞比色管中，用水稀释至标线，摇匀，待测。

5. 分析步骤

（1）校准曲线的绘制

分别吸取钴标准使用液0.00mL、0.25mL、0.50mL、1.00mL、1.50mL、2.00mL于25mL具塞比色管中，钴的含量依次为：0.00μg、0.50μg、1.00μg、2.00μg、3.00μg、4.00μg。分别加入5.0mL乙酸-乙酸钠缓冲溶液、0.50mL焦磷酸钠溶液、1.0mL 5-Cl-PADAB溶液，用水稀释至10mL左右，摇匀。置于沸水浴上加热5min，取下，冷却至室温后，加入(1+1)HCl溶液10mL，用水稀释至标线，摇匀。用20mm比色皿，于波长570nm处，以水为参比测定吸光度。以扣除试剂空白的吸光度对应钴含量绘制校准曲线。

（2）样品分析

① 吸取清洁水样2~10mL（视水样中钴含量而定）于25mL具塞比色管中，以下步骤同上。

② 用经消解处理的试样，或用巯基棉法预富集的试样，以下步骤同上。注意：若水样中含铁量高，应适当多加焦磷酸钠溶液，制备校准曲线时焦磷酸钠溶液的用量应与测定水样相同。

③ 经XAD-2型树脂预富集的试样，同校准曲线的比色条件直接进行吸光度测定。

（3）空白试验

用10mL水代替样品，按与样品测定相同的步骤测量吸光度。

150

6. 结果计算

样品中的总钴含量 ρ 按照公式(5−30)计算

$$\rho(Co) = \frac{A - A_0 - a}{bV} \tag{5-30}$$

式中　$\rho(Co)$——水样中总钴的含量，mg/L；

$\qquad A$——水样的吸光度；

$\qquad A_0$——空白试验的吸光度；

$\qquad a$——校准曲线的截距；

$\qquad b$——校准曲线的斜率；

$\qquad V$——水样体积，mL。

7. 精密度和准确度

（1）精密度

六个实验室采用不同前处理方法，对含钴浓度为 0.00 ~ 0.130mg/L 的地下水、地表水和工业废水统一样品进行测定，实验室间相对标准偏差为 0.2% ~ 23.0%。

（2）准确度

六个实验室采用不同前处理方法，对含钴浓度为 0.001 ~ 0.130mg/L 的地下水、地表水和工业废水统一样品进行加标测定，加标回收率为 90% ~ 120%。六个实验室对含钴浓度为 0.099mg/L 标准物质进行测定，相对误差为 −5% ~ 2%。

8. 检出限

不经预富集，当取样体积为 10mL，方法检出限为 0.007mg/L，测定下限为 0.02mg/L，测定上限为 0.16mg/L。经预富集后，方法检出限可降低 50 倍。

9. 干扰和消除

不经预富集处理，碱金属及碱土金属不干扰测定。当 Fe^{3+} 含量大于 0.006mg，Cr^{3+} 含量大于 0.001mg 时产生正干扰。Fe^{3+} 的干扰可在 pH = 5 ~ 6 时加入适量焦磷酸钠溶液至铁棕色消失后，再加入 2.5mL 来掩蔽；Cr^{3+} 干扰可通过 $HNO_3 - HCl - HClO_4$ 消解挥发除去。某些重金属离子与 5 − Cl − PADAB 显色干扰钴的测定，但在显色完成后，加 HCl 至呈强酸性可分解褪色而消除其干扰，而此时钴络合物十分稳定，不受影响。

大量 Fe^{2+}、Cr^{6+} 存在会产生负干扰，也可用 $HNO_3 - HCl - HClO_4$ 消解，通过氧化、掩蔽和挥发分别除去。SO_4^{2-}、Cr^-、PO_4^{3-}、NO_3^-、Br^-、ClO_4^-、酒石酸根等不干扰测定。柠檬酸根使钴显色不完全。

若用巯基棉进行预富集，加入适量酒石酸盐可以防止锰、铁在 pH = 9 时水解形成胶体，其余金属离子都可分离除去，不产生干扰。柠檬酸、半胱氨酸等有机络合剂不影响 Co^{2+} 的吸附。

若用 XAD − 2 型大孔网状树脂预富集，其干扰和消除方法与不经预富集处理相同。

二、亚硝基−R 分光光度法测定饮用天然矿泉水中钴的含量

本法的最低检测质量为 0.5μg，若取 20mL 水样测定，则其最低检测质量浓度为 0.025mg/L。

1. 原理

在中性或微碱性介质中，钴和亚硝基−R 盐反应，生成稳定的红色络合物，其吸光度与

钴离子含量在一定浓度范围内成正比。

2. 试剂

① 硝酸($\rho_{20} = 1.42g/mL$）　$1+1$。

② 柠檬酸溶液[$c(C_6H_8O_7) = 0.2mol/L$]　称取 4.2g 柠檬酸（$C_6H_8O_7 \cdot H_2O$），加纯水溶解后，稀释至 100mL。

③ 缓冲溶液　称取 35.6g 磷酸氢二钠（Na_2HPO_4）和 6.2g 硼酸（H_3BO_3），用 500mL 氢氧化钠溶液[$c(NaOH) = 1mol/L$]溶解后，用纯水稀释至 1000mL。

④ 亚硝基 - R 盐溶液（2g/L）　称取 0.20g 亚硝基 - R 盐{1 - 亚硝基 - 2 - 萘酚 - 3，6 - 二磺酸二钠，[$NO(C_{10}H_4H(SO_3Na)_2)$]}，加纯水溶解后，稀释至 100mL，贮于棕色瓶中。

⑤ 钴的标准贮备溶液[$\rho(Co) = 1000\mu g/mL$]　称取 1.0000g 金属钴（$w > 99.9\%$），置于 250mL 烧杯中，加 30mL 硝酸溶液，盖上表面皿，加热溶解。冷却到室温后，移入 1000mL 容量瓶中，用纯水定容。

⑥ 钴标准使用溶液[$\rho(Co) = 1.0\mu g/mL$]　吸取 10.00mL 钴标准贮备溶液于 100mL 容量瓶中，用纯水定容，摇匀。再吸取此溶液 10.00mL 于 1000mL 容量瓶中，用纯水定容，摇匀。

3. 仪器

① 分光光度计。

② 容量瓶　50mL。

4. 分析步骤

① 吸取适量水样（含钴量小于 20μg）于 50mL 烧杯中，加 2mL 柠檬酸溶液和 2.4mL 缓冲溶液，补加纯水至 20mL，摇匀。另吸取钴标准使用溶液 0mL、0.50mL、1.00mL、2.00mL、5.00mL、8.00mL、12.0mL、16.0mL、20.0mL 于一系列 50mL 烧杯中，补加纯水至 20mL，摇匀。

② 向烧杯中各加 0.50mL 亚硝基 - R 盐溶液，摇匀，加热至沸，1min 后加 2.0mL 硝酸，再加热沸腾 1min，冷却至室温，将溶液分别移入 50mL 容量瓶中，用纯水定容。

③ 用试剂空白做参比，于波长 425nm 处测定吸光度。以标液中的钴质量为横坐标，吸光度为纵坐标绘制校准曲线。从校准曲线上查出样品溶液中钴的质量。

5. 计算

水样中钴的质量浓度按式（5 - 31）计算。

$$\rho(Co) = \frac{m}{V} \tag{5-31}$$

式中　$\rho(Co)$——水样中钴的质量浓度，mg/L；

　　　　m——从校准曲线上查得的样液钴质量，μg；

　　　　V——水样的体积，mL。

6. 精密度与准确度

同一实验室用同一水样平行测定 12 次，平均值为 0.071mg/L，相对标准偏差为 2.2%，加标回收率为 97.2% ~ 102%。

三、火焰原子吸收分光光度法测定饮用天然矿泉水中钴的含量

本法的最低检测质量浓度为 0.50mg/L 和 0.05mg/L。水中大量碱金属和碱土金属离子

的干扰可经离子交换消除。

1. 原理

本法基于水样中钴的基态原子能吸收来自钴空心阴极灯发出的共振线，其吸收强度与钴元素含量成正比，可在其他条件不变的情况下，根据测得的吸收强度与标准系列比较进行定量。

水样中钴离子含量高时，可将水样直接导入火焰使其原子化后，采用其灵敏共振线240.7nm进行测定，其最低检测浓度为0.5mg/L水样中钴离子含量低时，则需要采用离子交换富集后，再用火焰原子吸收法进行测定，其最低检测浓度为0.05mg/L。

2. 试剂

本法配制试剂、稀释样液等所用纯水均为去离子水。

① 氨水[$c(NH_3 \cdot H_2O) = 1mol/L$]　吸取35mL氨水($NH_3 \cdot H_2O$)，用纯水稀释至1000mL。

② 缓冲溶液(pH = 6.0)　称取60.05g乙酸(CH_3COOH)和77.08g乙酸铵(CH_3COONH_4)，用纯水溶解，并稀释到1000mL，再用氨水调节为pH = 6.0。

③ 硝酸(1+1)。

④ 硝酸溶液[$c(HNO_3) = 2mol/L$]　吸取25mL浓硝酸($\rho_{20} = 1.42mg/L$)，用纯水稀释至200mL。

⑤ 螯合树脂　将D401大孔苯乙烯(系螯合型树脂)用硝酸溶液泡浸2d，然后用纯水充分漂洗至pH = 6.0，倾除过细微粒，浸泡在纯水中备用。

⑥ 钴标准贮备液[$\rho(C_o) = 1mg/mL$]　称取1.0000g金属钴，加入10mL硝酸溶液溶解后，加热赶除二氧化碳，用纯水定容至1000mL，摇匀，备用。

3. 仪器

① 离子交换柱　用纯水将已处理好的树脂倾装入内径2cm、高10cm的玻璃交换柱中，树脂高度为4cm，树脂层的下部和上部均填有玻璃棉，以防树脂漏掉和被冲动，树脂床中不可存有气泡。

② 原子吸收分光光度计　配有钴空心阴极灯。

③ 空气压缩机或空气钢瓶。

④ 乙炔钢瓶。

4. 分析步骤

(1) 高含量水样分析

按照仪器说明书将仪器工作条件调整至测定钴的最佳状态，波长240.7nm。

用每升含1.5mL硝酸的纯水将钴标准贮备液稀释并配成$\rho(Co) = 0.5 \sim 1.0mg/L$的钴标准系列溶液。将标准系列溶液与空白溶液交替喷入火焰，测定其吸光度。以钴的标准质量浓度(mg/L)为横坐标，吸光度为纵坐标，绘制出校准曲线或计算出回归方程。

将样品喷入火焰，测定其吸光度，在校准曲线或回归方程中查出钴的质量浓度(mg/L)。

(2) 低含量水样分析

取水样250mL于500mL烧杯中，用氨水调节pH = 6.0，加25mL缓冲溶液混匀。将样液分次倒入离子交换柱内，以3mL/min的流速进行离子交换。样液流完后，用30mL缓冲液以同样流速进行淋洗。用约27mL硝酸溶液以同样流速进行洗脱，弃去最初的约3mL，用25mL容量瓶收集洗脱液至刻度，摇匀。

测定步骤同高含量水样分析。

（3）树脂的再生

将用过的树脂收集在一个烧杯中，先用纯水漂洗，滤干后，泡在硝酸溶液中 24h 后，再用纯水漂洗至 pH=6 左右，浸泡在纯水中备用。

5. 结果计算

（1）高含量水样

从校准曲线中直接查出水样中钴的质量浓度 $\rho(Co)$，单位为 mg/L。

（2）低含量水样

从校准曲线中查出水样中钴的质量浓度，按式（5-32）计算。

$$\rho(Co) = \rho_1 \times \frac{25}{V} \qquad\qquad (5-32)$$

式中　$\rho(Co)$——水样中钴的质量浓度，mg/L；

　　　　ρ_1——从校准曲线查得的钴的质量浓度，mg/L；

　　　　25——富集后的水样体积，mL；

　　　　V——水样体积，mL。

6. 精密度与准确度

同一实验室测定含钴 1.88mg/L，水样的相对标准偏差为 3.0%。

四、无火焰原子吸收分光光度法测定饮用天然矿泉水中钴的含量

本法的最低检测质量为 38.2pg，若取 20μL 水样测定，则最低检测质量浓度为 1.91μg/L。水中共存离子一般不产生干扰。

1. 原理

样品经适当处理后，注入石墨炉原子化器，所含钴离子在石墨管内经原子化高温蒸发解离为原子蒸气，待测钴元素的基态原子吸收来自钴元素空心阴极灯发出的共振线，其吸收强度在一定范围内与钴浓度成正比。

2. 试剂

① 钴标准贮备溶液 [$\rho(Co)$ = 1mg/mL]　称取 1.0000g 金属钴（高纯或光谱纯），溶于 10mL 硝酸溶液（1+1）中，加热驱除二氧化碳，用水定容至 1000mL。

② 钴标准中间溶液 [$\rho(Co)$ = 50μg/mL)]　吸取 5.00mL 钴标准贮备溶液于 100mL 容量瓶中，用硝酸溶液（1+99）稀释至刻度，摇匀。

③ 钴标准使用溶液 [$\rho(Co)$ = 1μg/mL]　吸取 2.00mL 钴标准中间溶液于 100mL 容量瓶中，用硝酸溶液（1+99）稀释至刻度，摇匀。

④ 硝酸镁溶液（50g/L）　称取 5g 硝酸镁 [$Mg(NO_3)_2$，优级纯]，加水溶解并定容至 100mL。

3. 仪器

① 石墨炉原子吸收分光光度计。

② 钴元素空心阴极灯。

③ 氩气钢瓶。

④ 微量加样器　20μL。

⑤ 聚乙烯瓶　100mL。

4. 仪器工作条件

参考仪器说明书，将仪器工作条件调整至测钴最佳状态，波长 240.7nm，石墨炉工作程序见表 5-8。

表 5-8　石墨炉工作程序

程序	干燥	灰化	原子化	清除
温度/℃	120	1400	2400	2700
斜率/s	2	2	0	1
保持/s	30	30	5	4
氩气流量/(mL/min)		300	0	300

5. 分析步骤

① 吸取钴标准使用溶液 0mL、1.00mL、2.00mL、3.00mL 和 4.00mL 于 5 个 100mL 容量瓶内，分别加入 1.0mL 硝酸镁溶液，用硝酸溶液 (1 + 99) 稀释至刻度，摇匀，分别配制成 ρ (Co) = 0μg/L、10μg/L、20μg/L、30μg/L 和 40μg/L 的标准系列。

② 吸取 10.0mL 水样，加入 0.1mL 硝酸镁溶液，同时取 10mL 硝酸溶液 (1 + 99)，加入 0.1mL 硝酸镁溶液，作为试剂空白。

③ 仪器工作条件设定后依次吸取 20μL 试剂空白、标准系列和样液，注入石墨管，启动石墨炉控制程序和记录仪，记录吸收峰高或峰面积。以浓度为横坐标，峰高或峰面积为纵坐标绘制校准曲线，并从曲线上查出样品中钴的质量浓度。

每测定 10 个样品之间，加测一个内控样品或相当于校准曲线中等浓度的标准溶液。

6. 结果计算

从吸光度浓度校准曲线查出钴的质量浓度后，按式 (5-33) 计算。

$$\rho(\text{Co}) = \frac{\rho_1 \times V_1}{V} \tag{5-33}$$

式中　ρ(Co)——水样中钴的质量浓度，μg/L；

　　　　ρ_1——从校准曲线上查得的试样中钴的质量浓度，μg/L；

　　　　V_1——测定样品的体积，mL；

　　　　V——水样体积，mL。

第八节　食品中铬含量的测定

一、原子吸收石墨炉法测定食品中铬的含量

1. 原理

试样经消解后，用去离子水溶解，并定容到一定体积。吸取适量样液于石墨炉原子化器中原子化，在选定的仪器参数下，铬吸收波长为 357.9nm 的共振线，其吸光度与铬含量成正比。

2. 试剂

① 硝酸、高氯酸、过氧化氢。

② 1.0mol/L 硝酸溶液。

③ 铬标准溶液　称取优级纯重铬酸钾 (110℃烘 2h) 1.4135g 溶于水中，定容于容量瓶至

155

500mL，此溶液含铬 1.0mg/mL 为标准储备液。临用时，将标准储备液用 1.0mol/L 硝酸稀释，配成含铬 100ng/mL 的标准使用液。

3. 仪器

所用玻璃仪器及高压消解罐的聚四氟乙烯内筒均需在每次使用前用热盐酸(1 + 1)浸泡 1h，用热的硝酸(1 + 1)浸泡 1h，再用水冲洗干净后使用。

① 原子吸收分光光度计，带石墨管及铬空心阴极灯。

② 高温炉。

③ 高压消解罐。

④ 恒温电烤箱。

4. 分析步骤

(1) 试样的预处理

① 粮食、干豆类去壳去杂物，粉碎，过 20 目筛，储于塑料瓶中保存备用。

② 蔬菜、水果等洗净晾干，取可食部分捣碎、备用。

③ 肉、鱼等用水洗净，取可食部分捣碎、备用。

(2) 试样的消解(根据实验室条件可选用以下任何一种方法消解)

① 干式消解法　称取食物试样 0.5 ~ 1.0g 于瓷坩埚中，加入 1 ~ 2mL 优级纯硝酸，浸泡 1h 以上，将坩埚置于电炉上，小心蒸干，炭化至不冒烟为止，转移至高温炉中，550℃恒温 2h，取出、冷却后，加数滴浓硝酸于坩埚内的试样灰中，再转入 550℃高温炉中，继续灰化 1 ~ 2h，到试样呈白灰状，从高温炉中取出放冷后，用硝酸(体积分数为 1%)溶解试样灰，将溶液定量移入 5mL 或 10mL 容量瓶中，定容后充分混匀，即为试液。同时按上述方法作空白对照。

② 高压消解罐消解法　取试样 0.300g ~ 0.500g 于具有聚四氟乙烯内筒的高压消解罐中。加入 1.0mL 硝酸、4.0mL 过氧化氢液，轻轻摇匀，盖紧消解罐的上盖，放入恒温箱中，从温度升高至 140℃时开始记时，保持恒温 1h，同时做试剂空白。取出消解罐待自然冷却后打开上盖，将消解液移入 10mL 容量瓶中，将消解罐用水洗净。合并洗液于容量瓶中。用水稀释至刻度、混匀，即为试液。

(3) 标准曲线的制备

分别吸取铬标准使用液 (100ng/mL) 0mL、0.10mL、0.30mL、0.50mL、0.70mL、1.00mL、1.50mL 于 10mL 容量瓶中，用 1.0mol/L 硝酸稀释至刻度，混匀。

(4) 测定

① 仪器测试条件　应根据各自仪器性能调至最佳状态。参考条件：波长 357.9nm；干燥 110℃，40s；灰化 1000℃，30s；原子化 2800℃，5s；背景校正：塞曼效应或氘灯。

② 测定　将原子吸收分光光度计调试到最佳状态后，将与试样含铬量相当的标准系列及试样液进行测定，进样量为 20μL，对有干扰的试样应注入与试样液同量的 2%磷酸铵溶液(标准系列亦然)。

5. 结果计算

$$X = \frac{(A_1 - A_2) \times 1000}{m/V \times 1000} \qquad (5-34)$$

式中　X——试样中铬的含量，μg/kg；

A_1——试样溶液中铬的浓度，ng/mL；

156

A_2——试剂空白液中铬的浓度，ng/mL；

V——试样消化液定容体积，mL；

m——取试样量，g。

6. 精密度

在重复性条件下获得的两次独立测定结果的绝对差值不得超过算术平均值的10%。

7. 检出限

0.2ng/mL。

二、示波极谱法测定食品中铬的含量

1. 原理

试样经硫酸－过氧化氢处理后，铬（Ⅵ）在氨－氯化铵缓冲液中，有α，α′－联吡啶和亚硝酸钠存在下，于－1.4V左右产生灵敏的极谱波，极谱波峰电流大小与铬含量成正比，与标准系列比较定量。

2. 试剂

① 铬标准溶液　a. 储备液：准确称取1.4135g于110℃干燥的优级纯重铬酸钾（$K_2Cr_2O_7$）溶于水中，稀释至500mL混匀，此液1mL含1.0mgCr（Ⅵ）。b. 应用液　吸取储备液逐级稀释成1mL含0.1μgCr（Ⅵ）的应用液。

② 硫酸（化学纯）和5.4mol/L硫酸。

③ 过氧化氢。

④ 0.1%百里酚蓝指示剂（1g/L）称取0.1g百里酚蓝，用20%乙醇溶解并稀释至100mL，混匀。

⑤ 1mol/L氢氧化钠溶液。

⑥ 氨－氯化铵缓冲液　称取53.5g氯化铵（分析纯）溶于水中，加入7.2mL氨水（分析纯），加水稀释至250mL，混匀。

⑦ α，α′－联吡啶溶液　a. 1×10^{-2}mol/Lα，α′－联吡啶溶液：称取0.157gα，α′联吡啶（分析纯）溶于水中，稀释至100mL，放冰箱中可长期保存；b. 1×10^{-3}mol/Lα，α′－联吡啶溶液：吸取10.0mL1×10^{-2}mol/Lα，α′－联吡啶溶液，加水稀释至100mL，混匀。

⑧ 6mol/L亚硝酸钠溶液：称取41.4g亚硝酸钠（分析纯）溶于水中，加水稀释至100mL，混匀，冰箱中保存。

3. 仪器

示波极谱仪、调压柱温电热板。

4. 分析步骤

① 准确称取1~2g代表性试样于150mL三角瓶中，加入3.0mL硫酸，20~30mL过氧化氢，放电热板上于160~200℃加热消化至得到无色透明溶液（必要时，可补加过氧化氢）。继续加热至过氧化氢完全分解，瓶内出现三氧化硫（SO_3）烟雾，取下放冷。加水10mL，2滴百里酚蓝指示剂，以1mol/L氢氧化钠中和，至溶液刚变蓝色，再加20滴，加2mL过氧化氢，于电热板上在160~200℃下加热溶液，待大部分过氧化氢分解后，滴加10滴0.5%碘化钾溶液，继续加热至过氧化氢完全分解，取下放冷。以水转入50mL容量瓶中，定容到刻度，取此液5.0mL于25mL比色管中供分析用。同时作消化空白。

② 标准曲线　于25mL比色管中，分别加入0.00mL、0.20mL、0.50mL、1.00mL、

2.00mL、3.00mL 和 4.00mL 标准应用液（相当于 0.00μg、0.02μg、0.05μg、0.10μg、0.20μg、0.30μg 和 0.40μgCr），各加 5.4mol/L 硫酸 1.0mL，1 滴百里酚蓝指示剂，以 10mol/L 氢氧化钠溶液中和，至溶液刚变蓝色，再加 2 滴，混匀。

③ 测定　于试样和标准系列管中，各加 2.5mL 氨－氯化铵缓冲液，1×10^{-3}mol/L α，α′－联吡啶溶液 1.0mL，6mol/L 亚硝酸钠溶液 1.0mL，稀释至 25mL，混匀。在示波极谱仪上，用三电极，阴极化，原点电位 －1.2V，读取铬极谱峰的二阶导数峰峰高。

5. 结果计算

$$X = \frac{A}{m \times V_2/V_1} \qquad (5-35)$$

式中　X——试样中铬的含量，mg/kg 或 mg/L；

A——测定用试样消化液中铬的含量，μg；

V_1——试样消化液的总体积，mL；

V_2——测定用消化液的体积，mL；

m——试样质量或体积，g 或 mL。

6. 精密度

在重复性条件下获得的两次独立测定结果的绝对差值不得超过算数平均值的 15%。

7. 检出限

1ng/mL。

三、无火焰原子吸收分光光度法测定饮用天然矿泉水中铬的含量

本法的最低检测质量浓度为 0.47μg/L。

1. 原理

采用无火焰原子吸收分光光度法。本法基于样品所含铬离子在石墨管内，高温蒸发解离为原子蒸气，并吸收铬空心阴极灯发射的共振线，且吸收强度在一定范围内与铬浓度成正比。因此，可在其他条件不变的情况下，根据测得的吸收值与标准系列比较进行定量。

2. 试剂

以下所用纯水均为去离子蒸馏水。

① 硝酸（$\rho_{20} = 1.42$g/mL）　优级纯。

② 硝酸溶液（1+99）。

③ 铬标准贮备液［$\rho(Cr) = 1.0$mg/mL］　称取 1.4135g 经 110℃烘至 2h 的重铬酸钾（K_2CrO_4，优级纯）溶于水中，定容至 500mL。

④ 铬标准中间溶液 I［$\rho(Cr) = 100.0$μg/mL］　吸取 10.0mL 铬标准贮备液于 100mL 容量瓶中，用硝酸溶液（1+99）稀释至刻度，摇匀。

⑤ 铬标准中间溶液 II［$\rho(Cr) = 1.0$ng/mL］　吸取 1.0mL 铬标准中间溶液 I 于 100mL 容量瓶中，用硝酸溶液（1+99）稀释至刻度，摇匀。

⑥ 铬标准使用液［$\rho(Cr) = 100.0$ng/mL］　吸取 10.0mL 铬标准中间溶液 II 于 100mL 容量瓶中，用硝酸溶液（1+99）稀释至刻度，摇匀。

3. 仪器

① 原子吸收分光光度计　配有铬空心阴极灯。

② 氩气钢瓶气。

③ 微量加液器　20μL。

4. 仪器工作条件

参照仪器说明书将仪器工作条件调整至测总铬的最佳状态，波长 357.9nm，石墨炉工作程序见表 5-9。

表 5-9　石墨炉工作程序

程序	干燥			灰化	原子化	清除
	1	2	3			
温度/℃	85	95	120	1000	2600	2700
斜率/s	5	30	20	10	0.8	2
保持/s				7	2	
氩气流量/(mL/min)	300			300，最后 2s 停气	0	3000

5. 分析步骤

① 吸取铬标准使用溶液 0mL、2.0mL、4.0mL、6.0mL、8.0mL 和 10.0mL 于 100mL 容量瓶中，用去离子水定容至刻度，摇匀。分别配制成含铬为 0μg/L、2.00μg/L、4.00μg/L、6.00μg/L、8.00μg/L 和 10.00μg/L 的标准系列。

② 仪器参数设定后依次吸取 20μL 试剂空白、标准系列和样品，注入石墨管，启动石墨炉控制程序和记录仪，记录吸收峰高或峰面积。绘制校准曲线，并从曲线上查出样品中总铬的质量浓度。

6. 结果计算

若水样经浓缩或稀释，从校准曲线上查出总铬的质量浓度后按式(5-36)计算。

$$\rho(\mathrm{Cr}) = \frac{\rho_1 \times V_1}{V} \qquad\qquad (5-36)$$

式中　$\rho(\mathrm{Cr})$——水样中总铬的质量浓度，μg/L;

$\qquad\quad\rho_1$——从校准曲线上查得的试样中总铬的质量浓度，μg/L;

$\qquad\quad V_1$——水样体积，mL;

$\qquad\quad V$——测定样品的体积，mL。

7. 精密度与准确度

同一实验室测定含铬为(1.00±0.05)μg/mL 的标准物质，测定值均在标准值范围内。三个实验室测定不同浓度的水样各 7 次，计算高、中、低浓度范围内铬含量的相对标准偏差，均在 5.7% 以内。三个实验室在矿泉水样品中分别加入一定浓度的铬标准溶液，测定加标回收率，加标回收率均在 86.0% ~ 114.0%。

<h1 align="center">第九节　食品中氟含量的测定</h1>

适用于粮食、蔬菜、水果、豆类及其制品、肉、鱼、蛋等食品中氟含量的测定方法。

一、扩散-氟试剂比色法测定食品中氟的含量

1. 原理

食品中氟化物在扩散盒内与酸作用，产生氟化氢气体，经扩散被氢氧化钠吸收。氟离子与镧(Ⅲ)、氟试剂(茜素氨羧络合剂)在适宜 pH 下生成蓝色三元络合物，颜色随氟离子浓

度的增大而加深,用或不用含胺类有机溶剂提取,与标准系列比较定量。

2. 试剂

本方法所用水均为不含氟的去离子水,试剂为分析纯,全部试剂贮于聚乙烯塑料瓶中。

① 丙酮。

② 硫酸银-硫酸溶液(20g/L) 称取2g硫酸银,溶于100mL硫酸(3+1)中。

③ 氢氧化钠-无水乙醇溶液(40g/L) 取4g氢氧化钠,溶于无水乙醇并稀释至100mL。

④ 乙酸溶液(1mol/L) 取3mL冰乙酸,加水稀释至50mL。

⑤ 茜素氨羧络合剂溶液 称取0.1g茜素氨羧络合剂,加少量水及氢氧化钠溶液(40g/L)使其溶解,加0.125g乙酸钠,用乙酸溶液(1mol/L)调节pH为5.0(红色),加水稀释至500mL,置冰箱内保存。

⑥ 乙酸钠溶液 (250g/L)。

⑦ 硝酸镧溶液 称取0.22g硝酸镧,用少量乙酸溶液(1mol/L)溶解,加水至约450mL,用乙酸钠溶液(250g/L)调节pH为5.0,再加水稀释至500mL,置冰箱内保存。

⑧ 缓冲液(pH=4.7) 称取30g无水乙酸钠,溶于400mL水中,加22mL冰乙酸,再缓缓加冰乙酸调节pH为4.7,然后加水稀释至500mL。

⑨ 二乙基苯胺-异戊醇溶液(5+100) 量取25mL二乙基苯胺,溶于500mL异戊醇中。

⑩ 硝酸镁溶液(100g/L)。

⑪ 氢氧化钠溶液(40g/L) 称取4g氢氧化钠,溶于水并稀释至100mL。

⑫ 氟标准溶液 准确称取0.2210g经95~105℃干燥4h冷的氟化钠,溶于水,移入100mL容量瓶中,加水至刻度,混匀,置冰箱中保存。此溶液每毫升相当于1.0mg氟。

⑬ 氟标准使用液 吸取1.0mL氟标准溶液,置于200mL容量瓶中,加水至刻度,混匀。此溶液每毫升相当于5.0μg氟。

⑭ 圆滤纸片 把滤纸剪成Φ4.5cm,浸于氢氧化钠(40g/L)-无水乙醇溶液,于100℃烘干、备用。

3. 仪器

① 塑料扩散盒 内径4.5cm,深2cm,盖内壁顶部光滑,并带有凸起的圈(盛放氢氧化钠吸收液用),盖紧后不漏气。其他类型塑料盒亦可使用。

② 恒温箱 (55±1)℃。

③ 可见分光光度计。

④ 酸度计。

⑤ 马弗炉。

4. 分析步骤

(1) 试样处理

① 谷类试样 稻谷去壳,其他粮食除去可见杂质,取有代表性试样50~100g,粉碎,过40目筛。

② 蔬菜、水果 取可食部分,洗净、晾干、切碎、混匀,称取100~200g试样,80℃鼓风干燥,粉碎,过40目筛。结果以鲜重表示,同时要测水分。

③ 特殊试样(含脂肪高、不易粉碎过筛的试样,如花生、肥肉、含糖分高的果实等)称取研碎的试样1.00~2.00g于坩埚(镍、银、瓷等)内,加4mL硝酸镁溶液(100g/L),加氢氧化钠溶液(100g/L)使呈碱性,混匀后浸泡0.5h,将试样中的氟固定,然后在水浴上挥

干，再加热炭化至不冒烟，再于600℃马弗炉内灰化6h，待灰化完全，取出放冷，取灰分进行扩散。

（2）测定

① 扩散单色法：

a. 取塑料盒若干个，分别于盒盖中央加0.2mL氢氧化钠-无水乙醇溶液（40g/L），在圈内均匀涂布，于55±1℃恒温箱中烘干，形成一层薄膜，取出备用。或把滤纸片贴于盒内。

b. 称取1.00~2.00g处理后的试样于塑料盒内，加4mL水，使试样均匀分布，不能结块。加4mL硫酸银-硫酸溶液（20g/L），立即盖紧，轻轻摇匀。如试样经灰化处理，则先将灰分全部移入塑料盒内，用4mL水分数次将坩埚洗净，洗液均倒入塑料盒内，并使灰分均匀分散，如坩埚还未完全洗净，可加4mL硫酸银-硫酸溶液（20g/L）于坩埚内继续洗涤，将洗液倒入塑料盒内，立即盖紧，轻轻摇匀，置55±1℃恒温箱内保温20h。

c. 分别于塑料盒内加0mL、0.2mL、0.4mL、0.8mL、1.2mL、1.6mL氟标准使用液（相当0μg、1.0μg、2.0μg、4.0μg、6.0μg、8.0μg氟）。补加水至4mL，各加（20g/L）硫酸银-硫酸溶液4mL，立即盖紧，轻轻摇匀（切勿将酸溅在盖上），置恒温箱内保温20h。

d. 将盒取出，取下盒盖，分别用20mL水，少量多次地将盒盖内氢氧化钠薄膜溶解，用滴管小心完全地移入100mL分液漏斗中。

e. 分别于分液漏斗中加3mL茜素氨羧络合剂溶液，3.0mL缓冲液，8.0mL丙酮，3.0mL硝酸镧溶液，13.0mL水，混匀，放置10min，各加入10.0mL二乙基苯胺-异戊醇（5+100）溶液，振摇2min。待分层后，弃去水层，分出有机层，并用滤纸过滤于10mL带塞比色管中。

f. 用1cm比色杯于580nm波长处以标准零管调节零点，测吸光值绘制标准曲线，试样吸光值与曲线比较求得含量。

② 扩散复色法：

a. ~c. 同扩散单色法。

d. 将盒取出，取下盒盖，分别用10mL水分次将盒盖内的氢氧化钠薄膜溶解，用滴管小心完全地移入25mL带塞比色管中。

f. 分别于带塞比色管中加2.0mL茜素氨羧络合剂溶液、3.0mL缓冲液、6.0mL丙酮、2.0mL硝酸镧溶液，再加水至刻度，混匀，放置20min，以3cm比色杯（参考波长580nm）用零管调节零点，测各管吸光度，绘制标准曲线比较。

5. 结果计算

试样中氟的含量按式（5-37）进行计算。

$$X = \frac{A \times 1000}{m \times 1000} \tag{5-37}$$

式中：　X——试样中氟的含量，mg/kg；

　　　　A——测定用试样中氟的质量，μg；

　　　　m——试样的质量，g。

计算结果保留两位有效数字。

6. 精密度

在重复性条件下获得的两次独立测定结果的绝对差值不得超过算术平均值的10%。

0. 10mg/kg。

二、灰化蒸馏 – 氟试剂比色法测定食品中氟的含量

1. 原理

试样经硝酸镁固定氟，经高温灰化后，在酸性条件下，蒸馏分离氟，蒸出的氟被氢氧化钠溶液吸收，氟与氟试剂、硝酸镧作用，生成蓝色三元络合物，与标准比较定量。

2. 试剂

本方法所用水均为不含氟的去离子水，试剂为分析纯，全部试剂贮于聚乙烯塑料瓶中。

① 丙酮。

② 盐酸(1+11)　取 10mL 盐酸，加水稀释至 120mL。

③ 乙酸钠溶液(250g/L)。

④ 乙酸溶液(1mol/L)　取 3mL 冰乙酸，加水稀释至 50mL。

⑤ 茜素氨羧络合剂溶液　称取 0.1g 茜素氨羧络合剂，加少量水及氢氧化钠溶液(40g/L)使其溶解，加 0.125g 乙酸钠，用乙酸溶液(1mol/L)调节 pH 为 5.0(红色)，加水稀释至 500mL，置冰箱内保存。

⑥ 硝酸镁溶液(100g/L)。

⑦ 硝酸镧溶液　称取 0.22g 硝酸镧，用少量乙酸溶液(1mol/L)溶解，加水至约 450mL，用乙酸钠溶液(250g/L)调节 pH 为 5.0，再加水稀释至 500mL，置冰箱内保存。

⑧ 缓冲液(pH=4.7)　称取 30g 无水乙酸钠，溶于 400mL 水中，加 22mL 冰乙酸，再缓缓加冰乙酸调节 pH 为 4.7，然后加水稀释至 500mL。

⑨ 氢氧化钠溶液(100g/L)。

⑩ 酚酞 – 乙醇指示液(10g/L)。

⑪ 硫酸(2+1)。

⑫ 氢氧化钠溶液(40g/L)　称取 4g 氢氧化钠，溶于水并稀释至 100mL。

⑬ 氟标准使用液　吸取 1.0mL 氟标准溶液，置于 200mL 容量瓶中，加水至刻度，混匀。此溶液每毫升相当于 5.0μg 氟。

3. 仪器

① 电热恒温水浴锅。

② 电炉　800W。

③ 酸度计。

④ 马弗炉。

⑤ 蒸馏装置　见图 5 – 1。

⑥ 可见分光光度计。

4. 分析步骤

(1) 试样处理

① 粮食　同扩散单色法处理方法。

② 蔬菜　同扩散单色法处理方法。

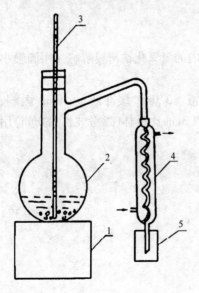

图 5 – 1　蒸馏装置图
1—电炉；2—蒸馏瓶；3—温度计；
4—冷凝管；5—小烧杯

③ 鱼、肉类　取鲜肉绞碎，混合；鱼应先去骨，再捣碎混匀。

④ 蛋类　去壳，将蛋白、蛋黄打匀。

⑤ 豆制品　将试样捣碎、混匀。

（2）灰化

称取混匀试样 5.00g（以鲜重计），于 30mL 坩埚内，加 5.0mL 硝酸镁溶液（100g/L）和 0.5mL 氢氧化钠溶液（100g/L），使呈碱性，混匀后浸泡 0.5h，置水浴上蒸干，再低温炭化，至完全不冒烟为止。移入马弗炉中，600℃灰化 6h，取出，放冷。

（3）蒸馏

① 于坩埚中加 10mL 水，将数滴硫酸（2+1）慢慢加入坩埚中，防止溶液飞溅，中和至不产生气泡为止。将此液移入 500mL 蒸馏瓶中，用 20mL 水分数次洗涤坩埚，并入蒸馏瓶中。

② 于蒸馏瓶中加 60mL 硫酸（2+1），数粒无氟小玻珠，连接蒸馏装置，加热蒸馏。馏出液用事先盛有 5mL 水、7~20 滴氢氧化钠溶液（100g/L）和 1 滴酚酞指示液的 50mL 烧杯吸收，当蒸馏瓶内溶液温度上升至 190℃时停止蒸馏（整个蒸馏时间约 15~20min）。

③ 取下冷凝管，用滴管加水洗涤冷凝管 3~4 次，洗液合并于烧杯中。再将烧杯中的吸收液移入 50mL 容量瓶中，并用少量水洗涤烧杯 2~3 次，合并于容量瓶中。用盐酸（1+11）中和至红色刚好消失。用水稀释至刻度，混匀。

④ 分别吸取 0mL、1.0mL、3.0mL、5.0mL、7.0mL、9.0mL 氟标准使用液置于蒸馏瓶中，补加水至 30mL，重复上述②和③操作。此蒸馏标准液每 10mL 分别相当于 0μg、1.0μg、3.0μg、5.0μg、7.0μg、9.0μg 氟。

（4）测定

分别吸取标准系列蒸馏液和试样蒸馏液各 10.0mL 于 25mL 带塞比色管中。再加 2.0mL 茜素氨羧络合剂溶液、3.0mL 缓冲液、6.0mL 丙酮、2.0mL 硝酸镧溶液，再加水至刻度，混匀，放置 20min，以 3cm 比色杯（参考波长 580nm）用零管调节零点，测各管吸光度，绘制标准曲线比较。

5. 结果计算

试样中氟的含量按式（5-38）进行计算。

$$X = \frac{A \times V_2 \times 1000}{V_1 \times m \times 1000} \qquad (5-38)$$

式中　X——试样中氟的含量，mg/kg；

　　　A——测定用样液中氟的质量，μg；

　　　V_1——比色时吸取蒸馏液体积，mL；

　　　V_2——蒸馏液总体积，mL；

　　　m——试样质量，g。

6. 检出限

1.25mg/kg。

三、氟离子选择电极法测定食品中氟的含量

不适用于脂肪含量高而又未经灰化的试样（如花生、肥肉等）。

1. 原理

氟离子选择电极的氟化镧单晶膜对氟离子产生选择性的对数响应，氟电极和饱和甘汞电极在被测试液中，电位差可随溶液中氟离子活度的变化而改变，电位变化规律符合能斯特（Nernst）方程式，见式（5-39）：

$$E = E^0 - \frac{2.303RT}{F} \times \lg C \qquad (5-39)$$

E 与 $\lg C_F^-$ 成线性关系。$2.303RT/F$ 为该直线的斜率（25℃时为59.16）。与氟离子形成络合物的铁、铝等离子干扰测定，其他常见离子无影响。测量溶液的酸度 pH 为 5~6，用总离子强度缓冲剂，消除干扰离子及酸度的影响。

2. 试剂

本方法所用水均为不含氟的去离子水，试剂为分析纯，全部试剂贮于聚乙烯塑料瓶中。

① 乙酸钠溶液（3mol/L）　称取 204g 乙酸钠（$CH_3COONa \cdot 3H_2O$），溶于 300mL 水中，加乙酸（1mol/L）调节 pH 至7.0，加水稀释至 500mL。

② 柠檬酸钠溶液（0.75mol/L）　称取 110g 柠檬酸钠（$Na_3C_6H_5O \cdot 2H_2O$）溶于 300mL 水中，加 14mL 高氯酸，再加水稀释至 500mL。

③ 总离子强度缓冲剂　乙酸钠溶液（3mol/L）与柠檬酸钠溶液（0.75mol/L）等量混合，临用时现配制。

④ 盐酸（1+11）　取 10mL 盐酸，加水稀释至 120mL。

⑤ 氟标准溶液　准确称取 0.2210g 经 95~105℃ 干燥 4h 冷的氟化钠，溶于水，移入 100mL 容量瓶中，加水至刻度，混匀。置冰箱中保存。此溶液 1mL 相当于 1.0mg 氟。

⑥ 氟标准使用液　吸取 10.0mL 氟标准溶液置于 100mL 容量瓶中，加水稀释至刻度。如此反复稀释至此溶液 1mL 相当于 1.0μg 氟。

3. 仪器

① 氟电极。

② 酸度计　±0.01pH（或离子计）。

③ 磁力搅拌器。

④ 甘汞电极。

4. 分析步骤

① 称取 1.00g 粉碎过 40 目筛的试样，置于 50mL 容量瓶中，加 1mL 盐酸（1+11），密闭浸泡 1h（不时轻轻摇动），应尽量避免试样粘于瓶壁上。提取后加 25mL 总离子强度缓冲剂，加水至刻度，混匀，备用。

② 吸取 0mL、1.0mL、2.0mL、5.0mL、10.0mL 氟标准使用液（相当于 0μg、1.0μg、2.0μg、5.0μg、10.0μg 氟），分别置于 50mL 容量瓶中，于各容量瓶中分别加入 25mL 总离子强度缓冲剂，10mL 盐酸（1+11），加水至刻度混匀，备用。

③ 将氟电极和甘汞电极与测量仪器的负端与正端相联接。电极插入盛有水的 25mL 塑料杯中放有套聚乙烯管的铁搅拌棒，在电磁搅拌中，读取平衡电位值，更换 2~3 次水后，待电位值平衡后，即可进行样液与标准液的电位测定。

④ 此电极电位为纵坐标，氟离子浓度为横坐标，在半对数坐标纸上绘制标准曲线，根据试样电位值在曲线上求得含量。

5. 结果计算

试样中氟的含量按式（5-40）进行计算。

$$X = \frac{A \times V \times 1000}{m \times 1000} \qquad (5-40)$$

式中　X——试样中氟的含量，mg/kg；

　　A——测定用样液中氟的浓度，mg/mL；

　　m——试样质量，g；

　　V——样液总体积，mL。

计算结果保留两位有效数字。

6. 精密度

在重复性条件下获得的两次独立测定结果的绝对差值不得超过算术平均值的20%。

第十节　食品中钒含量的测定

一、钽试剂(BPHA)萃取分光光度法测定水中钒的含量

1. 原理

钽试剂(N-苯酰-N苯胺)(缩写 BPHA)，为弱酸，在强酸性介质中可与五价钒形成一种微溶于水的桃红色螯合物，反应方程式如下：

该螯合物能定量地被三氯甲烷和乙醇混合液搅拌萃取，在440nm处用分光光度法测定。

2. 试剂

除非另有说明，分析时均使用符合国家标准的分析纯试剂，去离子水或同等纯度水。

① 硫酸(H_2SO_4)　$\rho_{20} = 1.84$g/mL。

② 磷酸(H_3PO_4)　$\rho_{20} = 1.69$g/mL。

③ 硫酸　(1+1)。

④ 高锰酸钾溶液(0.5g/100mL)　称取0.5g高锰酸钾，溶于100mL水中。

⑤ 尿素溶液(40g/100mL)　称取40g尿素，溶于100mL水中。

⑥ 亚硝酸钠溶液(0.5g/100mL)　称取0.5g亚硝酸钠，溶于100mL水中。

⑦ 钒标准贮备液($\rho = 100.0\mu$g/mL)　准确称取偏钒酸铵0.2296g溶于水中，加入2mL硫酸(1+1)，溶解后移入1000mL容量瓶中，用水稀释至刻度，摇匀。

⑧ 钒标准使用液($\rho = 10.0\mu$g/mL)　量取上述钒标准贮备液100mL稀释于1000mL容量瓶中至刻度。

⑨ 钽试剂三氯甲烷、乙醇混合萃取剂　稀取0.5g钽试剂于50mL乙醇和200mL三氯甲烷的溶液中，贮于干燥的250mL试剂瓶中。

3. 仪器

① 分光光度计　备光程1cm吸收池。

② 磁力搅拌器。

③ 具玻塞锥形瓶　100mL。

④ 容量瓶　100mL、1000mL 各数只。

4. 样品

用聚乙烯塑料瓶采集样品，样品采集后立即(或尽快)用硝酸酸化至 pH < 2，并放入冰箱(2 ~ 5℃)冷藏保存。保存期为 6 个月。

5. 步骤

① 试样的制备　取定量废水于具玻塞锥形瓶中，滴加高锰酸钾溶液(0.5g/100mL)至出现粉红色，放置 1min。加入尿素溶液(40g/100mL)2mL。在不断摇动下，滴加亚硝酸钠溶液(0.5g/100mL)至粉红色消退，并过量 2 滴，加磷酸($\rho_{20} = 1.69g/mL$)1mL。以去离子水稀释至体积约为 20mL。

② 校准曲线　于 5 只 100mL 锥形瓶中，分别加入 0mL、1.0mL、2.0mL、5.0mL、10.0mL 钒标准使用液($\rho = 10.0g/mL$)，各加入 2mL 硫酸(1 + 1)，按试样的制备方法处理试液。然后用单标线吸管各加入钽试剂混合萃取液 10.0mL，加入搅拌珠，加塞，于磁力搅拌器上搅拌 1min。经搅拌的两相混合物倒入 60mL 分液漏斗中，静置 1min，有机相经脱脂棉过滤于 1cm 吸收池中。于 440nm 处，以氯仿作参比，进行测定。以钒含量对吸光度作图。

③ 试样测定　在上述方法制备和测定水样，在校准曲线上查得所测含量。

6. 结果的表示

试样中钒的浓度 c(mg/L)按式(5 - 41)计算：

$$c = \frac{m}{V} \tag{5 - 41}$$

式中　m——校准曲线得到的钒含量，μg；

　　　V——分析时所取试样体积，mL。

7. 精密度和准确度

六个实验室对含钒 6.00mg/L 的统一发放标准溶液进行分析，得实验室内相对标准偏差为 0.78%，实验室间相对标准偏差为 0.99%，平均加标回收率为 99.3%。

8. 检出限

本方法检测限为 0.018mg/L，测定上限 10.0mg/L。若测定浓度大于上限，分析前可将样品适当稀释。

二、无火焰原子吸收分光光度法测定饮用天然矿泉水中钒的含量

本法的最低检测质量为 139.6pg，若取 20μL 水样测定，则最低检测质量浓度为 6.98μg/L。水中共存离子一般不产生干扰。

1. 原理

样品经适当处理后，注入石墨炉原子化器，所含钒离子在石墨管内经原子化高温蒸发解离为原子蒸气，待测钒元素的基态原子吸收来自钒元素空心阴极灯发出的共振线，其吸收强度在一定范围内与钒浓度成正比。

2. 试剂

① 钒标准贮备溶液[$\rho(V) = 1mg/mL$]　称取 2.2966g 偏钒酸铵(NH_4VO_3，优级纯)，溶于水中，加入 20mL 硝酸溶液(1 + 1)，再用水定容至 1000mL。

② 钒标准中间溶液[$\rho(V) = 50μg/mL$]　吸取 5.00mL 钒标准贮备溶液于 100mL 容量瓶中，用硝酸溶液(1 + 99)稀释至刻度，摇匀。

③ 钒标准使用溶液$[\rho(V)=1\mu g/mL]$　吸取 2.00mL 钒标准中间溶液于 100mL 容量瓶中，用硝酸溶液(1+99)稀释至刻度，摇匀。

3. 仪器

① 石墨炉原子吸收分光光度计。

② 元素空心阴极灯。

③ 氩气钢瓶。

④ 微量加样器　20μL。

⑤ 聚乙烯瓶　100mL。

4. 仪器工作条件

参考仪器说明书，将仪器工作条件调整至测钒最佳状态，波长 318.3nm，石墨炉工作程序见表 5-10。

表 5-10　石墨炉工作程序

程序	干燥	灰化	原子化	清除
温度/℃	100	1100	2650	2700
斜率/s	2	2	0	1
保持/s	30	20	6	4
氩气流量/(mL/min)		300	0	300

5. 分析步骤

① 吸取钒标准使用溶液 0mL、1.00mL、2.00mL、3.00mL 和 4.00mL 于 5 个 100mL 容量瓶内，用硝酸溶液(1+99)稀释至刻度，摇匀，分别配制成 $\rho(V)=0\mu g/L$、$10\mu g/L$、$20\mu g/L$、$30\mu g/L$ 和 $40\mu g/L$ 的标准系列。

② 仪器参数设定后依次吸取 20μL 试剂空白[硝酸溶液(1+99)作为试剂空白]、标准系列和样品，注入石墨管，启动石墨炉控制程序和记录仪，记录吸收峰值或峰面积。以浓度为横坐标，峰高或峰面积为纵坐标绘制校准曲线，并从曲线上查出样品中钒的质量浓度。

6. 结果计算

从吸光度-浓度校准曲线查出钒的质量浓度后，按式(5-42)计算。

$$\rho(V)=\frac{\rho_1 \times V_1}{V} \tag{5-42}$$

式中　$\rho(V)$——水样中钒的质量浓度，μg/L；

ρ_1——从校准曲线上查得的试样中钒的质量浓度，μg/L；

V_1——测定样品稀释后的体积，mL；

V——水样体积，mL。

7. 精密度与准确度

同一实验室用本法测定水样 10 次的相对标准偏差为 3.4%，不同类型水样(矿泉水、地下水)的加标回收率为 98%~99%。

三、催化极谱法测定饮用天然矿泉水中钒的含量

本法的最低检测质量为 0.002μg，若取 10mL 水样测定，其最低检测质量浓度为 0.2μg/L。

1. 原理

钒在铜铁试剂－六次甲基四胺－硫酸钠体系中有一极灵敏的催化波。根据在一定范围内其催化电流和钒浓度成正比关系，测定水中微量钒的含量。

2. 试剂

① 硫酸钠溶液 $[c(1/2Na_2SO_4)=1.5mol/L]$　称取 322g 硫酸钠（$Na_2SO_4 \cdot 10H_2O$），加纯水溶解后，稀释至 1000mL。

② 缓冲溶液　称取 175g 六次甲基四胺 $[(CH_2)_6N_4]$ 加纯水溶解后，加入 63mL 盐酸（$\rho_{20}=1.19g/mL$），用纯水稀释至 1000mL。

③ 铜铁试剂溶液（3g/L）　称取 3g 铜铁试剂（亚硝基苯胺铵盐，$C_6H_9O_2N_3$），加纯水溶解后，稀释至 1000mL。

④ 干扰抑制剂　称取 5g 酒石酸钾钠（$KNaC_4H_4O_6$）和 2g 氟化钠（NaF），加纯水溶解后，稀释至 10mL。

⑤ 钒标准贮备液 $[\rho(V)=1mg/mL]$　精确称取 0.8926g 在 105℃ 干燥 2h 的五氧化二钒（V_2O_5），加 5mL 氢氧化钠溶液（100g/L）溶解后，转入 500mL 容量瓶中，用纯水稀释至刻度。

⑥ 钒标准使用液 $[\rho(V)=0.01\mu g/mL]$　吸取 1.00mL 钒标准贮备液于 100mL 容量瓶中，加纯水约 80mL，加 5mL 硫磷混酸，用水稀释至刻度，摇匀。吸取此液 10.0mL，再用纯水稀释至 100mL，此溶液每毫升含钒 1μg（可 3d 配制一次）。临用前吸取此液 1mL，再稀释至 100mL。

⑦ 硫磷混酸（1+1）：称取 2.5g 过硫酸铵 $[(NH_4)_2S_2O_8]$　加纯水溶解后，加热至刚沸，冷却后，加 25mL 磷酸（$\rho_{20}=1.70g/mL$）。此溶液应现用现配，超过 48h 则不能使用。

3. 仪器

① 示波极谱仪。

② 具塞比色管　25mL。

4. 分析步骤

① 吸取 10.0mL 水样，置于 25mL 具塞比色管中（样品管）。另取 7 支 25mL 具塞比色管（标准管），分别加入钒标准使用液 0mL、0.20mL、0.50mL、1.00mL、1.50mL、2.00mL 和 3.00mL，加纯水至 10mL。

② 向样品管和标准管各加入 1.0mL 干扰抑制剂、2.0mL 硫酸钠溶液、2.0mL 缓冲溶液和 2.0mL 铜铁试剂溶液，加纯水稀释至 25mL，混匀，放置 30min 后测定。

③ 在预先调整好的示波极谱仪上，用三电极阴极化二阶导数系统于电流倍率 0.025 开始测定标准系列和样品管中钒催化波的峰高（同时记录电流倍率）。以峰高为纵坐标，钒的质量浓度为横坐标，绘制校准曲线。

5. 结果计算

从校准曲线上求得钒的质量浓度后，按式（5－43）计算。

$$\rho(V) = \frac{m \times V_2}{V_1} \qquad\qquad (5-43)$$

式中　$\rho(V)$——水样中钒的质量浓度，mg/L；

m——从校准曲线上查得的样液中钒的质量浓度，μg/mL；

V_2——水样稀释后的体积，mL；

168

V_1——水样体积，mL。

6. 精确度与准确度

相对标准偏差为 3.5%，加标回收率范围为 89%~102%。

四、没食子酸催化分光光度法测定饮用天然矿泉水中钒的含量

本法的最低检测质量为 0.01μg，若取 10mL 水样测定，则其最低检测质量浓度为 0.001mg/L。

1. 原理

在酸性溶液中，微量钒的存在，能使过硫酸铵氧化没食子酸，生成黄至橙色产物，根据被氧化没食子酸的量与钒浓度成正比关系，测定微量钒的含量。

2. 试剂

① 硝酸汞溶液(3.5g/L)　称取 0.35g 硝酸汞[$Hg(NO_3)_2$]，加少量纯水溶解后，加 3 滴硝酸($\rho_{20}=1.42g/mL$)，用纯水稀释至 100mL。

② 过硫酸铵磷酸溶液　称取 2.5g 过硫酸铵[$(NH_4)_2S_2O_8$]，加纯水溶解后，加热至刚沸，冷却后，加 25mL 磷酸($\rho_{20}=1.70g/mL$)。此溶液应现用现配，超过 48h 则不能使用。

③ 没食子酸溶液(10g/L)　称取 1g 没食子酸($C_7H_6O_5$)，加纯水溶解后，加热至近沸，稀释至 100mL，趁热过滤，临用前现配。

④ 钒标准贮备液[$\rho(V)=0.1mg/mL$]　称取 0.2296g 偏钒酸铵(NH_4VO_3)，加 500mL 纯水溶解后，加 15mL 硝酸溶液(1+1)，用纯水稀释至 1000mL。

⑤ 钒标准使用液[$\rho(V)=0.01\mu g/mL$]　吸取 10.0mL 钒标准贮备液用纯水稀释至 1000mL。再吸取此液 10.0mL，用纯水定容至 1000mL，临用前现配。

3. 仪器

① 分光光度计。

② 恒温水浴　控温精度 ±0.1℃。

③ 具塞比色管　25mL。

4. 分析步骤

① 吸取 10.0mL 水样，置于 25mL 具塞比色管中(样品管)。另取 7 支 25mL 具塞比色管(标准管)，分别加入钒标准使用液 0mL、1.00mL、2.00mL、4.00mL、6.00mL、8.00mL 和 10.00mL，加纯水至 10mL。

② 向样品管和标准管各加入 1.0mL 硝酸汞溶液，混匀，置于 25±0.1℃ 水浴中，从水样温度达到 25±0.1℃ 时开始计时，准确恒温 30min，将过硫酸铵磷酸溶液置于水浴中，使溶液温度达到 25±0.1℃，向各管加入 1.0mL，加塞混匀后，放回水浴中。

将没食子酸溶液置于水浴中，使溶液温度达到 25±0.1℃，按顺序每隔 1min 向各管加入 1.0mL，加塞混匀后，放回水浴中。从加入没食子酸溶液算起，准确恒温 30min。

于波长 415nm 处，用 4cm 比色皿，以试剂空白做参比，测定样液和标准系列的吸光度。以吸光度对钒质量绘制校准曲线，从校准曲线上查出样液中钒的质量。

5. 结果计算

水样中钒的质量浓度按式(5-44)计算。

$$\rho(V)=\frac{m}{V} \tag{5-44}$$

式中　$\rho(V)$——水样中钒的质量浓度，mg/L；

　　　　m——从校准曲线上查得的样液钒质量，μg；

　　　　V——水样体积，mL。

6. 精密度与准确度

同一实验室对不同矿泉水样加入钒标准，测定其回收率，范围为98%～103%，平均回收率为100%。在矿泉水中加入20μg钒标准样，测得的相对误差为0.1%。

第十一节　食品中碘含量的测定

一、砷铈催化分光光度法测定食品中碘的含量

本方法适用于粮食、蔬菜、水果、豆类及其制品、乳及其制品、肉、鱼、蛋等食品中碘含量的测定方法。

1. 原理

采用碱灰化处理试样，使用碘催化砷铈反应，反应速度与碘含量成定量关系。

$$H_3AsO_3 + 2Ce^{4+} + H_2O—H_3AsO_4 + 2Ce^{3+} + 2H^+$$

反应体系中，Ce^{4+} 为黄色，Ce^{3+} 为无色，用分光光度计测定剩余 Ce^{4+} 的吸光度值，碘含量与吸光度值的对数成线性关系，计算食品中的碘含量。

2. 仪器

① 电热高温灰化炉(马弗炉)　可控温至1000℃。

② 超级恒温水浴箱　30℃±0.2℃。

③ 数显分光光度计，1cm 比色杯。

④ 瓷坩埚　30mL。

⑤ 秒表。

⑥ 电热控温干燥箱　可控温至200℃。

⑦ 试管　15mm×(100～150mm)。

⑧ 可调电炉　1000W。

⑨ 分析天平(精度0.0001g)。

3. 试剂

试剂纯度除特别指明外均为分析纯，实验用水应符合 GB/T6682 二级水规格。

① 无水碳酸钾(K_2CO_3，$M=138.2$)。

② 硫酸锌($ZnSO_4 \cdot 7H_2O$，$M=287.6$)。

③ 氯酸钾($KClO_3$，$M=122.6$)。

④ 浓硫酸(H_2SO_4，$\rho_{20}=1.84g/mL$)，优级纯。

⑤ 氢氧化钠(NaOH，$M=40.0$)。

⑥ 三氧化二砷(As_2O_3，$M=197.8$)。

⑦ 氯化钠(NaCl，$M=58.4$)　优级纯。

⑧ 硫酸铈铵[$Ce(NH_4)_4(SO_4)_4 \cdot 2H_2O$，$M=632.1$]或[$Ce(NH_4)_4(SO_4)_4 \cdot 4H_2O$，$M=668.6$]。

⑨ 碘化钾(KI，$M=166.0$)　优级纯。

170

4. 溶液配制

① 碳酸钾－氯化钠混合溶液　称取 30g 无水碳酸钾，5g 氯化钠，溶于 100mL 水。常温可保存 6 个月。

② 硫酸锌－氯酸钾混合溶液　称取 5g 氯酸钾于烧杯中，加入 100mL 水，加热溶解后再加入 10g 硫酸锌，搅拌溶解。常温可保存 6 个月。

③ 硫酸溶液 $[c(H_2SO_4) = 2.5mol/L]$　量取 140mL 浓硫酸，缓慢加入到盛有 700mL 水的烧杯中(不能将水加入到浓硫酸中)，烧杯应放置在冷水浴中，以利散热。冷却后用水稀释至 1L。

④ 亚砷酸溶液 $[c(H_4AsO_3) = 0.054mol/L]$　称取 5.3g 三氧化二砷、12.5g 氯化钠和 2.0g 氢氧化钠置于 1L 烧杯中，加水约 500mL，加热至完全溶解后冷却至室温，再缓慢加入 400mL2.5mol/L 硫酸溶液 $[c(H_2SO_4) = 2.5mol/L]$，冷却至室温后用水稀释至 1L，贮存于棕色瓶中放置，可保存 6 个月。

⑤ 硫酸铈铵溶液 $[c(Ce^{4+}) = 0.015mol/L]$　称取 9.5g 硫酸铈铵 $[Ce(NH_4)_4(SO_4)_4 \cdot 2H_2O]$ 或 10.0g $[Ce(NH_4)_4(SO_4)_4 \cdot 4H_2O]$，溶于 500mL 硫酸溶液 $c(H_2SO_4 = 2.5mol/L)$ 中，用水稀释至 1L，贮于棕色瓶中避光室温放置，可保存 3 个月。

⑥ 氢氧化钠溶液 $[W(NaOH) = 0.2\%]$　称取 4.0g 氢氧化钠溶于 2000mL 水中。

⑦ 碘标准溶液

a. 贮备液　准确称取 0.1308g 经硅胶干燥器干燥 24h 的碘化钾于烧杯中，用 0.2% 的氢氧化钠溶液溶解后全量移入 1000mL 容量瓶中，用 0.2% 的氢氧化钠溶液稀释至刻度。此溶液 1mL 含碘 100μg。置冰箱(4℃)内可保存 6 个月。

b. 中间溶液　移取 10.00mL 上述贮备液置于 100mL 容量瓶中，用 0.2% 的氢氧化钠溶液稀释至刻度。此溶液 1mL 含碘 10μg。置冰箱(4℃)内可保存 3 个月。

c. 碘标准应用系列溶液　准确吸取中间溶液 0mL、0.5mL、1.0mL、2.0mL、3.0mL、4.0mL、5.0mL 分别置于 100mL 容量瓶中，用 0.2% 氢氧化钠溶液稀释至刻度，碘含量分别为 0μg/L、50μg/L、100μg/L、200μg/L、300μg/L、400μg/L、500μg/L。置冰箱(4℃)内可保存 1 个月。

5. 试样制备

① 粮食试样　稻谷去壳，其他粮食除去可见杂质，取有代表性试样 20～50g，粉碎，过 40 目筛。

② 蔬菜、水果　取可食部分，洗净、晾干、切碎、混匀。称取 100～200g 试样，制备成匀浆或经 105℃ 干燥 5h，粉碎，过 40 目筛制备成干样。

③ 奶粉、牛奶直接称取。

④ 肉、鱼、禽和蛋类试样制备成匀浆。

⑤ 如需将湿样的碘含量换算成干样的碘含量，应按照 GB/T5009.3 的规定测定食品中的水分。

6. 分析步骤

① 移取 0.5mL 碘标准应用系列溶液(含碘质量分别为 0mg、25mg、50mg、100mg、150mg、200mg 和 250ng)和称取 0.3～1.0g(精确至 0.001g)试样分别于瓷坩埚中，固体试样加 1～2mL 水(液体样、匀浆样和标准溶液不需加水)。各加入 1mL 碳酸钾－氯化钠混合溶液，1mL 硫酸锌－氯酸钾混合溶液。充分搅拌试样使之均匀。碘标准系列和试样置电热干

171

燥箱中于105℃下干燥3h。将干燥后的试样在可调电炉上(置800W左右,电热丝发红)炭化(在通风橱中进行)。碘标准系列不需炭化,炭化时瓷坩埚加盖留缝,直到试样不再冒烟为止,大约需时30min。将炭化后的试样加盖置入电热高温灰化炉(马弗炉)内,关闭炉门调节温度至600℃,温度升至600℃后继续灰化4h,待炉温降至室温后取出试样备测。灰化好的试样应呈现均匀的白色或浅灰白色。

② 碘标准系列和试样各加入8mL水,静置1h,使烧结在坩埚上的灰分充分浸润,然后充分搅拌使盐类物质溶解,再静置至少1h使灰分沉淀完全,但静置时间不得超过4h。小心吸取上清液2.0mL于试管中,注意不要吸入沉淀物。碘标准系列溶液按高浓度到低浓度的顺序排列。向各管加入1.5mL亚砷酸溶液,充分混匀(使用混旋器),使气体放出。然后置30±0.2℃恒温水浴箱中温浴15min。

③ 使用秒表计时,每管间隔相同时间(30s或20s)依顺序向各管准确加入0.5mL硫酸铈铵溶液,立即混匀(使用混旋器)后放回水浴中。

④ 待第一管加入硫酸铈铵溶液后准确反应30min时,依顺序每管间隔相同时间(30s或20s)于405nm波长处,用1cm比色杯,以水作参比,测定各管的吸光度值。

7. 结果计算

碘质量M(ng)与吸光度值A的对数值成线性关系:$M = a + b\ln A$(或$\lg A$)。求出标准曲线的回归方程,将试样的吸光度值代入标准曲线回归方程,求出试样的碘质量。

将试样的碘质量代入公式(5-45),计算试样的碘含量X。

$$X = \frac{M}{m} \tag{5-45}$$

式中　X——试样中碘的含量,$\mu g/kg$;

　　　M——试样中的碘质量,ng;

　　　m——称取的试样质量,g。

8. 检出限

本方法的检测限为3ng碘。

9. 说明

① 当室温稳定并大于20℃,且测试的样品少于60份时,为了操作方便,分析步骤可在室温下进行(不使用超级恒温水浴箱控温)。不同的室温条件下催化反应速度不同,使用一个250ng的碘标准管作为"监控管",监控加入硫酸铈铵溶液后的反应时间,当反应进行到该监控管的吸光度值约为0.3时,开始依顺序测定各管吸光度值。监控管的吸光度值不能用于标准曲线计算。

② 本方法的检测范围是3~250ng碘;批间相对标准差小于7%;回收率为96.8%~101.1%。

③ 以下离子以所列含量存在试样中时对碘的测定无干扰:20mg/gNa$^+$、24.5mg/gH-PO$_4^{2-}$、20mg/gK$^+$、5.3mg/gCa^{2+}、30mg/gCl$^-$、7.5mg/gS^{2-}、10mg/kgF$^-$、0.4mg/gFe^{2+}、30mg/kgMn^{2+}、30mg/kgCu^{2+}、1.0mg/kgCr^{5+}、1.0mg/kgHg^{2+}。

④ 本方法中试剂三氧化二砷以及由此配制的亚砷酸溶液均为剧毒品,需遵守有关剧毒品操作规程。

⑤ 实验室应避免高碘污染。

二、滴定法测定海带碘的含量

1. 原理

溴能定量地氧化碘离子为碘酸根离子,生成的碘酸根离子在碘化钾的酸性溶液中被还原析出碘,用硫代硫酸钠溶液滴定反应中析出的碘。

离子反应方程式为:

$$I^- + 3Br_2 + 3H_2O \rightarrow IO_3^- + 6H^+ + 6Br^-$$
$$IO_3^- + 5I^- + 6H^+ \rightarrow 3I_2 + 3H_2O$$
$$I_2 + 2S_2O_3^{2-} \rightarrow 2I^- + S_4O_6^{2-}$$

2. 试剂

本方法所用试剂除特别注明外均为分析纯;试验用水为蒸馏水,应符合 GB/T6682 中三级水规定。

① 饱和溴水　取 5mL 液溴置于涂有凡士林的塞子的棕色玻璃瓶中,加水 100mL,充分振荡,使其成为饱和溶液(溶液底部留有少量溴液,操作应在通风橱内进行)。

② 3mol/L 硫酸溶液　量取 180mL 浓硫酸缓缓注入适量水中,并不断搅拌,冷却至室温后用水稀释至 1000mL,混匀。

③ 稀硫酸溶液　量取 57mL 浓硫酸缓缓注入适量水中,并不断搅拌,冷却至室温后用水稀释至 1000mL,混匀。

④ 15% 碘化钾溶液　称取 15g 碘化钾,溶解稀释至 100mL。

⑤ 20% 甲酸钠溶液　称取 20g 甲酸钠,溶解稀释至 100mL。

⑥ 0.01mol/L 硫代硫酸钠标准溶液　按 GB/T601 中的规定配制及标定。

⑦ 0.1% 甲基橙　溶解甲基橙粉末 0.1g 于 100mL 水中。

⑧ 0.5% 淀粉　称取 0.5g 可溶性淀粉于 50mL 烧杯中,加入 20mL 水,搅匀,注入 80mL 沸水中,煮沸放冷(现用现配)。

3. 测定方法

海带中碘含量的测定可采用灰化法或水浸泡法。如有争议时,以灰化法为仲裁法。

(1) 灰化法

① 样品的制备　将抽取的海带按纵向从中心剖开,取其一半。将每半棵海带按 30mm 横切为数段,每隔 2 段取一段,每棵按不同顺序抽取,合并后处理成 3mm×3mm 的不规则小块。

② 分析步骤　准确称取 5g(精确至 0.0001g)按上述方法处理的样品,置于 50mL 瓷坩埚中,电炉碳化至无烟,然后放入 550~600℃ 马弗炉中灼烧 40min 取出(注:严格按要求操作,灼烧时间过长,可能会使碘损失,造成结果偏低),冷却后,在坩埚中加少许蒸馏水搅动,将溶液及残渣转入 250mL 烧杯中,坩埚用蒸馏水冲洗数次并入烧杯中,烧杯中溶液总量约为 100mL,煮沸 5min,将上述溶液及残渣趁热用滤纸过滤至 250mL 容量瓶中,烧杯及漏斗内残渣用热水反复冲洗,放冷后定容。

取 25mL 滤液于 250mL 碘量瓶中。加入几粒玻璃球及 0.1% 甲基橙 2~3 滴,用稀硫酸将溶液调至红色,在通风橱内加入 5mL 饱和溴水,加热煮沸至黄色消失。稍冷后加入 20% 甲酸钠溶液 5mL,加热煮沸 2min,用冷水浴冷却。

在碘量瓶中加入 5mL 3mol/L 硫酸溶液及 5mL 15% 碘化钾溶液,盖上瓶盖,放置 10min,用 0.01mol/L 的硫代硫酸钠(Na$_2$S$_2$O$_3$)溶液滴定至浅黄色,加入 0.5% 淀粉指示剂 1mL,继续滴定至蓝色消失。同时做空白试验。

（2）浸泡法

① 浸泡法的样品制备　将抽取的海带按纵向从中心剖开，取其一半。合并每半棵海带做为浸泡法测定样品。如样品量大，将每半棵海带按 30mm 横切为数段，分别按奇、偶数间隔取样，试样量约为 500g。

② 分析步骤　将按上述处理的样品按其质量（精确至 0.2g）加 15 倍的自来水浸泡海带，并不断搅动，60min 后取出，收集浸泡液；样品中再加入 10 倍自来水第二次浸泡 20min，取出；再用 10 倍的自来水冲洗海带，将三次浸泡液合并混匀，并用量筒量浸泡液总量。

取 10mL 上清液置于 250mL 碘量瓶中，加入几粒玻璃球及 0.1% 甲基橙 2~3 滴，用稀硫酸将溶液调至红色，在通风橱内加入 5mL 饱和溴水，加热煮沸至黄色消失。稍冷后加入 20% 甲酸钠溶液 5mL，加热煮沸 2min，用冷水浴冷却。

在碘量瓶中加入 5mL 3mol/L 硫酸溶液及 5mL 15% 碘化钾溶液，盖上瓶盖，放置 10min，用 0.01mol/L 的硫代硫酸钠（$Na_2S_8O_3$）溶液滴定至浅黄色，加入 0.5% 淀粉指示剂 1mL，继续滴定至蓝色消失。同时做空白试验。

4. 结果计算

海带中碘含量按式（5-46）计算；

$$X = \frac{c \times (V - V_0) \times 0.02115 \times V_2}{m \times V_1} \times 100 \qquad (5-46)$$

式中
X——海带中含碘量，%；

c——硫代硫酸钠（$Na_2S_2O_3$）的浓度，mol/L；

V——滴定样液消耗的硫代硫酸钠（$Na_2S_2O_3$）溶液的体积，mL；

V_0——试剂空白消耗硫代硫酸钠（$Na_2S_2O_3$）溶液的体积，mL；

V_1——取液体积，mL；

V_2——溶液总体积，mL；

m——称取海带质量，g；

$0.02115 - \dfrac{126.8}{6 \times 1000}$——表示与 1mL 硫代硫酸钠（$Na_2S_2O_3$）标准液 [$c(Na_2S_2O_3) = 1mol/L$] 相当的碘的质量，g。

5. 重复性

每个试样取两个平行样进行测定，以其算术平均值为结果，两次平行测定结果允许相对偏差灰化法不得超过 3%，水浸泡法不超过 2%，否则重做。

三、气相色谱法测定婴幼儿食品和乳品中碘的含量

1. 原理

试样中的碘在硫酸条件下与丁酮反应生成丁酮与碘的衍生物，经气相色谱分离、电子捕获检测器检测，外标法定量。

2. 试剂和材料

除非另有规定，本方法所用试剂均为分析纯，水为 GB/T6682 规定的一级水。

① 高峰氏（Taka-Diastase）淀粉酶　酶活力≥1.5U/mg。

174

② 碘化钾(KI)或碘酸钾(KIO₃)　优级纯。

③ 丁酮(C₄H₈O)　色谱纯。

④ 硫酸(H₂SO₄)　优级纯。

⑤ 正己烷(C₆H₁₄)。

⑥ 无水硫酸钠(Na₂SO₄)。

⑦ 双氧水(3.5%)　吸取 11.7mL 体积分数为 30% 的双氧水稀释至 100mL。

⑧ 亚铁氰化钾溶液(109g/L)　称取 109g 亚铁氰化钾，用水定容于 1000mL 容量瓶中。

⑨ 乙酸锌溶液(219g/L)　称取 219g 乙酸锌，用水定容于 1000mL 容量瓶中。

⑩ 碘标准溶液。

a. 碘标准贮备液(1.0mg/mL)：称取 131mg 碘化钾(精确至 0.1mg)或 168.5mg 碘酸钾(精确至 0.1mg)，用水溶解并定容至 100mL，(5±1)℃ 冷藏保存，一个星期内有效。b. 碘标准工作液(1.0μg/mL)：吸取 10mL 碘标准贮备液，用水定容至 100mL 混匀，再吸取 1.0mL，用水定容至 100mL 混匀，临用前配制。

3. 仪器和设备

① 天平　感量为 0.1mg。

② 气相色谱仪　带电子捕获检测器。

4. 分析步骤

(1) 试样处理

① 不含淀粉的试样　称取混合均匀的固体试样 5g，液体试样 20g(精确至 0.0001g)于 150mL 三角瓶中，固体试样用 25mL 约 40℃ 的热水溶解。

② 含淀粉的试样　称取混合均匀的固体试样 5g，液体试样 20g(精确至 0.0001g)，于 150mL 三角瓶中，加入 0.2g 高峰氏淀粉酶，固体试样用 25mL 约 40℃ 的热水充分溶解，置于 50~60℃ 恒温箱中酶解 30min，取出冷却。

(2) 试样测定液的制备

① 沉淀　将上述处理过的试样溶液转入 100mL 容量瓶中，加入 5mL 亚铁氰化钾溶液和 5mL 乙酸锌溶液后，用水定容至刻度，充分振摇后静止 10min。滤纸过滤后吸取滤液 10mL 于 100mL 分液漏斗中，加 10mL 水。

② 衍生与提取　向分液漏斗中加入 0.7mL 硫酸，0.5mL 丁酮，2.0mL 双氧水，充分混匀，室温下保持 20min 后加入 20mL 正己烷振荡萃取 2min。静止分层后，将水相移入另一分液漏斗中，再进行第二次萃取。合并有机相，用水洗涤两到三次。通过无水硫酸钠过滤脱水后移入 50mL 容量瓶中用正己烷定容，此为试样测定液。

(3) 碘标准测定液的制备

分别吸取 1mL.0mL、2.0mL、4.0mL、8.0mL、12.0mL 碘标准工作液，(相当于 1.0μg、2.0μg、4.0μg、8.0μg、12.0μg 的碘)，其他分析步骤同上。

(4) 测定

① 参考色谱条件　色谱柱：填料为 5% 氰丙基 - 甲基聚硅氧烷的毛细管柱(柱长 30m，内径 0.25mm，膜厚 0.25μm)或具同等性能的色谱柱。进样口温度：260℃；ECD 检测器温度：300℃；分流比：1:1；进样量：1.0μL；程序升温见表 5-10。

表 5 - 10　升温程序

升温速率/(℃/min)	温度/℃	持续时间/min
	50	9
30	220	3

②　标准曲线的制作　将碘标准测定液分别注入到气相色谱仪中(色谱图参见附录图)得到标准测定液的峰面积(或峰高)。以标准测定液的峰面积(或峰高)为纵坐标,以碘标准工作液中碘的质量为横坐标制作标准曲线。

③　试样溶液的测定　将试样测定液注入到气相色谱仪中得到峰面积(或峰高),从标准曲线中获得试样中碘的含量(μg)。

5. 分析结果的表述

试样中碘含量按式(5 - 47)计算:

$$X = \frac{C_s}{m} \times 100 \tag{5-47}$$

式中　X——试样中碘含量,μg/100g;

　　C_s——标准曲线中获得试样中碘的含量,μg;

　　m——试样的质量,g。

以重复性条件下获得的两次独立测定结果的算术平均值表示,结果保留至小数点后一位。

6. 精密度

在重复条件下获得的两次独立测定结果的绝对差值不得超过算术平均值的10%。

7. 检出限

2.0μg/100g。

8. 附录(资料性附录)

碘标准衍生物气相色谱图见图5 - 2。

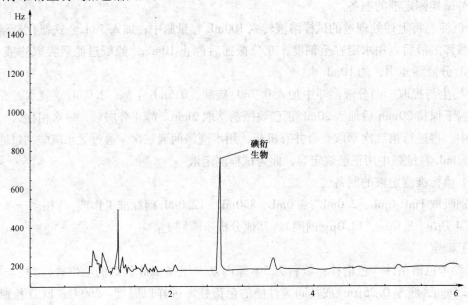

图5 - 2　碘标准衍生物气相色谱图

第十二节　食品中硒含量的测定

一、氢化物原子荧光光谱法测定食品中硒的含量

1. 原理

试样经酸加热消化后，在 6mol/L 盐酸介质中，将试样中的六价硒还原成四价硒，用硼氢化钠或硼氢化钾作还原剂，将四价硒在盐酸介质中还原成硒化氢(H_2Se)，由载气(氩气)带入原子化器中进行原子化，在硒空心阴极灯照射下，基态硒原子被激发至高能态，在去活化回到基态时，发射出特征波长的荧光，其荧光强度与硒含量成正比。与标准系列比较定量。

2. 试剂和材料

除非另有规定，本方法所使用试剂均为分析纯，水为 GB/T6682 规定的三级水。

① 硝酸(HNO_3)　$\rho_{20} = 1.42g/mL$，优级纯。

② 高氯酸($HClO_4$)　$\rho_{20} = 1.67g/mL$，优级纯。

③ 盐酸(HCl)　$\rho_{20} = 1.19g/mL$，优级纯。

④ 混合酸　将硝酸与高氯酸按 9:1 体积混合。

⑤ 氢氧化钠　优级纯。

⑥ 硼氢化钠溶液(8g/L)　称取 8.0g 硼氢化钠($NaBH_4$)，溶于氢氧化钠溶液(5g/L)中，然后定容至 1000mL，混匀。

⑦ 铁氰化钾(100g/L)　称取 10.0g 铁氰化钾[($K_3Fe(CN)_6$)]，溶于 100mL 水中，混匀。

⑧ 硒标准储备液　精确称取 100.0mg 硒(光谱纯)，溶于少量硝酸中，加 2mL 高氯酸，置沸水浴中加热 3～4h，冷却后再加 8.4mL 盐酸，再置沸水浴中煮 2min，准确稀释至 1000mL，其盐酸浓度为 0.1mol/L，此储备液浓度为每毫升相当于 100μg 硒。

⑨ 硒标准应用液　取 100μg/mL 硒标准储备液 1.0mL，定容至 100mL，此应用液浓度为 1μg/mL(注：也可购买该元素有证国家标准溶液)。

⑩ 盐酸(6mol/L)　量取 50mL 盐酸(优级纯)缓慢加入 40mL 水中，冷却后定容至 100mL。

⑪ 过氧化氢(30%)。

3. 仪器和设备

① 原子荧光光谱仪　带硒空心阴极灯。

② 电热板。

③ 微波消解系统。

④ 天平　感量为 1mg。

⑤ 粉碎机。

⑥ 烘箱。

4. 分析步骤

(1) 试样制备

① 粮食　试样用水洗三次，于 60℃烘干，粉碎，储于塑料瓶内，备用。

② 蔬菜及其他植物性食物 取可食部用水洗净后用纱布吸去水滴，打成匀浆后备用。

③ 其他固体试样 粉碎，混匀，备用。

④ 液体试样 混匀，备用。

（2）试样消解

① 电热板加热消解 称取 0.5 ~ 2g（精确至 0.001g）试样，液体试样吸取 1.00 ~ 10.00mL，置于消化瓶中，加 10.0mL 混合酸及几粒玻璃珠，盖上表面皿冷消化过夜。次日于电热板上加热，并及时补加硝酸。当溶液变为清亮无色并伴有白烟时，再继续加热至剩余体积 2mL 左右，切不可蒸干。冷却，再加 5.0mL 盐酸（6mol/L），继续加热至溶液变为清亮无色并伴有白烟出现，将六价硒还原成四价硒。冷却，转移至 50mL 容量瓶中定容，混匀备用。同时做空白试验。

② 微波消解 称取 0.5 ~ 2g（精确至 0.001g）试样于消化管中，加 10mL 硝酸、2mL 过氧化氢，振摇混合均匀，于微波消化仪中消化，其消化推荐条件见表 5 – 12（可根据不同的仪器自行设定消解条件）：

表 5 – 12　微波消化推荐条件

STAGE	POWER		RAMP	℃	HOLD
1	1600W	100%	6:00	120	1:00
2	1600W	100%	3:00	150	5:00
3	1600W	100%	5:00	200	10:00

冷却后转入三角瓶中，加几粒玻璃珠，在电热板上继续加热至近干，切不可蒸干。再加 5.0mL 盐酸（6mol/L），继续加热至溶液变为清亮无色并伴有白烟出现，将六价硒还原成四价硒。冷却，转移试样消化液于 25mL 容量瓶中定容，混匀备用。同时做空白试验。

吸取 10.0mL 试样消化液于 15mL 离心管中，加盐酸（优级纯）2.0mL，铁氰化钾溶液（100g/L）1.0mL，混匀待测。

（3）标准曲线的配制

分别取 0.00mL、0.10mL、0.20mL、0.30mL、0.40mL、0.50mL 标准应用液于 15mL 离心管中用去离子水定容至 10mL，再分别加盐酸（优级纯）2mL，铁氰化钾溶液（100g/L）1.0mL，混匀，制成标准工作曲线。

（4）测定

① 仪器参考条件 负高压：340V；灯电流：100mA；原子化温度：800℃；炉高：8mm；载气流速：500mL/min；屏蔽气流速：1000mL/min；测量方式：标准曲线法；读数方式：峰面积；延迟时间：1s；读数时间：15s；加液时间：8s；进样体积：2mL。

② 测定 设定好仪器最佳条件，逐步将炉温升至所需温度后，稳定 10 ~ 20min 后开始测量。连续用标准系列的零管进样，待读数稳定之后，转入标准系列测量，绘制标准曲线。转入试样测量，分别测定试样空白和试样消化液，每测不同的试样前都应清洗进样器。

5. 分析结果的表述

按式（5 – 48）计算试样中硒的含量：

$$X = \frac{(c - c_0) \times V \times 1000}{m \times 1000 \times 1000} \quad\quad\quad (5 - 48)$$

式中　X——试样中硒的含量，mg/kg 或 mg/L；

178

c——试样消化液测定浓度，ng/mL；

c_0——试样空白消化液测定浓度，ng/mL；

m——试样质量(体积)，g 或 mL；

V——试样消化液总体积，mL。

以重复性条件下获得的两次独立测定结果的算术平均值表示，结果保留三位有效数字。

6. 精密度

在重复性条件下获得的两次独立测定结果的绝对差值不得超过算术平均值的10%。

二、荧光法测定食品中硒的含量

1. 原理

将试样用混合酸消化，使硒化合物氧化为无机硒 Se^{4+}，在酸性条件下 Se^{4+} 与2，3－二氨基萘(2，3－Diaminonaphthalene，缩写为 DAN)反应生成4，5－苯并苯硒脑(4，5－Benzo piaselenol)，然后用环己烷萃取。在激发光波长为376nm，发射光波长为520nm 条件下测定荧光强度，从而计算出试样中硒的含量。

2. 试剂和材料

除非另有规定，本方法所使用试剂均为分析纯，水为 GB/T6682 规定的三级水。

① 硒标准溶液　准确称取元素硒(光谱纯)100.0mg，溶于少量浓硝酸中，加入2mL 高氯酸(70%～72%)，至沸水浴中加热3～4h，冷却后加入8.4mLHCl(盐酸浓度为0.1mol/L)。再置沸水浴中煮2min。准确稀释至1000mL，此为储备液(Se 含量：$100\mu g/mL$)。使用时用0.1mol/L盐酸将储备液稀释至每毫升含0.05μg 硒。于冰箱内保存，两年内有效。

② DAN 试剂(1.0g/L)　此试剂在暗室内配制。称取 DAN(纯度95%～98%)200mg 于一带盖锥形瓶中，加入0.1mol/L盐酸200mL，振摇约15min 使其全部溶解。加入约40mL 环己烷，继续振荡5min。将此液倒入塞有玻璃棉(或脱脂棉)的分液漏斗中，待分层后滤去环己烷层，收集 DAN 溶液层，反复用环己烷纯化直至环己烷中荧光降至最低时为止(约纯化5～6次)。将纯化后的 DAN 溶液储于棕色瓶中，加入约1cm 厚的环己烷覆盖表层，至冰箱内保存。必要时在使用前再以环己烷纯化一次。

警告：此试剂有一定毒性，使用本试剂的人员应有正规实验室工作经验。使用者有责任采取适当的安全和健康措施，并保证符合国家有关规定的条例。

③ 混合酸　将硝酸及高氯酸按(9＋1)体积混合。

④ 去硒硫酸　取浓硫酸200mL 缓慢倒入200mL 水中，再加入48%氢溴酸30mL，混匀，至沙浴上加热至出现白浓烟，此时体积应为200mL。

⑤ EDTA 混合液　a. EDTA 溶液(0.2mol/L)：称取 EDTA 二钠盐37g，加水并加热至完全溶解，冷却后稀释至500mL。b. 盐酸羟胺溶液(100g/L)：称取10g 盐酸羟胺溶于水中，稀释至100mL。c. 甲酚红指示剂(0.2g/L)：称取甲酚红50mg 溶于少量水中，加氨水(1＋1)1滴，待完全溶解后加水稀释至250mL。d. 取 EDTA 溶液(0.2mol/L)及盐酸羟胺溶液(100g/L)各50mL，加甲酚红指示剂(0.2g/L)5mL，用水稀释至1L，混匀。

⑥ 氨水(1＋1)。

⑦ 盐酸。

⑧ 环己烷　需先测试有无荧光杂质，否则重蒸后使用，用过的环己烷可回收，重蒸后再使用。

⑨ 盐酸(1+9)。

3. 仪器和设备

① 荧光分光光度计。

② 天平　感量为1mg。

③ 烘箱。

④ 粉碎机。

⑤ 电热板。

⑥ 水浴锅。

4. 分析步骤

（1）试样处理

① 粮食　试样用水洗三次，至60℃烤箱中烘去表面水分，用粉碎机粉碎，储于塑料瓶内，放一小包樟脑精，盖紧瓶塞保存，备用。

② 蔬菜及其他植物性食物　取可食部分，用蒸馏水冲洗三次后，用纱布吸去水滴，不锈钢刀切碎，取一定量试样在烘箱中于60℃烤干，称重，计算水分。粉碎，备用。计算时应折合成鲜样重。

③ 其他固体试样　粉碎、混匀试样，备用。

④ 液体试样　混匀试样，备用。

（2）试样的消化

称含硒量约为0.01～0.5μg的粮食或蔬菜及动物性试样0.5～2g（精确至0.001g），液体试样吸取1.00～10.00mL于磨口锥形瓶内，加10mL5%去硒硫酸，待试样湿润后，再加20mL混合酸液放置过夜，次日置电热板上逐渐加热。当剧烈反应发生后，溶液呈无色，继续加热至白烟产生，此时溶液逐渐变成淡黄色，即达终点。某些蔬菜试样消化后出现浑浊，以致难以确定终点，这时可注意瓶内出现滚滚白烟，此刻立即取下，溶液冷却后又变为无色。有些含硒较高的蔬菜含有较多的Se^{6+}，需要在消化完成后再加10mL10%盐酸，继续加热，使再回终点，以完全还原Se^{6+}为Se^{4+}，否则结果将偏低。

（3）测定

上述消化后的试样溶液加入20.0mLEDTA混合液，用氨水(1+1)及盐酸(1+9)调至淡红橙色（pH为1.5～2.0）。以下步骤在暗室操作：加DAN试剂(1.0g/L)3.0mL，混匀后，置沸水浴中加热5min，取出冷却后，加环己烷3.0mL，振摇4min，将全部溶液移入分液漏斗，待分层后弃去水层，小心将环己烷层由分液漏斗上口倾入带盖试管中，勿使环己烷中混入水滴，于荧光分光光度计上用激发光波长376nm、发射光波长520nm测定4，5-苯并苯硒脑的荧光强度。

（4）硒标准曲线绘制

准确量取标准硒溶液（0.05μg/mL）0.00mL、0.20mL、1.00mL、2.00mL及4.00mL，（相当于0.00μg、0.01μg、0.05μg、0.10μg及0.20μg硒），加水至5.0mL后，按试样测定步骤同时进行测定。当硒含量在0.5μg以下时荧光强度与硒含量呈线性关系，在常规测定试样时，每次只需做试剂空白与试样硒含量相近的标准管（双份）即可。

5. 分析结果的表述

试样中硒含量按式(5-49)计算：

$$X = \frac{m_1}{F_1 - F_2} \times \frac{F_2 - F_0}{m}$$ (5-49)

式中 X——试样中硒含量，$\mu g/g$ 或 $\mu g/mL$；

m_1——试管中硒的质量，μg；

F_1——标准硒荧光读数；

F_2——试样荧光读数；

F_0——空白管荧光读数；

m——试样质量，g 或 mL。

以重复性条件下获得的两次独立测定结果的算术平均值表示，结果保留三位有效数字。

6. 精密度

在重复性条件下获得的两次独立测定结果的绝对差值不得超过算术平均值的 10%。

三、二氨基萘荧光法测定饮用天然矿泉水中硒的含量

本法最低检测质量为 $0.005\mu g$，若取 20mL 水样测定，最低检测质量浓度为 $0.25\mu g/L$。

1. 原理

2,3-二氨基萘在 pH 为 1.5~2.0 溶液中，选择性地与四价硒离子反应生成苯并[c]硒二唑化合物绿色荧光物质，被环己烷萃取，产生的荧光强度与四价硒含量成正比。水样需先经硝酸高氯酸混合酸消化将四价以下的无机和有机硒氧化为六价硒，再经盐酸消化将六价硒还原为四价硒，然后测定总硒含量。

2. 试剂

① 高氯酸($\rho_{20} = 1.67g/mL$)。

② 盐酸($\rho_{20} = 1.19g/mL$)。

③ 盐酸溶液[$c(HCl) = 0.1mol/L$] 吸取 8.4mL 盐酸用纯水稀释为 1000mL。

④ 硝酸($\rho_{20} = 1.42g/mL$) 优级纯。

⑤ 硝酸-高氯酸(1+1) 量取 100mL 硝酸加入 100mL 高氯酸，混匀。

⑥ 盐酸溶液(1+4) 量取 50mL 盐酸加入 200mL 纯水中，混匀。

⑦ 氨水(1+1) 吸取氨水($\rho_{20} = 0.88g/mL$)与等体积纯水混匀。

⑧ 乙二胺四乙酸二钠溶液(50g/L) 称取 5g 乙二胺四乙酸二钠($C_{10}H_{14}N_2O_8Na_2 \cdot 2H_2O$)，加入少量纯水中，加热溶解，放冷后稀释至 100mL。

⑨ 盐酸羟胺溶液(100g/L) 称取 10g 盐酸羟胺($NH_2OH \cdot HCl$)，溶于纯水中，并稀释至 100mL。

⑩ 精密 pH 试纸 pH 为 0.5~5.0。

⑪ 甲酚红溶液(0.2g/L) 称取 20mg 甲酚红($C_{12}H_{18}O_6S$)，溶于少量纯水中，加 1 滴氨水使其完全溶解，加纯水稀释至 100mL。

⑫ 混合试剂 吸取 50mL 乙二胺四乙酸二钠溶液、50mL 盐酸羟胺溶液和 2.5mL 甲酚红溶液，加纯水稀释至 500mL，混匀。临用前配制。

⑬ 环己烷 不可有荧光杂质，不纯时需重蒸后使用。用过的环己烷重蒸后可再用。

⑭ 2,3-氨基萘溶液(1g/L) 称取 100mg 2,3-二氨基萘[简称 DAN，$C_{10}H_6(NH_2)_2$]于 250mL 磨口锥形瓶中，加入 100mL 盐酸溶液，振摇至全部溶解(约 15min)后，加入 20mL 环己烷，继续振摇 5min，移入底部塞有玻璃棉(或脱脂棉)的分液漏斗中，静置分层后将水

相放回原锥形瓶内，再用环己烷萃取多次（萃取次数视 DAN 试剂中荧光杂质多少而定，一般需 5~6 次），直到环己烷相荧光最低为止。将此纯化的水溶液储于棕色瓶中，加一层约 1cm 厚的环己烷以隔绝空气，置冰箱内保存。用前再以环己烷萃取一次。经常使用以每月配制一次为宜，不经常使用可保存一年。此溶液需在暗室中配制。

⑮ 硒标准贮备溶液 $[\rho(\text{Se}) = 100\mu g/mL]$　称取 0.1000g 硒，溶于少量硝酸中，加入 2mL 高氯酸。在沸水浴上加热蒸去硝酸（约 3~4h），稍冷后加入 8.4mL 盐酸，继续加热 2min，然后移入 100mL 容量瓶内，用纯水定容。

⑯ 硒标准使用溶液 $[\rho(\text{Se}) = 0.05\mu g/mL]$　吸取硒标准贮备溶液用盐酸溶液逐级进行稀释，储于冰箱内备用。

3. 仪器

本法首次使用的玻璃器皿，均应以硝酸（1＋1）浸泡 4h 以上，并用自来水、纯水冲洗洁净；本法用过的玻璃器皿，以自来水淋洗后，在洗涤剂溶液（5g/L）中浸泡 2h 以上，并用自来水、纯水洗净。

① 荧光分光光度计或荧光光度计。

② 分液漏斗　25mL、250mL。

③ 具塞比色管　5mL。

④ 电热板。

⑤ 水浴锅。

⑥ 磨口锥形瓶　100mL。

4. 分析步骤

（1）消化

吸取 5.00~20.00mL 水样及硒标准使用溶液 0mL、0.10mL、0.30mL、0.50mL、0.70mL、1.00mL，1.50mL 和 2.00mL 分别于 100mL 磨口锥形瓶中，各加纯水至与水样相同体积。沿瓶壁加入 2.5mL 硝酸－高氯酸，将瓶（勿盖塞）置于电热板上加热至瓶内产生浓白烟，溶液由无色变成浅黄色（瓶内溶液太少时，颜色变化不明显，以观察到浓白烟为准）为止，立即取下（消化未到终点过早取下，会因所含荧光杂质未被分解完全而产生干扰，使测定结果偏高；到达终点还继续加热将会造成硒的损失），稍冷后加入 2.5mL 盐酸溶液，继续加热至呈浅黄色，立即取下。消化完毕的溶液放冷后，各瓶均加入 10mL 混合试剂，摇匀，溶液应呈桃红色，用氨水调节至浅橙色，若氨水加过量，溶液呈黄色或桃红（微带蓝）色，需用盐酸溶液再调回至浅橙色，此时溶液 pH 为 1.5~2.0。必要时需用 pH 为 0.5~5.0 的精密试纸检验，然后冷却。

向上述消化完毕的各瓶内加入 2,3－二氨基萘溶液 2mL（本步骤需在暗室内黄色灯下操作），摇匀，置沸水浴中加热 5min（自放入沸水浴中算起），取出，冷却。向各瓶加入 4.0mL 环己烷，加盖密塞，振摇 2min。将全部溶液移入分液漏斗（活塞勿涂油）中，待分层后，弃去水相，将环己烷相由分液漏斗上口（先用滤纸擦干净）倾入具塞试管内，密塞待测。

注：四价硒与 2,3－二氨基萘应在酸性溶液中反应，pH 为 1.5~2.0 为最佳，过低时溶液易乳化，太高时测定结果偏高。甲酚红指示剂有 pH 为 2~3 及 7.2~8.8 两个变色范围，前者是由桃红色变为黄色，后者是由黄色变成桃红（微带蓝）色。本法是采用前一个变色范围，将溶液调节至浅橙色、pH 为 1.5~2.0 最适宜。

（2）测定

可选用下列仪器之一测定荧光强度：

① 荧光分光光度计　激发光波长376nm，发射光波长为520nm。

② 荧光光度计　不同型号的仪器具备的滤光片不同，应选择适当滤光片。可用激发光滤片为330nm，荧光滤片为510nm（截止型）和530nm（带通型）组合滤片。

绘制校准曲线，从曲线上查出水样管中硒的质量。

5. 结果计算

水样中硒的质量浓度按式（5－50）计算。

$$\rho(Se) = \frac{m}{V} \tag{5-50}$$

式中　$\rho(Se)$——水样中硒的质量浓度，mg/L；

m——从校准曲线上查得的试样中硒的质量，μg；

V——水样体积，mL。

6. 精密度与准确度

同一实验室测定含硒0～10.0μg/L标准溶液，重复6次以上，相对标准偏差为23.6%～2.1%。测定19个不同硒浓度及类型的水样，每个样品重复7次以上，硒含量低于0.3μg/L时，相对标准偏差大于20%；硒含量大于1μg/L时，相对标准偏差均小于10%。测定36个不同类型的水样，硒浓度为0.10～41.8μg/L，加入标准0.10μg/L和10.0μg/L，硒的平均回收率为98.1%±7.4%。

7. 干扰

20mL水样中分别存在下列含量（μg）的元素不干扰测定：砷，30；铍，27；镉，5；钴，30；铬，30；铜，35；汞，1.0；铁，100；铅，50；锰，40；镍，20；钒，100和锌，50。

四、氢化物发生原子吸收分光光度法测定饮用天然矿泉水中硒的含量

本法最低检测质量为0.01μg，若取50mL水样处理后测定，则最低检测质量浓度为0.2μg/L。水中常见金属及非金属离子均不干扰测定。

1. 原理

取适量水样加硝酸－高氯酸消化至冒高氯酸白烟，将水中低价硒氧化为六价硒。在盐酸介质中加热煮沸水样残渣，将六价硒还原为四价硒。然后将样品调至含适量的盐酸和铁氰化钾后，置于氢化物发生器中与碱氢化钾作用生成气态硒化氢，用纯氮将硒化氢吹入高温电热石英管原子化。根据硒基态原子吸收由硒空心阴极灯发射出来的共振线的量与水中硒含量成正比，样品和标准系列同时测定，由校准曲线求水中硒含量。

如果只测四价和六价硒，水样可不经消化处理。如只测四价硒，水样既不消化也不用还原步骤，只要将水样调到测定范围内就可测定。

3. 试剂

① 硝酸（$\rho_{20} = 1.42$g/mL）。

② 盐酸（$\rho_{20} = 1.19$g/mL）。

③ 盐酸溶液（1＋2）。

④ 盐酸溶液（1＋1）。

⑤ 氢氧化钠溶液（10g/L）　称取1g氢氧化钠（NaOH），用纯水溶解，并稀释至100mL。

⑥ 硼氢化钾溶液（10g/L） 称取1g硼氢化钾（KBH₄），用氢氧化钠溶液溶解，并稀释至100mL。如溶液不透明，需过滤。冰箱内保存，可稳定1周，否则应临用时配制。

⑦ 铁氰化钾溶液（100g/L） 称取10g铁氰化钾[$K_3Fe(CN)_6$]，用纯水溶解，并稀释至100mL。

⑧ 硝酸-高氯酸（1+1） 量取100mL硝酸加入100mL高氯酸，混匀。

⑨ 硒标准贮备溶液[$\rho(Se)=100\mu g/mL$] 称取0.1000g硒，溶于少量硝酸中，加入2mL高氯酸。在沸水浴上加热蒸去硝酸（约3~4h），稍冷后加入8.4mL盐酸，继续加热2min，然后移入100mL容量瓶内，用纯水定容。

⑩ 硒标准中间溶液[$\rho(Se)=10\mu g/mL$] 吸取硒标准贮备溶液10.00mL于容量瓶内，用盐酸溶液定容至100mL。

⑪ 硒标准使用溶液[$\rho(Se)=0.1\mu g/mL$] 吸取适量硒标准中间溶液，用纯水稀释。临用前配制。

⑫ 高纯氮。

3. 仪器

① 原子吸收分光光度计。

② 硒空心阴极灯。

③ 氢化物发生器和电热石英管或火焰石英管原子化器。

④ 具塞比色管 10mL。

4. 分析步骤

（1）样品预处理

吸取50mL水样于100mL锥形瓶中，加2.0mL硝酸-高氯酸，在电热板上蒸发至冒高氯酸白烟，取下放冷。加4.0mL盐酸溶液，在沸水浴中加热10min，取出放冷。转移至预先加有1.0mL铁氰化钾溶液的10mL具塞比色管中，加纯水至10mL，混匀后测总硒。

吸取50.0mL水样于100mL锥形瓶中，加2.0mL盐酸，于电热板上蒸发至溶液小于5mL，取下放冷。转移至预先加有1.0mL铁氰化钾溶液的10mL具塞比色管中，加纯水至10mL，混匀后测四价和六价硒。

（2）制备标准系列

分别吸取硒标准使用溶液0mL、0.10mL、0.20mL、0.40mL、0.80mL、1.00mL、1.20mL和1.50mL，置于10mL具塞比色管中，加4.0mL盐酸溶液及1.0mL铁氰化钾溶液，加纯水至10mL。混匀后供测定。

（3）仪器工作条件

参考仪器说明书，将仪器工作条件调整至最佳状态，仪器工作条件为波长196nm，灯电流8mA，氩气流量1.2mL/min，原子化温度800℃。

分别吸取5.0mL样品溶液和标准系列于氢化物发生器中，加3.0mL硼氢化钾溶液，测定吸光度。以吸光度对硒浓度作图，绘制校准曲线，从曲线上查出样品管中硒的质量。

5. 结果计算

水样中硒的质量浓度按式（5-51）计算。

$$\rho(Se)=\frac{m}{V} \qquad (5-51)$$

式中 $\rho(Se)$——水样中硒的质量浓度，mg/L；

m——从校准曲线上查得的试样中硒的质量，μg；

V——水样体积，mL。

6. 精密度与准确度

四个实验室测定含硒 0.5 ~ 6.15μg/L 的水样，其相对标准偏差为 2.4% ~ 4.7%；加标回收试验，在 2.0 ~ 10.0μg/L 范围，回收率均在 90% 以上。

五、氢化物原子荧光法测定饮用天然矿泉水中硒的含量

本法最低检测质量为 5.0ng，若取 20mL 水样测定，则最低检测质量浓度为 0.25μg/L。

1. 原理

在盐酸介质中，硼氢化钾将四价硒还原为硒化氢。以氩气作载气将硒化氢从母液中分离并导入石英炉原子化器中原子化。以硒特种空心阴极灯作激发光源，使硒原子发出荧光，在一定浓度范围内，荧光强度与硒的含量成正比。

水样经硝酸 - 高氯酸混酸消化，将四价以下的无机和有机硒氧化成六价硒；经盐酸消化将六价硒还原为四价硒，由此测定总硒浓度。

2. 试剂

① 盐酸($\rho_{20} = 1.19$g/mL) 优级纯。

② 盐酸溶液[$c(HCl) = 0.1$mol/L] 吸取 8.4mL 浓盐酸($\rho_{20} = 1.19$g/mL)，用纯水稀释至 100mL。

③ 硝酸 - 高氯酸(1 + 1) 分别量取等体积的硝酸($\rho_{20} = 1.42$g/mL，优级纯)和高氯酸($\rho_{20} = 1.68$g/mL，优级纯)混合。

④ 硼氢化钾溶液(7g/L) 称取 2g 氢氧化钾(KOH，优级纯)溶于 200mL 纯水中，加入 7g 硼氢化钾(KBH_4)并使之溶解，用纯水稀释至 1000mL。现用现配。

⑤ 硒标准贮备溶液[$\rho(Se) = 100$μg/mL] 称取 0.1000g 硒，溶于少量硝酸中，加入 2mL 高氯酸。在沸水浴上加热蒸去硝酸(约 3 ~ 4h)，稍冷后加入 8.4mL 盐酸，继续加热 2min，然后移入 100mL 容量瓶内，用纯水定容。

⑥ 硒标准使用溶液[$\rho(Se) = 0.05$μg/mL] 将硒标准贮备溶液用盐酸溶液逐级稀释，储存于冰箱中。

3. 仪器

① 原子荧光分析仪。

② 硒特种空心阴极灯。

4. 分析步骤

① 消化

吸取 5 ~ 20mL 水样及硒标准使用溶液 0mL、0.10mL、0.50mL、1.00mL、3.00mL、5.00mL 分别于 100mL 锥形瓶中，各加纯水与水样相同体积，并各加数粒玻璃珠。沿瓶壁加入 2.0mL 硝酸 - 高氯酸，缓缓加热浓缩至出现浓白烟，稍冷后加 5mL 纯水，加 5mL 盐酸，加热微沸保持 3 ~ 5min。冷却后移入 25mL 比色管中，以少许纯水洗涤锥形瓶，洗液合并于比色管中，并加纯水至刻度，摇匀。

（2）测定

参考仪器说明书，将仪器工作条件调整至测硒最佳状态，原子荧光工作条件为：硒特种空心阴极灯电流 60 ~ 80mA，日盲光电倍增管负高压 280 ~ 300V，原子化器温度室温，氩气压力 0.02MPa，氩气流量 1000mL/min，硼氢化钾流量 0.6 ~ 0.7mL/s，加液时间 8s。

吸取5.0mL样液，注入氢化物发生器中，加硼氢化钾溶液，并记录荧光强度值，绘制校准曲线。

以比色管中硒质量(μg)为横坐标，荧光强度值为纵坐标绘制校准曲线，从曲线上查出水样中硒的质量。

5. 结果计算

水样中硒的质量浓度按式(5-52)计算。

$$\rho(Se) = \frac{m}{V} \qquad\qquad (5-52)$$

式中　$\rho(Se)$——水样中硒的质量浓度，mg/L;

　　　m——从校准曲线上查得的试样中硒的质量，μg;

　　　V——水样体积，mL。

6. 精密度与准确度

同一实验室用本法多次重复测定水中总硒。当硒浓度为0.0014、0.02和0.049mg/L时，相对标准偏差分别为23.7%、3.7%和1.4%。

水样加标多次测定，加入30ng、100ng和300ng硒时平均回收率分别为(87.8±7.7)%、(111±5.1)%和(104±2.1)%。

第十三节　食品中镍含量的测定

一、原子吸收分光光度法测定食品中镍的含量

1. 原理

试样经消化处理后，导入原子吸收分光光度计石墨炉中，电热原子化后，吸收232.0nm共振线，其吸光度与镍含量成正比，与标准系列比较定量。

2. 试剂

除非另有说明，要求使用优级纯试剂。

① 硝酸(1+1)　取50mL硝酸，以水稀释至100mL。

② 0.5mol/L硝酸溶液。

③ 过氧化氢。

④ 镍标准储备液　精密称取1.0000g镍粉(99.99%)溶于30mL硝酸(1+1)加热溶解，移入1000mL容量瓶中，加水稀释至刻度。此溶液每毫升相当于1.0mg镍。

⑤ 镍标准使用液　临用时将镍标准储备液用0.5mol/L硝酸逐级稀释，配成每毫升相当于200ng镍。

3. 仪器

① 原子吸收分光光度计，附石墨炉及镍空心阴极灯。

② 压力消解罐(100mL容量)。

③ 实验室常用设备。

4. 试样

① 粮食、豆类去杂物，尘土等，碾碎，过30目筛，储于聚乙烯瓶中，保存备用。

② 新鲜试样，洗净、晾干，取可食部分，捣碎混匀备用。

5. 分析步骤

（1）试样消解

① 湿法消解　称取干样 0.3～0.5g 或鲜样 5g（精密至 0.001g）于 150mL 锥型烧瓶中，加 15mL 硝酸，瓶口加一小漏斗，放置过夜。次日置于铺有砂子的电热板上加热，待激烈反应后，取下稍冷后，缓缓加入 2mL 过氧化氢，继续加热消解。反复补加过氧化氢和适量硝酸，直至不再产生棕色气体。再加 25mL 去离子水，煮沸除去多余的硝酸，重复处理两次，待溶液接近 1～2mL 时取下冷却。将消解液移入 10mL 容量瓶中，用水分次洗烧瓶，定容至刻度，混匀。同时做空白试验。

② 高压水解

a. 粮食、豆类等试样　称取粮食、豆类等试样 0.2～1.0g（精密至 0.001g），置于聚四氟乙烯塑料罐内，加 5mL 硝酸，放置过夜，再加 7mL 过氧化氢，盖上内盖放入不锈钢外套中，将不锈钢外盖和外套旋紧密封。放入恒温箱，在 120℃ 恒温 2～3h，至消解完全后，自然冷却至室温。将消解液移至 25mL 容量瓶中，用少量水多次洗罐，一并移入容量瓶，定容至刻度、摇匀。同时做空白试验，待测。

b. 蔬菜、肉类、鱼类及蛋类水分含量高的鲜样　用捣碎机打成匀浆，称取匀浆 2.0～5.0g（精密至 0.001g），置于聚四氟乙烯消解罐内，加盖留缝置 80℃ 鼓风干燥箱或一般烘箱至近干，取出，加 5mL 硝酸放置过夜，以下操作同"粮食豆类等"样品的处理方法。

（2）标准系列的制备

分别吸取镍标准使用液（200ng/mL）0mL、0.50mL、1.00mL、2.00mlL、3.00mL、4.00mL 于 10mL 容量瓶中，用 0.5mol/L 硝酸稀释至刻度，混匀。

（3）测定

① 仪器条件　将原子吸收分光光度计调试到测镍最佳状态。参考条件：波长 232.0nm，狭缝 0.15nm，灯电流 4mA，干燥 150℃，20s，灰化 1050℃，20s，原子化 2650℃，4s，氘灯或塞曼背景校正。

② 试样测定　将空白液、镍标准系列液和消解好的样液分别注入石墨炉进行测定，进样量 20μL。

6. 结果计算

$$X = \frac{(A_1 - A_2) \times V \times 1000}{m \times 1000} \qquad (5-53)$$

式中　X——试样中镍的含量，μg/kg；

A_1——测定样液中镍的含量，ng/mL；

A_2——空白液中镍的含量，ng/mL；

V——试样定容体积，mL；

m——试样质量，g。

7. 精密度

在重复性条件下获得的两次独立测定结果的绝对差值不得超过算术平均值的 10%。

8. 检出限

1.4ng/mL，线性范围 0～100ng/mL。

二、比色法测定食品中镍的含量

1. 原理

试样中的镍用稀酸提取后，在强碱性溶液中以过硫酸铵为氧化剂，镍与丁二酮肟形成红褐色络合物，与标准系列比较定量。

2. 试剂

① 盐酸(1+23) 量取 4mL 盐酸加水稀释至 96mL。

② 石油醚 沸程 30~60℃。

③ 柠檬酸钠溶液(100g/L)。

④ 酚红指示液(1g/L) 称取 0.1g 酚红用乙醇(20%)溶解后稀释至 100mL。

⑤ 氨水。

⑥ 丁二酮肟($C_4H_3N_2O_2$)–乙醇溶液(10g/L)。

⑦ 三氯甲烷。

⑧ 氨水(1+10)。

⑨ 酒石酸钾钠溶液(500g/L)。

⑩ 氢氧化钠溶液(100g/L)。

⑪ 过硫酸铵溶液(60g/L) 临用现配。

⑫ 镍标准溶液 准确称取 0.1000g 镍粉或 0.4954g 硝酸镍[$Ni(NO_3)_2 \cdot 6H_2O$]溶于少量盐酸(1+23)移入 1000mL 容量瓶中，并用盐酸(1+23)稀释至刻度。此溶液每毫升相当于 100.0μg 镍。

⑬ 镍标准使用液 吸取 1.0mL 镍标准溶液置于 100mL 容量瓶中，以盐酸(1+23)稀释至刻度。此溶液每毫升相当于 1.0μg 镍。

3. 仪器

① 电动振荡器。

② 分光光度计。

所有玻璃仪器先用硝酸(1+1)浸泡 4h，再以水冲洗干净。

4. 分析步骤

① 试样处理 称取 50.00g 经水浴上加热融化的试样，置于 125mL 具塞锥形瓶中，加 30mL 盐酸(1+23)，置 80℃ 水浴中，加热 10min，趁热置振荡器上振荡 30min，再置水浴中待油层与水层分离后，倒入 125mL 分液漏斗中，静置分层后，水层放入第二只分液漏斗中，油层再倒回原锥形瓶中，再加 10mL 盐酸(1+23)，置 80℃ 水浴中，加热 5min，再振荡 10min，再置水浴中分层后，仍倒入第一只分液漏斗中，水层并入第二只分液漏斗中，弃去油层。

② 去脂 第二只分液漏斗中试样提取液冷却后，加 15mL 石油醚，振荡 1min，分层后弃去石油醚。

③ 提纯 于提取液中加 3 滴酚红指示液，5mL 柠檬酸钠溶液(100g/L)，滴加氨水，使溶液由红变黄再变红后，再滴加 2~4 滴，使溶液 pH 为 8.5~10，再加 2mL 丁二酮肟–乙醇溶液(10g/L)，振摇 1min 后，用三氯甲烷提取 3 次，每次 5mL，振摇 2min，合并三氯甲烷，置于 50mL 分液漏斗中，加 1mL 氨水(1+10)振摇 1min，静置分层后弃去氨水，将三氯甲烷分入另一分液漏斗中，用盐酸(1+23)提取 2 次，每次 2.5mL，振摇 2min，使三氯甲烷中的

镍转入酸液中，弃去三氯甲烷，收集酸液于 10mL 具塞比色管中。

④ 测定　吸取 0mL、0.50mL、1.0mL、2.0mL、3.0mL、4.0mL、5.0mL 镍标准使用液（相当 0μg、0.50μg、1.0μg、2.0μg、3.0μg、4.0μg、5.0μg 镍），分别置于 10mL 具塞比色管中，分别加盐酸(1 + 23)至 5mL。于试样及标准管中分别依次加入 0.5mL 酒石酸钾钠溶液（500g/L），1.5mL 氢氧化钠溶液(100g/L)，0.5mL 过硫酸铵溶液(60g/L)混匀，放置 3min。再各加入 0.2mL 丁二酮肟－乙醇溶液(10g/L)，加水至 10mL，混匀。放置 15min 后，用 3cm 比色杯，以水调节零点，于波长 470nm 处测吸光度，绘制标准曲线比较。

5. 结果计算

$$X = \frac{A}{m} \tag{5-54}$$

式中　X——试样中镍的含量，mg/kg；

　　　A——测定用试样镍的质量，μg；

　　　m——试样质量，g。

计算结果保留到两位有效数字。

6. 精密度

在重复性条件下获得的两次独立测定结果的绝对差值不得超过算术平均值的 10%。

三、火焰原子吸收分光光度法测定饮用天然矿泉水中镍的含量

本法的最低检测质量浓度为 0.30mg/L 或 0.03mg/L。水中大量钾、钠等干扰离子可经离子交换消除。

1. 原理

本法基于水样品中镍的基态原子能吸收来自镍空心阴极灯发出的共振线，其吸收强度与镍元素含量成正比，可在其他条件不变的情况下，根据测得的吸收强度与标准系列比较进行定量。

水样中镍离子含量高时，可将水样直接导入火焰使其原子化后，采用其灵敏共振线 232.0nm 进行测定，其最低检测质量浓度为 0.30mg/L。水样中镍离子含量低时，则需要采用离子交换富集后，再用火焰原子吸收法进行测定，其最低检测质量浓度为 0.03mg/L。

2. 试剂

本法配制试剂、稀释样液所用的纯水均为去离子水。

① 氨水[$c(NH_3 \cdot H_2O) = 1mol/L$]　吸取 35mL 氨水($\rho_{20} = 0.88g/mL$)，用纯水稀释至 1000mL。

② 缓冲溶液(pH = 6.0)　称取 60.05g 乙酸(CH_3COOH)和 77.08g 乙酸铵(CH_3COONH_4)，用纯水溶解，并稀释到 1000mL，再用氨水调节 pH = 6.0。

③ 硝酸溶液(1 + 1)。

④ 硝酸溶液[$c(HNO_3) = 2mol/L$]　吸取 25mL 浓硝酸($\rho_{20} = 1.42g/mL$)，用纯水稀释至 200mL。

⑤ 螯合树脂　将 D401 大孔苯乙烯(系螯合型树脂)用硝酸溶液泡浸 2d，然后用纯水充分漂洗至 pH = 6.0，倾除过细微粒，浸泡在纯水中备用。

⑥ 镍标准贮备液[$\rho(Ni) = 1mg/mL$]　称取 1.0000g 金属镍，加入 10mL 硝酸溶解后，加热赶除二氧化碳，用纯水定容至 1000mL，摇匀，备用。

189

3. 仪器

① 离子交换柱　用纯水将已处理好的树脂倾装入内径2cm，高10cm的玻璃交换柱中，树脂高度为4cm，树脂层的下部和上部均填有玻璃棉，以防树脂漏掉和被冲动，树脂床中不可存有气泡。

② 原子吸收分光光度计　配有镍空心阴极灯。

③ 空气压缩机或空气钢瓶。

④ 乙炔钢瓶。

4. 分析步骤

（1）高含量水样分析

按照仪器说明书将仪器工作条件调整至测定镍的最佳状态，选择灵敏吸收线232.0nm。用每升含1.5mL硝酸的纯水将镍标准贮备液稀释并配成$\rho(Ni)$为0.3～10.0mg/L的镍标准系列溶液。将标准系列溶液与空白溶液交替喷入火焰，测定其吸光度。以镍的标准质量浓度（mg/L）为横坐标，吸光度为纵坐标，绘制出校准曲线或计算出回归方程。将样品喷入火焰，测定其吸光度，在校准曲线或回归方程中查出其镍的质量浓度（mg/L）。

（2）低含量水样分析

取水样250mL于500mL烧杯中，用氨水调节pH=6.0，加25mL缓冲溶液，混匀。将样液分次倒入离子交换柱内，以3mL/min的流速进行离子交换。样液流完后，用30mL缓冲液以同样流速进行淋洗。用约27mL硝酸溶液以同样流速进行洗脱，弃去最初的约3mL，用25mL容量瓶收集洗脱液至刻度，摇匀。

测定步骤同高含量水样分析。

（3）树脂的再生

将用过的树脂收集在一个烧杯中，先用纯水漂洗，滤干后，泡在硝酸溶液中24h后，再用纯水漂洗至pH=6左右，浸泡在纯水中备用。

5. 结果计算

（1）高含量水样

从校准曲线中直接查出水样中镍的质量浓度$\rho(Ni)$，单位为mg/L。

（2）低含量水样

从校准曲线中直接查出水样中镍的质量浓度（mg/L），按式（5-55）计算。

$$\rho(Ni) = \rho_1 \times \frac{25}{V} \tag{5-55}$$

式中　$\rho(Ni)$——水样中镍的质量浓度，mg/L；

$\quad\quad\rho_1$——从校准曲线查得的镍的质量派度，mg/L；

$\quad\quad25$——富集后的水样体积，mL；

$\quad\quad V$——水样体积，mL。

6. 精密度与准确度

同一实验室测定含镍2.0mg/L的水样，相对标准偏差为1.3%。

四、无火焰原子吸收分光光度法测定饮用天然矿泉水中镍的含量

本法的最低检测质量为49.60pg，若取20μL水样测定，则最低检测质量浓度为2.48μg/L。水中共存离子一般不产生干扰。

1. 原理

样品经适当处理后，注入石墨炉原子化器，所含镍离子在石墨管内经原子化高温蒸发解离为原子蒸气，待测镍元素的基态原子吸收来自镍元素空心阴极灯发出的共振线，其吸收强度在一定范围内与镍浓度成正比。

2. 试剂

① 镍标准贮备溶液[$\rho(Ni) = 1mg/mL$]　称取 1.0000g 金属镍（高纯或光谱纯），溶于 10mL 硝酸溶液（1 + 1）中，加热驱除二氧化碳，用水定容至 1000mL。

② 镍标准中间溶液[$\rho(Ni) = 50\mu g/mL$]　吸取 5.00mL 镍标准贮备溶液于 100mL 容量瓶中，用硝酸溶液（1 + 99）稀释至刻度，摇匀。

③ 镍标准使用溶液[$\rho(Ni) = 1\mu g/mL$]　吸取 2.00mL 镍标准中间溶液于 100mL 容量瓶中，用硝酸溶液（1 + 99）稀释至刻度，摇匀。

④ 硝酸镁溶液（50g/L）　称取 5g 硝酸镁[$Mg(NO_3)_2$，优级纯]，加水溶解并定容至 100mL。

3. 仪器

① 石墨炉原子吸收分光光度计。

② 镍元素空心阴极灯。

③ 氩气钢瓶。

④ 微量加样器　20μL。

⑤ 聚乙烯瓶　100mL。

4. 仪器工作条件

参考仪器说明书，将仪器工作条件调整至测镍最佳状态，波长 232.0nm，石墨炉工作程序见表 5 – 13。

表 5 – 13　石墨炉工作程序

程序	干燥	灰化	原子化	清除
温度/℃	120	1400	2400	2700
斜率/s	2	2	0	1
保持/s	30	30	5	4
氩气流量/(mL/min)		300	0	300

5. 分析步骤

① 吸取镍标准使用溶液 0mL、0.50mL、1.00mL、2.00mL 和 3.00mL 于 5 个 100mL 容量瓶内，分别加入 1.0mL 硝酸镁溶液，用硝酸溶液（1 + 99）稀释至刻度，摇匀，分别配制成 $\rho(Ni) = 0\mu g/L$、5μg/L、10μg/L、20μg/L 和 30μg/L 的标准系列。

② 另吸取 10.0mL 水样，加入 0.1mL 硝酸镁溶液，同时取 10mL 硝酸溶液（1 + 99），加入 0.1mL 硝酸镁溶液，作为试剂空白。

③ 仪器工作条件设定后依次吸取 20μL 试剂空白、标准系列和样品，注入石墨管，启动石墨炉控制程序和记录仪，记录吸收峰高或峰面积，以浓度为横坐标，峰高或峰面积为纵坐标绘制校准曲线，并从曲线上查出样品中镍的质量浓度。

6. 结果计算

从吸光度—浓度校准曲线查出镍的质量浓度后，接式（5 – 56）计算。

$$\rho(\text{Ni}) = \frac{\rho_1 \times V_1}{V} \qquad (5-56)$$

式中 $\rho(\text{Ni})$——水样中镍的质量浓度，mg/L；

ρ_1——从校准曲线上查得的试样中镍的质量浓度，$\mu g/L$；

V_1——测定样品的体积，mL；

V——水样体积，mL。

五、微波消解－电感耦合等离子体－质谱法测定水产品中钠、镁、铝、钙、铬、铁、镍、铜、锌、砷、锶、钼、镉、铅、汞、硒的含量

适用于鱼类、贝类、藻类中钠、镁、铝、钙、铬、铁、镍、铜、锌、砷、锶、钼、镉、铅、汞、硒等元素的检测。

1. 原理

样品经硝酸过氧化氢预消解后，放入微波消解炉，按所设定程序消解试样，将消解液定容至一定体积，直接进行 ICP－MS 测定。以质荷比强度与其浓度的定量关系，测定样品中 16 个微量元素含量。

2. 试剂和材料

除非有特殊说明，所用试剂均为优级纯，实验用水为电导率大于等于 18.2MΩ/cm 的超纯水。

① 硝酸 优级纯。

② 过氧化氢 优级纯。

③ 硝酸溶液(1+19，体积比) 取 50mL 硝酸加入 950mL 超纯水。

④ 硝酸溶液(1+5，体积比) 取 50mL 硝酸加入 250mL 超纯水。

⑤ 调谐液(Li、Y、Ce、Tl、Co) 10μg/L，Agilentpart#5184－35566 或相当者。

⑥ 多元素标准储备溶液：Na、Mg、Ca、Fe 浓度为 1000μg/mL Sr 浓度为 100μg/mL；Al、Cr、Ni、Cu、Zn、As、Mo、Cd、Pb、Se 浓度为 10μg/mL。

⑦ 多元素标准工作溶液 分别取标准储备液 10mL 于 100mL 容量瓶中，用硝酸溶液稀释至刻度，摇匀，此标准溶液中 Na、Mg、Ca、Fe 浓度为 100μg/mL；Sr 浓度为 10μg/mL，Al、Cr、Ni、Cu、Zn、As、Mo、Cd、Pb、Se 浓度为 1μg/mL。现用现配。

⑧ 汞标准储备液 10μg/mL。

⑨ 汞标准工作溶液 取标准储备液 1.0mL 于 100mL 容量瓶中，用硝酸溶液稀释至刻度，摇匀，此标准溶液浓度 0.1μg/mL。现用现配。

⑩ 内标储备液(^{6}Li、Sc、Ge、Y、In、Tb、Bi) 10mg/L，Agilentpart#5184－35566 或相当者。

⑪ 内标溶液(^{6}Li、Sc、Ge、Y、In、Tb、Bi) 取内标储备液 5mL 于 50mL 容量瓶中，用硝酸溶液稀释至刻度，摇匀，此内标溶液浓度为 1mg/L。

⑫ 高纯氩气 纯度大于 99.99%。

3. 仪器与设备

① 电感耦合等离子体质谱分析仪。

② 分析天平 感量为 0.001g。

③ 微波消解装置。

④ 聚四氟乙烯密封消解罐 100mL。

⑤ 超纯水净化器。

4. 试样制备与保存

① 对于鲜活或水分含量高的水产品，取有代表性可食用部分 500g，捣成匀浆，储存于 -18℃以下冰柜中备用。

② 对于冷冻水产品，解冻后取有代表性可食用部分 500g，捣成匀浆，储存于 -18℃以下冰柜中备用。

注：在制样的操作过程中，应防止样品受到污染或发生含量的变化。

5. 分析步骤

（1）试样消解

称取干态试样 0.5g（精确至 0.001g）或湿态试样 1g（精确至 0.001g）置于聚四氟乙烯消解罐中，加入 5mL 硝酸，浸泡 1h，再加入 2mL 过氧化氢，密封，放入微波消解装置中，按照表 5 - 14 设定微波消解程序。消解结束后，冷却，将消解液转移至 50mL 容量瓶中，用超纯水稀释至刻度，摇匀，待测定。

表 5 - 14　微波消解程序

项　　目	消解程序				
	1	2	3	4	5
微波功率/W	250	0	250	450	600
加热时间/min	1	2	5	5	5

注：先低功率消化 1min，然后静置 2min，待剧烈反应停止后，再逐渐增大功率，置消解完全。

（2）标准溶液工作曲线

分取 0.1mL、0.5mL、1.0mL、5.0mL、10.0mL 多元素标准工作溶液和 0.5mL、1.0mL、2.0mL、5.0mL、10.0mL 汞标准工作溶液分别置于 100mL 容量瓶中，用硝酸溶液稀释至刻度，此混合标准溶液中各元素浓度见表 5 - 15。

表 5 - 15　混合标准溶液中各元素浓度　　　　　　　　　　μg/L

元素	浓度 1	浓度 2	浓度 3	浓度 4	浓度 5	浓度 6
Na	0.0	100.0	500.0	1000.0	5000.0	10000.0
Mg	0.0	100.0	500.0	1000.0	5000.0	10000.0
Al	0.0	1.0	5.0	10.0	50.0	100.0
Ca	0.0	100.0	500.0	1000.0	5000.0	10000.0
Cr	0.0	1.0	5.0	10.0	50.0	100.0
Fe	0.0	100.0	500.0	1000.0	5000.0	10000.0
Ni	0.0	1.0	5.0	10.0	50.0	100.0
Cu	0.0	1.0	5.0	10.0	50.0	100.0
Zn	0.0	1.0	5.0	10.0	50.0	100.0
As	0.0	1.0	5.0	10.0	50.0	100.0
Sr	0.0	10.0	50.0	100.0	500.0	1000.0
Mo	0.0	1.0	5.0	10.0	50.0	100.0
Cd	0.0	1.0	5.0	10.0	50.0	100.0
Pb	0.0	1.0	5.0	10.0	50.0	100.0
Hg	0.0	0.5	1.0	2.0	5.0	10.0
Se	0.0	1.0	5.0	10.0	50.0	100.0

注：可根据样品中杂质的实际含量确定标准系列中各金属元素的具体浓度。

（3）空白试验

除不加入待测试样外，其他均按上述步骤试样消解方法操作。

所有玻璃器皿均需要以硝酸溶液浸泡24h，用水反复冲洗，最后用超纯水冲洗晾干后，方可使用。

（4）测定

按照表5-16调整仪器工作条件，用调谐液按照表5-17调整仪器测量参数，按照表5-18选取内标元素。按顺序依此对标准溶液、空白溶液和试样溶液进行测定。若测定结果超出标准曲线的线性范围，应将试样稀释后再测定。

表5-16　ICP-MS仪器工作条件

雾化器	Babington雾化器	雾化室	石英双通道
炬管	石英一体化，2.5mm中心通道	雾化室温度	2℃
取样锥/截取锥	1.0/0.4mm(Ni)锥	载气流速	1.20L/min
高频发射功率	1200W	样品提升时间	45s
样品提升速率	0.4r/s	稳定时间	45s
采样深度	6.4mm	冷却气流量	16.0L/min
样品提升量	1.1mL/min	扫描方式	跳峰
观测点/峰	3		

（5）ICP-MS仪器测量参数（表5-17、表5-18）

表5-17　ICP-MS仪器测量参数

项目	^{7}Li	^{89}Y	^{205}Tl
轴偏移(amu)	7±0.1	89±0.1	205±0.1
分辨率(W-10%)	0.65~0.80	0.65~0.80	0.65~0.80
精密度(RSD)	<15%	<15%	<15%
背景(sps)	30	15	15
氧化物比值		^{156}CeO/^{140}Ce：<0.5%	
双电荷比值		70Ce^{+}/140Ce^{+}：<3%	

表5-18　内标元素选择

质子数	元素	积分时间/s	内标元素	质子数	元素	积分时间/s	内标元素
63	Cu	0.1	Ge	27	Al	0.1	Sc
66	Zn	0.1	Ge	82	Se	0.1	Ge
75	As	0.5	Ge	577	Fe	0.1	Sc
111	Cd	0.5	In	60	Ni	0.1	Sc
202	Hg	1.0	Bi	88	Sr	0.1	Ge
208	Pb	0.1	Bi	95	Mo	0.1	Ge
23	Na	0.1	Sc	40	Ca	0.1	Sc
24	Mg	0.1	Sc	52	Cr	0.1	Sc

6. 结果计算

按式(5-57)计算试样中待测元素的含量：

$$X_i = \frac{(c_i - c_{i0}) \times V}{m \times 1000}$$ (5-57)

式中 X_i——试样中待测元素的含量，mg/kg；

c_i——从标准曲线上查得试样溶液中各被测元素的浓度，μg/L；

c_{i0}——从标准曲线上查得空白溶液中被测元素的浓度，μg/L；

V——测试溶液的体积，mL；

m——试样的质量，g。

7. 测定低限、精密度和回收率

(1) 测定低限(LOQ)

本标准各元素的测定低限见表5-19。

mg/kg

表5-19　各元素测定低限

元素	测定低限	元素	测定低限	元素	测定低限	元素	测定低限
Na	0.01	Cr	0.001	Zn	0.001	Cd	0.001
Mg	0.01	Fe	0.01	As	0.001	Pb	0.001
Al	0.001	Ni	0.001	Sr	0.001	Se	0.001
Ca	0.01	Cu	0.001	Mo	0.001	Hg	0.001

(2) 精密度(RSD)

精密度试验数据见表5-20。

表5-20　精密度实验

元　素	相对标准偏差/%	元　素	相对标准偏差/%
Na	1.36~3.22	Zn	1.66~3.95
Mg	1.65~3.63	As	5.33~8.21
Al	3.33~6.16	Sr	2.79~5.76
Ca	2.85~6.55	Mo	3.11~7.71
Cr	5.35~8.96	Cd	4.85~10.38
Fe	5.53~8.71	Pb	3.10~7.11
Ni	2.34~4.38	Se	4.31~7.35
Cu	2.73~4.87	Hg	6.78~13.56

(3) 回收率

各元素标准添加浓度和回收率范围见表5-21。

表5-21　回收率

元素	贻贝			黄鱼		
	原浓度/ (mg/kg)	添加浓度/ (mg/kg)	回收率/ %	原浓度/ (mg/kg)	添加浓度/ (mg/kg)	回收率/ %
Cu	7.7	5.0	95.9~103.4	1.36	1.0	97.3~103.7
		10.0	92.2~101.8		2.0	95.5~103.1
		20.0	96.5~105.8		4.0	95.1~106.9
Zn	138	50.0	96.3~100.5	28.8	15.0	96.5~103.4
		100.0	96.4~103.6		30.0	94.3~105.5
		200.0	97.8~108.6		60.0	96.2~106.8

元素	贻贝			黄鱼		
	原浓度/ (mg/kg)	添加浓度/ (mg/kg)	回收率/ %	原浓度/ (mg/kg)	添加浓度/ (mg/kg)	回收率/ %
As	6.1	5.0 10.0 20.0	93.5~99.1 88.4~104.1 91.6~108.1	5.08	2.5 5.0 10.0	90.2~103.4 82.4~107.2 85.5~108.3
Pb	1.96	1.0 2.0 4.0	90.4~103.5 93.9~105.6 95.5~108.3	0.25	0.10 0.25 1.00	95.5~105.4 90.5~109.3 93.4~108.5
Na	5320	2000 5000 10000	99.3~103.9 98.0~103.3 97.3~104.8	1700	1000 2000 4000	97.1~99.8 98.3~103.7 98.2~105.4
Mg	1970	1000 2000 4000	97.2~101.5 97.1~101.5 97.9~102.9	1300	500 1000 2000	97.4~102.2 98.5~102.1 98.1~102.5
Al	231	100 250 500	94.2~101.5 96.3~104.8 95.8~106.4	1700	1000 2000 4000	96.9~102.8 93.8~105.6 94.7~104.9
Ca	13500	5000 10000 25000	95.5~103.4 95.1~104.2 96.7~105.3	510	250 500 1000	91.2~103.3 95.2~106.4 96.5~105.9
Se	3.65	2.0 5.0 10.0	93.2~102.3 95.3~105.8 94.6~107.1	1.76	1.0 2.0 4.0	92.8~104.5 94.7~107.8 93.6~106.6
Fe	221	100 200 400	95.5~101.1 95.1~104.7 96.1~103.4	16.7	10.0 20.0 40.0	96.5~102.7 95.6~105.5 96.6~105.9
Ni	1.03	0.50 1.00 2.00	95.6~103.4 94.4~106.3 96.8~106.7	1.50	1.0 2.0 4.0	94.8~101.9 93.6~103.4 95.7~105.5
Sr	12.8	5.0 10.0 20.0	93.6~99.7 93.9~105.8 96.7~104.6	0.90	0.5 1.0 2.0	95.3~103.1 91.3~109.7 92.6~105.6
Mo	0.6	0.2 0.5 1.0	88.4~103.2 83.5~108.9 90.1~107.7	0.016	0.010 0.020 0.040	88.3~105.5 85.4~108.9 87.6~109.3
Cr	0.57	0.2 0.5 1.0	91.3~104.7 90.4~105.7 92.8~107.3	0.43	0.20 0.40 0.80	90.5~104.7 89.5~108.2 93.7~107.9
Hg	0.067	0.03 0.06 0.12	81.3~108.9 80.1~109.8 85.4~108.9	0.17	0.10 0.20 0.40	83.3~106.7 82.1~109.9 83.5~106.8

第十四节 食品中锡含量的测定

一、氢化物原子荧光光谱法测定食品中锡的含量

1. 原理

试样经酸加热消化，锡被氧化成四价锡，在硼氢化钠的作用下生成锡的氢化物，并由载气带入原子化器中进行原子化，在特制锡空心阴极灯的照射下，基态锡原子被激发至高能态，在去活化回到基态时，发射出特征波长的荧光，其荧光强度与锡含量成正比。与标准系列比较定量。

2. 试剂

① 硫酸(优级纯)。

② 硝酸 + 高氯酸混合酸(4 + 1)。

③ 硫酸溶液(1 + 9) 量取 100mL 硫酸倒入 900mL 水中混匀。

④ 硫脲(150g/L) + 抗坏血酸(150g/L) 分别称取 15g 硫脲和 15g 抗坏血酸溶于水中，并稀释至 100mL(此溶液需置于棕色瓶中避光保存)。

⑤ 硼氢化钠溶液(7g/L) 称取 7.0g 硼氢化钠，溶于氢氧化钠溶液(5g/L)中，并定容至 1000mL。

⑥ 锡标准应用液 准确吸取 100μg/mL 锡国家标准溶液(标准号：BW3035)1.0mL 于 100mL 容量瓶中，用硫酸溶液(1 + 9)定容至刻度。此溶液浓度为 1μg/mL。

3. 仪器

① 双道原子荧光光度计。

② 电热板。

4. 分析步骤

(1) 试样制备

粮食、豆类除去杂质和尘土，碾碎，过 40 目筛，水果、蔬菜、肉、水产类洗净晾干，取可食部分制成匀浆。

(2) 试样消化

① 称取试样 1.0 ~ 5.0g 于锥形瓶中，加 1.0mL 浓硫酸，10.0mL 硝酸 + 高氯酸混合酸(4 + 1)，3 粒玻璃珠，放置过夜。次日置电热板上加热消化，如酸液过少，可适当补加硝酸，继续消化至冒白烟，待液体体积近 1mL 时取下冷却。用水将消化试样转入 50mL 容量瓶中，加水定容至刻度，摇匀备用。同时做空白试验。

② 分别取定容后的试样 10mL 于 15mL 比色管中，加入 2mL 硫脲(150g/L) + 抗坏血酸(150g/L)混合溶液，摇匀。

(3) 标准系列的配制

标准曲线：分别吸取锡标准应用液 0.0mL、0.1mL、0.5mL、1.0mL、1.5mL、2.0mL、于 15mL 比色管中，分别加入硫酸溶液(1 + 9)2.0mL、1.9mL、1.5mL、1.0mL、0.5mL、0.0mL，用水定容至 10mL，再加入 2mL 硫脲(150g/L) + 抗坏血酸(150g/L)混合溶液。

(4) 测定

① 仪器参考条件 负高压：380V；灯电流：70mA；原子化温度：850℃；炉高：

10mm；屏蔽气流量：1200mL/min；载气流量：500mL/min；测量方式：标准曲线法；读数方式：峰面积；延迟时间：1s；读数时间：15s；加液时间：8s；进样体积：2mL。

② 测定 根据试验情况任选以下一种方法。

a. 浓度测定方式测量 设定好仪器最佳条件，逐步将炉温升至所需温度后，稳定 10～20min 后开始测量。连续用标准系列零管进样，待读数稳定后，转入标准系列测量，绘制标准曲线。转入试样测定，分别测定试样空白和试样消化液，每测不同的试样前都应清洗进样器。试样测定结果按以下公式(5－54)计算。

b. 仪器自动计算结果方式测量 设定好仪器最佳条件，在试样参数画面输入以下参数：试样质量(g 或 mL)，稀释体积(mL)，并选择结果的浓度单位，逐步将炉温升至所需温度，稳定后测量。连续用标准系列零管进样，等读数稳定后，转入标准系列测量，绘制标准曲线。在转入试样测定之前，再进入空白值测量状态，用试样空白消化液进样，让仪器取其均值作为扣除的空白值。随后即可依次测定试样。测定完毕后，选择"打印报告"即可将测定结果自动打印。

5. 结果计算

试样中锡含量按式(5－58)进行计算。

$$X = \frac{(c_1 - c_0) \times V \times 1000}{m \times 1000 \times 1000} \tag{5－58}$$

式中 X——试样中锡含量，mg/kg 或 mg/L；

c_1——试样消化液测定浓度，ng/mL；

c_0——试样空白消化液浓度，ng/mL；

V——试样消化液总体积，mL；

m——试样质量或体积，g 或 mL。

计算结果保留两位有效数字。

6. 精密度

在重复性条件下获得的两次独立测定结果的绝对差值不得超过算术平均值的 10%。

7. 检出限

0.23ng/mL，标准曲线线性范围：0～200ng/mL。

二、苯芴酮比色法测定食品中锡的含量

1. 原理

试样经消化后，在弱酸性溶液中四价锡离子与苯芴酮形成微溶性橙红色络合物，在保护性胶体存在下与标准系列比较定量。

2. 试剂

① 酒石酸溶液(100g/L)。

② 抗坏血酸溶液(10g/L) 临用时配制。

③ 动物胶溶液(5g/L) 临用时配制。

④ 酚酞指示液(10g/L) 称取 1g 酚酞，用乙醇溶解至 100mL。

⑤ 氨水(1＋1)。

⑥ 硫酸(1＋9) 量取 10mL 硫酸，倒入 90mL 水内，混匀。

⑦ 苯芴酮溶液(0.1g/L) 称取 0.010g 苯芴酮(1，3，7－三羟基－9－苯基蒽醌)，加

少量甲醇及硫酸(1+9)数滴溶解,以甲醇稀释至100mL。

⑧ 锡标准溶液　准确称取0.1000g金属锡(99.99%),置于小烧杯中,加10mL硫酸,盖以表面皿,加热至锡完全溶解,移去表面皿,继续加热至发生浓白烟,冷却,慢慢加50mL水,移入100mL容量瓶中,用硫酸(1+9)多次洗涤烧杯,洗液并入容量瓶中,并稀释至刻度,混匀。此溶液每毫升相当于1.0mg锡。

⑨ 锡标准使用液　吸取10.0mL锡标准溶液,置于100mL容量瓶中,以硫酸(1+9)稀释至刻度,混匀。如此再次稀释至每毫升相当于10.0μg锡。

3. 仪器

分光光度计。

4. 分析步骤

(1) 试样消化(硝酸-高氯酸-硫酸法)

① 粮食、粉丝、粉条、豆干制品、糕点、茶叶等及其他含水分少的固体食品　称取5.00g或10.00g的粉碎试样,置于250~500mL定氮瓶中,先加水少许使湿润,加数粒玻璃珠、10~15mL硝酸-高氯酸混合液,放置片刻,小火缓缓加热,待作用缓和,放冷。沿瓶壁加入5mL或10mL硫酸,再加热,至瓶中液体开始变成棕色时,不断沿瓶壁滴加硝酸-高氯酸混合液至有机质分解完全。加大火力,至产生白烟,待瓶口白烟冒净后,瓶内液体再产生白烟为消化完全,该溶液应澄明无色或微带黄色,放冷。(在操作过程中应注意防止爆沸或爆炸)加20mL水煮沸,除去残余的硝酸至产生白烟为止,如此处理两次,放冷。将冷后的溶液移入50mL或100mL容量瓶中,用水洗涤定氮瓶,洗液并入容量瓶中,放冷,加水至刻度,混匀。定容后的溶液每10mL相当于1g试样,相当加入硫酸量1mL。取与消化试样相同量的硝酸-高氯酸混合液和硫酸,按同一方法做试剂空白试验。

② 蔬菜、水果　称取25.00g或50.00g洗净打成匀浆的试样,置于250~500mL定氮瓶中,以下操作同"粮食等样品"的处理方法。定容后的溶液每10mL相当于5g试样,相当加入硫酸量1mL。取与消化试样相同量的硝酸-高氯酸混合液和硫酸,按同一方法做试剂空白试验。

③ 酱、酱油、醋、冷饮、豆腐、腐乳、酱腌菜等　称取10.00g或20.00g试样(或吸取10.0mL或20.0mL液体试样),置于250~500mL定氮瓶中,以下操作同"粮食等样品"的处理方法。定容后的溶液每10mL相当于2g或2mL试样,相当加入硫酸量1mL。取与消化试样相同量的硝酸-高氯酸混合液和硫酸,按同一方法做试剂空白试验。

④ 含酒精性饮料或含二氧化碳饮料　吸取10.00mL或20.00mL试样,置于250~500mL定氮瓶中,以下操作同"粮食等样品"的处理方法。定容后的溶液每10mL相当于2mL试样,相当加入硫酸量1mL。取与消化试样相同量的硝酸-高氯酸混合液和硫酸,按同一方法做试剂空白试验。

⑤ 含糖量高的食品　称取5.00g或10.0g试样,置于250~500mL定氮瓶中,先加少许水使温润,加数粒玻璃珠、5~10mL硝酸-高氯酸混合后,摇匀。缓缓加入5mL或10mL硫酸,待作用缓和停止起泡沫后,先用小火缓缓加热(糖分易炭化),不断沿瓶壁补加硝酸-高氯酸混合液,待泡沫全部消失后,再加大火力,至有机质分解完全,发生白烟,溶液应澄清透明无色或微带黄色,放冷。放置片刻,小火缓缓加热,待作用缓和,放冷。以下操作同"粮食等样品"的处理方法。定容后的溶液每10mL相当于1g试样,相当加入硫酸量1mL。取与消化试样相同量的硝酸-高氯酸混合液和硫酸,按同一方法做试剂空白试验。

⑥ 水产品　取可食部分试样捣成匀浆，称取 5.00g 或 10.0g(海产藻类、贝类可适当减少取样量)，置于 250 ~ 500mL 定氮瓶中，以下操作同"粮食等样品"的处理方法。定容后的溶液每 10mL 相当于 1g 试样，相当加入硫酸量 1mL。取与消化试样相同量的硝酸 - 高氯酸混合液和硫酸，按同一方法做试剂空白试验。

(2) 试样预处理及标准曲线制备

吸取 1.00 ~ 5.00mL 试样消化液和同量的试剂空白溶液，分别置于 25mL 比色管中。

吸取 0mL、0.20mL、0.40mL、0.60mL、0.80mL、1.00mL 锡标准使用液(相当于 0μg、2.0μg、4.0μg、6.0μg、8.0μg、10.0μg 锡)，分别置于 25mL 比色管中。

(3) 试样测量

于试样消化液、试剂空白液及锡标准液中各加 0.5mL 酒石酸溶液(100g/L)及 1 滴酚酞指示液，混匀，各加氨水(1 + 1)中和至淡红色，加 3mL 硫酸(1 + 9)、1mL 动物胶溶液(5g/L)及 2.5mL 抗坏血酸溶液(10g/L)，再加水至 25mL，混匀，再各加 2mL 苯芴酮溶液(0.1g/L)，混匀，1h 后测量，用 2cm 比色杯以水调节零点，于波长 490nm 处测吸光度，标准各点减去零管吸光值后，绘制标准曲线或计算直线回归方程，试样吸光值与曲线比较或代入方程求出含量。

5. 结果计算

$$X = \frac{(m_1 - m_2) \times 1000}{m_3 \times (V_2/V_1) \times 1000}$$ (5 - 59)

式中　X——试样中锡的含量，mg/kg 或 mg/L；

m_1——测定用试样消化液中锡的质量，μg；

m_2——试剂空白液中锡的质量，μg；

m_3——试样质量，g；

V_1——试样消化液的总体积，mL；

V_2——测定用试样消化液的体积，mL。

计算结果保留三位有效数字。

6. 精密度

在重复性条件下获得的两次独立测定结果的绝对差值不得超过算术平均值的 10%。

7. 检出限

为 2mg/kg。

三、气相色谱 - 脉冲火焰光度检测器检测食品中有机锡含量

适用于鱼类、贝类、葡萄酒和酱油等样品中二甲基锡、三甲基锡、一丁基锡、二丁基锡、三丁基锡、一苯基锡、二苯基锡、三苯基锡的测定。

1. 原理

分别以一甲基锡为单取代有机锡的内标，三丙基锡为二、三取代有机锡的内标，采用内标法定量。在试样中定量加入一甲基锡和三丙基锡内标，超声辅助有机锡析出，有机溶剂萃取，提取后的样品溶液经凝胶渗透色谱净化、戊基格林试剂衍生、衍生化产物再经弗罗里硅土(Florisil)净化，采用气相色谱 - 脉冲火焰光度检测器(GC - PFPD)测定。

2. 试剂

① 正己烷(n - C_6H_{14})　分析纯，重蒸。

② 四氢呋喃（$CH_2CH_2OCH_2CH_2$） 分析纯，重蒸。

③ 乙酸乙酯（$CH_3COOC_2H_5$） 分析纯，重蒸。

④ 环己烷（C_6H_{12}） 分析纯，重蒸。

⑤ 甲醇（CH_3OH） 分析纯。

⑥ 乙醚（$C_2H_5OC_2H_5$） 分析纯，重蒸。

⑦ 溴代正戊烷（$n-C_5H_{12}Br$） 分析纯，重蒸。

⑧ 无水硫酸钠（Na_2SO_4） 将无水硫酸钠置干燥箱中，于120℃干燥4h，冷却后，密闭保存。

⑨ 氯化钠（NaCl） 分析纯。

⑩ 浓硫酸（H_2SO_4） 优级纯。

⑪ 浓盐酸（HCl） 优级纯。

⑫ 氢溴酸（HBr） 分析纯。

⑬ 乙二胺四乙酸钠（EDTANa） 分析纯。

⑭ 金属钠（Na） 分析纯。

⑮ 镁条（Mg） 分析纯。

⑯ 环庚三烯酚酮 分析纯，98%。

⑰ 0.03%环庚三烯酚酮正己烷溶液 量取正己烷100mL，加入0.03g环庚三烯酚酮混匀。

⑱ 20%氯化钠溶液 称取氯化钠100g，加入去离子水400mL，摇匀。

⑲ 饱和氯化钠溶液 在100mL去离子水中加入过量氯化钠，水浴使溶解，恢复室温后要求有结晶析出。

⑳ 甲醇-水（4+1）溶液 取甲醇适量，制备甲醇水（4+1）溶液，并根据每1mL甲醇加1μL盐酸的要求，加入盐酸，制得含盐酸的甲醇水（4+1）溶液。

㉑ 井罗里硅土（Florisil） 60~100目，120℃烘烤12h。

㉒ 聚苯乙烯凝胶（bio-beadsS-X_3） 100~200目，或同类产品。

㉓ 有机锡标准品及其标准溶液 见表5-22。除二甲基锡纯度为95%外，其它标准品纯度均大于97%。

表5-22 有机锡标准溶液的制备

组分		贮备溶液的浓度/（μg/L）		中间溶液的浓度	工作溶液的浓度以计
中文名称	英文缩写	含有机锡	以Sn计	（以Sn计）/（ng/L）	（以Sn计）/（ng/L）
三甲基锡	TMT	4.071	2.425	24.25	1.00
二丁基锡	DMT	9.599	5.186	51.86	1.00
一丁基锡	MBT	29.108	10.614	106.14	1.00
一苯基锡	MPhT	71.048	29.884	29.88	1.00
二苯基锡	DPhT	19.208	6.635	66.35	1.00
三苯基锡	TPhT	12.193	1.502	15.02	1.00
一甲基锡	MMT	11.438	5.665	56.65	1.00
三丙基锡	TPrT	19.551	8.188	81.88	1.00

㉔ 内标 一甲基锡和三丙基锡，纯度大于98%。

㉕ 有机锡标准储备溶液 准确称取有机锡的标准品适量，置于10mL容量瓶中，加入甲醇-水(4+1)溶液，并稀释至刻度，于-20℃冰箱保存。

㉖ 内标标准储备溶液 准确称取内标适量，置于10mL容量瓶中，加入甲醇-水(4+1)溶液，并稀释至刻度，于-20℃冰箱保存。

㉗ 有机锡标准及内标中间溶液 量取有机锡标准或内标储备溶液适量，用甲醇-水(4+1)溶液稀释100倍，浓度见表5-22，于-20℃冰箱保存。

㉘ 有机锡标准及内标工作溶液 量取有机锡标准或内标中间溶液适量，置于10mL容量瓶中，加入甲醇-水(4+1)溶液，并稀释至刻度，浓度见表5-20，于-20℃冰箱保存。

3. 仪器

① 气相色谱仪(GC) 配脉冲火焰光度检测器(PFPD)，硫滤光片。

② 色谱柱 DB-I毛细管柱或等效柱，30m×0.25mm×0.25μm。

③ 组织匀浆器。

④ 振荡器。

⑤ 超声波清洗器。

⑥ 旋转蒸发仪。

⑦ 氮气浓缩器。

⑧ 三口瓶、分液漏斗和加热回流装置。

⑨ 加热磁力搅拌装置。

⑩ 玻璃层析柱。

⑪ 分析天平。

⑫ 电加热套。

4. 分析步骤

(1) 戊基格林试剂的合成

① 乙醚重蒸与除水 在60℃下，采用全玻璃蒸馏装置重蒸两次。在蒸馏的乙醚中，加入光洁金属钠片，至不再产生明显气泡后，放置1~2h，继续加入金属钠片，保存备用。

② 溴代正戊烷的重蒸 量取溴代正戊烷100mL，置于蒸馏瓶中，在140℃下，采用全玻璃蒸馏装置重蒸两次，馏分避光收集。

③ 镁屑的制备 取镁条，刮去表面氧化膜，用剪刀剪成约0.3mm的碎屑。

④ 戊基溴化镁合成 称取镁屑10g，置于500mL三口瓶中，加入重蒸乙醚100mL，加入搅拌子。在搅拌下，滴加重蒸溴代正戊烷60mL和重蒸乙醚50mL的混合溶液。当反应发生后，停止搅拌。当反应速度减缓后，继续滴加上述溴代正戊烷和乙醚的混和溶液，并搅拌。调节滴加速度，使反应瓶中的乙醚保持微沸状态。当反应缓慢时，开始加热，保持反应发生，继续加热回流至反应完全，得到戊基溴化镁约200mL，溶液呈灰黑色混浊状态，浓度约为2mol/L。将合成的戊基溴化镁分装至棕色小瓶中，封口，干燥器内保存。

(2) 试样制备

鱼去皮及刺，制成肉糜；贝类试样取可食组织制成匀浆；葡萄酒和酱油试样混和均匀。鱼、贝类试样制成匀浆后，可采用冷冻干燥，制得冻干粉末，置-20℃以下低温保存。

(3) 试样提取

① 贝类试样 准确称取试样适量，加入20%氯化钠溶液5mL，摇匀，加入内标工作溶液50μL，加入15mL氢溴酸-四氢呋喃(1+20)，超声5min。

② 鱼类试样　准确称取试样适量，加入乙二胺四乙酸钠 0.15g 和 20% 氯化钠溶液 5mL，摇匀，加入内标工作溶液 50μL，加入 15mL 氢溴酸 – 四氢呋喃(1 + 20)，超声 5min。如果为湿样，则加入饱和氯化钠溶液 1mL，其他步骤同上。

③ 葡萄酒等液体试样　量取试样 10mL，加入氯化钠 2g，摇匀，加入内标工作溶液 50μL，加入 15mL 氢溴酸 – 四氢呋喃(1 + 20)，超声 5min。

④ 在试样溶液中加入含 0.03% 环庚三烯酚酮的正己烷 25mL，振荡萃取 40min，离心 10min(3000r/min)，静置分层，吸取有机相转移至茄形瓶中。在残渣中加入正己烷 10mL，再振摇萃取 10min，离心 10min(3000r/min)，静置分层，吸取有机相，合并至茄形瓶中，旋转蒸发浓缩至近干。

（4）凝胶渗透色谱净化

① 凝胶柱的装填　取 bio – beadsS – X3 凝胶，用四氢呋喃 – 乙酸乙酯(1 + 1)溶液浸泡过夜。用玻璃棉封堵内径为 1.7 ~ 1.8cm 的玻璃层析柱底端，湿法加入浸泡好的凝胶，凝胶自然沉降，稳定后柱长约为 15cm。

② 净化　在试样提取液的浓缩残渣中加入四氢呋喃 – 乙酸乙酯(1 + 1)溶液 1mL，将此溶液全部转移至层析柱上，用 1mL 四氢呋喃 – 乙酸乙酯(1 + 1)溶液洗涤茄形瓶。待层析柱中试样溶液的液面降至接近凝胶时，将洗液转移至柱上。用四氢呋喃 – 乙酸乙酯(1 + 1)溶液洗脱，弃去 0 ~ 18mL 流分，收集 18 ~ 33mL 流分，收集流出体积 15mL。

（5）戊基溴化镁格林试剂衍生

将上述收集的净化溶液旋转蒸发浓缩至近干，加入环己烷 10mL，继续旋转蒸发浓缩至约 1mL，转移至 10mL 离心管中，用环己烷洗涤茄形瓶，合并在离心管中，并定容至 2mL。用 1mL 注射器加取上述合成的戊基溴化镁格林试剂 0.8mL，旋涡振摇混匀，超声反应 15min后，逐滴加入 0.5mol/L，硫酸约 3mL，振摇，终止衍生反应，旋涡振摇，静置使上层溶液澄清。

（6）弗罗里硅土(Florisil)柱净化

① 层析柱装填　用玻璃棉封堵玻璃柱底端后，从底部到顶端依次装入活化弗罗里硅土(Florisil)1.5g、无水硫酸钠 2g，用正己烷 10mL 预淋洗。

② 净化　将上述衍生溶液的上层有机相全部转移至弗罗里硅土柱上，当柱中溶液的液面降至无水硫酸钠层时，用正己烷洗脱，收集洗脱液 5mL，在氮气流下浓缩至约 1mL 后，转移至另一根填以 1.5g 弗罗里硅土(Florisil)和 2g 无水硫酸钠的层析柱上，用正己烷 – 甲苯(5 + 1)溶液 10mL 预淋洗，用正己烷 – 甲苯(5 + 1)溶液洗脱，收集 10mL 流分。

（7）浓缩

在氮气流下，将净化的试样溶液浓缩至 1mL，转移到进样小瓶中，待 GC 测定。

（8）标准系列溶液的制备

准确称取空白基质适量，加入 5mL20% 氯化钠溶液，分别加入有机锡混合标准工作溶液 0μL、10μL、30μL、50μL、100μL、200μL、400μL 及内标工作溶液 50μL，按试样提取与净化过程要求同步操作。

5. 测定

（1）气相色谱参考条件

① 色谱柱　DB – I 柱(或等效柱)，柱长 30m，膜厚 0.25μm，内径 0.25mm。

② 采用不分流方式，进样口温度 280℃。

③ 柱温程序 开始温度为50℃，保持1min；以10℃/min升温至120℃；以5℃/min升温至200℃；以10℃/min升温至280℃，保持5min。

④ 载气为高纯氮气（纯度>99.999%）。

⑤ 脉冲火焰光度检测器参考条件 模式：硫滤光片；温度：350℃；燃气和助燃气流速：空气$_1$21mL/min，氢气22mL/min，空气$_2$11mL/min；光电倍增管电压：550V；门槛时间：4ms；门延迟时间：5ms，激发电压100mV。

（2）色谱分析

吸取标准溶液和试样溶液各1μL进样，记录色谱图（见图5-3和图5-4），以保留时间定性。

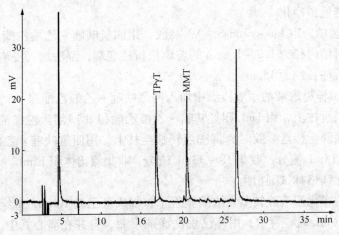

图5-3 溶剂空白色谱图

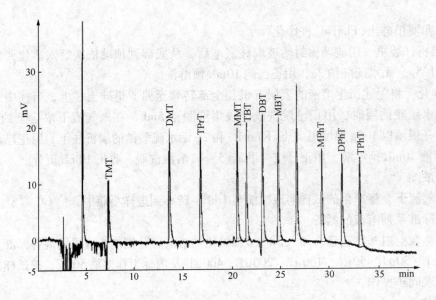

图5-4 混合标准溶液色谱图

注：各化合物浓度以Sn计，为50μg/L

204

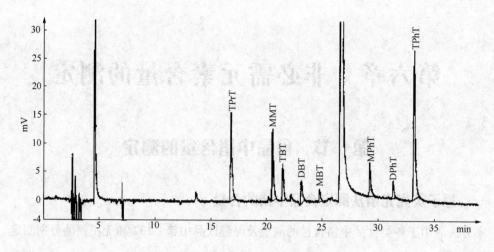

图 5 - 5　实际试样(白蛤)色谱图

6. 结果计算

计算目标化合物与内标的峰面积或峰高比,以标准系列溶液中目标有机锡的进样量(ng)与对应的目标有机锡与内标的峰面积或峰高比绘制线性曲线,根据线性曲线计算试样中有机锡含量,计算见式(5 - 60):

$$X = \frac{A \times f}{m} \qquad (5 - 60)$$

式中　X——试样中目标有机锡含量(以 Sn 计),μg/kg 或 μg/L;

　　　A——试样色谱峰与内标色谱峰的峰高比值对应的目标有机锡质量(以 Sn 计),ng;

　　　f——试样稀释因子;

　　　m——试样的取样量,g/mL。

计算结果保留三位有效数字。

7. 精密度

在重复性条件下获得的两次独立测定结果的绝对差值不得超过算术平均值的 20%,方法测定不确定度见表 5 - 23。

表 5 - 23　以丁基锡为目标化合物,采用本方法测定的不确定度结果

组分	量值/(μg/kg)	相对标准不确定度	扩展不确定度
TBT	1.0	0.052	0.104
DBT	1.0	0.063	0.126
MBT	1.0	0.053	0.106

8. 定量限

二甲基锡 0.5μg/kg、三甲基锡 1.2μg/kg、一丁基锡 1.5μg/kg、二丁基锡 0.5μg/kg、三丁基锡 0.6μg/kg、一苯基锡 1.7μg/kg、二苯基锡 0.8μg/kg、三苯基锡 0.8μg/kg。方法的检测限及定量限与所使用仪器的灵敏度、取样量以及干扰水平等多种因素有关。

第六章　非必需元素含量的测定

第一节　食品中锗含量的测定

一、原子荧光光谱法测定食品中锗的含量

本方法适用于各类食品中锗含量的测定及保健饮品中锗 – 132 和无机锗的分别测定。

1. 原理

① 试样中总锗的测定原理　试样经酸加热消化后，在酸性介质中，试样中四价锗离子与硼氢化钾（KBH_4）或硼氢化钠（$NaBH_4$）反应，生成挥发性锗化氢（GeH_4），由载气（氩气）带入原子化器中进行原子化。在特制锗空心阴极灯照射下，基态锗原子被激发至高能态，在去活化回到基态时，发射出特征波长的荧光，其荧光强度与锗含量成正比，与标准系列比较定量。

② 保健饮品中 β – 羧乙基锗倍半氧化物（即锗 – 132）和无机锗分别测定的原理　由于在一定的反应条件下，保健饮品中无机锗可以与硼氢化钾（KBH）或硼氢化钠（$NaBH_4$）发生反应，生成挥发性锗化氢（GeH_4），而锗 – 132 中的锗以有机结合状态存在，不能发生类似反应，必须在一定的温度和酸度条件下，经有机破坏后方能测定。因此可以在不同的实验条件下，分别测出试样中总锗和无机锗的含量，然后利用减差法算出锗 – 132 的含量。

2. 试剂

① 优级纯的硝酸、硫酸、磷酸、氨水。

② 30% 过氧化氢。

③ 磷酸溶液（1 + 4）　量取 50mL 磷酸，缓缓倒入 200mL 水中，混匀。

④ 氢氧化钾溶液（2g/L）　称取 2g 氢氧化钾，溶于 1000mL 水中混匀。

⑤ 硼氢化钾溶液（8g/L）　称取 8.0g 硼氢化钾，溶于 1000mL 的氧氧化钾（2g/L）溶液，临用现配。

⑥ 锗标准溶液：

a. 准确吸取锗的国家标准溶液（GSBG62073，浓度 1mg/mL）5.0mL，移入 100mL 小烧杯中，加入几滴过氧化氢，几滴氨水，稍加热至微沸，冷却，移入 100mL，容量瓶中，用水稀释至刻度，混匀，此溶液每毫升相当于 50μg 锗。

b. 准确称取光谱纯二氧化锗 0.0720g 于 250mL 烧杯中，加水约 100mL，加热溶解后，移入 1000mL 容量瓶中，加硫酸溶液（1 + 1）10 滴，用水稀释至刻度，混匀，此液每毫升相当于 50μg 锗。

⑦ 锗标准使用液（500ng/mL）　用移液管吸取锗标准溶液（50μg/mL）2mL，移入 200mL 容量瓶中，用水稀释至刻度，混匀，此溶液浓度为 500ng/mL。

3. 仪器

① 双道原子荧光光度计。

② 电热板。

4. 分析步骤

（1）试样制备

粮食、豆类除去杂物和尘土，碾碎过 40 目筛。水果、蔬菜、肉、水产类洗净晾干，取可食部分制成匀浆。

（2）试样中总锗含量的测定

① 试样消化　称取干样 1.00~2.00g 或鲜样 5.00g 于 150mL 锥形瓶中，加 3 粒玻璃珠，加 10~15mL 酸、2.5mL 硫酸，盖表面皿放置过夜。次日置于电热板上加热。在加热过程中，如发现溶液变成棕色，则需将锥形瓶取下，补加少量硝酸。当溶液开始冒白烟时，将锥形瓶取下，稍冷后，缓慢加入 1mL 过氧化氢，加热，重复两次，以除去残留的硝酸，并加热至白烟出现。将锥形瓶取下，冷却。将溶液移入 25mL 容量瓶中，加入 5mL 磷酸，用水稀释至刻度，摇匀。同时做试剂空白试验。待测。

② 标准系列配制　分别吸取 500ng/mL 锗标准使用液 1.00mL、2.00mL、4.00mL、6.00mL、8.00mL 于 50mL 容量瓶中，加入 10mL 磷酸，用水稀释至刻度，混匀。各自相当于锗浓度 10.00ng/mL、20.00ng/mL、40.00ng/mL、60.00ng/mL、80.00ng/mL。

③ 测定

a. 仪器参考条件　负高压：410V；灯电流：80mA；原子化器：温度 875℃，高度 8.5mm；氩气流速：载气 450mL/min，屏蔽气 1000mL/min。测量方式：标准曲线法；读数方式：峰面积；延迟时间：1.0s；读数时间 10.0s；硼氢化钾溶液加液时间：8.0s；标液或样液加液体积：2mL。

b. 测定方法　根据实验情况任选以下一种方法。

浓度测定方式测量　设定好仪器最佳条件，逐步将炉温升至所需温度后，稳定 10~20min 后开始测量。连续用标准系列的零管进样，待读数稳定之后，转入标准系列测量，绘制标准曲线。转入试样测量，分别测定试样空白和试样消化液，每测不同的试样前都应清洗进样器。试样测定结果按式（6-1）计算。

仪器自动计算结果方式测量　设定好仪器最佳条件，在试样参数画面输入以下参数：试样量（g 或 mL），稀释体积（mL），并选择结果的浓度单位，逐步将炉温升至所需温度，稳定后测量。连续用标准系列的零管进样，待读数稳定之后，转入标准系列测量，绘制标准曲线。在转入试样测定之前，再进入空白值测量状态，用试样空白消化液进样，让仪器取其均值作为扣底的空白值。随后即可依次测定试样。测定完毕后，选择"打印报告"即可将测定结果自动打印。

（3）保健饮品中无机锗和锗-132 的分别测定

移取保健饮品或其稀释液 1.0~5.0mL（如体积不足 5mL 应加水补足至 5mL）于 150mL 锥形瓶中，加 3 粒玻璃珠，加 5mL 磷酸，盖上表面皿，在电热板上加热至微沸。将锥形瓶取下，冷却。将溶液移入 25mL 容量瓶中，用水稀释至刻度，摇匀。同时做试剂空白试验。用上述方法分别测定试样中的总锗和无机锗含量，试样中锗-132 的含量（以锗计）为总锗的含量减去无机锗的含量。

5. 结果计算

按式（6-1）计算：

$$X = \frac{(A_1 - A_2) \times V \times 1000}{m \times 1000 \times 1000} \tag{6-1}$$

式中　X——试样中锗的含量，mg/kg 或 mg/L；

　　A_1——试样消化液测定浓度，ng/mL；

　　A_2——试剂空白液测定浓度，ng/mL；

　　V——试样消化液总体积，mL；

　　m——试样质量（体积），g 或 mL。

注：总锗的含量和无机锗的含量按式（6－1）计算，二者的差值再乘以 2.338 即为锗－132 的含量。

6. 精密度

在重复性条件下获得的两次独立测定结果的绝对差值不得超过算术平均值的 5%。

7. 检出限

本方法检出限为 3.5ng/mL；标准曲线线性范围为 0～100ng/mL。测定试样中总锗时，方法回收率为 84.0%～93.2%。测定保健饮品中锗－132 和无机锗时，方法回收率为 94.6%～103.4%。

二、原子吸收分光光度法测定食品中锗的含量

本方法适用于各类食品中总锗含量的测定及保健饮品中无机锗的分离测定。

1. 原理

试样经处理后导入原子吸收分光光度计石墨炉原子化器中，经原子化后，吸收其 265.2nm 共振线，其吸收量与锗量成正比，再与标准系列比较定量。

2. 试剂

① 硝酸（NHO_3）　$\rho_{20} = 1.42$g/mL。

② 盐酸（HCl）　$\rho_{20} = 1.18$g/m。

③ 硝酸（2mol/L）。

④ 2mol/L 氢氧化钾溶液　称取 11.2g 氢氧化钾，加水溶解，并稀释至 100mL。

⑤ 三氯甲烷。

⑥ 氯化铁溶液　称取 20.0g 氯化铁（$FeCl_3 \cdot 6H_2O$），加水溶解，并稀释至 100mL。

⑦ 过氧化氢。

⑧ 钯盐溶液　称取 1.00g 氯化钯（$PdCl_2$）于 100mL 烧杯中，加入 20mL 硝酸，5mL 盐酸，加热溶解后加入 45mL 硝酸，冷后加水至 600mL。

⑨ 锗标准溶液　称取 0.1441g 二氧化锗溶于 50mL 氢氧化钾（2mol/L）溶液中，用水定容至 1000mL，此溶液每毫升相当于 0.1mg 锗。

⑩ 锗标准使用液　吸取 1.00mL 锗标准溶液，置于 100mL 容量瓶中，加 5mL 2mol/L 硝酸溶液，用水稀释至刻度，混匀。此溶液每毫升相当于 1μg 锗。

3. 仪器

① 石墨炉原子吸收分光光度计及锗空心阴极灯。

② 微波消解仪及聚四氟乙烯消解罐。

③ 电热板。

④ 500mL 蒸馏装置。

4. 分析步骤

（1）测定总锗试样处理

① 粮食、豆类、蔬菜、蛋类　粮食、豆类除去杂物，碾碎过 20 目筛，蔬菜洗净晾干，

208

蛋类洗净去壳，取食用部分捣成匀浆。

a. 微波消解　称取均匀试样 0.5 ~ 1.0g，置于微波消解罐内，加 2 ~ 3mL 硝酸，1mL 过氧化氢。旋紧罐盖并调好减压阀后消解。微波消解程序 160W，10min；320W，10min；480W，10min。消解完毕放冷后，拧松减压阀排气，再将消解罐拧开，将溶液移入 25mL 容量瓶中加 2mL 钯盐溶液，加水稀释至刻度，混匀。同时做试剂空白。待测。

b. 电热板消解　称取均匀试样 0.5 ~ 1.0g 于 150mL 锥形瓶，加 15 ~ 20mL 硝酸，盖表面皿放置过夜。置于电热板上加热至近干。放冷后加 2 ~ 4mL 过氧化氢再加热至近干，放冷。将溶液移入 25mL 容量瓶中，加 2mL 钯盐溶液，加水稀释至刻度，混匀。同时做试剂空白。待测。

② 饮料、固体饮料及矿泉水　称取均匀试样 0.5 ~ 1g 于 25mL 比色管中，在再加 2mL 硝酸，沸水浴中加热 10min。放冷后加 2mL 钯盐溶液，用水稀释至刻度，同时做试剂空白。待测。

（2）测定保健饮品中无机锗饮品处理

吸取 2mL 均匀试样于 500mL 蒸馏瓶中，加入 20mL 盐酸，2mL 水，1mL 氯化铁溶液。轻轻摇匀浸泡，室温下放置 20min。装上冷凝管，接收管中预先装有 50mL 三氯甲烷作吸收液。采用冰浴冷却吸收液。小火加热蒸馏瓶，使溶液保持微沸。接收管中应维持有连续的小气泡，蒸馏 25min 后取出吸收管。

将吸收液移入 120mL 分液漏斗中，加入 2mL 盐酸轻轻振摇 120 次，静置分层。分出三氯甲烷于另一分液漏斗中，弃去盐酸层；加 10mL 水于三氯甲烷提取液中，振摇 120 次，分出水溶液于 25mL 容量瓶中，再加 10mL 水重复萃取一次。合并两次水溶液，加入 0.5mL 硝酸，2mL 钯盐溶液，加水稀释至刻度，混匀。同时做试剂空白。待测。

（3）测定

精密吸取 0.00mL、1.00mL、2.00mL、3.00mL、4.00mL、5.00mL 锗标准使用液，分别置于 25mL 容量瓶中，各加 0.5mL 硝酸，2mL 钯盐溶液，加水至刻度（各容量瓶中每毫升相当于 0ng、40ng、80ng、120ng、160ng、200ng 锗）。

将处理后的试样液，试剂空白和标准溶液分别导入石墨炉原子化器进行测定。测定条件：波长 265.2nm，狭缝 0.4nm，灯电流 10mA，热解石墨管。石墨炉升温程序：干燥，80 ~ 120℃，30s；120 ~ 300℃，20s；灰化，300℃，30s；1200℃，20s；原子化，2700℃，3s（可根据仪器型号，调至最佳条件）。以锗含量对应的吸光度，绘制标准曲线比较。

5. 结果计算

按式（6 - 2）计算：

$$X = \frac{(A_1 - A_2) \times V \times 1000}{m \times 1000 \times 1000} \tag{6 - 2}$$

式中　X——试样中锗的含量，mg/kg 或 mg/L；

　　A_1——试样液测定浓度，ng/mL；

　　A_2——空白液测定浓度，ng/mL；

　　V——试样质量总体积，mL；

　　m——试样质量或体积，g 或 mL。

按上述方法分别测定试液中无机锗和总锗的含量，总锗的含量减去无机锗的含量为样品中有机锗含量。

6. 检出限

为 40μg；线性范围为 0 ～ 200ng/mL。

三、苯基荧光酮分光光度法测定食品中锗的含量

本方法适用于各类食品中无机锗和有机锗含量的测定。

1. 原理

试样经处理后，利用带［COOH］基的 717# 阴离子树脂能吸附有机锗化合物而不吸附无机锗化合物的作用从而达到将有机锗化合物与无机锗分离。吸附的有机锗化合物用 120g/L 氢氧化钠溶液解析并经硝酸 – 硫酸消化后再与苯基荧光酮反应显色于 512nm 处进行比色定量。

2. 试剂

① 无机锗标准液 称取氧化锗（GeO_2，含量 99.999%）0.144g，用 4g/L 氢氧化钠溶液 10mL 加温溶解，再加入 10mL 盐酸（1 + 119）进行中和，并在容量瓶中加水稀释至 100mL，此溶液每毫升含 1mg 锗（Ge）。临用时加水稀释至每毫升含 1μg 锗（Ge）。

② 有机锗（Ge – 132）标准液 称取有机锗（Ge – 132，含量 99.99%）0.234g，用 4g/L 氢氧化钠溶液 10mL 加温溶解，加入 10mL 盐酸溶液（1 + 119），并在容量瓶中用水稀释至 100mL，此溶液每毫升含 1mg 锗（Ge）。临用时用水稀释至每毫升含 1μg 锗（Ge）［若结果乘以 2.34 则为有机锗（Ge – 132）量］。

③ 苯基荧光酮溶液 称取苯基荧光酮 60mg 用 8mL，盐酸（ρ_{20} = 1.18g/mL）及乙醇溶解，并稀释至 100mL。

④ 盐酸溶液（1 + 4）。

⑤ 氢氧化钠溶液（120g/L）。

⑥ 醋酸溶液（1 + 5）。

⑦ 四氯化碳。

⑧ 阴离子交换树脂柱制备 取约 20g 717# 强碱性阴离子树脂，经处理转型为（CH_3COO）型，装柱备用。

⑨ 阳离子树脂柱制备 取约 20g Amberlite CG – 1201 树脂，经处理后装柱备用。

3. 仪器

分光光度计

4. 分析步骤

（1）试样处理

① 矿泉水类试样 取试样一定量［约 0.5 ～ 10mg 锗（Ge）］，直接通过阴离子树脂交换柱，流速控制在 15 滴/min 左右，弃最初流出液约 10mL 后，将滤液收集于 100mL 容量瓶，并用水淋洗柱至滤液为 100mL（此水洗液供测定无机锗用），排出多余的水溶液后加入 120g/L 氢氧化钠溶液 30mL，流速仍为 15 滴/min 左右，并继续用水淋洗至滤液为 50mL 为止。取上述氢氧化钠滤液 10.0mL，于凯氏瓶中加硫酸（ρ_{20} = 1.84g/mL）5mL，硝酸（ρ_{20} = 1.40g/mL）5mL 进行消化，最后稀释至 100mL，取 1 ～ 5mL 进行显色测定。

② 含色素、糖，蛋白质的液体试样 取试样一定最［约含 0.5 ～ 1.0μg 锗（Ge）］以 10 滴/min 速度先通过阳离子交换柱，并以水淋洗收集滤液大约 50mL 为止，然后将滤液按前述方法进行。

③ 固体试样 粉碎过筛（80 目），称取 1 ～ 5g 试样［约含 0.5 ～ 1.0mg 锗（Ge）］，加入 20mL 盐酸（1 + 119）于 60℃ 保温 2h，加入 4g/L 氢氧化钠溶液 20mL，混匀后离心（3000r/min）

15min，分取上清液，再用约 10mL 水洗沉淀一次，合并上清液，然后按上述法进行。

（2）显色测定

① 无机锗含量的测定　吸取以上制备的水洗液 1～5mL[视锗（Ge）含量而定]于 50mL 分液漏斗中加水补足至 5.0mL，再加入 15mL 盐酸（$\rho_{20}=1.18g/mL$），放置约 10min 后，加入临时配制的 100g/L 亚硫酸氢钠溶液 0.1mL，混匀后再加四氯化碳溶液 10.0mL，振摇约 2min，待分层后，分取四氯化碳层备用。取苯基荧光酮溶液 1mL 于 10mL 比色管中，加入上述四氯化碳溶液 5.0mL，并用乙醇补足至 10mL，混匀，放置 20min 后于 512nm 波长进行比色。

② 有机锗含量的测定　吸取消化液 1～5mL[视锗（Ge）含量而定]于 50mL 分液漏斗中，加水补足至 5.0mL，以下同"无机锗的测定方法"。

（3）标准曲线的制作

吸取无机锗标准溶液（1μg/mL）0.0mL、0.5mL、1.0mL、2.0mL、3.0mL、4.0mL、5.0mL，按上述操作显色，配制各标准曲线。

5. 计算结果

（1）无机锗计算见式（6-3）：

$$X=\frac{(A_1-A_2)\times 1000}{m\times(V_1/V_2)\times 1000}\qquad(6-3)$$

式中　X——试样中锗的含量，mg/kg 或 mg/L；

　　A_1——测定溶液中锗的浓度，μg；

　　A_2——空白溶液中锗的浓度，μg；

　　V_1——测定时所取溶液量，mL；

　　V_2——总稀释体积，mL；

　　m——测定时所取试样量，g 或 mL。

（2）有机锗计算见式（6-4）：

$$X=\frac{(A_1-A_2)\times 1000}{m\times(V_1/V_2)\times 1000}\qquad(6-4)$$

式中　X——试样中有机锗的含量，mg/kg 或 mg/L；

　　A_1——测定溶液中锗的浓度，μg；

　　A_2——空白溶液中锗的浓度，μg；

　　V_1——测定时所取溶液量，mL；

　　V_2——总稀释体积，mL。

6. 精密度

在重复性条件下获得的两次独立测定结果的绝对差值不得超过算术平均值的 10%。

7. 检出限

检出限（以 Ge 计）为 0.25μg；标准曲线线性范围为 0～5μg；回收率为 88.0%～105%。

第二节　食品中砷含量的测定

一、氢化物原子荧光光度法测定食品中总砷的含量

1. 原理

食品试样经湿消解或干灰化后，加入硫脲使五价砷预还原为三价砷，再加入硼氢化钠或

硼氢化钾使还原生成砷化氢，由氩气载入石英原子化器中分解为原子态砷，在特制砷空心阴极灯的发射光激发下产生原子荧光，其荧光强度在固定条件下与被测液中的砷浓度成正比，与标准系列比较定量。

2. 试剂

① 氢氧化钠溶液（2g/L）。

② 硼氢化钠（NaBH₄）溶液（10g/L） 称取硼氢化钠 10.0g，溶于 2g/L 氢氧化钠溶液 1000mL 中，混匀。此液于冰箱可保存 10d，取出后应当日使用（也可称取 14g 硼氢化钾代替 10g 硼氢化钠）。

③ 硫脲溶液（50g/L）。

④ 硫酸溶液（1+9） 量取硫酸 100mL，小心倒入 900mL 水中，混匀。

⑤ 氢氧化钠溶液（100g/L）（供配制砷标准溶液用，少量即够）。

⑥ 砷标准溶液：

a. 砷标准储备液 含砷 0.1mg/mL。精确称取于 100℃ 干燥 2h 以上的三氧化二砷（As₂O₃）0.1320g，加 100g/L 氢氧化钠 10mL 溶解，用适量水转入 1000mL 容量瓶中，加（1+9）硫酸 25mL，用水定容至刻度。

b. 砷使用标准液 含砷 1μg/mL。吸取 1.00mL 砷标准储备液于 100mL 容量瓶中，用水稀释至刻度。此液应当日配制使用。

⑦ 湿消解试剂 硝酸、硫酸、高氯酸。

⑧ 干灰化试剂 六水硝酸镁（150g/L）、氯化镁、盐酸（1+1）。

3. 仪器

原子荧光光度计。

4. 分析步骤

（1）试样消解

① 湿法消解 固体试样称样 1~2.5g，液体试样称样 5~10g（或 mL）（精确至小数点后第二位），置于 50~100mL 锥形瓶中，同时做两份试剂空白。加硝酸 20~40mL，硫酸 1.25mL，摇匀后放置过夜，置于电热板上加热消解。若消解液处理至 10mL 左右时仍有未分解物质或色泽变深，取下放冷，补加硝酸 5~10mL，再消解至 10mL 左右观察，如此反复两三次，注意避免炭化。如仍不能消解完全，则加入高氯酸 1~2mL，继续加热至消解完全后，再持续蒸发至高氯酸的白烟散尽，硫酸的白烟开始冒出。冷却，加水 25mL，再蒸发至冒硫酸白烟。冷却，用水将内容物转入 25mL 容量瓶或比色管中，加入 50g/L 硫脲 2.5mL，补水至刻度并混匀，备测。

② 干法灰化 一般应用于固体试样。称取 1~2.5g（精确至小数点后第二位）于 50~100mL 坩埚中，同时做两份试剂空白。加 150g/L 硝酸镁 10mL 混匀，低热蒸干，将氧化镁 1g 仔细覆盖在干渣上，于电炉上炭化至无黑烟，移入 550℃ 高温炉灰化 4h。取出放冷，小心加入（1+1）盐酸 10mL 以中和氧化镁并溶解灰分，转入 25mL 容量瓶或比色管中，向容量瓶或比色管中加入 50g/L 硫脲 2.5mL，另用（1+9）硫酸分次涮洗坩埚后转出合并，直至 25mL 刻度，混匀备测。

（2）标准系列制备

取 25mL 容量瓶或比色管 6 支，依次准确加入 1μg/mL 砷使用标准液 0mL、0.05mL、0.2mL、0.5mL、2.0mL、5.0mL（各相当于砷浓度 0ng/mL、2.0ng/mL、8.0ng/mL、20.0ng/mL、

212

80. 0ng/mL、200.0ng/mL)各加(1+9)硫酸12.5mL，50g/L硫脲2.5mL，补加水至刻度，混匀备测。

（3）测定

① 仪器参考条件　光电倍增管电压：400V；砷空心阴极灯电流：35mA；原子化器：温度820~850℃；高度：7mm；氩气流速：载气600mL/min；测量方式：荧光强度或浓度直读；读数方式：峰面积；读数延迟时间：1s；读数时间：15s；硼氢化钠溶液加入时间：5s；标液或样液加入体积：2mL。

② 浓度方式测量　如直接测荧光强度，则在开机并设定好仪器条件后，预热稳定约20min。按"B"键进入空白值测量状态，连续用标准系列的"0"管进样，待读数稳定后，按空档键记录下空白值（即让仪器自动扣底）即可开始测量。先依次测标准系列（可不再测"0"管）。标准系列测完后应仔细清洗进样器（或更换一支），并再用"0"管测试使读数基本回零后，才能测试剂空白和试样，每测不同的试样前都应清洗进样器，记录（或打印）下测量数据。

③ 仪器自动方式　利用仪器提供的软件功能可进行浓度直读测定，为此在开机、设定条件和预热后，还需输入必要的参数，即：试样量（g或mL）；稀释体积（mL）；进祥体积（mL）；结果的浓度单位；标准系列各点的重复测量次数；标准系列的点数（不计零点），及各点的浓度值。首先进入空白值测量状态，连续用标准系列的"0"管进样以获得稳定的空白值并执行自动扣底后，再依次测标准系列（此时"0"管需再测一次）。在测样液前，需再进入空白值测量状态，先用标准系列"0"管测试使读数复原并稳定后，再用两个试剂空白各进一次样，让仪器取其均值作为扣底的空白值，随后即可依次测试样。测定完毕后退回主菜单，选择"打印报告"即可将测定结果打出。

5. 结果计算

如果采用荧光强度测量方式，则需先对标准系列的结果进行回归运算（由于测量时"0"管强制为0，故零点值应该输入以占据一个点位），然后根据回归方程求出试剂空白液和试样被测液的砷浓度，再按式(6-4)计算试样的砷含量：

$$X = \frac{(c_1 - c_0)}{m} \times \frac{25}{1000} \qquad (6-4)$$

式中　X——试样的砷含量，mg/kg或mg/L；

　　　c_1——试样被测液的浓度，ng/mL；

　　　c_0——试剂空白液的浓度，ng/mL；

　　　m——试样的质量或体积，g或mL。

计算结果保留两位有效数字。

6. 精密度

湿消解法在重复性条件下获得的两次独立测定结果的绝对差值不得超过算术平均值的10%。干灰化法在重复性条件下获得的两次独立测定结果的绝对差值不得超过算术平均值的15%。

7. 准确度

湿消解法测定的回收率为90%~105%；干灰化法测定的回收率为85%~100%。

8. 检出限

检出限为0.01mg/kg。方法线性范围为0~200ng/mL。

二、银盐法测定测定食品中总砷的含量

1. 原理

试样经消化后，以碘化钾、氯化亚锡将高价砷还原为三价砷，然后与锌粒和酸产生的新生态氢生成砷化氢，经银盐溶液吸收后，形成红色胶态物，与标准系列比较定量。

2. 试剂

① 硝酸（NHO_3）　$\rho_{20} = 1.42g/mL$。

② 硫酸（H_2SO_4）　$\rho_{20} = 1.84g/mL$。

③ 盐酸（HCl）　$\rho_{20} = 1.18g/mL$。

④ 氧化镁。

⑤ 无砷锌粒。

⑥ 硝酸 – 高氯酸混合溶液（4 + 1）　量取 80mL 硝酸，加 20mL 高氯酸，混匀。

⑦ 硝酸镁溶液（150g/L）　称取 15g 硝酸镁 [$Mg(NO_3)_2 \cdot 6H_2O$] 溶于水中，并稀释至 100mL。

⑧ 碘化钾溶液（150g/L）　贮存于棕色瓶中。

⑨ 酸性氯化亚锡溶液　称取 40g 氯化亚锡（$SnCl_2 \cdot 2H_2O$），加盐酸溶解并稀释至 100mL，加入数颗金属锡粒。

⑩ 盐酸（1 + 1）　量取 50mL 盐酸加水稀释至 100mL。

⑪ 乙酸铅溶液（100g/L）。

⑫ 乙酸铅棉花　用乙酸铅溶液（100g/L）浸透脱脂棉后，压除多余溶液，并使疏松，在 100℃ 以下干燥后，贮存于玻璃瓶中。

⑬ 氢氧化钠溶液（200g/L）。

⑭ 硫酸（6 + 94）　量取 6.0mL 硫酸加于 80mL 水中，冷后再加水稀释至 100mL。

⑮ 二乙基二硫代氨基甲酸银 – 三乙醇胺 – 三氯甲烷溶液　称取 0.25g 二乙基二硫代氨基甲酸银 [$(C_2H_5)_2NCS_2Ag$] 置于乳钵中，加少量三氯甲烷研磨，移入 100mL 量筒中，加入 1.8mL 三乙醇胺，再用三氯甲烷分次洗涤乳钵，洗液一并移入量筒中，再用三氯甲烷稀释至 100mL，放置过夜。滤入棕色瓶中贮存。

⑯ 砷标准储备液　准确称取 0.1320g 在硫酸干燥器中干燥过的或在 100℃ 干燥 2h 的三氧化二砷，加 5mL 氢氧化钠溶液（200g/L），溶解后加 25mL 硫酸（6 + 94），移入 1000mL 容量瓶中，加新煮沸冷却的水稀释至刻度，贮存于棕色玻塞瓶中。此溶液每毫升相当于 0.10mg 砷。

⑰ 砷标准使用液　吸取 1.0mL 砷标准储备液，置于 100mL 容量瓶中，加 1mL 硫酸（6 + 94），加水稀释至刻度，此溶液每毫升相当于 1.0μg 砷。

3. 仪器

① 分光光度计。

② 测砷装置　见图 6 – 1。

a. 100 ~ 150mL 锥形瓶　19 号标准口。

b. 导气管　管口 19 号标准口或经碱处理后洗净的橡皮塞与锥形瓶密合时不应漏气。管的另一端管径为 1.0mm。

c. 吸收管　10mL 刻度离心管作吸收管用。

214

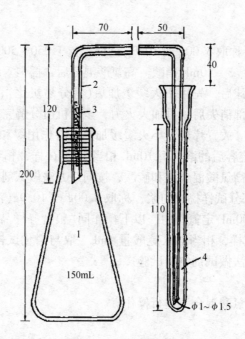

图 6-1 测砷的装置图

1—150mL 锥形瓶；2—导气管；3—乙酸铅棉花；4—10mL 刻度离心管

4. 试样处理

（1）硝酸－高氯酸－硫酸法

① 粮食、粉丝、粉条、豆干制品、糕点、茶叶等及其他含水分少的固体食品　称取 5.00g 或 10.00g 的粉碎试样，置于 250～500mL 定氮瓶中，先加水少许使湿润，加数粒玻璃珠、10～15mL 硝酸－高氯酸混合液，放置片刻，小火缓缓加热，待作用缓和，放冷。沿瓶壁加入 5mL 或 10mL 硫酸，再加热，至瓶中液体开始变成棕色时，不断沿瓶壁滴加硝酸－高氯酸混合液至有机质分解完全。加大火力，至产生白烟，待瓶口白烟冒净后，瓶内液体再产生白烟为消化完全，该溶液应澄明无色或微带黄色，放冷（在操作过程中应注意防止爆沸或爆炸）。加 20mL 水煮沸，除去残余的硝酸至产生白烟为止，如此处理两次，放冷。将冷后的溶液移入 50mL 或 100mL 容量瓶中，用水洗涤定氮瓶，洗液并入容量瓶中，放冷，加水至刻度，混匀。定容后的溶液每 10mL 相当于 1g 试样，相当于加入硫酸量 1mL。取与消化试样相同量的硝酸－高氯酸混合液和硫酸，按同一方法做试剂空白试验。

② 蔬菜、水果　称取 25.00g 或 50.00g 洗净打成匀浆的试样，置于 250～500mL 定氮瓶中，以下操作同"粮食等样品"的样品的处理方法。定容后的溶液每 10mL 相当于 5g 试样，相当加入硫酸量 1mL。取与消化试样相同量的硝酸－高氯酸混合液和硫酸，按同一方法做试剂空白试验。

③ 酱、酱油、醋、冷饮、豆腐、腐乳、酱腌菜等　称取 10.00g 或 20.00g 试样（或吸取 10.0mL 或 20.0mL 液体试样），置于 250～500mL 定氮瓶中，以下操作同"粮食等样品"的处理方法。定容后的溶液每 10mL 相当于 2g 或 2mL 试样，相当加入硫酸量 1mL。取与消化试样相同量的硝酸－高氯酸混合液和硫酸，按同一方法做试剂空白试验。

④ 含酒精性饮料或含二氧化碳饮料　吸取 10.00mL 或 20.00mL 试样，置于 250～500mL 定氮瓶中，以下操作同"粮食等样品"的处理方法。定容后的溶液每 10mL 相当于 2mL 试样，相当加入硫酸量 1mL。取与消化试样相同量的硝酸－高氯酸混合液和硫酸，按同一方

215

法做试剂空白试验。

⑤ 含糖量高的食品　称取 5.00g 或 10.0g 试样，置于 250~500mL 定氮瓶中，先加少许水使温润，加数粒玻璃珠、5~10mL 硝酸－高氯酸混合后，摇匀。缓缓加入 5mL 或 10mL 硫酸，待作用缓和停止起泡沫后，先用小火缓缓加热（糖分易炭化），不断沿瓶壁补加硝酸－高氯酸混合液，待泡沫全部消失后，再加大火力，至有机质分解完全，发生白烟，溶液应澄明无色或微带黄色，放冷。放置片刻，小火缓缓加热，待作用缓和，放冷。以下操作同"粮食等样品"的处理方法。定容后的溶液每 10mL 相当于 1g 试样，相当加入硫酸量 1mL。取与消化试样相同量的硝酸－高氯酸混合液和硫酸，按同一方法做试剂空白试验。

⑥ 水产品　取可食部分试样捣成匀浆，称取 5.00g 或 10.0g（海产藻类、贝类可适当减少取样量），置于 250~500mL 定氮瓶中，以下操作同"粮食等样品"的处理方法。定容后的溶液每 10mL 相当于 1g 试样，相当加入硫酸量 1mL。取与消化试样相同量的硝酸－高氯酸混合液和硫酸，按同一方法做试剂空白试验。

（2）硝酸－硫酸法

以硝酸代替硫酸－高氯酸混合液进行操作。

（3）灰化法

① 粮食、茶叶及其他含水分少的食品　称取 5.00g 磨碎试样，置于坩埚中，加 1g 氧化镁及 10mL 硝酸镁溶液，混匀，浸泡 4h。于低温或置水浴锅上蒸干，用小火炭化至无烟后移入马弗炉中加热至 550℃，灼烧 3~4h，冷却后取出。加 5mL 水湿润后，用细玻棒搅拌，再用少量水洗下玻棒上附着的灰分至坩埚内。放水浴上蒸干后移入马弗炉 550℃ 灰化 2h，冷却后取出。加 5mL 水湿润灰分，再慢慢加入 10mL 盐酸（1+1），然后将溶液移入 50mL 容量瓶中，坩埚用盐酸（1+1）洗涤 3 次，每次 5mL，再用水洗涤 3 次，每次 5mL，洗液均并入容量瓶中，再加水至刻度，混匀。定容后的溶液每 10mL 相当于 1g 试样，其加入盐酸量不少于（中和需要量除外）1.5mL。全量供银盐法测定时，不必再加盐酸。按同一操作方法做试剂空白试验。

② 植物油　称取 5.00g 试样，置于 50mL 瓷坩埚中，加 10g 硝酸镁，再在上面覆盖 2g 氧化镁，将坩埚置小火上加热，至刚冒烟，立即将坩埚取下，以防内容物溢出，待烟小后，再加热至炭化完全。将坩埚移至马弗炉中，550℃ 以下灼烧至灰化完全，冷后取出。加 5mL 水湿润灰分，再缓缓加入 15mL 盐酸（1+1），然后将溶液移入 50mL 容量瓶中，坩埚用盐酸（1+1）洗涤 5 次，每次 5mL，洗液均并入容量瓶中，加盐酸（1+1）至刻度，混匀。定容后的溶液每 10mL 相当于 1g 试样，相当于加入盐酸量（中和需要量除外）1.5mL。按同一操作方法做试剂空白试验。

③ 水产品　取可食部分试样捣成匀浆，称取 5.00g，置于坩埚中，加 1g 氧化镁及 10mL 硝酸镁溶液，混匀，浸泡 4h。于低温或置水浴锅上蒸干，以下操作同"粮食等样品"的处理方法。

5. 分析步骤

吸取一定量的消化后的定容溶液（相当于 5g 试样）及同量的试剂空白液，分别置于 150mL 锥形瓶中，补加硫酸至总量为 5mL，加水至 50~55mL。

① 标准曲线的绘制　吸取 0mL、2.0mL、4.0mL、6.0mL、8.0mL、10.0mL 砷标准使用液（相当 0mL、2.0mL、4.0mL、6.0mL、8.0mL、10.0μg），分别置于 150mL 锥形瓶中，加水至 40mL，再加 10mL 硫酸（1+1）。

216

② 湿法消化液的测定　于试样消化液、试剂空白液及砷标准溶液中各加3mL碘化钾溶液（150g/L）、0.5mL酸性氯化亚锡溶液，混匀，静置15min。各加入3g锌粒，立即分别塞上装有乙酸铅棉花的导气管，并使管尖端插入盛有4mL银盐溶液的离心管中的液面下，在常温下反应45min后，取下离心管，加三氯甲烷补足4mL。用1cm比色杯，以零管调节零点，于波长520nm处测吸光度，绘制标准曲线。

③ 灰化法消化液的测定　取灰化法消化液及试剂空白液分别置于150mL锥形瓶中。吸取0mL、2.0mL、4.0mL、6.0mL、8.0mL、10.0mL砷标准使用液（相当0μg、2.0μg、4.0μg、6.0μg、8.0μg、10.0μg砷），分别置于150mL锥形瓶中，加水至43.5mL，再加6.5mL盐酸。于试样消化液、试剂空白液及砷标准溶液中各加3mL碘化钾溶液（150g/L）、0.5mL酸性氯化亚锡溶液，混匀，静置15min。以下操作同"湿法消化液"的测定方法。

6. 结果计算

试样中砷的含量按式（6-5）进行计算。

$$X = \frac{(A_1 - A_2) \times 1000}{m \times (V_2/V_1) \times 1000} \qquad (6-5)$$

式中　X——试样中砷的含量，mg/kg 或 mg/L；

A_1——测定用试样消化液中砷的质量，μg；

A_2——试剂空白液中砷的质量，μg；

m——试样质量或体积，g 或 mL；

V_1——试样消化液的总体积，mL；

V_2——测定用试样消化液的体积，mL。

计算结果保留两位有效数字。

7. 精密度

在重复性条件下获得的两次独立测定结果的绝对差值不得超过算术平均值的10%。

8. 检出限

检出限为0.2mg/kg。

三、砷斑法测定食品中总砷的含量

1. 原理

试样经消化后，以碘化钾、氯化亚锡将高价砷还原为三价砷，然后与锌粒和酸产生的新生态氢生成砷化氢，再与溴化汞试纸生成黄色至橙色的色斑，与标准砷斑比较定量。

2. 试剂

① 同银盐法1~17。

② 溴化汞-乙醇溶液（50g/L）　称取25g溴化汞用少量乙醇溶解后，再定容至500mL。

③ 溴化汞试纸　将剪成直径2cm的圆形滤纸片，在溴化汞乙醇溶液（50g/L）中浸渍1h以上，保存于冰箱中，临用前取出置暗处阴干备用。

3. 仪器

测砷装置见图6-2。

① 100mL锥形瓶。

② 橡皮塞　中间有一孔。

③ 玻璃测砷管　全长18cm，上粗下细，自管口向下至14cm一段的内径为6.5mm，自

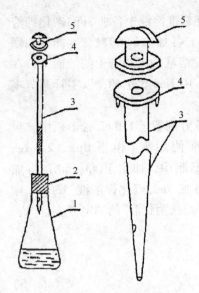

图 6-2　测砷装置图
1—锥形瓶；2—橡皮塞；
3—测砷管；4—管口；5—玻璃帽

此以下逐渐狭细，末端内径约为 1~3mm，近末端 1cm 处有一孔，直径 2mm，狭细部分紧密插入橡皮塞中，使下部伸出至小孔恰在橡皮塞下面。上部较粗部分装放乙酸铅棉花，长 5~6cm，上端至管口处至少 3cm，测砷管顶端为圆形扁平的管口，上面磨平，下面两侧各有一钩，为固定玻璃帽用。

④ 玻璃帽　下面磨平，上面有弯月形凹槽，中央有圆孔，直径 6.5mm。使用时将玻璃帽盖在测砷管的管口，使圆孔互相吻合，中间夹一溴化汞试纸光面向下，用橡皮圈或其他适宜的方法将玻璃帽与测砷管固定。

4. 试样消化

同银盐法的试样处理方法。

5. 分析步骤

吸取一定量试样消化后定容的溶液（相当于 2g 粮食，4g 蔬菜、水果，4mL 冷饮，5g 植物油，其他试样参照此量）及同量的试剂空白液分别置于测砷瓶中，加 5mL 碘化钾溶液（150g/L）、5 滴酸性氯化亚锡溶液及 5mL 盐酸（试样如用硝酸-高氯酸-硫酸或硝酸-硫酸消化液，则要减去试样中硫酸毫升数；如用灰化法消化液，则要减去试样中盐酸毫升数），再加适量水至 35mL（植物油不再加水）。吸取 0mL、0.5mL、1.0mL、2.0mL 砷标准使用液（相当 0μg、0.5μg、1.0μg、2.0μg 砷），分别置于测砷瓶中，各加 5mL 碘化钾溶液（150g/L）、5 滴酸性氯化亚锡溶液及 5mL 盐酸，各加水至 35mL（测定植物油时加水至 60mL）。于盛试样消化液、试剂空白液及砷标准溶液的测砷瓶中各加 3g 锌粒，立即塞上预先装有乙酸铅棉花及溴化汞试纸的测砷管，于 25℃ 放置 1h，取出试样及试剂空白的溴化汞试纸与标准砷斑比较。

6. 结果计算

同银盐法。

7. 精密度

在重复性条件下获得的两次独立测定结果的绝对差值不得超过算术平均值的 20%。

8. 检出限

检出限为 0.25mg/kg。

四、硼氢化物还原比色法测定食品中总砷的含量

1. 原理

试样经消化，其中砷以五价形式存在。当溶液氢离子浓度大于 1.0mol/L 时，加入碘化钾-硫脲并结合加热，能将五价砷还原为三价砷。在酸性条件下，硼氢化钾将三价砷还原为负三价，形成砷化氢气体，导入吸收液中呈黄色，黄色深浅与溶液中砷含量成正比。与标准系列比较定量。

2. 试剂

① 碘化钾（500g/L）+硫脲溶液（50g/L）（1+1）。

② 氢氧化钠溶液（400g/L）和氢氧化钠溶液（100g/L）。

③ 硫酸(1+1)。

④ 硝酸银溶液(8g/L) 称取4.0g硝酸银于500mL烧杯中，加入适量水溶解后加入30mL硝酸，加水至500mL，贮于棕色瓶中。

⑤ 聚乙烯醇溶液(4g/L) 称取0.4g聚乙烯醇(聚合度1500~1800)于小烧杯中，加入100mL水，沸水浴中加热，搅拌至溶解，保温10min，取出放冷备用。

⑥ 吸收液 取硝酸银溶液(8g/L)和聚乙烯醇溶液(4g/L)各一份，加入两份体积的乙醇(95%)，混匀作为吸收液。使用时现配。

⑦ 硼氢化钾片 将硼氢化钾与氯化钠按1:4质量比混合磨细，充分混匀后在压片机上制成直径10mm，厚4mm的片剂，每片为0.5g。避免在潮湿天气时压片。

⑧ 乙酸铅(100g/L)棉花 将脱脂棉泡于乙酸铅溶液(100g/L)中，数分钟后挤去多余溶液，摊开棉花，800℃烘干后贮于广口玻璃瓶中。

⑨ 柠檬酸(1.0mol/L)–柠檬酸铵(1.0mol/L) 称取192g柠檬酸、243g柠檬酸铵，加水溶解后稀释至1000mL。

⑩ 砷标准储备液 称取经105℃干燥1h并置干燥器中冷却至室温的三氧化二砷(As_2O_3)0.1320g于100mL烧杯中，加入10mL氢氧化钠溶液(2.5mol/L)，待溶解后加入5mL高氯酸、5mL硫酸，置电热板上加热至冒白烟，冷却后，转入1000mL容量瓶中，并用水稀释定容至刻度。此溶液每毫升含砷(五价)0.100mg。

⑪ 砷标准应用液 吸取1.00mL砷标准储备液于100mL容量瓶中，加水稀释至刻度。此溶液每毫升含砷(五价)1.00μg。

⑫ 甲基红指示剂(2g/L) 称取0.1g甲基红溶解于50mL乙醇(95%)中。

3. 仪器

① 分光光度计。

② 砷化氢发生装置。

4. 分析步骤

(1) 试样处理

① 粮食类食品 称取5.00g试样于250mL三角烧瓶中，加入5.0mL高氯酸，20mL硝酸、2.5mL硫酸(1+1)，放置数小时后(或过夜)，置电热板上加热，若溶液变为棕色，应补加硝酸使有机物分解完全，取下放冷，加15mL水，再加热至冒白烟，取下，用20mL水分数次将消化液定量转入100mL砷化氢发生瓶中。同时作试剂空白。

② 蔬菜、水果类 称取10.00~20.00g试样于250mL三角烧瓶中，加入3mL高氯酸、20mL硝酸、2.5mL硫酸(1+1)。以下按"粮食类食品"操作。

③ 动物性食品(海产品除外) 称取5.00~10.00g试样于250mL三角烧瓶中，以下操作同"粮食类食品"处理方法。

④ 海产品 称取0.100~1.00g试样于250mL三角烧瓶中，加入2mL高氯酸、10mL硝酸、2.5mL硫酸(1+1)，以下操作同"粮食类食品"处理方法。

⑤ 含乙醇或二氧化碳的饮料 吸取10.0mL试样于250mL三角烧瓶中，低温加热除去乙醇或二氧化碳后加入2mL高氯酸、10mL硝酸、2.5mL硫酸(1+1)，以下操作同"粮食类食品"处理方法。

⑥ 酱油类食品 吸取5.0~10.0mL代表性试样于250mL三角烧瓶中，加入5mL高氯酸、20mL硝酸、2.5mL硫酸(1+1)。以下操作同"粮食类食品"处理方法。

（2）标准系列的制备

于6支100mL砷化氢发生瓶中，依次加入砷标准应用液0mL、0.25mL、0.5mL、1.0mL、2.0mL、3.0mL（相当于砷0μg、0.25μg、0.5μg、1.0μg、2.0μg、3.0μg），分别加水至3mL，再加2.0mL硫酸（1+1）。

（3）试样及标准的测定

于试样及标准砷化氢发生瓶中，分别加入0.1g抗坏血酸，2.0mL碘化钾（500g/L）－硫脲溶液（50g/L），置沸水浴中加热5min（此时瓶内温度不得超过80℃），取出放冷，加入甲基红指示剂（2g/L）1滴，加入约3.5mL氢氧化钠溶液（400g/L），以氢氧化钠溶液（100g/L）调至溶液刚呈黄色，加入1.5mL柠檬酸（1.0mol/L）－柠檬酸铵溶液（1.0mol/L），加水至40mL，加入一粒硼氢化钾片剂，立即通过塞有乙酸铅棉花的导管与盛有4.0mL吸收液的吸收管相连接，不时摇动砷化氢发生瓶，反应5min后再加入一粒硼氢化钾片剂，继续反应5min。取下吸收管，用1cm比色杯，在400nm波长，以标准管零管调吸光度为零，测定各管吸光度。将标准系列各管砷含量对吸光度绘制标准曲线或计算回归方程。

5. 结果计算

试样中砷的含量按式（6－6）进行计算。

$$X = \frac{A \times 1000}{m \times 1000} \tag{6-6}$$

式中　X——试样中砷的含量，mg/kg或mg/L；

　　　A——测定用消化液从标准曲线查得的质量，μg；

　　　m——试样质量或体积，g或mL。

计算结果保留两位有效数字。

6. 精密度

在重复性条件下获得的两次独立测定结果的绝对差值不得超过算术平均值的15%。

7. 检出限

检出限为0.05mg/kg。

五、氢化物原子荧光光度法测定食品中无机砷的含量

1. 原理

食品中的砷可能以不同的化学形式存在，包括无机砷和有机砷。在6mol/L盐酸水浴条件下，无机砷以氯化物形式被提取，实现无机砷和有机砷的分离。在2mol/L盐酸条件下测定总无机砷。

2. 试剂

① 盐酸溶液（1+1）　量取250mL盐酸，慢慢倒入250mL水中，混匀。

② 氢氧化钾溶液（2g/L）　称取氢氧化钾2g溶于水中，稀释至1000mL。

③ 硼氢化钾溶液（7g/L）　称取硼氢化钾3.5g溶于500mL 2g/L氢氧化钾溶液中。

④ 碘化钾（100g/L）－硫脲混合溶液（50g/L）　称取碘化钾10g，硫脲5g溶于水中，并稀释至100mL混匀。

⑤ 三价砷（As³⁺）标准液　准确称取三氧化二砷0.1320g，加100g/L氢氧化钾1mL和少量亚沸蒸馏水溶解，转入100mL容量瓶中定容。此标准溶液含三价砷（As³⁺）1mg/mL。使用时用水逐级稀释至标准使用液浓度为三价砷（As³⁺）1μg/mL。冰箱保存可使用7d。

3. 仪器

玻璃仪器使用前经15%硝酸浸泡24h。

① 原子荧光光度计。

② 恒温水浴锅。

4. 分析步骤

（1）试样处理

① 固体试样　称取经粉碎过80目筛的干样2.50g（称样量依据试样含量酌情增减）于25mL具塞刻度试管中，加盐酸（1+1）溶液20mL，混匀，或称取鲜样5.00g（试样应先打成匀浆）于25mL具塞刻度试管中，加5mL盐酸，并用盐酸（1+1）溶液稀释至刻度，混匀。置于60℃水浴锅18h，其间多次振摇，使试样充分浸提。取出冷却，脱脂棉过滤，取4mL滤液于10mL容量瓶中，加碘化钾－硫脲混合溶液1mL，正辛醇（消泡剂）8滴，加水定容。放置10min后测试样中无机砷。如浑浊，再次过滤后测定。同时做试剂空白试验。注：试样浸提冷却后，过滤前用盐酸（1+1）溶液定容至25mL。

② 液体试样　取4mL试样于10mL容量瓶中，加盐酸（1+1）溶液4mL，碘化钾－硫脲混合溶液1mL，正辛醇8滴，定容混匀，测定试样中总无机砷。同时做试剂空白试验。

（2）仪器参考操作条件

光电倍增管（PMT）负高压：340V；砷空心阴极灯电流：40mA；原子化器高度：9mm；载气流速：600mL/min；读数延迟时间：2s；读数时间：12s；读数方式：峰面积，标液或试样加入体积：0.5mL。

（3）标准系列

无机砷测定标准系列：分别准确吸取1μg/mL三价砷（As^{3+}）标准使用液0mL、0.05mL、0.1mL、0.25mL、0.5mL、1.0mL于10mL容量瓶中，分别加盐酸（1+1）溶液4mL，碘化钾－硫脲混合溶液1mL，正辛醇8滴，定容[各相当于含三价砷（As^{3+}）浓度0ng/mL、5.0ng/mL、10.0ng/mL、25.0ng/mL、50.0ng/mL、100.0ng/mL]。

5. 结果计算

试样中无机砷含量按式（6-7）进行计算。

$$X = \frac{(c_1 - c_2) \times F}{m} \times \frac{1000}{1000 \times 1000}$$
（6-7）

式中　X——试样中无机砷含量，mg/kg或mg/L；

c_1——试样测定液中无机砷浓度，ng/mL；

c_2——试剂空白浓度，ng/mL；

m——试样质量或体积，g或mL；

F——固体试样：$F=10mL \times 25mL/4mL$；液体试样：$F=10mL$。

6. 检出限

固体试样检出限为0.04mg/kg，液体试样检出限为0.004mg/L。方法线性范围：1.0~10.0μg。

六、银盐法测定食品中无机砷的含量

1. 原理

试样在6mol/L盐酸溶液中，经70℃水浴加热后，无机砷以氯化物的形式被提取，经碘化钾、氯化亚锡还原为三价砷，然后与锌粒和酸产生的新生态氢生成砷化氢，经银盐溶液吸收后，形成红色胶态物，与标准系列比较定量。

2. 试剂

① 盐酸。

② 三氯甲烷。

③ 辛醇。

④ 盐酸溶液（1+1） 量取 100mL 盐酸加水稀释至 200mL，混匀。

⑤ 碘化钾溶液（150g/L） 称取 15g 碘化钾，加水溶解至 100mL，混匀，临用时现配。

⑥ 酸性氯化亚锡溶液 称取 40g 氯化亚锡（$SnCl_2 \cdot 2H_2O$），加盐酸溶解并稀释至 100mL，加入数颗金属锡粒。

⑦ 乙酸铅溶液（100g/L） 称取 10g 乙酸铅，加水溶解至 100mL，混匀。

⑧ 乙酸铅棉花 用乙酸铅溶液（100g/L）浸透脱脂棉后，压除多余溶液，并使疏松，在100℃以下干燥后，贮存于玻璃瓶中。

⑨ 银盐溶液 称取 0.25g 二乙基二硫代胺基甲酸银[$(C_2H_5)_2NCS_2Ag$]，用少量三氯甲烷溶解，加入 1.8mL 三乙醇胺，再用三氯甲烷稀释至 100mL，放置过夜，滤入棕色瓶中冰箱保存。

⑩ 砷标准储备液（1.00mg/mL） 准确称取三氧化二砷 0.1320g，加 100g/L 氢氧化钾 1mL 和少量亚沸蒸馏水溶解，转入 100mL 容量瓶中定容。

⑪ 砷标准使用液（1.00μg/mL） 精确吸取砷标准储备液，用水逐级稀释至 1.00μg/mL。

3. 仪器

① 分光光度计。

② 恒温水浴箱。

③ 测砷装置。

4. 分析步骤

（1）试样处理

① 固体干试样 称取 1.00～10.00g 经研磨或粉碎的试样，置于 100mL 具塞锥形瓶中，加入 20～40mL 盐酸溶液（1+1），以浸没试样为宜，置 70℃ 水浴保温 1h，取出冷却后，用脱脂棉或单层纱布过滤，用 20～30mL 水洗涤锥形瓶及滤渣，合并滤液于测砷锥形瓶中，使总体积约为 50mL 左右。

② 蔬菜、水果 称取 1.00～10.00g 打成匀浆或剁成碎末的试样，置 100mL 具塞锥形瓶中加入等量的浓盐酸，再加入 10～20mL 盐酸溶液，置 70℃ 水浴保温 1h，以下操作同"固体干试样"的处理方法。

③ 肉类及水产品 称取 1.00～10.00g 试样，加入少量盐酸溶液（1+1），在研钵中研磨成糊状，用 30mL 盐酸溶液（1+1）分次转入 100mL 具塞锥形瓶中，置 70℃ 水浴保温 1h，以下操作同"固体干试样"的处理方法。

④ 液体食品 吸取 10.0mL 试样置测砷瓶中，加入 30mL 水，20mL 盐酸溶液（1+1），置 70℃ 水浴保温 1h，以下操作同"固体干试样"的处理方法。

（2）标准系列制备

吸取 0mL、1.0mL、3.0mL、5.0mL、7.0mL、9.0mL 砷标准使用液（相当 0μg、1.0μg、

222

3.0μg、5.0μg、7.0μg、9.0μg 砷），分别置于测砷瓶中，加水至 40mL，加入 8mL 盐酸溶液 (1+1)。

（3）测定

试样液及砷标准溶液中各加 3mL 碘化钾溶液(150g/L)，酸性氯化亚锡溶液 0.5mL，混匀，静置 15min。向试样溶液中加入 5～10 滴辛醇后，于试样液及砷标准溶液中各加入 3g 锌粒，立即分别塞上装有乙酸铅棉花的导气管，并使管尖端插入盛有 5mL 银盐溶液的刻度试管中的液面下，在常温下反应 45min 后，取下试管，加三氯甲烷补足至 5mL。用 1cm 比色杯，以零管调节零点，于波长 520nm 处测吸收光度，绘制标准曲线。

5. 结果计算

试样中无机砷的含量按式(6−8)进行计算。

$$X = \frac{(m_1 - m_2) \times 1000}{m_3 \times 1000} \tag{6−8}$$

式中　X——试样中无机砷的含量，mg/kg 或 mg/L；

　　　m_1——测定用试样溶液中砷的质量，μg；

　　　m_2——试剂空白中砷的质量，μg；

　　　m_3——试样质量或体积，g 或 mL。

计算结果保留两位有效数字。

6. 精密度

在重复性条件下获得的两次独立测定结果的绝对差值不得超过算术平均值的 10%。

7. 检出限

本方法检出限为 0.1mg/kg。

七、二乙氨基二硫代甲酸银比色法测定食品添加剂中砷含量

适用于食品添加剂中砷的限量试验和定量试验。

1. 原理

在碘化钾和氯化亚锡存在下，将样液中的高价砷还原为三价砷，三价砷与锌粒和酸产生的新生态氢作用，生成砷化氢气体，经乙酸铅棉花除去硫化氢干扰后，被溶于三乙醇胺－三氯甲烷中或吡啶中的二乙氨基二硫代甲酸银溶液吸收并作用，生成紫红色络合物，与标准比较定量。

2. 试剂

① 硝酸、盐酸。

② 硫酸

a. 硫酸(1+1)溶液　将 1 体积浓硫酸慢慢加入 1 体积水中，冷后使用。

b. 硫酸(1mol/L)溶液　量取 28mL 浓硫酸，慢慢加入水中，用水稀释到 500mL。

③ 20% 氢氧化钠溶液。

④ 氧化镁。

⑤ 15% 硝酸镁溶液。

⑥ 15% 碘化钾溶液　贮于棕色瓶内(临用前配制)。

⑦ 40% 氯化亚锡溶液　称取 20g 氯化亚锡($SnCl_2 \cdot 2H_2O$)，溶于 50mL 盐酸。

⑧ 乙酸铅棉花　将脱脂棉浸于 10% 乙酸铅溶液中，2h 后取出晾干。

⑨ 无砷金属锌。

⑩ 三氯甲烷。

⑪ 吡啶。

⑫ 吸收液A 称取0.25g二乙氨基二硫代甲酸银，研碎后用适量三氯甲烷溶解。加入1.0mL三乙醇胺，再用三氯甲烷稀释至100mL。静置后过滤于棕色瓶中，贮存于冰箱内备用。

⑬ 吸收液B 称取0.50g二乙氨基二硫代甲酸银，研碎后用吡啶溶解，并用吡啶稀释至100mL。静置后过滤于棕色瓶中，贮存于冰箱内备用。

⑭ 酚酞 1%乙醇溶液。

⑮ 砷标准溶液 称取0.1320g于硫酸干燥器中干燥至恒重的三氧化二砷(As_2O_3)，溶于5mL 20%氢氧化钠溶液中。溶解后，加入1mol/L硫酸25mL，移入1000mL容量瓶中，加新煮沸冷却的水稀释至刻度。此溶液1.00mL相当于0.100mg砷。临用前取1.0mL，加1mL 1mol/L硫酸于100mL容量瓶中，加新煮沸冷却的水稀释至刻度。此溶液1.0mL相当于1.0μg砷。

3. 仪器

① 分光光度计。

② 测砷装置(见图6-3)。

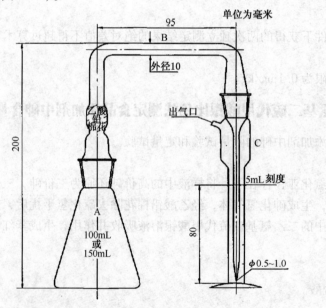

图6-3 测砷装置图

a. 100~150mL锥形瓶(A)(19号标准口)。

b. 导气管(B) 管口为19号标准口，与锥形瓶A密合时不应漏气，管尖直径0.5~1.0mm，与吸收管C接合部为14号标准口，插入后，管尖距管C底为1~2mm。

c. 吸收管(C) 管口为14号标准，5mL刻度，高度不低于8cm。吸收管的质料应一致。

4. 试样处理

① 湿法消解 称取5.00g试样，置于250mL凯氏烧瓶或三角烧瓶中，加10mL硝酸浸润试样，放置片刻(或过夜)后，缓缓加热，待作用缓和后，稍冷，沿瓶壁加入5mL硫酸，

再缓缓加热，至瓶中溶液开始变成棕色，不断滴加硝酸（如有必要可滴加些高氯酸，但须注意防止爆炸），至有机质分解完全，继续加热，生成大量的二氧化硫白色烟雾，最后溶液应无色或微带黄色。冷却后加 20mL 水煮沸，除去残余的硝酸至产生白烟为止。如此处理两次，放冷，将溶液移入 50mL 容量瓶中，用少量水洗涤凯氏烧瓶或三角烧瓶 2~3 次，将洗液并入容量瓶中，加水至刻度，每 10mL 试样液相当于 1.0g 试样。取相同量的硝酸、硫酸，按上述方法做试剂空白试验。

② 干灰化法　本法用于不适合于湿法消解的试样。取 5.0g 试样于瓷坩埚中，加 10mL 15% 硝酸镁溶液，加入 1g 氧化镁粉末，混匀，浸泡 4h，于低温或水浴上蒸干，用小火加热置炭化完全，将坩埚移至高温炉中，在 550℃ 以下灼烧至灰化完全，冷却后取出，加适量水湿润灰分，加入酚酞溶液数滴，再缓缓加入盐酸（1+1）溶液至酚酞红色褪去，然后将溶液移入 50mL 容量瓶中（必要时过滤），用少量水洗涤坩埚 3 次，洗液并入容量瓶中，加水至刻度，混匀。每 10mL 试样液相当于 1.0g 试样。取相同量的氧化镁、硝酸镁，按上述方法做试剂空白试验。

5. 测定

（1）吸收液的选择

吸收液 A 或吸收液 B 的选择，可根据分析的需要来判断。但是在测定过程中，试样、空白及标准都应用同一吸收液。

（2）限量试验

① 吸取一定量的试样液和砷的限量标准液（含砷量不低于 5μg），分别置于砷发生瓶 A 中，补加硫酸至总量为 5mL，加水至 50mL。

② 于上述各瓶中加入 3mL 15% 碘化钾溶液，混匀，放置 5min。分别加入 1mL 40% 氯化亚锡溶液，混匀，再放置 15min。各加入 5g 无砷金属锌，立即塞上装有乙酸铅棉花的导气管 B，并使管 B 的尖端插入盛有 5.0mL 吸收液 A 或吸收液 B 的吸收管 C 中，室温反应 1h，取下吸收管 C，用三氯甲烷（吸收液 A）或吡啶（吸收液 B）将吸收液体积补充到 5.0mL。

③ 经目视比色或用 1cm 比色杯，于 515nm 波长（吸收液 A）或 540nm 波长（吸收液 B）处，测吸收液的吸光度。试样液的色度或吸光度不得超过砷的限量标准吸收液的色度或吸光度。若试样经处理，则砷的限量标准也应同法处理。

（3）定量测定

① 吸取 25mL（或适量）试样液及同量的试剂空白液，分别置于砷发生瓶 A 中，补加硫酸至总量为 5mL，加水至 50mL，混匀。

② 吸取 0.0mL、2.0mL、4.0mL、6.0mL、8.0mL、10.0mL 砷标准溶液（1.0mL 相当于 1.0μg 砷），分别置于砷发生瓶 A 中，加水至 40mL，再加 10mL 硫酸（1+1）溶液，混匀。

③ 向试样液、试剂空白液及砷标准液中各加 3mL 15% 碘化钾溶液，混匀，放置 5min，再分别加 1mL 40% 氯化亚锡溶液，混匀，放置 15min 后，各加入 5g 无砷金属锌，立即塞上装有乙酸铅棉花的导气管 B，并使管 B 的尖端插入盛有 5.0mL 吸收液 A 或吸收液 B 的吸收管 C 中，室温反应 1h，取下吸收管 C，用三氯甲烷（吸收液 A）或吡啶（吸收液 B）将吸收液体积补充到 5.0mL。用 1cm 比色杯，于 515nm 波长（吸收液 A）或 540nm 波长（吸收液 B）处，用零管调节仪器零点，测吸光度，绘制标准曲线比较。若试样经处理，砷的标准系列也应同法处理，以对标准曲线进行校正。

6. 结果计算

按式(6-9)计算：

$$c = \frac{(m_1 - m_2) \times 1000}{m \times (V_2/V_1) \times 1000}$$ (6-9)

式中　c——试样中砷的含量，mg/kg 或 mg/L；

　　　m_1——试样液中砷的质量，μg；

　　　m_2——试剂空白液中砷的质量，μg；

　　　m——试样质量(体积)，g 或 mL；

　　　V_1——试样处理后定容体积，mL；

　　　V_2——测定时所取试样液体积，mL。

八、二乙氨基二硫代甲酸银分光光度法测定饮用天然矿泉水中砷的含量

本法最低检测质量为 0.5μg。若取 50mL 水样测定，则最低检测质量浓度为 0.01mg/L。

钴、镍、汞、银、铂、铬和钼可干扰砷化氢的发生，但矿泉水中这些离子通常存在的量不产生干扰。水中锑的含量超过 0.1mg/L 时对测定有干扰。用本法测定砷的水样不宜用硝酸保存。

1. 原理

锌与酸作用产生新生态氢。在碘化钾和氯化亚锡存在下，使五价砷还原为三价砷。三价砷与新生态氢生成砷化氢气体。通过用乙酸铅棉花去除硫化氢的干扰，然后与溶于三乙醇胺－三氯甲烷中的二乙氨基二硫代甲酸银作用，生成棕红色的胶态银，比色定量。

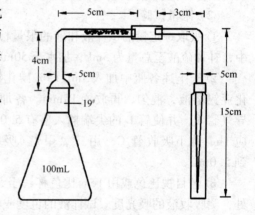

图 6-4　砷化氢发生瓶及吸收管

2. 仪器

① 砷化氢发生器　见图 6-4。

② 分光光度计。

3. 试剂

① 三氯甲烷。

② 无砷锌粒。

③ 硫酸溶液(1+1)。

④ 碘化钾溶液(150g/L)　称取 15g 碘化钾(KI)，溶于纯水中并稀释至 100mL，储于棕色瓶内。

⑤ 氯化亚锡溶液(400g/L)　称取 40g 氯化亚锡($SnCl_2 \cdot 2H_2O$)，溶于 40mL 盐酸(ρ_{20} = 1.19g/mL)中，并加纯水稀释至 100mL，投入数粒金属锡粒。

⑥ 乙酸铅棉花　将脱脂棉浸入乙酸铅溶液(100g/L)中，2h 后取出，让其自然干燥。

⑦ 吸收溶液　称取 0.25g 二乙氨基二硫代甲酸银($C_3H_{10}NS_2 \cdot Ag$)，研碎后用少量三氯甲烷溶解，加入 1.0mL 三乙醇胺[$N(CH_2CH_2OH)_3$]，再用三氯甲烷稀释到 100mL。必要时，静置过滤至棕色瓶内，储存于冰箱中。

注：本试剂溶液中二乙氨基二硫代甲酸银浓度以 2.0～2.5g/L 为宜，浓度过低将影响测定的灵敏度及重现性。溶解性不好的试剂应更换。实验室制备的试剂具有很好的溶解性。

226

制备方法是分别溶解 1.7g 硝酸银、2.3g 二乙氨基二硫代甲酸钠($C_5H_{10}NS_2Na$)于 100mL 纯水中，冷却到 20℃ 以下，缓缓搅拌混合。过滤生成的柠檬黄色银盐沉淀，用冷的纯水洗涤沉淀数次，置于干燥器中，避光保存。

⑧ 砷标准贮备溶液$[\rho(As) = 1mg/mL]$　称取 0.6600g 经 105℃ 干燥 2h 的三氧化二砷(As_2O_3)溶于 5mL 氢氧化钠溶液（200g/L）中。用酚酞作指示剂，以硫酸溶液(1+17)中和到中性后，再加入 15mL 硫酸溶液(1+17)，转入 500mL 容量瓶，加纯水至刻度。

⑨ 砷标准使用溶液$[\rho(As) = 1\mu g/mL]$　吸取 10.00mL 砷标准贮备液，置于 100mL 容量瓶中，加纯水至刻度，混匀。临用时，吸取 10.00mL 此溶液，置于 1000mL 容量瓶中，加纯水至刻度，混匀。

5. 分析步骤

吸取 50.0mL 水样置于砷化氢发生瓶中。另取砷化氢发生瓶 8 个，分别加入砷标准使用溶液 0mL、0.50mL、1.00mL、2.00mL、3.00mL、5.00mL、7.00mL 及 10.00mL，各加纯水至 50mL。

向水样和标准系列中各加 4mL 硫酸溶液、2.5mL 碘化钾溶液及 2mL 氯化亚锡溶液，混匀，放置 15min。

于各吸收管中分别加入 5.0mL 吸收溶液，插入塞有乙酸铅棉花的导气管。迅速向各发生瓶中倾入预先称好的 5g 无砷锌粒，立即塞紧瓶塞，勿使漏气。在室温（低于 15℃ 时可置于 25℃ 温水浴中）反应 1h。最后用三氯甲烷将吸收液体积补足到 5.0mL，在 1h 内于波长 515nm 处，用 1cm 比色皿，以三氯甲烷为参比，测定吸光度。绘制校准曲线，从曲线上查出水样管中砷的质量。

注：颗粒大小不同的锌粒在反应中所需酸量不同，一般为 4~10mL，需在使用前用标准溶液进行预试验，以选择适宜的酸量。

6. 结果计算

水样中砷（以 As 计）的质量浓度按式(6-10)计算。

$$\rho(As) = \frac{m}{V} \tag{6-10}$$

式中　$\rho(As)$——水样中砷（以 As 计）的质量浓度，单位为毫克每升(mg/L)；

　　　m——从校准曲线上查得的水样管中砷（以 As 计）的质量，单位为微克(μg)；

　　　V——水样体积，单位为毫升(mL)。

7. 精密度与准确度

有 54 个实验室用本法测定含砷 61μg/L 的合成水样，其他成分的浓度(μg/L)分别为：铝，435；铍，183；镉，27；铬，65；钴，96；铜，37；铁，78；铅，11.3；锰，47；汞，414；镍，96；硒，16；钒，470；锌，26。测定砷的相对标准偏差为 19.8%，相对误差为 13.1%。

九、锌-硫酸系统新银盐分光光度法测定饮用天然矿泉水中砷的含量

本法最低检测质量为 0.2μg，若取 50mL 水样测定，则最低检测质量浓度为 0.004mg/L。

汞、银、铬、钴等离子可抑制砷化氢的生成，产生负干扰，锑含量高于 0.1mg/L 可产生正干扰。但矿泉水中这些离子的含量极微或不存在，不会产生干扰。硫化物的干扰可用乙酸铅棉花除去。

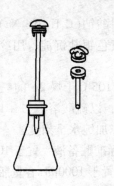

图 6-5 砷化氢发生吸收装置图
注：插入吸收液中的导气弯管内的
毛细管的内径为 0.3 ~ 0.4mm。

1. 原理

水中砷在碘化钾、氯化亚锡、硫酸和锌作用下还原为砷化氢气体，并与吸收液中银离子反应，在聚乙烯醇的保护下形成单质胶态银，呈黄色溶液，可比色定量。

2. 仪器

① 砷化氢发生器，见图 6-5。

② 分光光度计。

3. 试剂

① 乙醇 $[\varphi(C_2H_5OH)=95\%]$。

② 硝酸-硝酸银溶液　称取 2.50g 硝酸银（$AgNO_3$）于 250mL 棕色容量瓶中，用少量纯水溶解后，加 5mL 硝酸（$\rho_{20}=1.42g/mL$），用纯水定容。临用时配制。

③ 聚乙烯醇溶液（4g/L）　称取 0.80g 聚乙烯醇（聚合度为 1750 ± 50）于烧杯中，加 200mL 纯水加热并不断搅拌至完全溶解后，盖上表面皿，微热煮沸 10min，冷却后使用。当天配制。

④ 砷化氢吸收液　按 1:1:2 体积比将硝酸-硝酸银溶液、聚乙烯醇溶液及乙醇混合，充分摇匀后使用，临用前配制。

⑤ 砷标准使用溶液 $[\rho(As)=0.5\mu g/mL]$　取砷标准贮备溶液用纯水逐级稀释为 $\rho(As)=0.5\mu g/mL$ 的标准使用溶液。

4. 分析步骤

吸取 50.0mL 水样于砷化氢发生瓶中。另取 8 个砷化氢反应瓶，分别加入砷标准使用溶液 0mL、0.40mL、1.00mL、2.00mL、3.00mL、4.00mL、5.00mL 及 6.00mL，并加纯水至 50mL。

向水样及标准系列管中加 4 ~ 10mL 硫酸溶液、2.5mL 碘化钾溶液及 2mL 氯化亚锡溶液，混匀，放置 15min（注：硫酸用量因锌粒大小而异，可在使用前通过预试验确定。）

于吸收管中分别加入 4mL 砷化氢吸收液。连接好吸收装置后，迅速向各反应瓶投入预先称好的 5g 锌粒并立即塞紧瓶塞，在室温下反应 1h。

于波长 400nm 处，用 1cm 比色皿，以吸收液为参比，测定吸光度。绘制校准曲线，从曲线上查出水样管中砷的质量。

5. 结果计算

水样中砷（以 As 计）的质量浓度按式（6-10）计算。

6. 精密度与准确度

6 个实验室测定 0.5μg 及 2.5μg 砷，批内相对标准偏差分别为 3.2% ~ 7.2% 及 2.7% ~ 4.9%，批间相对标准偏差分别为 8.5% ~ 14.4% 及 4.3% ~ 8.1%。

6 个实验室向 50mL 水样中加入 1μg 及 3μg 的砷标准溶液，平均回收率为 91.5% ~ 99.9%。

十、催化示波极谱法测定饮用天然矿泉水中砷的含量

本法最低检测质量为 0.1μg，若取 10mL 水样测定，则最低检测质量浓度为 10μg/L。水中常见金属离子及其盐类不干扰。

1. 原理

砷在硫酸-碘化钾-亚碲酸钾的支持电解质中,于-0.64V(对饱和甘汞电极)有一灵敏的吸附催化波,其波高与砷含量成正比。

2. 试剂

① 硝酸($\rho_{20} = 1.42g/mL$)。

② 硫酸($\rho_{20} = 1.84g/mL$)。

③ 硫酸溶液(1+17) 取10mL硫酸在玻棒搅拌下慢慢加到170mL纯水中。

④ 高锰酸钾溶液(15.8g/L) 称取1.58g高锰酸钾($KMnO_4$),溶于纯水中并稀释至100mL。

⑤ 盐酸羟胺溶液(100g/L) 称取10g盐酸羟胺($NH_2OH \cdot HCl$),溶于纯水中并稀释至100mL。

⑥ 碘化钾-抗坏血酸溶液 称取33.2g碘化钾(KI)及0.1g抗坏血酸($C_6H_8O_6$),用纯水溶解并稀释至100mL。

⑦ 亚碲酸钾溶液(0.2g/L) 称取0.1g亚碲酸钾(K_2TeO_3),溶于纯水并稀释至500mL。

⑧ 消化液:将高锰酸钾溶液与硫酸溶液等体积混合。

⑨ 氢氧化钠溶液(200g/L) 称取20g氢氧化钠(NaOH),用新煮沸放冷的纯水溶解,并稀释为100mL。

⑩ 砷标准贮备溶液[$\rho(As) = 1mg/mL$] 称取0.6600g经105℃干燥2h的三氧化二砷(As_2O_3)溶于5mL氢氧化钠溶液(200g/L)中,用酚酞作指示剂,以硫酸溶液(1+17)中和到中性后,再加入15mL硫酸溶液(1+17),转入500mL容量瓶,加纯水至刻度。

⑪ 砷标准使用溶液[$\rho(As) = 1\mu g/mL$] 吸取10.00mL砷标准贮备液,置于100mL容量瓶中,加纯水至刻度,混匀。临用时,吸取10.00mL此溶液,置于1000mL容量瓶中,加纯水至刻度,混匀。

⑫ 酚酞指示剂(5g/L) 称取0.5g酚酞,溶于50mL乙醇[$\varphi(C_2H_5OH) = 95\%$]中,再加纯水至100mL。

3. 仪器

① 瓷坩埚 30mL。

② 水浴锅。

③ 示波极谱仪。

4. 分析步骤

① 样品处理 吸取10.0mL水样于30mL瓷坩埚中,加2mL消化液,置沸水浴上蒸至近干(只剩下少许硫酸)。

② 标准系列 吸取砷标准使用溶液0mL、0.10mL、0.30mL、0.50mL、0.70mL、1.00mL及3.00mL,分别置于30mL瓷坩埚中,补加纯水至10mL,各加2mL消化液,以下同样品处理。

③ 向样品和标准中各加入7.75mL硫酸溶液,再加入0.25mL盐酸羟胺溶液,使高锰酸钾颜色褪尽。再依次加入1.5mL碘化钾-抗坏血酸溶液、0.5mL亚碲酸钾溶液,混匀。

④ 于示波极谱仪上,用三电极系统,阴极化,原点电位为-0.4V,导数扫描。在-0.64V处读取水样及标准系列的峰高。以砷质量为横坐标,峰高为纵坐标,绘制校准曲线,从曲线上查出水样中砷的质量。

5. 结果计算

水样中砷的质量浓度按式(6-10)计算。

6. 精密度与准确度

4个实验室重复测定加标水样，水样浓度范围 0~0.008mg/L，加标范围为 0.1~10.0μg，相对标准偏差为 1.1%~5.2%，回收率为 87.5%~105.9%。有机砷和无机砷回收实验对照回收率为 91.7%~106.2%。

不同类型水样用本法与DDCAg法对照实验，水样浓度范围为 0.01~0.115mg/L，测得两法的相对误差为 1.9%~7.4%。

十一、氢化物发生原子荧光法测定饮用天然矿泉水中砷的含量

本法最低检测质量为 2.0ng。若进样 5mL 测定，最低检测质量浓度为 0.4μg/L。

1. 原理

在盐酸介质中，硼氢化钾将砷转化为砷化氢。以氩气作载气将砷化氢导入石英炉原子化器中进行原子化。以砷特种空心阴极灯作激发光源，使砷原子发出荧光，荧光强度在一定范围内与砷的含量成正比。

2. 试剂

① 盐酸(ρ_{20} = 1.19g/mL) 优级纯。

② 氢氧化钾(KOH) 优级纯。

③ 硫脲溶液(150g/L) 称取 15g 硫脲[$(NH_2)_2CS$]溶于 100mL 纯水中，用时现配。

④ 硼氢化钾溶液(7g/L) 称取 2g 氢氧化钾溶于 200mL 纯水中，加入 7g 硼氢化钾(KBH_4)并使之溶解。用纯水稀释至 1000mL 用时现配。

⑤ 砷标准贮备溶液[ρ(As) = 100μg/mL] 称取 0.1320g 经 105℃ 干燥 2h 的三氧化二砷(As_2O_3)于 50mL 烧杯中，加 10mL 氢氧化钠溶液(40g/L)使之溶解，加 5mL 盐酸，转入 1000mL 容量瓶中定容，混匀。

⑥ 砷标准使用溶液[ρ(As) = 0.1μg/mL] 吸取 5.00mL 砷标准贮备溶液于 500mL 容量瓶中，以纯水定容，混匀。此溶液为[ρ(As) = 1μg/mL]。再吸取 10.00mL 此溶液于 100mL 容量瓶中，以纯水定容。

3. 仪器

① 原子荧光分析仪。

② 砷特种空心阴极灯。

4. 分析步骤

① 仪器工作条件 参考仪器说明书将仪器工作条件调整至测砷最佳状态，原子荧光工作条件为：灯电流 40~50mA，光电倍增管负高压 250~300V，原子化器温度室温或 200℃，氩气压力 0.02MPa，氩气流量 800mL/min。

② 样品测定 吸取 20mL 水样于 25mL 比色管中，加入 3mL 盐酸，2mL 硫脲溶液，摇匀，放置 10min。吸取 5mL 该试液，注入仪器氢化物发生器中，记录荧光强度值。

③ 校准曲线的绘制 分别吸取砷标准使用溶液 0mL、0.10mL、0.20mL、0.50mL、1.00mL、2.50mL 和 5.00mL 于一系列 25mL 比色管中，加入 3mL 盐酸、2mL 硫脲溶液，加纯水至 25mL，摇匀，放置 10min 后，按步骤操作。以比色管中砷质量(μg)为横坐标，荧光信号值为纵坐标，绘制校准曲线。

5. 结果计算

水样中砷的质量浓度按式(6-10)计算。

6. 精密度与准确度

单个实验室的加标回收率和相对标准偏差如下：

① 低浓度加标(0.002mg/L)　加标回收率：(68.4±4.3)%；相对标准偏差：6.3%。

② 中浓度加标(0.006mg/L)　加标回收率：(92.4±3.9)%；相对标准偏差：4.2%。

③ 高浓度加标(0.010mg/L)　加标回收率：(101.4±3.0)%；相对标准偏差：3.0%。

第三节　食品中铝含量的测定

一、分光光度法测定面制食品中铝的含量

1. 原理

试样经处理后，三价铝离子在乙酸－乙酸钠缓冲介质中，与铬天青 S 及溴化十六烷基三甲铵反应形成蓝色三元络合物，于 640nm 波长处测定吸光度并与标准比较定量。

2. 试剂

① 硝酸、高氯酸、硫酸、盐酸。

② 6mol/L 盐酸　量取 50mL 盐酸，加水稀释至 100mL。

③ 1%(体积分数)硫酸溶液。

④ 硝酸－高氯酸(5+1)混合液。

⑤ 乙酸－乙酸钠溶液　称取 34g 乙酸钠($NaAc \cdot 3H_2O$)溶于 450mL 水中，加 2.6mL 冰乙酸，调 pH 至 5.5，用水稀释至 500mL。

⑥ 0.5g/L 铬天青 S 溶液　称取 50mg 铬天青 S，用水溶解并稀释至 100mL。

⑦ 0.2g/L 溴化十六烷基三甲铵溶液　称取 20mg 溴化十六烷基三甲铵，用水溶解并稀释至 100mL。必要时加热助溶。

⑧ 10g/L 抗坏血酸溶液　称取 1.0g 抗坏血酸，用水溶解并定容至 100mL。临用时现配。

⑨ 铝标准贮备液　精密称取 1.0000g 金属铝(纯度 99%)，加 50mL 6mol/L 盐酸溶液，加热溶解，冷却后，移入 1000mL 容量瓶中，用水稀释至刻度。该溶液每毫升相当于 1mg 铝。

⑩ 铝标准使用液　吸取 1.00mL 铝标准贮备液，置于 100mL 容量瓶中，用水稀释至刻度，再从中吸取 5.00mL 于 50mL 容量瓶中，用水稀释至刻度。该溶液每毫升相当于 1μg 铝。

3. 仪器

① 分光光度计。

② 食品粉碎机。

③ 电热板。

4. 分析步骤

① 试样处理　将试样(不包括夹心、夹馅部分)粉碎均匀，取约 30g 置 85℃烘箱中干燥 4h，称取 1.000~2.000g，置于 100mL 锥形瓶中，加数粒玻璃珠，加 10~15mL 硝酸－高氯酸(5+1)混合液，盖好玻片盖，放置过夜，置电热板上缓缓加热至消化液无色透明，并出现大量高氯酸烟雾，取下锥形瓶，加入 0.5mL 硫酸，不加玻片盖，再置电热板上适当升高

温度加热除去高氯酸，加 10 ~ 15mL 水，加热至沸，取下放冷后用水定容至 50mL。如果试样稀释倍数不同，应保证试样溶液中含 1% 硫酸。同时做两个试剂空白。

② 测定　吸取 0.0mL、0.5mL、1.0mL、2.0mL、3.0mL、4.0mL、6.0mL 铝标准使用液（相当于含铝 0μg、0.5μg、1.0μg、2.0μg、4.0μg、6.0μg）分别置于 25mL 比色管中，依次向各管中加入 1mL 1% 硫酸溶液。吸取 1.0mL 消化好的试样液，置于 25mL 比色管中。向标准管、试样管、试剂空白管中依次加入 8.0mL 乙酸 – 乙酸钠缓冲液，1.0mL 10g/L 抗坏血酸溶液，混匀，加 2.0mL 0.2g/L 溴化十六烷基三甲铵溶液，混匀，再加 2.0mL 0.5g/L 铬天青 S 溶液，摇匀后，用水稀释至刻度。室温放置 20min 后，用 1cm 比色杯，于分光光度计上，以零管调零点，于 640nm 波长处测其吸光度，绘制标准曲线比较定量。

5. 结果计算

试样中铝的含量按式（6 – 11）计算：

$$X = \frac{(A_1 - A_2) \times 1000}{m \times (V_2 / V_1) \times 1000} \qquad (6-11)$$

式中　X——试样中铝的含量，mg/kg；

A_1——测定用试样液中铝的质量，μg；

A_2——试剂空白液中铝的质量，μg；

m——试样质量，g；

V_1——试样消化液总体积，mL；

V_2——测定用试样消化液体积，mL。

计算结果表示到小数点后一位。

6. 精密度

在重复性条件下获得的两次独立测定结果的绝对差值不得超过算术平均值的 10%。

7. 检出限

本方法检出限为 0.5μg。

二、铬天青 S 分光光度法测定饮用天然矿泉水中铝的含量

本法的最低检测质量为 0.20μg，若取 25mL 水样，则最低检测质量浓度为 0.008mg/L，适宜的测定范围为 0.008 ~ 0.200mg/L。

水中铜、锰及铁干扰测定。1mL 加入抗坏血酸（100g/L）可消除 25μg 铜、30μg 锰的干扰。加入 2mL 巯基乙醇酸（10g/L）可消除 25μg 铁的干扰。

1. 原理

在 pH 为 6.7 ~ 7.0 范围内，铝在聚乙二醇辛基苯醚（OP）和溴代十六烷基吡啶（CPB）的存在下与铬天青 S 反应生成蓝色的四元体系混合胶束，比色定量。

2. 试剂

① 铬天青 S 溶液（1g/L）　称取 0.1g 铬天青 S（$C_{23}H_{13}C_{12}Na_3O_9S$）溶于 100mL 乙醇溶液（1 + 1）中，混匀。

② 乳化剂 OP 溶液（3 + 100）　吸取 3.0mL 乳化剂 OP（聚乙二醇辛基苯基醚，$C_{34}H_{62}O_{11}$）溶于 100mL 纯水中。

③ 溴代十六烷基吡啶（简称 CPB，3g/L）　称取 0.6gCPB（$C_{21}H_{36}BrN$）溶于 30mL 乙醇 [$\varphi(C_2H_5OH) = 95\%$] 中，加水稀释至 200mL。

④ 乙二胺－盐酸缓冲液（pH 为 6.7～7.0）　量取 100mL 无水乙二胺（$C_2H_8N_2$），加 200mL 纯水，冷却后缓缓加入 190mL 盐酸（$\rho_{20} = 1.19g/mL$），搅匀，用酸度计调节 pH 为 6.7～7.0，若 pH > 7，则慢慢滴加盐酸；若 pH < 6.7，可补加乙二胺溶液（1 + 2）。

⑤ 氨水（1 + 6）。

⑥ 硝酸溶液 [$c(HNO_3) = 0.5mol/L$]。

⑦ 铝标准贮备溶液 [$\rho(Al) = 1mg/mL$]　称取 8.792g 硫酸铝钾 [$KAl(SO_4)_2 \cdot 12H_2O$]，溶于纯水中，定容至 500mL。

⑧ 铝标准使用溶液 [$\rho(Al) = 1\mu g/mL$]　临用时将标准贮备液逐级稀释而成。

⑨ 对硝基酚乙醇溶液（1.0g/L）　称取 0.1g 对硝基酚（$NO_2C_6H_4OH$），溶于 100mL 己醇 [$\varphi(C_2H_5OH) = 95\%$] 中。

3. 仪器

① 具塞比色管　50mL。

② 酸度计。

③ 分光光度计。

4. 分析步骤

① 吸取水样 25.0mL 于 50mL 具塞比色管中。另取 50mL 比色管 8 支，分别加入铝标准使用溶液 0mL、0.20mL、0.50mL、1.00mL、2.00mL、3.00mL、4.00mL 和 5.00mL，加纯水至 25mL，向各管滴加 1 滴对硝基酚乙醇溶液，混匀，滴加氨水至浅黄色，加硝酸溶液至黄色消失，再多加 2 滴。

② 各加入 3.0mL 铬天青 S 溶液，混匀后依次加入 1.0mL 乳化剂 OP 溶液、2.0mLCPB 溶液、3.0mL 缓冲液，加纯水稀释至 50mL，混匀，放置 30min；于波长 620nm 处，用 2cm 比色皿，以试剂空白为参比，测定吸光度。绘制校准曲线，从曲线上查出水样管中铝的质量（注：水中含有铜或锰时，可加抗坏血酸以消除其干扰。水中含铁时，可加巯基乙醇酸来消除其干扰）。

5. 结果计算

水样中铝的质量浓度按式（6 – 12）计算。

$$\rho(Al) = \frac{m}{V} \qquad\qquad (6 - 12)$$

式中　$\rho(Al)$——水样中铝的质量浓度，mg/L；

　　　　m——从校准曲线查得的水样管中铝的质量，μg；

　　　　V——水样体积，mL。

6. 精密度与准确度

5 个实验室对浓度为 $20\mu g/L$ 和 $160\mu g/L$ 的水样进行测定，相对标准偏差均小于 5%，回收率为 94%～106%。

三、铝试剂分光光度法测定饮用天然矿泉水中铝的含量

本法的最低检测质量为 $0.5\mu g$，若取 25mL 水样，则最低检测质量浓度为 0.02mg/L。

三价铁干扰测定。可加入抗坏血酸将其还原为二价铁消除。二价铁含量较高时亦干扰测定，可用盐酸羟基或巯基乙酸掩蔽。

1. 原理

在中性或酸性介质中，铝试剂与铝反应生成红色络合物，其吸光度与铝的含量在一定浓

度范围内成正比。pH = 4 时，显色络合物最稳定，加入胶体物质亦可延长颜色稳定时间。

2. 试剂

① 氨水溶液[$c(NH_3 \cdot H_2O) = 0.1mol/L$]　吸取 1mL 氨水($\rho_{20} = 0.90g/mL$)，用纯水稀释至 150mL。

② 盐酸溶液[$c(HCl) = 0.1mol/L$]　吸取 1mL 盐酸($\rho_{20} = 1.19g/mL$)，用纯水稀释至 120mL。

③ 抗坏血酸溶液(50g/L)　称取 5.0g 抗坏血酸($C_6H_8O_6$)，溶于纯水中(不可加热)，稀释至 100mL。用时现配。

④ 铝试剂溶液(0.5g/L)　称取 0.25g 铝试剂($C_{22}H_{23}N_3O_9$)和 5.0g 阿拉伯胶，加 250mL 纯水，温热至溶解，加入 66.7g 乙酸铵($CH_3 \cdot COONH_4$)，溶解后，加 63.0mL 盐酸($\rho_{20} = 1.19g/mL$)，稀释至 500mL。必要时过滤。贮于棕色瓶中，暗处保存，可稳定 6 个月。

⑤ 铝标准贮备溶液[$\rho(Al) = 0.1mg/mL$]　称取 1.759g 硫酸铝钾[优级纯，$KAl(SO_4)_2 \cdot 12H_2O$]，溶于纯水中，加 10mL 硫酸溶液(1 + 3)，移入 1000mL 容量瓶中，用纯水定容。

⑥ 铝标准使用溶液[$\rho(Al) = 1\mu g/mL$]　吸取 10.00mL 铝标准贮备溶液于 1000mL 容量瓶中，用纯水定容。

⑦ 对硝基酚指示剂(1g/L)：称取 0.10g 对硝基酚($NO_2C_6H_4OH$)，溶于纯水中，稀释至 100mL。

3. 仪器

① 分光光度计。

② 具塞比色管　50mL。

4. 分析步骤

吸取铝标准使用溶液 0mL、0.50mL、1.00mL、2.00mL、4.00mL、6.00mL、8.00mL、10.00mL、15.00mL、20.00mL 和 25.00mL 于一系列 50mL 具塞比色管中，补加纯水至 25mL。另吸取 25.0mL 水样于 50mL 具塞比色管中，向各标准管和水样管中，各加 3 滴对硝基酚指示剂，若水样为中性，则显黄色，可滴加盐酸溶液恰至无色；若水样为酸性，则不显色，可先滴加氨水溶液至显黄色，再滴加盐酸溶液至黄色恰好消失。

加 1.0mL 抗坏血酸溶液，摇匀，加 4.0mL 铝试剂溶液，用纯水稀释至 50mL，摇匀，放置 15min。于波长 520nm 处，用 1cm 比色皿，以试剂空白作参比测定吸光度。以标准系列比色管中铝的质量(μg)为横坐标，吸光度为纵坐标绘制校准曲线。

5. 结果计算

以样液的吸光度从校准曲线中查得铝的质量(μg)，按式(6 - 13)计算。

$$\rho(Al) = \frac{m}{V} \qquad (6-13)$$

式中　$\rho(Al)$——水样中铝的质量浓度，mg/mL；

　　　m——从校准曲线上查得的试样管中铝的质量，μg；

　　　V——水样体积，mL。

6. 精密度与准确度

同一实验室对一地下水样品进行 10 次测定，平均值为 0.58mg/L，其相对标准偏差为 2.4%，加标回收率为 97% ~102‰。

四、无火焰原子吸收分光光度法测定饮用天然矿泉水中铝的含量

本法最低检测质量为 58 pg，若取 20μL 水样测定，则最低检测质量浓度为 2.9μg/L。水中共存离子一般不产生干扰。

1. 原理

样品经适当处理后，注入石墨炉原子化器，所含铝离子在石墨管内经原子化高温蒸发解离为原子蒸气。待测铝元素的基态原子吸收来自铝元素空心阴极灯发射的共振线，其吸收强度在一定范围内与铝浓度成正比。

2. 试剂

① 铝标准贮备溶液 $[\rho(Al)=1mg/mL]$ 称取 1.759g 硫酸铝钾 $[KAl(SO_4)_2 \cdot 12H_2O]$，溶于纯水中，定容至 100mL。在聚四氟乙烯或聚丙烯或聚乙烯瓶中储存。

② 铝标准使用溶液 $[\rho(Al)=50\mu g/mL]$ 吸取 5.00mL 铝标准贮备溶液于 1000mL 容量瓶中，硝酸溶液(1+99)定容至刻度，摇匀。

③ 铝标准使用溶液 $[\rho(Al)=1\mu g/mL]$ 吸取 2.00mL 铝标准中间溶液于 100mL 容量瓶中，硝酸溶液(1+99)定容至刻度，摇匀。

④ 硝酸镁溶液(50g/L) 称取 5g 硝酸镁 $[Mg(NO_3)_2$，优级纯]，加水溶解并稀释至 100mL。

⑤ 过氧化氢溶液 $[\varphi(H_2O_2)=30\%]$ 优级纯。

⑥ 氢氟酸 $(\rho_{20}=1.19g/mL)$。

⑦ 氢氟酸溶液(1+1)。

⑧ 草酸 $(H_2C_2O_4 \cdot H_2O)$ 固体。

⑨ 钽溶液(60g/L) 称取 3g 金属钽(99.99%)，放入聚四氟乙烯塑料杯中，加入 10mL 氢氟酸溶液，3g 草酸和 0.75mL 过氧化氢溶液，在沙浴上小心加热至金属溶解。若反应慢，可适量加入过氧化氢溶液，待溶解后加入 4g 草酸和大约 30mL 水，并稀释到 50mL。保存于塑料瓶中。

3. 仪器

① 石墨炉原子吸收分光光度计。

② 铝元素空心阴极灯。

③ 氩气钢瓶。

④ 微量加样器 20μL。

⑤ 聚乙烯瓶 100mL。

⑥ 涂钽石墨管的制备 将普通石墨管先用无水乙醇漂洗管的内、外面，取出在室温干燥后，把石墨管垂直浸入装有钽溶液的聚四氟乙烯杯中，然后将杯移入电热真空减压干燥箱中，于 50～60℃，减压 53328.3～79993.2Pa 90min。取出石墨管常温风干，放入 105℃烘箱中干燥 1h。在通氩气 300mL/min 保护下按下述程序处理：干燥 80～100℃，30s，100～110℃，30s；灰化 900℃，60s；原子化 2700℃，10s。重复上述程序两次，即得涂钽石墨管，将涂好的管放入干燥器内保存。

4. 仪器工作条件

参考仪器说明书，将仪器工作条件调整至测铝最佳状态，波长 309.3nm，石墨炉工作程序见表 6-1。

表6-1 石墨炉工作程序

程 序	干 燥	灰 化	原 子 化	清 除
温度/℃	120	1400	2400	2700
斜率/s	2	2	0	1
保持/s	30	30	5	4
氩气流量/(mL/min)	—	300	0	300

5. 分析步骤

① 吸取铝标准使用溶液 0mL、2.00mL、3.00mL、4.00mL 和 5.00mL 于 5 个 100mL 容量瓶内，分别加入 1.0mL 硝酸镁溶液，用硝酸溶液（1+99）定容至刻度，摇匀，分别配制成 $\rho(Al)$ 为 0μg/L、20μg/L、30μg/L、40μg/L 和 50μg/L 的标准系列。另吸取 10.0mL 水样，加入 0.1mL 硝酸镁溶液。同时吸取 10.0mL 硝酸溶液（1+99），加入 0.1mL 硝酸镁溶液，作为空白。

② 仪器工作条件设定后依次吸取 20μL 试剂空白、标准系列和样液，注入石墨管，启动石墨炉控制程序和记录仪，记录吸收峰高或峰面积。以质量浓度为横坐标，峰高或峰面积为纵坐标绘制校准曲线。

6. 结果计算

从吸光度-浓度校准曲线查出铝的质量浓度后，按式（6-14）计算。

$$\rho(Al) = \frac{\rho_1 \times V_1}{V} \qquad (6-14)$$

式中　$\rho(Al)$——水样中铝的质量浓度，μg/L；

　　　　ρ_1——从校准曲线上查得的试样中铝的质量浓度，μg/L；

　　　　V——水样体积，mL；

　　　　V_1——水样稀释后的体积，mL。

五、电感耦合等离子体-原子发射光谱法测定蜂蜜中钾、磷、铁、钙、锌、铝、钠、镁、硼、锰、铜、钡、钛、钒、镍、钴、铬的含量

1. 原理

试样以硝酸-过氧化氢在聚四氟乙烯消化罐（PTFE）或微波消化罐内消化分解，稀释至确定的体积后，将试样溶液喷入等离子体，并以此作光源，在等离子体光谱仪相应元素波长处，测量其光谱强度，并采用标准曲线法计算元素的含量。

2. 试剂和材料

除另有说明外，所用试剂均为优级纯，水为 GB/T 6682—1992 规定的二级水。

① 硝酸（密度为 1.42g/mL）。

② 过氧化氢　分析纯。

③ 硝酸（1+3）。

④ 硝酸（1+19）。

⑤ 标准溶液

a. 17 种单元素标准溶液　单元素标准溶液可按 GB/T 602—1988 方法配制，也可向国家认可的销售标准物质单位购买。其质量浓度为 1000mg/L（或 500mg/L）。

b. 多元素标准溶液：

6 种元素混合标准溶液　分别移取钛、钒、钡、镍、钴、铬的单元素标准溶液 1mL 于 100mL 容量瓶中，以硝酸(3+1)稀释至刻度，转移到洁净聚乙烯瓶中备用。

16 种元素混合标准溶液(10 倍 N_5)　此溶液用单元素标准溶液(钾除外)和 6 种元素混合标准溶液按表 6-2 计算，即分别算出相当于 10 倍 N 的单元素标准溶液及 6 种元素混合标准溶液体积。按算得的体积分取 10 种单元素标准溶液及 6 种元素混合标准溶液于 100mL 容量瓶中，用硝酸稀释至刻度，混匀转移到洁净聚乙烯瓶中备用。

表 6-2　17 种元素的标准系列溶液浓度

元　素	标准系列溶液浓度				
	N_1	N_2	N_3	N_4	N_5
钾	0	14	28	56	70
磷	0	4	8	16	20
铁	0	1.5	3	6	7.5
钙	0	1	2	4	5
锌	0	1	2	4	5
铝	0	1	2	4	5
钠	0	1	2	4	5
镁	0	1	2	4	5
硼	0	0.1	0.2	0.4	0.5
锰	0	0.1	0.2	0.4	0.5
铜	0	0.1	0.2	0.4	0.5
钡	0	0.01	0.02	0.04	0.05
钛	0	0.01	0.02	0.04	0.05
钒	0	0.01	0.02	0.04	0.05
镍	0	0.01	0.02	0.04	0.05
钴	0	0.01	0.02	0.04	0.05
铬	0	0.01	0.02	0.04	0.05

c. 标准系列溶液($N_1 \sim N_5$)　分取 0mL、2mL、4mL、8mL、10mL 元素混合标准溶液于 5 个 100mL 容量瓶中，并按表 6-2 计算加入所需钾单元素标准溶液的量于该容量瓶中，以硝酸(1+19)稀释至刻度，混匀转移到洁净聚乙烯瓶中备用。

3. 仪器

(1) 电感耦合等离子体发射光谱仪

氢气纯度应不小于 99.9%，以提供稳定清澈的等离子体炬焰。在选择的仪器工作条件下进行测定。符合以下要求者，可以应用于本方法的测定。

① 仪器的稳定性　仪器的短程稳定性和长期稳定性应符合 JJG 015—1996 的规定要求。

② 仪器的检出限　仪器的检出限的测定按照 JJG 015—1996 的规定进行，测定结果应满足表 6-4 中各元素测定的需要。

③ 校准(工作)曲线　回归曲线的线性相关系数，11 种微量元素的线性相关系数 $r \geqslant$ 0.999，6 种痕量元素的线性相关系数 $r \geqslant 0.99$。

④ 分析谱线波长　GB/T 18932 的本部分中推荐使用的仪器测定 17 种元素波长见表 6-3。

表 6 - 3　测定元素波长

元　　素	波　　长/nm	元　　素	波　　长/nm
钾	766.490	锰	257.610　260.569　293.300
磷	213.618　178.287	铜	327.396　324.754
铁	259.940　240.488　271.402　238.204	钡	455.403　493.41　230.424　233.527
钙	317.933　393.360	钛	337.280　334.941　368.520　323.452
锌	213.856　206.100	钒	311.071　310.230　292.40
铝	394.401　396.152　308.202　256.8	镍	231.604　221.649
钠	589.592	钴	228.616　238.892
镁	279.553　285.213	铬	267.716
硼	208.959　249.678　182.589		

② 烘箱。

③ 聚四氟乙烯消化罐（PTFE）　内容积 30mL，带不锈钢外套。

④ 微波消化炉。

4. 试样制备与保存

① 试样的制备　对无结晶的实验室样品，将其搅拌均匀。对有结晶的样品，在密闭情况下，置于不超过 60℃ 的水浴中温热，振荡，待样品全部融化后搅匀，迅速冷却至室温。分出 0.5kg 作为试样。制备好的试样置于样品瓶中，密封，并标明标记。

② 试样的保存　将试样于常温下保存。

5. 分析步骤

（1）试样溶液的制备

① 聚四氟乙烯（PTFE）消化罐法　准确称取 1 ~ 1.2g 蜂蜜样品，精确至 0.1mg。置于 PTFE 消化罐内，加入 3mL 硝酸，3mL 过氧化氢摇动消化罐混匀，放置 24h 以上，其间不定时摇动消化罐 3 ~ 4 次。将 PTFE 消化罐放入不锈钢外套中，旋紧顶盖，放入烘箱中，开启烘箱电源，升温至 90 ± 5℃ 并恒温 2h。关闭烘箱电源，待消化罐冷却到室温后，打开不锈钢外套，取出 PTFE 消化罐，将溶液转入 25mL 容量瓶中，以硝酸（1 + 19）稀释至刻度，混匀，转移到聚乙烯瓶中备用。

② 微波消解法　除了将放有试料及硝酸、过氧化氢的微波消化罐放入微波消化装置外，其余与 PTFE 消化罐法相同，微波消化装置消化程序：240W 消化 1min；360W 消化 3min；600W 消化 5min。

（2）平行试验

按以上步骤对同一试样进行平行试验测定。

（3）空白试验

除不称取样品外，均按上述步骤进行。

（4）绘制校准曲线

按试验要求及仪器规定，设置仪器的最佳分析条件，并调节仪器最佳工作状态，按顺序测定标准系列溶液 N_1 ~ N_5 光谱强度，用计算机或计算器以净光强度为因变量，以元素浓度（$\mu g/mL$）为自变量进行线性回归，绘制工作曲线，计算出截距（a）、斜率（b）和线性相关系数（r）。

（5）样品测定

在选择的最佳测定条件下，测定空白溶液和试样溶液中各待测元素的光谱强度，从工作曲线上计算出各相应组分的浓度。对于元素含量超出校准曲线浓度范围的样品，可定量稀释后测定。

（6）结果计算

按式（6－15）计算元素的含量：

$$X = \frac{(c_{L} - c_{0}) \times V \times 1000}{M \times 1000} \qquad (6-15)$$

式中　X——被测元素含量，mg/kg；

c_{L}——从标准曲线上查得的试样溶液中被测元素的浓度，μg/mL；

c_{0}——从标准曲线上查得的随同试样空白溶液中被测元素的浓度，μg/mL；

V——被测试液的体积，mL；

M——试样质量，g。

7. 精密度

GB/T 18932 的本部分精密度是按照 GB/T 6379—1986 的规定，通过 10 个实验室对四个水平的试样所做的试验中确定的。获得重复性和再现性的值是以 95% 的可信度来计算，精密度数据见表 6－4。

表 6 - 4　方法的精密度

元　　素	含量范围	重复性限 r	再现性限 R
钾	180～1260	$r = 10.9814 + 0.0219\ m$	$\lg R = 0.2332 + 0.5184\ \lg m$
磷	28～266	$\lg r = -0.3777 + 0.6115\ \lg m$	$\lg R = -0.5954 + 0.9759\ \lg m$
铁	4～108	$\lg r = -0.6304 + 0.7236\ \lg m$	$\lg R = -0.1313 + 0.5089\ \lg m$
钙	11～68	$r = 1.1028 + 0.0891\ m$	$\lg R = 0.0212 + 0.6115\ \lg m$
锌	0.9～57	$\lg r = -0.7069 + 0.7008\ \lg m$	$\lg R = -0.5119 + 0.7065\ \lg m$
铝	2～58	$\lg r = -0.1028 + 0.3555\ \lg m$	$\lg R = 0.0883 + 0.3201\ \lg m$
钠	6～32	$r = 0.8122 + 0.0913\ m$	$\lg R = 0.0095 + 0.3811\ \lg m$
镁	4～63	$\lg r = -1.2626 + 1.0293\ \lg m$	$\lg R = -0.4153 + 0.7144\ \lg m$
硼	3～9	$\lg r = -1.1970 + 1.1650\ \lg m$	$R = 0.1153 + 0.1690\ m$
锰	0.2～7	$\lg r = -0.8463 + 0.4941\ \lg m$	$R = 0.0857 + 0.0950\ m$
铜	0.1～6	$\lg r = -0.7927 + 0.4367\ \lg m$	$\lg R = -0.6683 + 0.4073\ \lg m$
钡	0.1～0.8	$r = 0.0467 + 0.0611\ m$	$\lg R = -0.4025 + 0.8403\ \lg m$
钛	0.1～0.6	$r = 0.0633 + 0.0323\ m$	$\lg R = -0.065 + 0.4607\ \lg m$
钒	0.1～0.6	$\lg r = -1.0545 + 0.2507\ \lg m$	$R = 0.0655 + 0.1807\ m$
镍	0.2～0.7	$r = 0.0234 + 0.1545\ m$	$\lg R = -0.4572 + 1.0236\ \lg m$
钴	0.2～0.9	$r = 0.0343 + 0.0886\ m$	$\lg R = -0.5940 + 0.6752\ \lg m$
铬	0.2～0.9	$r = 0.0532 + 0.0486\ m$	$\lg R = -0.4674 + 0.9916\ \lg m$

（1）重复性

在重复性条件下，获得的两次独立测试结果的绝对差值不超过重复性限（r），本部分的重复性限按表 6－4 方程式计算。

式中，m 为两次测定值的平均值，mg/kg。

如果两次测定值的差值超过重复性限，应舍弃试验结果并重新完成两次单个试验的测定。

（2）再现性

在再现性条件下，获得的两次独立测试结果的绝对差值不超过再现性限（R），本部分的再现性限按表6-4方程式计算。

8. 检出限

17种元素的检出限见表6-5。

表6-5 17种元素的检出限　　　　　　　　　　　　　　　　　mg/kg

元素	钾	磷	铁	钙	锌	铝	钠	镁	硼
检出限	0.1	0.25	0.02	0.005	0.02	0.03	0.07	0.001	0.05
元素	锰	铜	钡	钛	钒	镍	钴	铬	
检出限	0.004	0.02	0.06	0.06	0.08	0.1	0.09	0.08	

第四节　食品中锂含量的测定

一、火焰发射光谱法测定饮用天然矿泉水中锂的含量

本法最低检测质量浓度为 0.01mg/L。

1. 原理

锂在火焰中极易被激发，当被激发的原子返回基态时，以光量子的形式辐射出所吸收的能量，于 670.8nm 处测定其发射强度，其发射强度与锂含量成正比，可在其他条件不变的情况下，根据测得的发射强度与标准系列比较进行定量。

2. 试剂

① 硫酸盐-碳酸铵溶液　溶解 5g 硫酸钠（Na_2SO_4）、13g 硫酸钾（K_2SO_4）和 12g 碳酸铵 [$(NH_4)_2CO_3$] 于 100mL 纯水中。

② 锂标准贮备溶液 [$\rho(Li^+) = 1.00mg/mL$]　称取 1.2216g 已在 105℃烘干的无水氯化锂，溶于纯水中，并用纯水定容至 200mL，摇匀。

③ 锂标准中间液 [$\rho(Li^+) = 0.05mg/mL$]　吸取 10.00mL 锂标准贮备液，用纯水定容至 200mL，摇匀。

④ 锂标准使用液 [$\rho(Li^+) = 0.005mg/mL$]　吸取 10.00mL 锂标准中间液，用纯水定容至 100mL，摇匀。

3. 仪器

① 火焰光度计或具备发射测定方式的原子吸收分光光度计。

② 空气压缩机或空气钢瓶气。

③ 乙炔钢瓶气(警告：乙炔易燃)。

④ 比色管　50mL。

4. 分析步骤

(1) 样品分析

按仪器说明书，将仪器调整至测锂最佳工作状态。

取水样 50.0mL，加 5mL 硫酸盐-碳酸铵溶液，充分摇匀。待沉淀完全下沉后，过滤除去沉淀或取上层清液喷入火焰测定其发射强度(水样中钙、锶、钡含量低时，可能无沉淀生成)。

(2) 校准曲线的绘制

取一系列 50mL 比色管，加锂标准使用液 0mL、0.1mL、…、10.0mL，用纯水稀释至

50mL，配成含锂 0mL、0.01mL、…、1.00mg/L 的标准系列。加 5mL 硫酸盐－碳酸铵溶液，充分摇匀。待沉淀完全下沉后，过滤除去沉淀或取上层清液喷入火焰，测定标准系列的发射强度。以质量浓度为横坐标，发射强度为纵坐标绘制校准曲线。

5. 结果计算

水样中锂的质量浓度按式（6－16）计算。

$$\rho(\mathrm{Li}) = \rho_1 \times D \qquad (6-16)$$

式中　$\rho(\mathrm{Li})$——水样中锂的质量浓度，mg/L；

　　　　ρ_1——从校准曲线上查得的样品中锂的质量浓度，mg/L；

　　　　D——水样稀释倍数。

6. 精密度与准确度

同一实验室测定含锂 0.013mg/L 水样的相对标准偏差 5.2%。

二、火焰原子吸收分光光度法测定饮用天然矿泉水中锂的含量

本法最低检出质量浓度为 0.05mg/L。

共存元素钾、钠对其有增感效应，但含量达 2500mg/L 即趋于恒定，通常补加氯化钾和氯化钠使其钾、钠含量分别增加至 2500mg/L，予以校正。钙、镁、锶超过一定限量，呈现干扰时，则采用稀释法或标准加入法加以克服。

1. 原理

本法基于基态原子能吸收来自锂空心阴极灯发出的共振线，且其吸收强度与样品中锂的含量成正比。可在其他条件不变的情况下，根据测得的吸收强度，与标准系列比较进行定量。使用空气－乙炔火焰，在波长 670.8nm 处，测定其吸收强度。

2. 试剂

① 氯化钾溶液　称取 47.67g 氯化钾（KCl，优级纯），用纯水溶解并稀释至 1000mL。此液每毫升含 25mg 钾。

② 氯化钠溶液　称取 63.55g 氯化钠（NaCl，优级纯），用纯水溶解并稀释至 1000mL，此液每毫升含 25mg 钠。

③ 锂标准贮备液（锂标准贮备溶液[$\rho(\mathrm{Li}^+) = 1.00\mathrm{mg/mL}$]）　称取 1.2216g 已在 105℃ 烘干的无水氯化锂，溶于纯水中，并用纯水定容至 200mL，摇匀。

④ 锂标准中间液[$\rho(\mathrm{Li}^+) = 0.05\mathrm{mg/mL}$]　吸取 10.00mL 锂标准贮备液，用纯水定容至 200mL，摇匀。

⑤ 锂标准使用液[$\rho(\mathrm{Li}^+) = 0.005\mathrm{mg/mL}$]　吸取 10.00mL 锂标准中间液，用纯水定容至 100mL，摇匀。

3. 仪器

① 原子吸收分光光度计　配有锂空心阴极灯。

② 空气压缩机或空气钢瓶气。

③ 乙炔钢瓶气（警告：乙炔易燃）。

4. 分析步骤

① 水样测定　按仪器说明书，将仪器调整至测钾、钠或锂最佳工作状态，首先测定钾、钠离子含量。取水样 5.00mL 于 10mL 容量瓶中，补加氯化钾溶液和氯化钠溶液使样液中钾、钠含量均达到 2500mg/L，再用纯水定容至刻度，摇匀。按常规操作步骤测定锂的吸光度。

② 校准曲线的绘制　吸取锂标准使用液 0mL、0.5mL、…、5.0mL，添加氯化钾和氯化钠各 5mL，用纯水定容至 50mL，配制成每升含锂 0mL、0.05mL、…、5.0mg 且含钾、钠各 2500mg 的标准系列。按常规操作步骤测定标准系列的吸光度。以质量浓度为横坐标，吸光度为纵坐标绘制校准曲线。

5. 结果计算

用公式(6 – 16)计算结果。

6. 精密度与准确度

同一实验室对含锂 0.67mg/L 的水样进行 10 次测定的相对标准偏差为 2.8%。

第五节　食品中锑含量的测定

某些食品由于用涂有锑瓷釉的容器贮存或制作而被污染，使食品中含锑量偏高。曾发生因饮用了在搪瓷容器中用柠檬晶制成的柠檬水而中毒的事件。为此，各国制定了锑的食品卫生标准。澳大利亚规定饮料中锑不得超过 0.15mg/L，其他食品中不得超过 1.5mg/kg；新西兰规定饮料中锑不得超过 0.15mg/L，其他食品中不得超过 1.0mg/kg；英国规定食品着色剂中含锑不得超过 100mg/kg。我国规定食品容器及包装材料采用聚对苯二甲酸乙二醇酯为原料的成型品，4% 乙酸浸出液(60℃，0.5h)中锑含量不得超过 0.005mg/L。

1. 原理

试样经酸加热消化后，在酸性介质中，试样中的锑与硼氢化钠($NaBH_4$)或硼氢化钾(KBH_4)反应生成挥发性锑的氢化物(SbH_4)，以氩气为载气，将氢化物导入电热石英原子化器中原子化，在特制锑空心阴极灯照射下，基态锑原子被激发至高能态，在去活化回到基态时，发射出特征波长的荧光，其荧光强度与锑含量成正比，根据标准系列进行定量。

2. 试剂

① 硝酸 + 高氯酸(4 + 1)混合酸　分别量取硝酸 400mL，高氯酸 100mL，混匀。

② 盐酸溶液(1 + 1)　量取 250mL 盐酸倒入 200mL 水中，混匀。

③ 硫酸(优级纯)。

④ 30% 过氧化氢。

⑤ 硫脲[(NH_2)$_2$CS](20g/L) + 碘化钾(KI)(100g/L)混合溶液　分别称取 2g 硫脲，10g 碘化钾，溶于 100mL 水中，混匀。

⑥ 硼氢化钠($NaBH_4$)溶液(10g/L)　称取 1.0g 硼氢化钠，溶于 100mL 的氢氧化钠溶液(2g/L)中，混匀，临用现配。

⑦ 锑标准贮备液(1.00mg/mL)　由国家标准物质研究中心提供。

⑧ 锑标准应用液(1.00μg/mL)　精确吸取锑标准储备液(1.00mg/mL)，用水逐级稀释至 1.00μg/mL。

3. 仪器

① 双道原子荧光光谱仪。

② 编码锑空心阴极灯。

③ 微波消解炉。

④ 电热板。

4. 分析步骤

（1）试样消化

① 湿法消解　称取固体试样 0.20 ~ 2.00g，液体试样 2.00 ~ 10.00g（或 mL），置于 50 ~ 100mL 消化容器中（锥形瓶），加入硝酸 + 高氯酸（4 + 1）混合酸 5 ~ 10mL 然后加入硫酸 1 ~ 2mL 浸泡放置过夜。次日，置于电热板上加热消解，至消化液呈淡黄色或无色（如消解过程色泽较深，稍冷补加少量硝酸，继续消解），加入 20mL 水，再继续加热赶酸至消化液 0.5 ~ 1.0mL 止，冷却后用少量水转入 25mL 容量瓶中，并加入盐酸溶液（1 + 1）2.0mL，硫脲（20g/L）+ 碘化钾（100g/L）混合液 2.0mL，用水稀释至刻度，摇匀，放置 30min 后测定，同时做试剂空白。

② 微波消解　称取 0.10 ~ 0.50g 试样于消化罐中，加入 1 ~ 5mL 硝酸，加入过氧化氢 1 ~ 2mL，盖好安全阀后，将消化罐放入微波消解炉中，根据不同品种的试样，设置微波消解炉的最佳分析条件（见表 6 – 6 和表 6 – 7）。消解完全后，冷却取出消化罐内衬杯，将消化液用少量水转入 25mL 容量瓶中，并加入盐酸（1 + 1）2.0mL，硫脲（20g/L）+ 碘化钾（100g/L）混合液 2.0mL，用水稀释至刻度，（低含量试样可定容 10mL），摇匀，放置 30min 后测定，同时做试剂空白试验。

表 6 – 6　粮食类、蔬菜类、鱼肉类

步　骤	1	2	3
功率/%	50	75	90
压力/kPa	343	686	1096
升温时间/min	30.0	30.0	30.0
保压时间/min	5.0	7.0	5.0
排风量/%	100	100	100

表 6 – 7　油脂类、糖类

步　骤	1	2	3	4	5
功率/%	50	70	80	100	100
压力/kPa	343	514	686	959	1234
升温时间/min	30.0	30.0	30.0	30.0	30.0
保压时间/min	5.0	5.0	5.0	7.0	5.0
排风量/%	100	100	100	100	100

（2）标准系列制备

取 25mL 容量瓶 7 只，依次准确加入锑标准应用液（1.00μg/mL）0.00mL、0.05mL、0.10mL、0.25mL、0.50mL、1.00mL、1.50mL，用少量水稀释后，加入 2.0mL 盐酸（1 + 1），硫脲（20g/L）+ 碘化钾（100g/L）混合液 2.0mL，用水稀释至刻度，摇匀，（相当于锑浓度 0.00ng/mL、2.00ng/mL、4.00ng/mL、10.00ng/mL、20.00ng/mL、40.00ng/mL、60.00ng/mL）放置 30min 后待测。

（3）测定

① 仪器参考条件　负高压：320V；锑空心阴极灯灯电流：60mA；原子化器：炉温 650℃，炉高 8mm；氧气流速：载气 600mL/min，屏蔽气 1000mL/min；加还原剂时间：7.0s；读数时间：15.0s；延迟时间：0.0s；读数方式：峰面积；测量方法：标准曲线法；进样体积：2.0mL。

② 浓度测量方式　设定好仪器最佳条件，逐步将炉温升至所需温度后，稳定 10～20min 再开始测量。连续用标准系列的零管进样，待读数稳定之后，转入标准系列测量，绘制标准曲线。转入试样测量，分别测定试样空白液和试样消化液，每测不同的试样前都应清洗进样器。试样测定结果按式(6-17)计算。

③ 仪器自动计算结果测量方式　设定好仪器最佳条件，在试样参数界面，输入以下参数：试样质量(g 或 mL)，稀释体积(mL)，并选择结果的浓度单位。逐步将炉温升至所需温度，稳定后测量。连续用标准系列的零管进样，待读数稳定之后，转入标准系列测量，绘制标准曲线。在转入试样测量之前，再进入空白值测量状态，用试样空白消化液进样，让仪器取其均值作为扣除的空白值。随后即可依次测定试样溶液。选择"打印报告"即可将测定结果自动打印。

5. 结果计算

$$X = \frac{(c - c_0) \times V \times 1000}{m \times 1000 \times 1000} \tag{6-17}$$

式中　X——试样中锑的含量，mg/kg 或 mg/L；

$\quad\quad c$——试样消化液测定浓度，ng/mL；

$\quad\quad c_0$——试剂空白液测定浓度，ng/mL；

$\quad\quad m$——试样质量或体积，g 或 mL；

$\quad\quad V$——试样消化液总体积，mL。

6. 精密度

在重复性条件下获得的两次独立测定结果的绝对值不得超过算数平均值的 10%。

7. 检出限

检出限为 0.1ng/mL。

第七章 有害元素的测定

有害元素进入机体的途径往往是通过食品的摄入，因此制定有害元素在各类食品中的最高允许限量以及检测其在食品中的含量，对保证食品的食用安全性和人体健康是十分必要的。

第一节 食品中汞含量的测定

一、原子荧光光谱分析法测定食品中总汞的含量

1. 原理

试样经酸加热消解后，在酸性介质中，试样中汞被硼氢化钾（KBH₄）或硼氢化钠（NaBH₄）还原成原子态汞，由载气（氩气）带入原子化器中，在特制汞空心阴极灯照射下，基态汞原子被激发至高能态，在去活化回到基态时，发射出特征波长的荧光，其荧光强度与汞含量成正比，与标准系列比较定量。

2. 试剂

① 优级纯的硝酸、硫酸。

② 30% 过氧化氢。

③ 硫酸＋硝酸＋水（1＋1＋8）　量取 10mL 硝酸和 10mL 硫酸，缓缓倒入 80mL 水中，冷却后小心混匀。

④ 硝酸溶液（1＋9）　量取 50mL 硝酸，缓缓倒入 450mL 水中，混匀。

⑤ 氢氧化钾溶液（5g/L）　称取 5.0g 氢氧化钾，溶于水中，稀释至 1000mL，混匀。

⑥ 硼氢化钾溶液（5g/L）　称取 5.0g 硼氢化钾，溶于 5.0g/L 的氢氧化钾溶液中，并稀释至 1000mL，混匀，现用现配。

⑦ 汞标准贮备溶液　精密称取 0.1354g 干燥过的二氯化汞，加硫酸＋硝酸＋水混合酸（1＋1＋8）溶解后移入 100mL 容量瓶中，并稀释至刻度，混匀，此溶液每毫升相当于 1mg 汞。

⑧ 汞标准使用溶液　用移液管吸取汞标准储备液（1mg/mL）1mL 于 100mL 容量瓶中，用硝酸溶液（1＋9）稀释至刻度，混匀，此溶液浓度为 10μg/mL。在分别吸取 10μg/mL 汞标准溶液 1mL 和 5mL 于两个 100mL 容量瓶中，用硝酸溶液（1＋9）稀释至刻度，混匀，溶液浓度分别为 100ng/mL 和 500ng/mL，分别用于测定低浓度试样和高浓度试样，制作标准曲线。

3. 仪器

① 双道原子荧光光度计。

② 高压消解罐（100mL 容量）

③ 微波消解炉。

4. 分析步骤

（1）试样消解

① 高压消解法　本方法适用于粮食、豆类、蔬菜、水果、瘦肉类、鱼类、蛋类及乳与

乳制品类食品中总汞的测定。

a. 粮食及豆类等干样　称取经粉碎混匀过40目筛的干样0.2~1.00g，置于聚四氟乙烯塑料内罐中，加5mL硝酸，混匀后放置过夜，再加7mL过氧化氢，盖上内盖放入不锈钢外套中，旋紧密封。然后将消解器放入普通干燥箱（烘箱）中加热，升温至120℃后保持恒温2~3h，至消解完全，自然冷至室温。将消解液用硝酸溶液（1+9）定量转移并定容至25mL，摇匀。同时做试剂空白试验。待测。

b. 蔬菜、瘦肉、鱼类及蛋类水分含量高的鲜样　用捣碎机打成匀浆，称取匀浆1.00~5.00g，置于聚四氟乙烯塑料内罐中，加盖留缝放于65℃鼓风干燥烤箱或一般烤箱中烘至近干，取出，加5mL硝酸，混匀后放置过夜。以下操作同粮食等干样的消解方法。

② 微波消解法　称取0.10~0.50g试样于消解罐中加入1~5mL硝酸，1~2mL过氧化氢，盖好安全阀后，将消解罐放入微波炉消解系统中，根据不同种类的试样设置微波炉消解系统的最佳分析条件（见表7-1和表7-2），至消解完全，冷却后用硝酸溶液（1+9）定量转移并定容至25mL（低含量试样可定容至10mL），混匀待测。

表7-1　粮食、蔬菜、鱼肉类试样微波分析条件

步　骤	1	2	3
功率/%	50	75	90
压力/kPa	343	686	1096
升压时间/min	30	30	30
保压时间/min	5	7	5
排风量/%	100	100	100

表7-2　油脂、糖类试样微波分析条件

步　骤	1	2	3	4	5
功率/%	50	70	80	100	100
压力/kPa	343	514	686	959	1234
升压时间/min	30	30	30	30	30
保压时间/min	5	5	5	7	5
排风量/%	100	100	100	100	100

（2）标准系列配制

① 低浓度标准系列　分别吸取100ng/mL汞标准使用液0.25mL、0.50mL、1.00mL、2.00mL、2.50mL于25mL容量瓶中，用硝酸溶液（1+9）稀释至刻度，混匀。各自相当于汞浓度1.00ng/mL、2.00ng/mL、4.00ng/mL、8.00ng/mL、10.00ng/mL。此标准系列适用于一般试样测定。

② 高浓度标准系列　分别吸取500ng/mL汞标准使用液0.25mL、0.50mL、1.00mL、1.50mL、2.00mL于25mL容量瓶中，用硝酸溶液（1+9）稀释至刻度，混匀。各自相当于汞浓度5.00ng/mL、10.00ng/mL、20.00ng/mL、30.00ng/mL、40.00ng/mL。此标准系列适用于鱼及含汞量偏高的试样测定。

（3）测定

① 仪器参考条件　光电倍增管负高压：240V；汞空心阴极灯电流：30mA；原子化器：温度300℃，高度8.0mm；氩气流速：载气500mL/min，屏蔽气1000mL/min；测量方式：标准曲线法；读数方式：峰面积；读数延迟时间：1.0s；读数时间：10.0s；硼氢化钾溶液加液时间：8.0s；标液或样液加液体积：2mL。

注：AFS 系列原子荧光仪如 230、230a、2202、2202a、2201 等仪器属于全自动或断序流动的仪器，都附有本仪器的操作软件，仪器分析条件应设置本仪器所提示的分析条件，仪器稳定后，测标准系列，至标准曲线的相关系数 r > 0.999 后测试样。试样前处理可适用任何型号的原子荧光仪。

② 测定方法　根据情况任选以下一种方法。

a. 浓度测定方式测量　设定好仪器最佳条件，逐步将炉温升至所需温度后，稳定 10 ~ 20min 后开始测量。连续用硝酸溶液(1 + 9)进样，待读数稳定之后，转入标准系列测量，绘制标准曲线。转入试样测量，先用硝酸溶液(1 + 9)进样，使读数基本回零，再分别测定试样空白和试样消化液，每测不同的试样前都应清洗进样器。试样测定结果按式(7 - 1)计算。

b. 仪器自动计算结果方式测量　设定好仪器最佳条件，在试样参数画面输入以下参数：试样质量(g 或 mL)，稀释体积(mL)，并选择结果的浓度单位，逐步将炉温升至所需温度，稳定后测量。连续用硝酸溶液(1 + 9)进样，待读数稳定之后，转入标准系列测量，绘制标准曲线。在转入试样测定之前，再进入空白值测量状态，用试样空白消化液进样，让仪器取其均值作为扣底的空白值。随后即可依法测定试样。测定完毕后，选择"打印报告"即可将测定结果自动打印。

5. 结果计算

$$X = \frac{(c - c_0) \times V \times 1000}{m \times 1000 \times 1000} \tag{7 - 1}$$

式中　X——试样中汞的含量，mg/kg 或 mg/L；

　　　c——试样消化液中汞的含量，ng/mL；

　　　c_0——试剂空白液中汞的含量，ng/mL；

　　　V——试样消化液总体积，mL；

　　　m——试样质量或体积，g 或 mL。

计算结果保留三位有效数字。

6. 精密度

在重复性条件下获得的两次独立测定结果的绝对差值不得超过算术平均值的 10%。

7. 检出限

检出限为 0.15μg/kg，标准曲线最佳线性范围 0 ~ 60μg/L。

二、冷原子吸收光谱法测定总汞的含量

1. 原理

汞蒸气对波长 253.7nm 的共振线具有强烈的吸收作用。试样经过酸消解或催化酸消解使汞转为离子状态，在强酸性介质中以氯化亚锡还原成单质汞，以氮气或干燥空气作为载体，将单质汞吹入汞测定仪，进行冷原子吸收测定，在一定浓度范围其吸收值与汞含量成正比，与标准系列比较定量。

2. 压力消解法

(1) 试剂

① 硝酸、盐酸。

② 过氧化氢(30%)。

③ 硝酸(0.5 + 99.5)　取 0.5mL 硝酸慢慢加入 50mL 水中，然后加水稀释至 100mL。

④ 高锰酸钾溶液（50g/L）　称取 5.0g 高锰酸钾置于 100mL 棕色瓶中，以水溶解稀释至 10mL。

⑤ 硝酸 – 重铬酸钾溶液　称取 0.05g 重铬酸钾溶于水中，加入 5mL 硝酸，用水稀释至 100mL。

⑥ 氯化亚锡溶液（100g/L）　称取 10g 氯化亚锡溶于 20mL 盐酸中，以水稀释至 100mL，临用时现配。

⑦ 无水氯化钙。

⑧ 汞标准储备液　准确称取 0.1354g 经干燥器干燥过的二氧化汞溶于硝酸 – 重铬酸钾溶液中，移入 100mL 容量瓶中，以硝酸 – 重铬酸钾溶液稀释至刻度。混匀。此溶液每毫升含 1.0mg 汞。

⑨ 汞标准使用液　由 1.0mg/mL 汞标准储备液经硝酸 – 重铬酸钾溶液稀释成 2.0ng/mL、4.0ng/mL、6.0ng/mL、8.0ng/mL、10.0ng/mL 的汞标准使用液。临用时现配。

（2）仪器

所用玻璃仪器均需以硝酸（1 + 5）浸泡过夜，用水反复冲洗，最后用去离子水冲洗干净。

① 双光束测汞仪（附气体循环泵、气体干燥装置、汞蒸气发生装置及汞蒸气吸收瓶）。

② 恒温干燥箱。

③ 压力消解器、压力消解罐或压力溶弹。

（3）分析步骤

① 试样预处理：

a. 在采样和制备过程中，应注意不使试样污染；

b. 粮食、豆类去杂质后，磨碎，过 20 目筛，储于塑料瓶中，保存备用；

c. 蔬菜、水果、鱼类、肉类及蛋类等水分含量高的鲜样用食品加工机或匀浆机打成匀浆，储于塑料瓶中，保存备用。

② 试样消解（可根据实验室条件选用以下任何一种方法消解）　压力消解罐消解法：称取 1.00 ~ 3.00g 试样（干样、含脂肪高的试样 < 1.00g，鲜样 < 3.00g 或按压力消解罐使用说明书称取试样）于聚四氟乙烯内罐，加硝酸 2 ~ 4mL 浸泡过夜，再加过氧化氢（30%）2 ~ 3mL（总量不能超过罐容积的 1/3）。盖好内盖，旋紧不锈钢外套，放入恒温干燥箱，120 ~ 140℃ 保持 3 ~ 4h，在箱内自然冷却至室温，用滴管将消化液洗入或过滤入（视消化后试样的盐分而定）100.0mL 容量瓶中，用水少量多次洗涤罐，洗液合并于容量瓶中并定容至刻度，混匀备用；同时作试剂空白。

③ 测定

a. 仪器条件　打开测汞仪，预热 1 ~ 2h，并将仪器性能调至最佳状态。

b. 标准曲线绘制　吸取上面配制的汞标准使用液 2.0ng/mL、4.0ng/mL、6.0ng/mL、8.0ng/mL、10.0ng/mL 各 5.0mL（相当于 10.0ng、20.0ng、30.0ng、40.0ng、50.0ng）置于测汞仪的汞蒸气发生器的还原瓶中，分别加入 1.0mL 还原剂氯化亚锡（100g/L），迅速盖紧瓶塞，随后有气泡产生，从仪器读数显示的最高点测其吸收值，然后打开吸收瓶上的三通阀将产生的汞蒸气吸收于高锰酸钾溶液（50g/L）中，待测汞仪上的读数达到零点时进行下一次测定。并求得吸光值与汞质量关系的一元线性回归方程。

c. 试样测定　分别吸取样液和试剂空白液各 5.0mL 置于测汞仪的汞蒸气发生器的还原瓶中，分别加入 1.0mL 还原剂氯化亚锡（100g/L），迅速盖紧瓶塞，随后有气泡产生，从仪

248

器读数显示的最高点测得其吸收值，然后打开吸收瓶上的三通阀将产生的汞蒸气吸收于高锰酸钾溶液(50g/L)中，待测汞仪上的读数达到零点时进行下一次测定。将所测得其吸收值，代入标准系列的一元线性回归方程中求得样液中汞含量。

（4）结果计算

试样中汞含量按式(7-2)进行计算。

$$X = \frac{(A_1 - A_2) \times (V_2/V_1) \times 1000}{m \times 1000} \quad (7-2)$$

式中　X——试样中汞含量，$\mu g/kg$ 或 $\mu g/L$；

　　　A_1——测定试样消化液中汞质量，ng；

　　　A_2——试剂空白液中汞质量，ng；

　　　V_1——试样消化液总体积，mL；

　　　V_2——测定用试样消化液体积，mL；

　　　m——试样质量或体积，g 或 mL。

计算结果保留两位有效数字。

（5）精密度

在重复性条件下获得的两次独立测定结果的绝对差值不得超过算术平均值的20%。

3. 其他消化法

（1）试剂

① 硝酸、硫酸。

② 氯化亚锡溶液(300g/L)　称取30g氯化亚锡($SnCl_2 \cdot 2H_2O$)，加少量水，并加2mL硫酸使溶解后，加水稀释至100mL，放置冰箱保存。

③ 无水氯化钙　干燥用。

④ 混合酸(1+1+8)　量取10mL硫酸，再加入10mL硝酸，慢慢倒入50mL水中，冷后加水稀释至100mL。

⑤ 五氧化二钒。

⑥ 高锰酸钾溶液(50g/L)　配好后煮沸10min，静置过夜，过滤，贮于棕色瓶中。

⑦ 盐酸羟胺溶液(200g/L)。

⑧ 汞标准贮备溶液　准确称取0.1354g于干燥器干燥过的二氯化汞，加混合酸(1+1+8)溶解后移入100mL容量瓶中，并稀释至刻度，混匀，此溶液每毫升相当于1.0mg汞。

⑨ 汞标准使用液　吸取1.0mL汞标准储备溶液，置于100mL容量瓶中，加混合酸(1+1+8)稀释至刻度，此溶液每毫升相当于10.0μg汞。再吸取此液1.0mL置100mL容量瓶中，加混合酸(1+1+8)稀释至刻度，此溶液每毫升相当于0.1μg汞，临用时现配。

（2）仪器

① 消化装置。

② 测汞仪　附气体干燥和抽气装置。

③ 汞蒸气发生器　见图7-1。

（3）分析步骤

1）试样消化

① 回流消化法：

a. 粮食或水分少的食品　称取10.00g试样，

图7-1　60mL汞蒸气发生器

置于消化装置锥形瓶中，加玻璃珠数粒，加 45mL 硝酸、10mL 硫酸，转动锥形瓶防止局部炭化。装上冷凝管后，小火加热，待开始发泡即停止加热，发泡停止后，加热回流 2h。如加热过程中溶液变棕色，再加 5mL 硝酸，继续回流 2h，放冷后从冷凝管上端小心加 20mL 水，继续加热回流 10min，放冷，用适量水冲洗冷凝管，洗液并入消化液中，将消化液经玻璃棉过滤于 100mL 容量瓶内，用少量水洗锥形瓶、滤器，洗液并入容量瓶内，加水至刻度，混匀。按同一方法做试剂空白试验。

b. 植物油及动物油脂　称取 5.00g 试样，置于消化装置锥形瓶中，加玻璃珠数粒，加入 7mL 硫酸，小心混匀至溶液颜色变为棕色，然后加 40mL 硝酸，装上冷凝管后，小火加热，待开始发泡即停止加热，发泡停止后，加热回流 2h。以下操作同"粮食等样品"的消化方法。

c. 薯类、豆制品　称取 20.00g 捣碎混匀的试样（薯类须预先洗净晾干），置于消化装置锥形瓶中，加玻璃珠数粒及 30mL 硝酸、5mL 硫酸，转动锥形瓶防止局部炭化。装上冷凝管后，小火加热，待开始发泡即停止加热，发泡停止后，加热回流 2h。以下操作同"粮食等样品"的消化方法。

d. 肉、蛋类　称取 10.00g 捣碎混匀的试样，置于消化装置锥形瓶中，加玻璃珠数粒及 30mL 硝酸、5mL 硫酸，转动锥形瓶防止局部炭化。装上冷凝管后，小火加热，待开始发泡即停止加热，发泡停止后，加热回流 2h。以下操作同"粮食等样品"的消化方法。

e. 牛乳及乳制品　称取 20.00g 牛乳或酸牛乳，或相当于 20.00g 牛乳的乳制品（2.4g 全脂乳粉、8g 甜炼乳、5g 淡炼乳），置于消化装置锥形瓶中，加玻璃珠数粒及 30mL 硝酸，牛乳或酸牛乳加 10mL 硫酸，乳制品加 5mL 硫酸，转动锥形瓶防止局部炭化。装上冷凝管后，小火加热，待开始发泡即停止加热，发泡停止后，加热回流 2h。以下操作同"粮食等样品"的消化方法。

②五氧化二钒消化法（适用于水产品、蔬菜、水果）：

取可食部分，洗净，晾干，切碎，混匀。取 2.50g 水产品或 10.00g 蔬菜、水果，置于 50 ~ 100mL 锥形瓶中，加 50mg 五氧化二钒粉末，再加 8mL 硝酸，振摇，放置 4h，加 5mL 硫酸，混匀，然后移至 140℃ 砂浴上加热，开始作用较猛烈，以后渐渐缓慢，待瓶口基本上无棕色气体逸出时，用少量水冲洗瓶口，再加热 5min，放冷，加 5mL 高锰酸钾溶液（50g/L），放置 4h（或过夜），滴加盐酸羟胺溶液（200g/L）使紫色褪去，振摇，放置数分钟，移入容量瓶中，并稀释至刻度。蔬菜、水果为 25mL，水产品为 100mL。按同一方法进行试剂空白试验。

2）测定

① 用回流消化法制备的试样消化液　吸取 10.0mL 试样消化液，置于汞蒸气发生器内，连接抽气装置，沿壁迅速加入 3mL 氯化亚锡溶液（300g/L），立即通过流速为 1.0L/min 的氮气或经活性炭处理的空气，使汞蒸气经过氯化钙干燥管进入测汞仪中，读取测汞仪上最大读数，同时做试剂空白试验。

吸取 0mL、0.10mL、0.20mL、0.30mL、0.40mL、0.50mL 汞标准使用液（相当 0μg、0.01μg、0.02μg、0.03μg、0.04μg、0.05μg 汞），置于试管中，各加 10mL 混合酸（1 + 1 + 8），置于汞蒸气发生器内，以下操作同"上述消化液"测定方法。绘制标准曲线。

② 用五氧化二钒消化法制备的试样消化液　吸取 10.0mL 试样消化液，置于汞蒸气发生器内，以下操作同上述回流消化液测定方法。

250

吸暖取 0mL、1.0mL、2.0mL、3.0mL、4.0mL、5.0mL 汞标准使用液（相当 0μg、0.1μg、0.2μg、0.3μg、0.4μg、0.5μg 汞），置于 6 个 50mL 容量瓶中，各加 1mL 硫酸（1+1）、1mL 高锰酸钾溶液（50g/L），加 20mL 水，混匀，滴加盐酸羟胺溶液（200g/L）使紫色褪去，加水至刻度混匀，分别吸取 10.0mL（相当 0μg、0.02μg、0.04μg、0.06μg、0.08μg、0.10μg 汞），置于汞蒸气发生器内，以下操作同上述回流消化液测定方法。绘制标准曲线。

（4）结果计算

试样中汞的含量按式（7-3）进行计算。

$$X = \frac{(A_1 - A_2) \times 1000}{m \times (V_2/V_1) \times 1000} \tag{7-3}$$

式中　X——试样中汞的含量，mg/kg；

　　　A_1——测定用试样消化液中汞的质量，μg；

　　　A_2——试剂空白液中汞的质量，μg；

　　　m——试样质量，g；

　　　V_1——试样消化液总体积，mL；

　　　V_2——测定用试样消化液体积，mL。

计算结果保留两位有效数字。

（5）精密度

在重复性条件下获得的两次独立测定结果的绝对差值不得超过算术平均值的 15%。

（6）检出限

压力消解法为 0.4μg/kg，其他消解法为 10μg/kg。

三、二硫腙比色法测定总汞的含量

1. 原理

试样经消化后，汞离子在酸性溶液中可与二硫腙生成橙红色络合物，溶于三氯甲烷，与标准系列比较定量。

2. 试剂

① 硝酸、硫酸。

② 氨水。

③ 三氯甲烷　不应含有氧化物。

④ 硫酸（1+35）　量取 5mL 硫酸，缓缓倒入 150mL 水中，冷后加水至 180mL。

⑤ 硫酸（1+19）　量取 5mL 硫酸，缓缓倒入水中，冷后加水至 100mL。

⑥ 盐酸羟胺溶液（200g/L）　吹清洁空气，除去溶液中含有的微量汞。

⑦ 溴麝香草酚蓝-乙醇指示液（1g/L）。

⑧ 二硫腙-三氯甲烷溶液（0.5g/L）　保存冰箱中，必要时用下述方法纯化。称取 0.5g 研细的二硫腙，溶于 50mL 三氯甲烷中，如不全溶，可用滤纸过滤于 250mL 分液漏斗中，用氨水（1+99）提取三次，每次 100mL，将提取液用棉花过滤至 500mL 分液漏斗中，用盐酸（1+1）调至酸性，将沉淀出的二硫腙用三氯甲烷提取 2~3 次，每次 20mL，合并三氯甲烷层，用等量水洗涤两次，弃去洗涤液，在 50℃水浴上蒸去三氯甲烷。精制的二硫腙置硫酸干燥器中，干燥备用，或将沉淀出的二硫腙用 200mL、200mL、100mL 三氯甲烷提取三次，合并三氯甲烷层为二硫腙溶液。

⑨ 二硫腙使用液　吸取 1.0mL 二硫腙溶液，加三氯甲烷至 10mL，混匀。用 1cm 比色杯，以三氯甲烷调节零点，于波长 510nm 处测吸光度(A)，用公式(7-4)算出配制 100mL 二硫腙使用液(70% 透光率)所需二硫腙溶液的毫升数(V)。

$$V = \frac{10 \times (2 - \lg 70)}{A} = \frac{1.55}{A} \tag{7-4}$$

⑩ 汞标准溶液　准确称取 0.1354g 经干燥器干燥过的二氯化汞，加硫酸(1+35)使其溶解后，移入 100mL 容量瓶中，并稀释至刻度，此溶液每毫升相当于 1.0mg 汞。

⑪ 汞标准使用液　吸取 1.0mL 汞标准溶液，置于 100mL 容量瓶中，加硫酸(1+35)稀释至刻度，此溶液每毫升相当于 10.0μg 汞。再吸取此液 5.0mL 于 50mL 容量瓶中，加硫酸(1+35)稀释至刻度，此溶液每毫升相当于 1.0μg 汞。

3. 仪器

① 消化装置。

② 可见分光光度计。

4. 分析步骤

(1) 试样消化

① 粮食或水分少的食品　称取 20.00g 试样，置于消化装置锥形瓶中，加玻璃珠数粒及 80mL 硝酸、15mL 硫酸，转动锥形瓶，防止局部炭化。装上冷凝管后，小火加热，待开始发泡即停止加热，发泡停止后加热回流 2h。如加热过程中溶液变棕色，再加 5mL 硝酸，继续回流 2h，放冷，用适量水洗涤冷凝管，洗液并入消化液中，取下锥形瓶，加水至总体积为 150mL。按同一方法做试剂空白试验。

② 植物油及动物油脂　称取 10.00g 试样，置于消化装置锥形瓶中，加玻璃珠数粒及 15mL 硫酸，小心混匀至溶液变棕色，然后加入 45mL 硝酸，装上冷凝管后，小火加热，待开始发泡即停止加热，发泡停止后加热回流 2h。以下操作同"粮食等样品"的消化方法。

③ 蔬菜、水果、薯类、豆制品　称取 50.00g 捣碎、混匀的试样(豆制品直接取样，其他试样取可食部分洗净、晾干)，置于消化装置锥形瓶中，加玻璃珠数粒及 45mL 硝酸、15mL 硫酸，转动锥形瓶，防止局部炭化。装上冷凝管后，小火加热，待开始发泡即停止加热，发泡停止后加热回流 2h。以下操作同"粮食等样品"的消化方法。

④ 肉、蛋、水产品　称取 20.00g 捣碎混匀试样，置于消化装置锥形瓶中，加玻璃珠数粒及 45mL 硝酸、15mL 硫酸，装上冷凝管后，小火加热，待开始发泡即停止加热，发泡停止后加热回流 2h。以下操作同"粮食等样品"的消化方法。

⑤ 牛乳及乳制品　称取 50.00g 牛乳、酸牛乳，或相当于 50.00g 牛乳的乳制品(6g 全脂乳粉，20g 甜炼乳，12.5g 淡炼乳)，置于消化装置锥形瓶中，加玻璃珠数粒及 45 rnL 硝酸，牛乳、酸牛乳加 15mL 硫酸，乳制品加 10mL 硫酸，装上冷凝管，小火加热，待开始发泡即停止加热，发泡停止后加热回流 2h。以下操作同"粮食等样品"的消化方法。

(2) 测定

① 取上述消化液(全量)，加 20mL 水，在电炉上煮沸 10min，除去二氧化氮等，放冷。

② 于试样消化液及试剂空白液中各加高锰酸钾溶液(50g/L)至溶液呈紫色，然后再加盐酸羟胺溶液(200g/L)使紫色褪去，加 2 滴麝香草酚蓝指示液，用氨水调节 pH，使橙红色变为橙黄色(pH 为 1~2)。定量转移至 125mL 分液漏斗中。

③ 吸取 0μL、0.5μL、1.0μL、2.0μL、3.0μL、4.0μL、5.0μL、6.0μL 汞标准使用液

（相当于 0μg、0.5μg、1.0μg、2.0μg、3.0μg、4.0μg、5.0μg、6.0μg 汞），分别置于 125mL 分液漏斗中，加 10mL 硫酸（1 + 19），再加水至 40mL，混匀。再各加 1mL 盐酸羟胺溶液（200g/L），放置 20min，并时时振摇。

④ 于试样消化液、试剂空白液及标准液振摇放冷后的分液漏斗中加 5.0mL 二硫腙使用液，剧烈振摇 2min，静置分层，经脱脂棉将三氯甲烷层滤入 1cm 比色杯中，以三氯甲烷调节零点，在波长 490nm 处测吸光度，标准管吸光度减去零管吸光度，绘制标准曲线。

5. 结果计算

试样中汞的含量按式（7 - 5）进行计算。

$$X = \frac{(A_1 - A_2) \times 1000}{m \times 1000} \tag{7 - 5}$$

式中　X——试样中汞的含量，mg/kg；

A_1——试样消化液中汞的质量，μg；

A_2——试剂空白液中汞的质量，μg；

m——试样质量，g。

计算结果保留两位有效数字。

6. 精密度

在重复性条件下获得的两次独立测定结果的绝对差值不得超过算术平均值的 10%。

7. 检出限

比色法为 25μg/kg。

四、气相色谱法（酸提取巯基棉法）测定水产品中甲基汞的含量

1. 原理

试样中的甲基汞，用氯化钠研磨后加入含有 Cu^{2+} 的盐酸（1 + 11），（Cu^{2+} 与组织中结合的 CH_3Hg 交换）完全萃取后，经离心或过滤，将上清液调试至一定的酸度，用巯基棉吸附，再用盐酸（1 + 5）洗脱，最后以苯萃取甲基汞，用带电子捕获鉴定器的气相色谱仪分析。

2. 试剂

① 氯化钠。

② 苯　色谱上无杂峰，否则应重蒸馏纯化。

③ 无水硫酸钠　用苯提取，浓缩液在色谱上无杂峰。

④ 盐酸（1 + 5）　取优级纯盐酸，加等体积水，恒沸蒸馏，蒸出盐酸为（1 + 1），稀释配制。

⑤ 氯化铜溶液（42.5g/L）。

⑥ 氢氧化钠溶液（40g/L）　称取 40g 氢氧化钠加水稀释至 1000mL。

⑦ 盐酸（1 + 11）　取 83.3mL 盐酸（优级纯）加水稀释至 1000mL。

⑧ 淋洗液（pH 为 3.0 ~ 3.5）：用盐酸（1 + 11）调节水的 pH 为 3.0 ~ 3.5。

⑨ 巯基棉　在 250mL 具塞锥形瓶中依次加入 35mL 乙酸酐、16mL 冰乙酸、50mL 硫代乙醇酸、0.15mL 硫酸、5mL 水，混匀，冷却后，加入 14g 脱脂棉，不断翻压，使棉花完全浸透，将塞盖好，置于恒温培养箱中，在（37 ± 0.5）℃ 保温 4d（注意切勿超过 40℃），取出后用水洗至近中性，除去水分后平铺于瓷盘中，再在（37 ± 0.5）℃ 恒温箱中烘干，成品放入棕色瓶中，放置冰箱保存备用（使用前，应先测定巯基棉对甲基汞的吸附效率为 95% 以上方可

使用)(注：所有试剂用苯萃取，萃取液不应在气相色谱上出现甲基汞的峰)。

⑩ 甲基汞标准溶波　准确称取 0.1252g 氯化甲基汞，用苯溶解于 100mL 容量瓶中，加苯稀释至刻度，此溶液每毫升相当于 1.0mg 甲基汞。放置冰箱保存。

⑪ 甲基汞标准使用液　吸取 1.0mL 甲基汞标准溶液，置于 100mL 容量瓶中，用苯稀释至刻度。此溶液每毫升相当于 10μL 甲基汞。取此溶液 1.0mL，置于 100mL 容量瓶中，用盐酸(1+5)稀释至刻度，此溶液每毫升相当于 0.10μg 甲基汞，临用时新配。

⑫ 甲基橙指示液(1g/L)。

3. 仪器

① 气相色谱仪　附 ^{63}Ni 电子捕获鉴定器或氚源电子捕获检定器。

② 酸度计。

③ 离心机　带 50~80mL 离心管。

④ 巯基棉管　用内径 6mm、长度 20cm，一端拉细(内径 2mm)的玻璃滴管内装 0.1~0.15g 巯基棉，均匀填塞，临用现装。

⑤ 玻璃仪器　均用硝酸(1+20)浸泡一昼夜，用水冲洗干净。

4. 分析步骤

(1) 气相色谱参考条件

① ^{63}Ni 电子捕获鉴定器　柱温 185℃，鉴定器温度为 260℃，汽化室温度 215℃。

② 氚源电子捕获鉴定器　柱温 185℃，鉴定器温度为 190℃，汽化室温度 185℃。

③ 载气　高纯氮，流量为 60mL/min(选择仪器的最佳条件)。

④ 色谱柱　内径 3mm，长 1.5m 的玻璃柱，内装涂有质量分数为 7% 的丁二酸乙二醇聚酯(PEGS)或涂质量分数为 1.5% 的 OV-17 和 1.95% QF-1 或质量分数为 5% 的丁二乙酸二乙二醇酯(DEGS)固定液的 60~80 目 chromosorb WAWDMCS。

(2) 测定

① 称取 1.00~2.00g 去皮去刺绞碎混匀的鱼肉(称取 5g 虾仁，研碎)，加入等量氯化钠，在乳钵中研成糊状，加入 0.5mL 氧化铜溶液(42.5g/L)，轻轻研匀，用 30mL 盐酸(1+11)分次完全转入 100mL 带塞锥形瓶，剧烈振摇 5min，放置 30min(也可用振荡器振摇 30min)，样液全部转入 50mL 离心管中，用 5mL 盐酸(1+11)淋洗锥形瓶，洗液与样液合并，离心 10min(转速为 2000r/min)，将上清液全部转入 100mL 分液漏斗中，于残渣中再加 10mL 盐酸(1+11)，用玻璃棒搅拌均匀后再离心，合并两份离心溶液。

② 加入与盐酸(1+11)等量的氢氧化钠溶液(40g/L)中和，加 1~2 滴甲基橙指示液，再调至溶液变黄色，然后滴加盐酸(1+11)至溶液从黄色变橙色，此溶液的 pH 在 3.0~3.5 范围内(可用 pH 计校正)。

③ 将塞有巯基棉的玻璃滴管接在分液漏斗下面，控制流速约为 4~5mL/min；然后用 pH 为 3.0~3.5 的淋洗液冲洗漏斗和玻璃管，取下玻璃管，用玻璃棒压紧巯基棉，用洗耳球将水尽量吹尽，然后加入 1mL 盐酸(1+5)分别洗脱一次，用洗耳球将洗脱液吹尽，收集于 10mL 具塞比色管中。

④ 另取二支 10mL 具塞比色管，各加入 2.0mL 甲基汞标准使用液(0.10μg/mL)。向含有试样及甲基汞标准使用液的具塞比色管中各加入 1.0mL 苯，提取振摇 2min，分层后吸出苯液，加少许无水硫酸钠，摇匀，静置，吸取一定量进行气相色谱测定，记录峰高，与标准峰高比较定量。

5. 结果计算

试样中甲基汞的含量按式(7-6)进行计算。

$$X = \frac{m_1 \times h_1 \times V_1 \times 1000}{V_2 \times h_2 \times m_2 \times 1000} \qquad (7-6)$$

式中 X——试样中甲基汞的含量，mg/kg；

m_1——甲基汞标准量，μg；

h_1——试样峰高，mm；

V_1——试样苯萃取溶剂的总体积，μL；

V_2——测定用试样的体积，μL；

h_2——甲基汞标准峰高，mm；

m_2——试样质量，g。

计算结果保留两位有效数字。

6. 精密度

在重复性条件下获得的两次独立测定结果的绝对差值不得超过算术平均值的20%。

五、冷原子吸收法(酸提取巯基棉法)测定水产品中甲基汞的含量

1. 原理

试样中的甲基汞，用氯化钠研磨后加入含有 Cu^{2+} 的盐酸(1+11)，(Cu^{2+} 与组织中结合的 CH_3Hg 交换)完全萃取后，经离心或过滤，将上清液调试至一定的酸度，用巯基棉吸附，再用盐酸(1+5)洗脱，最后以苯萃取甲基汞，在碱性介质中用测汞仪测定，与标准系列比较定量。

2. 试剂

① 氯化亚锡溶液(300g/L)　称取 60g 氯化亚锡($SnCl_2 \cdot 2H_2O$)，加少量水，再加 10mL 硫酸，加水稀释至 200mL，放置冰箱保存。

② 铜离子稀溶液　称取 50g 氯化钠，加水溶解，加 5mL 氯化铜溶液(42.5g/L)，加 50mL 盐酸(1+1)，加水稀释至 500mL。

③ 氢氧化钠溶液(400g/L)。

④ 甲基汞标准液　准确称取 0.1252g 氯化甲基汞，置于 100mL 容量瓶中，用少量乙醇溶解，用水稀释至刻度，此溶液每毫升相当于 1.0mg 甲基汞，放置冰箱保存。

⑤ 甲基汞标准使用溶液　吸取 1.0mL 甲基汞标准溶液，置于 100mL 容量瓶中，加少量乙醇，用水稀释至刻度，此溶液每毫升相当于 10μg 甲基汞，再吸取此溶液 1.0mL，置于 100mL 容量瓶中，用水稀释至刻度。此溶液每毫升相当于 0.10μg 甲基汞，临用时新配。

3. 仪器

① 测汞仪。

② pH 计。

③ 离心机　带 50～80mL 离心管。

④ 巯基棉管　用内径 6mm、长度 20cm，一端拉细(内径 2mm)的玻璃滴管内装 0.1～0.15g 巯基棉，均匀填塞，临用现装。

⑤ 玻璃仪器　均用硝酸(1+20)浸泡一昼夜，用水冲洗干净。

4. 分析步骤

操作步骤同上述气相色谱法(酸提取巯基棉法)测定水产品中甲基汞的分析方法。洗脱液收集在10mL具塞比色管内,补加铜离子稀溶液至10mL,吸取2.0mL此溶液,加铜离子稀溶液至10mL。

另取12支10mL具塞比色管,分别加入5mL铜离子稀溶液,然后加入0mL、0.20mL、0.40mL、1.0mL甲基汞标准使用液各两管,各补加铜离子稀溶液至10mL(相当于0μg、0.020μg、0.040μg、0.080μg、0.10μg甲基汞)。将试样及汞标准溶液分别依次倒入汞蒸气发生器中,加2mL氢氧化钠(400g/L)、15mL氯化亚锡溶液(300g/L),通气后,记录峰高或记录最大读数,绘制标准曲线比较。

5. 结果计算

试样中甲基汞的含量按式(7-7)进行计算。

$$X = \frac{m_1 \times 1000}{0.2 \times m_2 \times 1000} \tag{7-7}$$

式中　X——试样中甲基汞的含量,mg/kg;

　　m_1——测定用试样中甲基汞的质量,μg;

　　m_2——试样质量,g。

计算结果保留两位有效数字。

6. 精密度

在重复性条件下获得的两次独立测定结果的绝对差值不得超过算术平均值的20%。

六、冷原子吸收法测定饮用天然矿泉水中汞的含量

本法最低检测质量为0.01μg,若取50mL水样测定,则最低检测质量浓度为0.2μg/L。

1. 原理

汞蒸气对波长253.7nm的紫外光具有最大吸收,在一定的汞浓度范围内,吸收值与汞蒸气的浓度成正比。水样经消解后加入氯化亚锡,将化合态的汞转为单质汞,用载气将其带入原子吸收仪的光路中,测定其吸光度。

2. 试剂

应采用汞含量尽可能低的试剂,配制试剂和稀释样品用的纯水为去离子蒸馏水或经全玻璃蒸馏器蒸馏的蒸馏水。

① 硝酸溶液(1+19)　取50mL硝酸($\rho_{20} = 1.42$g/mL),加至950mL纯水中,混匀。

② 重铬酸钾-硝酸溶液(0.5g/L)　称取0.5g重铬酸钾($K_2Cr_2O_7$),用硝酸溶液溶解,并稀释为1000mL。

③ 硫酸($\rho_{20} = 1.84$g/mL)。

④ 高锰酸钾溶液(50g/L)　称取5g高锰酸钾($KMnO_4$),加热溶于纯水中,并稀释至100mL,放置过夜,取上清液使用(注:高锰酸钾中含有微量汞时很难除去,选用时要注意)。

⑤ 盐酸羟胺溶液(10g/L)　称取10g盐酸羟胺($NH_2OH \cdot HCl$),溶于纯水中并稀释至100mL。如果试剂空白值高,以2.5L/min的流量通入氮气或净化过的空气30min。

⑥ 氯化亚锡溶液(100g/L)　称取10g氯化亚锡($SnCl_2 \cdot 2H_2O$),先溶于10mL盐酸($\rho_{20} = 1.19$g/mL)中,必要时可稍加热,然后用纯水稀释至100mL。如果试剂空白值高,以

2.5L/min 的流量通入氮气或净化过的空气 30min。

⑦ 溴酸钾 - 溴化钾溶液 称取 2.784g 溴酸钾（$KBrO_3$）和 10g 溴化钾（KBr），溶于纯水中并稀释至 1000mL。

⑧ 汞标准贮备溶液[$\rho(Hg) = 100\mu g/mL$] 称取 0.1353g 经硅胶干燥器放置 24h 的氯化汞（$HgCl_2$），溶于重铬酸钾 - 硝酸溶液，并用此溶液定容至 1000mL。

⑨ 汞标准使用溶液[$\rho(Hg) = 0.05\mu g/mL$] 临用前吸取 10.00mL 汞标准贮备溶液于 100mL 容量瓶中，用重铬酸钾 - 硝酸溶液定容至 100mL。再吸取 5.00mL 此溶液，用重铬酸钾 - 硝酸溶液定容至 1000mL。

3. 仪器

本法使用的玻璃仪器，包括试剂瓶和采水样瓶，均应用硝酸溶液（1 + 1）浸泡过夜，再依次用自来水、纯水冲洗洁净。

① 锥形瓶 100mL。

② 容量瓶 50mL。

③ 汞蒸气发生管。

④ 冷原子吸收测汞仪。

4. 分析步骤

（1）预处理

受到污染的水样采用硫酸 - 高锰酸钾消化法，清洁水样可采用溴酸钾 - 溴化钾消化法。

① 硫酸 - 高锰酸钾消化法：

a. 于 100mL 锥形瓶中，加入 2mL 高锰酸钾溶液及 40.0mL 水样；

b. 另取 100mL 锥形瓶 8 个，各加入 2mL 高锰酸钾溶液，然后分别加入汞标准使用液 0mL、0.20mL、0.50mL、1.00mL、2.00mL、3.00mL、4.00mL 和 5.00mL，加入纯水至 50mL；

c. 向水样瓶及标准系列瓶中各滴加 2mL 硫酸，混匀，置电炉上加热煮沸 5min，取下放冷；

d. 逐滴加入盐酸羟胺溶液至高锰酸钾紫红色褪尽，放置 30min。分别移入 50mL 容量瓶中，加纯水稀释至刻度。

注 1：试验证明，水源水用硫酸和高锰酸钾作氧化剂，直接加热分解，有机汞（包括氯化甲基汞）和无机汞均有良好的回收。高锰酸钾用量应根据水样中还原性物质的含量多少而增减。当水源水的耗氧量（酸性高锰酸钾法测定结果）在 20mg/L 以下时，每 50mL 水样中加入 2mL 高锰酸钾溶液已足够。加热分解时应加入数粒玻璃球，并在近沸时不时摇动锥形瓶，以防止因受热不均匀而引起暴沸。

注 2：盐酸羟胺还原高锰酸钾过程中会产生氯气及氮氧化物，应在振摇后静置 30min 使它逸失，以防止干扰汞蒸气的测定。

② 溴酸钾 - 溴化钾消化法：

a. 吸取 40.0mL 水样于 100mL 容量瓶中；

b. 另取 100mL 容量瓶 8 个，分别加入汞标准使用溶液 0mL、0.20mL、0.50mL、1.00mL、2.00mL、3.00mL、4.00mL 和 5.00mL，加纯水至 50mL；

c. 向水样及标准系列溶液中各加 2mL 硫酸，摇匀，加入 4mL 溴酸钾 - 溴化钾溶液，摇匀后放置 10min；

d. 滴加几滴盐酸羟胺溶液，至黄色褪尽为止（中止溴化作用）最后加纯水至 100mL。

（2）测定

按照仪器说明书调整好测汞仪。从样品及标准系列中逐个吸取 25.0mL 溶液于汞蒸气发生管中，加入 2mL 氯化亚锡溶液，迅速塞紧瓶塞，轻轻振摇数次，放置 30s。开启仪器气阀，此时汞蒸气被送入吸收池，待指针至最高读数时，记录吸收值。用峰高对浓度作图，绘制校准曲线，从曲线上查出所测水样中汞的质量。

注：影响汞蒸气发生的因素较多，如载气流量、温度、酸度、反应容器、气液体积比等。因此每次均应同时测定标准系列。

5. 结果计算

水样中汞的质量浓度按式(7-8)计算。

$$\rho(\text{Hg}) = \frac{m \times 1000}{V} \tag{7-8}$$

式中　$\rho(\text{Hg})$——水样中汞的质量浓度，$\mu g/L$；

　　　　m——从校准曲线上查得的水样中汞的质量，μg；

　　　　V——水样体积，mL。

6. 精密度与准确度

有 26 个实验室用本法测定含汞 5.1$\mu g/L$ 的合成水样。其他各金属浓度（$\mu g/L$）分别为：铜，26.5；镉，29；铁，150；锰，130；锌，39。测定汞的相对标准偏差为 5.8%，相对误差为 2.0%。

七、原子荧光法测定饮用天然矿泉水中汞的含量

本法最低检测质量为 2.0ng，若进样 5mL 测定，最低检测质量浓度为 0.4$\mu g/L$。

1. 原理

在一定酸度下，溴酸钾与溴化钾反应生成溴，消解试样，使所含汞全部转化为二价无机汞，用盐酸羟胺还原过剩的氧化剂，再用氯化亚锡将二价汞还原为单质汞，用氩气作载气将其带入原子化器，形成的汞蒸气被光辐射激发，产生共振荧光。在低浓度范围内，荧光强度与汞的含量成正比。

2. 试剂

① 硫酸（$\rho_{20} = 1.84g/mL$）。

② 溴酸钾[$c(1/6KBrO_3) = 0.100mol/L$]和溴化钾（10g/L）溶液　称取 2.784g 溴酸钾（$KBrO_3$）和 10g 溴化钾（KBr），溶于纯水中并定容至 1000mL。

③ 盐酸羟胺（120g/L）和氯化钠（120g/L）溶液　称取 12g 盐酸羟胺（$NH_2OH \cdot HCl$）和 12g 氯化钠（NaCl），溶于纯水稀释为 100mL。如试剂空白值过高，以每 2.5L/min 的流量通入氮气或净化的空气 30min。

④ 氯化亚锡溶液（100g/L）　称取 10g 氯化亚锡（$SnCl_2 \cdot 2H_2O$），先溶于 10mL 盐酸（$\rho_{20} = 1.19g/mL$）中，必要时可稍加热，然后用纯水稀释至 100mL。如果试剂空白值高，以 2.5L/min 的流量通入氮气或净化过的空气 30min。

⑤ 汞标准贮备溶液[$\rho(\text{Hg}) = 100\mu g/mL$]　称取 0.1353g 经硅胶干燥器放置 24h 的氯化汞（$HgCl_2$），溶于重铬酸钾硝酸溶液，并用此溶液定容至 1000mL。

⑥ 汞标准使用溶液[$\rho(\text{Hg}) = 0.05\mu g/mL$]　临用前吸取 10.00mL 汞标准贮备溶液于 100mL 容量瓶中，用重铬酸钾硝酸溶液定容至 100mL。再吸取 5.00mL 此溶液，用重铬酸钾

硝酸溶液定容至 1000mL。

3. 仪器

原子荧光光度计 配有汞特种空心阴极灯。

4. 仪器工作条件

参考仪器说明书将仪器工作条件调整至测汞最佳状态，原子荧光工作条件为：汞特种空心阴极灯电流 40mA，光电倍增管负高压 250～260V，原子化器温度室温，氩气压力 0.015～0.02MPa，氩气流量 800mL/min。

5. 分析步骤

（1）样品测定

吸取 50.0mL 水样于 100mL 容量瓶中，加 2.0mL 硫酸摇匀。加 4.0mL 溴酸钾 - 溴化钾溶液，摇匀后室温（若室温低于 20℃可用水浴加热）下放置 10min，加盐酸羟胺 - 氯化钠溶液至黄色褪尽，最后加纯水至 100mL。

于汞蒸气发生器中加入 2.0mL 氯化亚锡溶液，通入氩气，随后向汞蒸气发生器中注入 5mL 试样，立即盖上磨口塞，测定荧光强度。

（2）校准曲线的绘制

吸取汞标准使用溶液 0mL、0.20mL、0.50mL、1.0mL、2.5mL、5.0mL、10.0mL 于一系列 50mL 容量瓶中，补加盐酸溶液（1+9）至刻度。以下操作同"样品的测定"方法。

以汞的质量（μg）为横坐标，荧光强度（峰高）为纵坐标，绘制校准曲线。

6. 结果计算

水样中汞的质量浓度按式（7-9）计算。

$$\rho(Hg) = \frac{m}{V} \tag{7-9}$$

式中 $\rho(Hg)$——水样中汞的质量浓度，mg/L；

m——从校准曲线上查得的汞的质量，μg；

V——水样体积，mL。

7. 精密度与准确度

在同一个实验室对含有 Hg 0.26μg/L、1.20μg/L 及 2.01μg/L 的水样进行多次测定，其相对标准偏差分别为 7.5%、1.8%、1.0%。向水样加入 Hg 50、100ng 进行回收率测定，平均回收率分别为（101.9±1.7）%、（100.7±1.2）%。

第二节 食品中铅含量的测定

一、石墨炉原子吸收光谱法测定食品中铅的含量

1. 原理

试样经灰化或酸消解后，注入原子吸收分光光度计石墨炉中，电热原子化后吸收 283.3nm 共振线，在一定浓度范围，其吸收值与铅含量成正比，与标准系列比较定量。

2. 试剂和材料

除非另有规定，本方法所使用试剂均为分析纯，水为 GB/T 6682 规定的一级水。

① 硝酸 优级纯。

② 过硫酸铵。

③ 过氧化氢（30%）。

④ 高氯酸　优级纯。

⑤ 硝酸（1+1）　取50mL硝酸慢慢加入50mL水中。

⑥ 硝酸（0.5mol/L）　取3.2mL硝酸加入50mL水中，稀释至100mL。

⑦ 硝酸（1mol/L）　取6.4mL硝酸加入50mL水中，稀释至100mL。

⑧ 磷酸二氢铵溶液（20g/L）　称取2.0g磷酸二氢铵，以水溶解稀释至100mL。

⑨ 混合酸：硝酸+高氯酸（9+1）　取9份硝酸与1份高氯酸混合。

⑩ 铅标准储备液　准确称取1.000g金属铅（99.99%），分次加少量硝酸（1+1），加热溶解，总量不超过37mL，移入1000mL容量瓶，加水至刻度。混匀。此溶液每毫升含1.0mg铅。

⑪ 铅标准使用液　每次吸取铅标准储备液1.0mL于100mL容量瓶中，加0.5mol/L硝酸至刻度。如此经多次稀释成每毫升含10.0ng、20.0ng、40.0ng、60.0ng、80.0ng铅的标准使用液。

3. 仪器和设备

① 原子吸收光谱仪　附石墨炉及铅空心阴极灯。

② 马弗炉。

③ 天平　感量为1mg。

④ 干燥恒温箱。

⑤ 瓷坩埚。

⑥ 压力消解器、压力消解罐或压力溶弹。

⑦ 可调式电热板、可调式电炉。

4. 分析步骤

（1）试样预处理

① 在采样和制备过程中，应注意不使试样污染。

② 粮食、豆类去杂物后，磨碎，过20目筛，储于塑料瓶中，保存备用。

③ 蔬菜、水果、鱼类、肉类及蛋类等水分含量高的鲜样，用食品加工机或匀浆机打成匀浆，储于塑料瓶中，保存备用。

（2）试样消解（可根据实验室条件选用以下任何一种方法消解）

① 压力消解罐消解法　称取1~2g试样（精确到0.001g，干样、含脂肪高的试样<1g，鲜样<2g或按压力消解罐使用说明书称取试样）于聚四氟乙烯内罐，加硝酸（优级纯）2~4mL浸泡过夜。再加过氧化氢（30%）2~3mL（总量不能超过罐容积的1/3）。盖好内盖，旋紧不锈钢外套，放入恒温干燥箱，120~140℃保持3~4h，在箱内自然冷却至室温，用滴管将消化液洗入或过滤入（视消化后试样的盐分而定）10~25mL容量瓶中，用水少量多次洗涤罐，洗液合并于容量瓶中并定容至刻度，混匀备用；同时作试剂空白。

② 干法灰化　称取1~5g试样（精确到0.001g，根据铅含量而定）于瓷坩埚中，先小火在可调式电热板上炭化至无烟，移入马弗炉500±25℃灰化6~8h，冷却。若个别试样灰化不彻底，则加1mL硝酸+高氯酸（9+1）在可调式电炉上小火加热，反复多次直到消化完全，放冷，0.5mol/L用硝酸将灰分溶解，用滴管将试样消化液洗入或过滤入（视消化后试样的盐分而定）10~25mL容量瓶中，用水少量多次洗涤瓷坩埚，洗液合并于容量瓶中并定容至刻度，混匀备用；同时作试剂空白。

③ 过硫酸铵灰化法　称取1~5g试样（精确到0.001g）于瓷坩埚中，加2~4mL硝酸（优

级纯)浸泡 1h 以上，先小火炭化，冷却后加 2.00 ~ 3.00g 过硫酸铵盖于上面，继续炭化至不冒烟，转入马弗炉，500 ± 25℃恒温 2h，再升至 800℃，保持 20min，冷却，加 1mol/L 硝酸 2 ~ 3mL，用滴管将试样消化液洗入或过滤入(视消化后试样的盐分而定)10 ~ 25mL 容量瓶中，用水少量多次洗涤瓷坩埚，洗液合并于容量瓶中并定容至刻度，混匀备用；同时作试剂空白。

④ 湿式消解法　称取试样 1 ~ 5g(精确到 0.001g)于锥形瓶或高脚烧杯中，放数粒玻璃珠，加 10mL 硝酸 + 高氯酸(9 + 1)，加盖浸泡过夜，加一小漏斗于电炉上消解，若变棕黑色，再加混合酸，直至冒白烟，消化液呈无色透明或略带黄色，放冷，用滴管将试样消化液洗入或过滤入(视消化后试样的盐分而定)10 ~ 25mL 容量瓶中，用水少量多次洗涤锥形瓶或高脚烧杯，洗液合并于容量瓶中并定容至刻度，混匀备用；同时作试剂空白。

5. 测定

① 仪器条件　根据各自仪器性能调至最佳状态。参考条件为波长 283.3nm，狭缝 0.2 ~ 1.0nm，灯电流 5 ~ 7mA，干燥温度 120℃，20s；灰化温度 450℃，持续 15 ~ 20s，原子化温度：1700 ~ 2300℃，持续 4 ~ 5s，背景校正为氘灯或塞曼效应。

② 标准曲线绘制　吸取上面配制的铅标准使用液 10.0ng/mL、20.0ng/mL、40.0ng/mL、60.0ng/mL、80.0ng/mL(或 μg/L)各 10μL，注入石墨炉，测得其吸光值并求得吸光值与浓度关系的一元线性回归方程。

③ 试样测定　分别吸取样液和试剂空白液各 10μL，注入石墨炉，测得其吸光值，代入标准系列的一元线性回归方程中求得样液中铅含量。

④ 基体改进剂的使用　对有干扰试样，则注入适量的基体改进剂 20g/L 磷酸二氢铵溶液(一般为 5μL 或与试样同量)消除干扰。绘制铅标准曲线时也要加入与试样测定时等量的基体改进剂磷酸二氢铵溶液。

6. 分析结果的表述

试样中铅含量按式(7 - 10)进行计算。

$$X = \frac{(c_1 - c_0) \times V \times 1000}{m \times 1000 \times 1000} \tag{7 - 10}$$

式中　X——试样中铅含量，mg/kg 或 mg/L；

　　　c_1——测定样液中铅含量，ng/mL；

　　　c_0——空白液中铅含量，ng/mL；

　　　V——试样消化液定量总体积，mL；

　　　m——试样质量或体积，g 或 mL。

以重复性条件下获得的两次独立测定结果的算术平均值表示，结果保留两位有效数字。

7. 精密度

在重复性条件下获得的两次独立测定结果的绝对差值不得超过算术平均值的 20%。

8. 检出限

检出限为 0.005mg/kg。

二、氢化物原子荧光光谱法测定食品中铅的含量

1. 原理

试样经酸热消化后，在酸性介质中，试样中的铅与硼氢化钠(NaBH$_4$)或硼氢化钾(KBH$_4$)反应生成挥发性铅的氢化物(PbH$_4$)。以氩气为载气，将氢化物导入电热石英原子化

器中原子化，在特制铅空心阴极灯照射下，基态铅原子被激发至高能态；在去活化回到基态时，发射出特征波长的荧光，其荧光强度与铅含量成正比，根据标准系列进行定量。

2. 试剂和材料

① 硝酸+高氯酸混合酸(9+1)　分别量取硝酸900mL，高氯酸100mL，混匀。

② 盐酸(1+1)　量取250mL盐酸倒入250mL水中，混匀。

③ 草酸溶液(10g/L)　称取1.0g草酸，加入溶解至100mL，混匀。

④ 铁氰化钾[$K_3Fe(CN)_6$]溶液(100g/L)　称取10.0g铁氰化钾，加水溶解并稀释至100mL，混匀。

⑤ 氢氧化钠溶液(2g/L)　称取2.0g氢氧化钠，溶于1L水中，混匀。

⑥ 硼氢化钠($NaBH_4$)溶液(10g/L)　称取5.0g硼氢化钠溶于500mL氢氧化钠溶液(2g/L)中，混匀，临用前配制。

⑦ 铅标准储备液(1.0mg/mL)。

⑧ 铅标准使用液(1.0μg/mL)　精确吸取铅标准储备液(1.0mg/mL)，逐级稀释至1.0μg/mL。

3. 仪器和设备

① 原子荧光光度计。

② 铅空心阴极灯。

③ 电热板。

④ 天平　感量为1mg。

4. 分析步骤

(1) 试样消化(湿消解法)

称取固体试样0.2~2g或液体试样2.00~10.00g(或mL)(均精确到0.001g)，置于50~100mL消化容器中(锥形瓶)，然后加入硝酸+高氯酸混合酸(9+1)5~10mL摇匀浸泡，放置过夜。次日置于电热板上加热消解，至消化液呈淡黄色或无色(如消解过程色泽较深，稍冷补加少量硝酸，继续消解)，稍冷加入20mL水再继续加热赶酸，至消解液0.5~1.0mL止，冷却后用少量水转入25mL容量瓶中，并加入盐酸(1+1)0.5mL，草酸溶液(10g/L)0.5mL，摇匀，再加入铁氰化钾溶液(100g/L)1.00mL，用水准确稀释定容至25mL，摇匀，放置30min后测定。同时做试剂空白。

(2) 标准系列制备

在25mL容量瓶中，依次准确加入铅标准使用液(1.0μg/mL)0.00mL、0.125mL、0.25mL、0.50mL、0.75mL、1.00mL、1.25mL(各相当于铅浓度0.0ng/mL、5.0ng/mL、10.0ng/mL、20.0ng/mL、30.0ng/mL、40.0ng/mL、50.0ng/mL)，用少量水稀释后，加入0.5mL盐酸(1+1)和0.5mL草酸溶液(10g/L)摇匀，再加入铁氰化钾溶液(100g/L)1.0mL，用水稀释至刻度，摇匀。放置30min后待测。

(3) 测定

① 仪器参考条件　负高压：323V；铅空心阴极灯灯电流：75mA；原子化器：炉温750~800℃，炉高8mm；氩气流速：载气800mL/min；屏蔽气：1000mL/min；加还原剂时间：7.0s；读数时间：15.0s；延迟时间：0.0s；测量方式：标准曲线法；读数方式：峰面积；进样体积：2.0mL。

② 测量方式　设定好仪器的最佳条件，逐步将炉温升至所需温度，稳定10~20min后

开始测量；连续用标准系列的零管进样，待读数稳定之后，转入标准系列的测量，绘制标准曲线，转入试样测量，分别测定试样空白和试样消化液，试样测定结果按式（7－11）计算。

5. 分析结果的表述

试样中铅含量按式（7－11）进行计算。

$$X = \frac{(c_1 - c_0) \times V \times 1000}{m \times 1000 \times 1000} \tag{7－11}$$

式中　X——试样中铅含量，mg/kg 或 mg/L；

c_1——试样消化液测定浓度，ng/mL；

c_0——试剂空白液测定浓度，ng/mL；

V——试样消化液定量总体积，mL；

m——试样质量或体积，g 或 mL。

以重复性条件下获得的两次独立测定结果的算术平均值表示，结果保留两位有效数字。

6. 精密度

在重复性条件下获得的两次独立测定结果的绝对差值不得超过算术平均值的 10%。

7. 检出限

固体试样为 0.005mg/kg，液体试样为 0.001mg/kg。

三、火焰原子吸收光谱法测定食品中铅的含量

1. 原理

试样经处理后，铅离子在一定 pH 条件下与二乙基二硫代氨基甲酸钠（DDTC）形成络合物，经 4－甲基－2－戊酮萃取分离，导入原子吸收光谱仪中，火焰原子化后，吸收 283.3nm 共振线，其吸收量与铅含量成正比，与标准系列比较定量。

2. 试剂和材料

① 混合酸　硝酸－高氯酸（9＋1）。

② 硫酸铵溶液（300g/L）　称取 30g 硫酸铵 $[(NH_4)_2SO_4]$，用水溶解并稀释至 100mL。

③ 柠檬酸铵溶液（250g/L）　称取 25g 柠檬酸铵，用水溶解并稀释至 100mL。

④ 溴百里酚蓝水溶液（1g/L）。

⑤ 二乙基二硫代氨基甲酸钠（DDTC）溶液（50g/L）　称取 5g 二乙基二硫代氨基甲酸钠，用水溶解并加水至 100mL。

⑥ 氨水（1＋1）。

⑦ 4－甲基－2－戊酮（MIBK）。

⑧ 铅标准溶液　配制铅标准使用液为 10μg/mL。

⑨ 盐酸（1＋11）　取 10mL 盐酸加入 110mL 水中，混匀。

⑩ 磷酸溶液（1＋10）　取 10mL 磷酸加入 100mL 水中，混匀。

3. 仪器和设备

① 原子吸收光谱仪火焰原子化器。

② 马弗炉。

③ 天平　感量为 1mg。

④ 干燥恒温箱。

⑤ 瓷坩埚。

⑥ 压力消解器、压力消解罐或压力溶弹。

⑦ 可调式电热板、可调式电炉。

4. 分析步骤

（1）试样处理

① 饮品及酒类 取均匀试样 10～20g（精确到 0.01g）于烧杯中（酒类应先在水浴上蒸去酒精），于电热板上先蒸发至一定体积后，加入硝酸－高氯酸（9＋1）消化完全后，转移、定容于 50mL 容量瓶中。

② 包装材料浸泡液可直接吸取测定。

③ 谷类 去除其中杂物及尘土，必要时除去外壳，碾碎，过 30 目筛，混匀。称取 5～10g 试样（精确到 0.01g），置于 50mL 瓷坩埚中，小火炭化，然后移入马弗炉中，500℃ 以下灰化 16h 后，取出坩埚，放冷后再加少量硝酸－高氯酸（9＋1），小火加热，不使干涸，必要时再加少许混合酸，如此反复处理，直至残渣中无炭粒，待坩埚稍冷，加 10mL 盐酸（1＋11），溶解残渣并移入 50mL 容量瓶中，再用水反复洗涤坩埚，洗液并入容量瓶中，并稀释至刻度，混匀备用。取与试样相同量的混合酸和盐酸（1＋11），按同一操作方法作试剂空白试验。

④ 蔬菜、瓜果及豆类 取可食部分洗净晾干，充分切碎混匀。称取 10～20g（精确到 0.01g）于瓷坩埚中，加 1mL 磷酸溶液（1＋10），小火炭化，然后移入马弗炉中。以下操作同"谷类样品"处理方法。

⑤ 禽、蛋、水产 取可食部分充分混匀。称取 5～10g（精确到 0.01g）于瓷坩埚中，小火炭化，然后移入马弗炉中。以下操作同谷类样品处理方法。

⑥ 乳制品 乳类经混匀后，量取 50.0mL，置于瓷坩埚中，加磷酸（1＋10），在水浴上蒸干，再加小火炭化，然后移入马弗炉中。以下操作同"谷类样品"处理方法。

（2）萃取分离

视试样情况，吸取 25.0～50.0mL 上述制备的样液及试剂空白液，分别置于 125mL 分液漏斗中，补加水至 60mL。加 2mL 柠檬酸铵溶液（250g/L），溴百里酚蓝水溶液（1g/L）3～5 滴，用氨水（1＋1）调 pH 至溶液由黄变蓝，加硫酸铵溶液（300g/L）10.0mL，DDTC 溶液（50g/L）10mL，摇匀。放置 5min 左右，加入 10.0mL MIBK，剧烈振摇提取 1min，静置分层后，弃去水层，将 MIBK 层放入 10mL 带塞刻度管中，备用。分别吸取铅标准使用液 0mL、0.25mL、0.50mL、1.00mL、1.50mL、2.00mL（相 当 0μg、2.5μg、5.0μg、10.0μg、15.0μg、20.0μg 铅）于 125mL 分液漏斗中。与试样相同方法萃取。

（3）测定

① 饮品、酒类及包装材料浸泡液可经萃取直接进样测定。

② 萃取液进样，可适当减小乙炔气的流量。

③ 仪器参考条件 空心阴极灯电流 8mA；共振线 283.3nm；狭缝 0.4nm；空气流量 8L/min；燃烧器高度 6mm。

5. 分析结果的表述

试样中铅含量按式（7－12）进行计算。

$$X = \frac{(c_1 - c_0) \times V_1 \times 1000}{m \times V_3 / V_2 \times 1000} \tag{7-12}$$

式中 X——试样中铅的含量，mg/kg 或 mg/L；

264

c_1——测定用试样中铅的含量，μg/mL；

c_0——试剂空白液中铅的含量，μg/mL；

m——试样质量或体积，g 或 mL；

V_1——试样萃取液体积，mL；

V_2——试样处理液的总体积，mL；

V_3——测定用试样处理液的总体积，mL。

以重复性条件下获得的两次独立测定结果的算术平均值表示，结果保留两位有效数字。

6. 精密度

在重复性条件下获得的两次独立测定结果的绝对差值不得超过算术平均值的20%。

7. 检出限

检出限为 0.1mg/kg。

四、二硫腙比色法测定食品中铅的含量

1. 原理

试样经消化后，在 pH 为 8.5～9.0 时，铅离子与二硫腙生成红色络合物，溶于三氯甲烷。加入柠檬酸铵、氰化钾和盐酸羟胺等，防止铁、铜、锌等离子干扰，与标准系列比较定量。

2. 试剂和材料

① 氨水(1+1)。

② 盐酸(1+1)　量取 100mL 盐酸，加入 100mL 水中。

③ 酚红指示液(1g/L)　称取 0.10g 酚红，用少量多次乙醇溶解后移入 100mL 容量瓶中并定容至刻度。

④ 盐酸羟胺溶液(200g/L)　称取 20.0g 盐酸羟胺，加水溶解至 50mL，加 2 滴酚红指示液，加氨水(1+1)，调 pH 至 8.5～9.0(由黄变红，再多加 2 滴)，用二硫腙 – 三氯甲烷溶液提取至三氯甲烷层绿色不变为止，再用三氯甲烷洗二次，弃去三氯甲烷层，水层加盐酸(1+1)至呈酸性，加水至 100mL。

⑤ 柠檬酸铵溶液(200g/L)　称取 50g 柠檬酸铵，溶于 100mL 水中，加 2 滴酚红指示液(1g/L)，加氨水，调 pH 至 8.5～9.0，用二硫腙 – 三氯甲烷溶液(0.5g/L)提取数次，每次 10～20mL，至三氯甲烷层绿色不变为止，弃去三氯甲烷层，再用三氯甲烷洗二次，每次 5mL，弃去三氯甲烷层，加水稀释至 250mL。

⑥ 氰化钾溶液(100g/L)　称取 10.0g 氰化钾，用水溶解后稀释至 100mL。

⑦ 三氯甲烷　不应含氧化物。

a. 检查方法　量取 10mL 三氯甲烷，加 25mL 新煮沸过的水，振摇 3min，静置分层后，取 10mL 水溶液，加数滴碘化钾溶液(150g/L)及淀粉指示液，振摇后应不显蓝色。

b. 处理方法　于三氯甲烷中加入 1/10～1/20 体积的硫代硫酸钠溶液(200g/L)洗涤，再用水洗后加入少量无水氯化钙脱水后进行蒸馏，弃去最初及最后的 1/10 馏出液，收集中间馏出液备用。

⑧ 淀粉指示液　称取 0.5g 可溶性淀粉，加 5mL 水搅匀后，慢慢倒入 100mL 沸水中，边倒边搅拌，煮沸，放冷备用，临用时配制。

⑨ 硝酸(1+99)　量取 1mL 硝酸，加入 99mL 水中。

⑩ 二硫腙 – 三氯甲烷溶液(0.5g/L)　保存冰箱中，必要时用下述方法纯化。称取 0.5g 研细的二硫腙，溶于 50mL 三氯甲烷中，如不全溶，可用滤纸过滤于 250mL 分液漏斗中，用氨水(1 + 99)提取三次，每次 100mL，将提取液用棉花过滤至 500mL 分液漏斗中，用盐酸(1 + 1)调至酸性，将沉淀出的二硫腙用三氯甲烷提取 2 ~ 3 次，每次 20mL，合并三氯甲烷层，用等量水洗涤两次，弃去洗涤液，在 50℃ 水浴上蒸去三氯甲烷。精制的二硫腙置硫酸干燥器中，干燥备用。或将沉淀出的二硫腙用 200mL、200mL、100mL 三氯甲烷提取三次，合并三氯甲烷层为二硫腙溶液。

⑪ 二硫腙使用液　吸取 1.0mL 二硫腙溶液，加三氯甲烷至 10mL，混匀。用 1cm 比色杯，以三氯甲烷调节零点，于波长 510nm 处测吸光度(A)，用式(7 - 13)算出配制 100mL 二硫腙使用液(70% 透光率)所需二硫腙溶液的毫升数(V)。

$$V = \frac{10 \times (2 - \lg 70)}{A} = \frac{1.55}{A} \tag{7 - 13}$$

⑫ 硝酸 – 硫酸混合液(4 + 1)。

⑬ 铅标准溶液(1.0mg/mL)　准确称取 0.1598g 硝酸铅，加 10mL 硝酸(1 + 99)，全部溶解后，移入 100mL 容量瓶中，加水稀释至刻度。

⑭ 铅标准使用液(10.0μg/mL)　吸取 1.0mL 铅标准溶液，置于 100mL 容量瓶中，加水稀释至刻度。

3. 仪器和设备

① 分光光度计。

② 天平　感量为 1mg。

4. 分析步骤

(1) 试样预处理

操作方法同"石墨炉原子吸收光谱法测定铅的含量"的操作。

(2) 试样消化

① 硝酸 – 硫酸法：

a. 粮食、粉丝、粉条、豆干制品、糕点、茶叶等及其他含水分少的固体食品　称取 5g 或 10g 的粉碎样品(精确到 0.01g)，置于 250 ~ 500mL 定氮瓶中，先加水少许使湿润，加数粒玻璃珠、10 ~ 15mL 硝酸，放置片刻，小火缓缓加热，待作用缓和，放冷。沿瓶壁加入 5mL 或 10mL 硫酸，再加热，至瓶中液体开始变成棕色时，不断沿瓶壁滴加硝酸至有机质分解完全。加大火力，至产生白烟，待瓶口白烟冒净后，瓶内液体再产生白烟为消化完全，该溶液应澄清无色或微带黄色，放冷(在操作过程中应注意防止爆沸或爆炸)。加 20mL 水煮沸，除去残余的硝酸至产生白烟为止，如此处理两次，放冷。将冷后的溶液移入 50mL 或 100mL 容量瓶中，用水洗涤定氮瓶，洗液并入容量瓶中，放冷，加水至刻度，混匀。定容后的溶液每 10mL 相当于 1g 样品，相当加入硫酸量 1mL。取与消化试样相同量的硝酸和硫酸，按同一方法做试剂空白试验。

b. 蔬菜、水果　称取 25.00g 或 50.00g 洗净打成匀浆的试样(精确到 0.01g)，置于 250 ~ 500mL 定氮瓶中，加数粒玻璃珠、10 ~ 15mL 硝酸，放置片刻，小火缓缓加热，待作用缓和，放冷。以下操作同"粮食等样品"的消化方法。但定容后的溶液每 10mL 相当于 5g 样品，相当于加入硫酸 1mL。

c. 酱、酱油、醋、冷饮、豆腐、腐乳、酱腌菜等　称取 10g 或 20g 试样(精确到 0.01g)

或吸取 10.0mL 或 20.0mL 液体样品,置于 250~500mL 定氮瓶中,加数粒玻璃珠、5~15mL 硝酸,放置片刻,小火缓缓加热,待作用缓和,放冷。以下操作同"粮食等样品"的消化方法。但定容后的溶液每 10mL 相当于 2g 或 2mL 试样。

d. 含酒精性饮料或含二氧化碳饮料　吸取 10.00mL 或 20.00mL 试样,置于 250~500mL 定氮瓶中,加数粒玻璃珠,先用小火加热除去乙醇或二氧化碳,再加 5~10mL 硝酸,混匀后,放置片刻,小火缓缓加热,待作用缓和,放冷。以下操作同"粮食等样品"的消化方法。但定容后的溶液每 10mL 相当于 2mL 试样。

e. 含糖量高的食品　称取 5g 或 10g 试样(精确至 0.01g),置于 250~500mL 定氮瓶中,先加少许水使湿润,加数粒玻璃珠,5~10mL 硝酸,摇匀。缓缓加入 5mL 或 10mL 硫酸,待作用缓和停止起泡沫后,先用小火缓缓加热(糖分易炭化),不断沿瓶壁补加硝酸,待泡沫全部消失后,再加大火力,至有机质分解完全,发生白烟,溶液应澄清无色或微带黄色,放冷。加 20mL 水煮沸,除去残余的硝酸至产生白烟为止,如此处理两次,放冷。以下操作同"粮食等样品"的消化方法。

f. 水产品　取可食部分样品捣成匀浆,称取 5g 或 10g 试样(精确至 0.01g,海产藻类、贝类可适当减少取样量),置于 250~500mL 定氮瓶中,加数粒玻璃珠,5~10mL 硝酸,混匀后,沿瓶壁加入 5mL 或 10mL 硫酸,再加热,至瓶中液体开始变成棕色时,不断沿瓶壁滴加硝酸至有机质分解完全。以下操作同"粮食等样品"的消化方法。

（2）灰化法

① 粮食及其他含水分少的食品　称取 5g 试样(精确至 0.01g),置于石英或瓷坩埚中,加热至炭化,然后移入马弗炉中,500℃灰化 3h,放冷,取出坩埚,加硝酸(1+1),润湿灰分,用小火蒸干,在 500℃烧 1h,放冷,取出坩埚。加 1mL 硝酸(1+1),加热,使灰分溶解,移入 50mL 容量瓶中,用水洗涤坩埚,洗液并入容量瓶中,加水至刻度,混匀备用。

② 含水分多的食品或液体试样　称取 5.0g 或吸取 5.00mL 试样,置于蒸发皿中,先在水浴上蒸干,加热至炭化,然后移入马弗炉中。以下操作同"粮食等样品"的灰化方法。

（3）测定

① 吸取 10.0mL 消化后的定容溶液和同量的试剂空白液,分别置于 125mL 分液漏斗中,各加水至 20mL。

② 吸取 0mL、0.10mL、0.20mL、0.30mL、0.40mL、0.50mL 铅标准使用液(相当 0μg、1.0μg、2.0μg、3.0μg、4.0μg、5.0μg 铅),分别置于 125mL 分液漏斗中,各加硝酸(1+99)至 20mL 于试样消化液、试剂空白液和铅标准液中各加 2.0mL 柠檬酸铵溶液(200g/L),1.0mL 盐酸羟胺溶液(200g/L)和 2 滴酚红指示液,用氨水(1+1)调至红色,再各加 2.0mL 氰化钾溶液(100g/L),混匀。各加 5.0mL 二硫腙使用液,剧烈振摇 1min,静置分层后,三氯甲烷层经脱脂棉滤入 1cm 比色杯中,以三氯甲烷调节零点于波长 510nm 处测吸光度,各点减去零管吸收值后,绘制标准曲线或计算一元回归方程,试样与曲线比较。

5. 分析结果的表述

试样中铅含量按式(7-14)进行计算。

$$X = \frac{(m_1 - m_2) \times 1000}{m_3 \times V_2 / V_1 \times 1000} \tag{7-14}$$

式中　X——试样中铅的含量,mg/kg 或 mg/L;

　　　m_1——测定用试样液中铅的质量,μg;

m_2——试剂空白液中铅的质量，μg；

m_3——试样质量或体积，g 或 mL；

V_1——试样处理液的总体积，mL；

V_2——测定用试样处理液的总体积，mL。

以重复性条件下获得的两次独立测定结果的算术平均值表示，结果保留两位有效数字。

6. 精密度

在重复性条件下获得的两次独立测定结果的绝对差值不得超过算术平均值的 10%。

7. 检出限

检出限为 0.25mg/kg。

五、单扫描极谱法测定食品中铅的含量

1. 原理

试样经消解后，铅以离子形式存在。在酸性介质中，Pb^{2+} 与 I^- 形成的 PbI_4^{2-} 络离子具有电活性，在滴汞电极上产生还原电流。峰电流与铅含量呈线性关系，以标准系列比较定量。

2. 试剂和材料

① 底液　称取 5.0g 碘化钾，8.0g 酒石酸钾钠，0.5g 抗坏血酸于 500mL 烧杯中，加入 300mL 水溶解后，再加入 10mL 盐酸，移入 500mL 容量瓶中，加水至刻度（在冰箱中可保存 2 个月）。

② 铅标准贮备溶液（1.0mg/mL）　准确称取 0.1000g 金属铅（含量 99.99%）于烧杯中加 2mL（1+1）硝酸溶液，加热溶解，冷却后定量移入 100mL 容量瓶并加水至刻度，混匀。

③ 铅标准使用溶液（10.0μg/mL）　临用时，吸取铅标准贮备溶液 1.00mL 于 100mL 容量瓶中，加水至刻度，混匀。

④ 混合酸　硝酸 - 高氯酸（4+1），量取 80mL 硝酸，加入 20mL 高氯酸，混匀。

3. 仪器和设备

① 极谱分析仪。

② 带电子调节器万用电炉。

③ 天平　感量为 1mg。

4. 分析步骤

（1）极谱分析参考条件

单扫描极谱法（SSP 法）：选择起始电位为 - 350mV，终止电位 - 850mV，扫描速度 300mV/s，三电极，二次导数，静止时间 5s 及适当量程。于峰电位（Ep）- 470mV 处，记录铅的峰电流。

（2）标准曲线绘制

准确吸取铅标准使用溶液 0mL、0.05mL、0.10mL、0.20mL、0.30mL、0.40mL（相当于含 0μg、0.5μg、1.0μg、2.0μg、3.0μg、4.0μg 铅）于 10mL 比色管中，加底液至 10.0mL，混匀。将各管溶液依次移入电解池，置于三电极系统。按上述极谱分析参考条件测定，分别记录铅的峰电流。以含量为横坐标，其对应的峰电流为纵坐标，绘制标准曲线。

（3）试样处理

粮食、豆类等水分含量低的试样，去杂物后磨碎过 20 目筛；蔬菜、水果、鱼类、肉类

等水分含量高的新鲜试样，用均浆机均浆，储于塑料瓶。

① 粮食、豆类、糕点、茶叶、肉类等　称取 1～2g 试样（精确至 0.1g）于 50mL 三角瓶中，加入 10～20mL 混合酸，加盖浸泡过夜。置带电子调节器万用电炉上的低档位加热。若消解液颜色逐渐加深，呈现棕黑色时，移开万用电炉，冷却，补加适量硝酸，继续加热消解。待溶液颜色不再加深，呈无色透明或略带黄色，并冒白烟，可高档位驱赶剩余酸液，至近干，在低档位加热得白色残渣，待测。同时作一试剂空白。

② 食盐、白糖　称取试样 2.0g 于烧杯中，待测。

③ 液体试样　称取 2g 试样（精确至 0.1g）于 50mL 三角瓶中（含乙醇、二氧化碳的试样应置于 80℃ 水浴上驱赶）。加入 1～10mL 混合酸，于带电子调节器万用电炉上的低档位加热。以下操作同粮食等样品的处理方法。

（4）试样测定

于上述待测试样及试剂空白瓶中加入 10.0mL 底液，溶解残渣并移入电解池，置于三电极系统。按上述极谱分析参考条件测定，分别记录铅的峰电流。极谱图见图 7－2。分别记录试样及试剂空白的峰电流，用标准曲线法计算试样中铅含量。

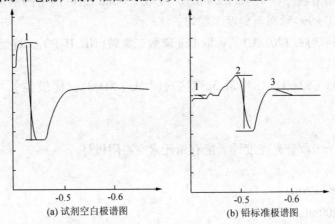

图 7－2　试剂空白、铅标准极谱图

5. 分析结果的表述

试样中铅含量按式（7－15）进行计算。

$$X = \frac{(A - A_0) \times 1000}{m \times 1000} \tag{7-15}$$

式中　X——试样中铅的含量，mg/kg 或 mg/L；

　　　A——由标准曲线上查得测定样液中铅的质量，μg；

　　　A_0——由标准曲线上查得试剂空白液中铅质量，μg；

　　　m——试样质量或体积，g 或 mL。

以重复性条件下获得的两次独立测定结果的算术平均值表示，结果保留两位有效数字。

6. 精密度

在重复性条件下获得的两次独立测定结果的绝对差值不得超过算术平均值的 5.0%。

7. 检出限

检出限为 0.085mg/kg。

六、无火焰原子吸收分光光度法测定饮用天然矿泉水中铅的含量

本法最低检测质量为 2.6 pg，若取 20μL 水样测定，则最低检测质量浓度为 0.13μg/L。水中共存离子一般不产生干扰。

1. 原理

样品经适当处理后，注入石墨炉原子化器，所含的金属离子在石墨管内经原子化高温蒸发解离为原子蒸气，待测元素的基态原子吸收来自同种元素空心阴极灯发出的共振线，其吸收强度在一定范围内与金属浓度成正比。

2. 试剂

① 铅标准贮备溶液 $[\rho(Pb) = 1mg/mL]$　称取 0.7990g 硝酸铅 $[Pb(NO_3)_2]$ 溶于约 100mL 纯水中，加入 1mL 硝酸（$\rho_{20} = 1.42g/mL$），并用纯水定容至 500mL。

② 铅标准中间溶液 $[\rho(Pb) = 50μg/mL]$　吸取 5.00mL 铅标准贮备溶液于 100mL 容量瓶中，用硝酸溶液（1 + 99）稀释至刻度，摇匀。

③ 铅标准使用溶液 $[\rho(Pb) = 1μg/mL]$　吸取 2.00mL 铅标准中间溶液于 100mL 容量瓶中，用硝酸溶液（1 + 99）稀释至刻度，摇匀。

④ 磷酸二氢铵溶液（120g/L）　称取 12g 磷酸二氢铵（$NH_4H_2PO_4$，优级纯），加水溶解并定容至 100mL。

⑤ 硝酸镁溶液（50g/L）　称取 5g 硝酸镁 $[Mg(NO_3)_2$，优级纯]，加水溶解并定容至 100mL。

5. 仪器

① 石墨炉原子吸收分光光度计　配有铅元素空心阴极灯。

② 氩气钢瓶。

③ 微量加样器　20μL。

④ 容量瓶　100mL。

4. 仪器工作条件

参考仪器说明书将仪器工作条件调整至测铅最佳状态，波长 283.3nm，石墨炉工作程序见表 7 - 3。

表 7 - 3　石墨炉工作程序

程序	干燥	灰化	原子化	清除
温度/℃	120	600	2100	2300
斜率/s	20	10		
保持/s	10	20	5	3
氩气流量/(mL/min)		300	0	300

5. 分析步骤

① 吸取铅标准使用溶液 0ng、1.00ng、2.00ng、3.00ng 和 4.00ng 于 5 个 100mL 容量瓶内，分别加入 10mL 磷酸二氢铵溶液、1mL 硝酸镁溶液，用硝酸溶液（1 + 99）稀释至刻度，摇匀，分别配制成 $\rho(Pb)$ 为 0ng/mL、10.0ng/mL、20.0ng/mL、30.0ng/mL 和 40.0ng/mL 的标准系列。

② 吸取 10mL 水样，加入 1.0mL 磷酸二氢铵溶液，0.1mL 硝酸镁溶液，同时取 10mL 硝

酸溶液(1+99),加入等量磷酸二氢铵溶液和硝酸镁溶液作为空白。

③ 仪器参数设定后依次吸取20μL试剂空白、标准系列和样品,注入石墨管,启动石墨炉控制程序和记录仪,记录吸收峰高或峰面积。绘制校准曲线,并从曲线中查出铅的质量浓度。

6. 结果计算

若水样经浓缩或稀释,从校准曲线查出铅浓度后,按式(7-16)计算。

$$\rho(\text{Pb}) = \frac{\rho_1 \times V_1}{V} \tag{7-16}$$

式中　$\rho(\text{Pb})$——水样中铅的质量浓度,$\mu g/L$;

　　　　ρ——从校准曲线上查得的试样中铅的质量浓度,$\mu g/L$;

　　　　V——水样体积,mL;

　　　　V_1——测定样品的体积,mL。

7. 精密度与准确度

同一实验室用已知浓度(42.7μg/L)的质控样品,在约两年内多次测定的相对标准偏差为2.56%,相对误差为0.37%。

七、催化示波极谱法测定饮用天然矿泉水中铅的含量

铅和镉的最低检测质量为0.2μg,若取20mL水样测定,则最低检测质量浓度为0.01mg/L。水中常见共存离子,虽较大浓度也不干扰铅、镉的测定,但Sn^{2+}与As^{3+}分别对铅、镉测定有干扰,底液中加入磷酸可分开Sn^{2+}峰;消化时加入盐酸,可使砷挥发出去,从而减少砷的干扰。

1. 原理

在盐酸-碘化钾-酒石酸底液中,铅在-0.49V,镉在-0.60V产生灵敏的吸附催化波。在一定范围内,铅和镉的浓度分别与其峰电流呈线性关系,可分别测定水中铅和镉的含量。

2. 试剂

① 盐酸($\rho_{20} = 1.19g/mL$)。

② 硝酸($\rho_{20} = 1.42g/mL$)。

③ 磷酸($\rho_{20} = 1.71g/mL$)。

④ 铅镉混合底液　称取5g酒石酸($H_2C_4H_4O_6$)、5g碘化钾(KI)及0.6g抗坏血酸($C_6H_8O_6$)于200mL烧杯中,加10mL盐酸、5mL磷酸,加纯水溶解,移入1000mL容量瓶内,用纯水稀释为1000mL。

⑤ 铅标准贮备溶液[$\rho(\text{Pb}) = 100\mu g/mL$]　称取0.1598g经105℃烘烤过的硝酸铅[$Pb(NO_3)_2$],溶于含有1mL硝酸($\rho_{20} = 1.42g/mL$)的纯水中,并用纯水定容至1000mL。

⑥ 镉标准贮备溶液[$\rho(\text{Cd}) = 100\mu g/mL$]　称取0.1000g镉[$w(\text{Cd}) > 99.9\%$],加入30mL硝酸溶液(1+9)使其溶解,然后加热煮沸,最后用纯水定容至1000mL。

⑦ 铅镉混合标准使用溶液[$\rho(\text{Pb}) = 1\mu g/mL$,$\rho(\text{Cd}) = 1\mu g/mL$]　吸取1.00mL铅标准贮备溶液及1.00mL镉标准贮备溶液于100mL容量瓶内,用铅镉混合底液定容。

3. 仪器

① 锥形瓶　100mL。

② 电热板。

③ 示波极谱仪。

4. 分析步骤

① 吸取 20.0mL 水样于 100mL 锥形瓶内，加 1.0mL 硝酸、2.0mL 盐酸，于电热板上缓缓加热蒸干并消化成白色残渣。加 5mL 纯水，继续加热蒸干，同时作试剂空白。

② 向锥形瓶内加入 10.0mL 铅镉混合底液，振摇使残渣溶解，移入 30mL 瓷坩埚中。

③ 分别吸取铅镉混合标准使用液 0mL、0.20mL、0.30mL、0.40mL、0.50mL、0.60mL、0.80mL 及 1.00mL 于 30mL 瓷坩埚中，加混合底液至 10.0mL 混匀。

④ 于示波极谱仪上，用三电极系统，阴极化，原点电位 −0.3V，导数扫描。在 −0.49V 与 −0.60V 处读取水样及标准系列铅、镉的峰高。以铅和镉质量为横坐标，峰高为纵坐标，绘制校准曲线，从曲线上查出水样中铅和镉的质量。

5. 结果计算

水样中铅和镉的质量浓度按式(7−17)计算。

$$\rho(Pb, Cd) = \frac{m}{V} \qquad (7-17)$$

式中 $\rho(Pb, Cd)$——水样中铅和镉的质量浓度，mg/L；

m——从校准曲线上查得的铅和镉质量，μg；

V——水样体积，mL。

6. 精密度与准确度

5 个实验室测定各种类型水样，铅含量为 0.015 ~ 0.30mg/L，共测定 370 次，相对标准偏差为 3.0% ~ 8.5%；镉含量为 0.014 ~ 0.70mg/L，测定 370 次，相对标准偏差为 1.60% ~ 4.9%；当加入铅标准溶液 0.025 ~ 0.9mg/L，50 次测定，回收率为 92.4% ~ 112.0%；加入镉标准溶液 0.009 ~ 1.5mg/L，50 次测定，回收率为 91.0% ~ 107.0%。

第三节　食品中镉含量的测定

一、石墨炉原子吸收光谱法测定食品中镉的含量

1. 原理

试样经灰化或酸消解后，注入原子吸收分光光度计石墨炉中，电热原子化后吸收 228.8nm 共振线，在一定浓度范围，其吸收值与镉含量成正比，与标准系列比较定量。

2. 试剂

① 硝酸、硫酸、高氯酸。

② 过氧化氢(30%)。

③ 硝酸(1+1)　取 50mL 硝酸慢慢加入 50mL 水中。

④ 硝酸(0.5mol/L)　取 3.2mL 硝酸加入 50mL 水中，稀释至 100mL。

⑤ 盐酸(1+1)　取 50mL 盐酸慢慢加入 50mL 水中。

⑥ 磷酸铵溶液(20g/L)　称取 2.0g 磷酸铵，以水溶解稀释至 100mL。

⑦ 硝酸 + 高氯酸混合酸(4+1)　取 4 份硝酸与 1 份高氯酸混合。

⑧ 镉标准储备液　准确称取 1.000g 金属镉(99.99%)分次加 20mL 盐酸(1+1)溶解，加 2 滴硝酸，移入 1000mL 容量瓶，加水至刻度，混匀。此溶液每毫升含 1.0mg 镉。

⑨ 镉标准使用液　每次吸取镉标准储备液 10.0mL 于 100mL 容量瓶中，加硝酸

（0.5mol/L）至刻度。如此经多次稀释成每毫升含 100.0ng 镉的标准使用液。

3. 仪器

所用玻璃仪器均需以硝酸（1+5）浸泡过夜，用水反复冲洗，最后用去离子水冲洗干净。

① 原子吸收分光光度计（附石墨炉及铅空心阴极灯）。

② 马弗炉。

③ 恒温干燥箱。

④ 瓷坩埚。

⑤ 压力消解器、压力消解罐或压力溶弹。

⑥ 可调式电热板或可调式电炉。

4. 分析步骤

（1）试样预处理

① 在采样和制备过程中，应注意不使试样污染。

② 粮食、豆类去杂质后，磨碎，过 20 目筛，储于塑料瓶中，保存备用。

③ 蔬菜、水果、鱼类、肉类及蛋类等水分含量高的鲜样用食品加工机或匀浆机打成匀浆，储于塑料瓶中，保存备用。

（2）试样消解（可根据实验室条件选用以下任何一种方法消解）

① 压力消解罐消解法　称取 1.00~2.00g 试样（干样、含脂肪高的试样 <1.00g，鲜样 <2.0g 或按压力消解罐使用说明书称取试样）于聚四氟乙烯内罐，加硝酸 2~4mL 浸泡过夜。再加过氧化氢（30%）2~3mL（总量不能超过罐容积的 1/3）。盖好内盖，旋紧不锈钢外套，放入恒温干燥箱，120~140℃保持 3~4h，在箱内自然冷却至室温，用滴管将消化液洗入或过滤入（视消化液有无沉淀而定）10~25mL 容量瓶中，用水少量多次洗涤罐，洗液合并于容量瓶中并定容至刻度，混匀备用；同时作试剂空白。

② 干法灰化　称取 1.00~5.00g（根据镉含量而定）试样于瓷坩埚中，先小火在可调式电炉上炭化至无烟，移入马弗炉 500℃灰化 6~8h 时，冷却。若个别试样灰化不彻底，则加 1mL 混合酸在可调式电炉上小火加热，反复多次直到消化完全，放冷，用硝酸（0.5mol/L）将灰分溶解，用滴管将试样消化液洗入或过滤入（视消化液有无沉淀而定）10~25mL 容量瓶中，用水少量多次洗涤瓷坩埚，洗液合并于容量瓶中并定容至刻度，混匀备用；同时作试剂空白。

③ 过硫酸铵灰化法　称取 1.00~5.00g 试样于瓷坩埚中，加 2~4mL 硝酸浸泡 1h 以上，先小火炭化，冷却后加 2.00~3.00g 过硫酸铵盖于上面，继续炭化至不冒烟，转入马弗炉，500℃恒温 2h，再升至 800℃，保持 20min，冷却，加 2~3mL 硝酸（1.0mol/L），用滴管将试样消化液洗入或过滤入（视消化液有无沉淀而定）10~25mL 容量瓶中，用水少量多次洗涤瓷坩埚，洗液合并于容量瓶中并定容至刻度，混匀备用；同时作试剂空白。

④ 湿式消解法　称取试样 1.00~5.00g 于三角瓶或高脚烧杯中，放数粒玻璃珠，加 10mL 混合酸，加盖浸泡过夜，加一小漏斗电炉上消解，若变棕黑色，再加混合酸，直至冒白烟，消化液呈无色透明或略带黄色，放冷用滴管将试样消化液洗入或过滤入（视消化后试样的盐分而定）10~25mL 容量瓶中，用水少量多次洗涤三角瓶或高脚烧杯，洗液合并于容量瓶中并定容至刻度，混匀备用，同时作试剂空白。

（3）测定

① 仪器条件　根据各自仪器性能调至最佳状态。参考条件为波长 228.8nm；狭缝 0.5~

1.0nm；灯电流8~10mA；干燥温度120℃，20s；灰化温度350℃，15~20s；原子化温度1700~2300℃，4~5s；背景校正为氘灯或塞曼效应。

　　② 标准曲线绘制　　吸取上面配制的镉标准使用液 0mL、1.0mL、2.0mL、3.0mL、5.0mL、7.0mL、10.0mL 于 100mL 容量瓶中稀释至刻度，相当于 0ng/mL、1.0ng/mL、3.0ng/mL、5.0ng/mL、7.0ng/mL、10.0ng/mL，各吸取10μL注入石墨炉，测得其吸光值并求得吸光值与浓度关系的一元线性回归方程。

　　③ 试样测定　　分别吸取样液和试剂空白液各10μL注入石墨炉，测得其吸光值，代入标准系列的一元线性回归方程中求得样液中镉含量。

　　④ 基体改进剂的使用　　对有干扰试样，则注入适量的基体改进剂磷酸铵溶液（20g/L）（一般<5μL）消除干扰。绘制镉标准曲线时也要加入与试样测定时等量的基体改进剂。

5. 结果计算

试样中镉含量按式（7-18）进行计算。

$$X = \frac{(A_1 - A_2) \times V \times 1000}{m \times 1000} \qquad (7-18)$$

式中　X——试样中镉含量，μg/kg 或 μg/L；

　　　　A_1——测定试样消化液中镉含量，ng/mL；

　　　　A_2——空白液中镉含量，ng/mL；

　　　　V——试样消化液总体积，mL；

　　　　m——试样质量或体积，g 或 mL。

计算结果保留两位有效数字。

6. 精密度

在重复性条件下获得的两次独立测定结果的绝对差值不得超过算术平均值的20%。

7. 检出限

检出限为 0.1μg/kg。

二、原子吸收光谱法——碘化钾-4-甲基戊酮-2法测定食品中镉的含量

1. 原理

试样经处理后，在酸性溶液中镉离子与碘离子形成络合物，并经 4-甲基戊酮-2 萃取分离，导入原子吸收仪中，原子化以后，吸收 228.8nm 共振线，其吸收量与镉含量成正比，与标准系列比较定量。

2. 试剂

① 4-甲基戊酮-2（MIBK，又名甲基异丁酮）。

② 磷酸（1+10）。

③ 盐酸（1+11）　　量取 10mL 盐酸加到适量水中再稀释至 120mL。

④ 盐酸（5+7）　　量取 50mL 盐酸加到适量水中再稀释至 120mL。

⑤ 混合酸　　硝酸与高氯酸按（3+1）混合。

⑥ 硫酸（1+1）。

⑦ 碘化钾溶液（250g/L）。

⑧ 镉标准洛液　　准确称取 1.0000g 金属镉（99.99%），溶于 20mL 盐酸（5+7）中，加入 2 滴硝酸后，移入 1000mL 容量瓶中，以水稀释至刻度，混匀。贮于聚乙烯瓶中。此溶液每

毫升相当于 1.0mg 镉。

⑨ 镉标准使用液　吸取 10.0mL 镉标准溶液，置于 100mL 容量瓶中，以盐酸(1+11)稀释至刻度，混匀，如此多次稀释至每毫升相当于 0.20μg 镉。

3. 仪器

原子吸收分光光度计。

4. 分析步骤

(1) 试样处理

① 谷类　去除其中杂物及尘土，必要时除去外壳，磨碎，过 40 目筛，混匀。称取约 5.00~10.00g 置于 50mL 瓷坩埚中，小火碳化至无烟后移入马弗炉中，500±25℃ 灰化约 8h 后，取出坩埚，放冷后再加入少量混合酸，小火加热，不使干涸，必要时加少许混合酸，如此反复处理，直至残渣中无碳粒，待坩埚稍冷，加 10mL 盐酸(1+11)，溶解残渣并移入 50mL 容量瓶中，再用盐酸(1+11)反复洗涤坩埚，洗液并入容量瓶中，并稀释至刻度，混匀备用。取与试样处理相同量的混合酸和盐酸(1+11)按同一操作方法做试剂空白试验。

② 蔬菜、瓜果及豆类　取可食部分洗净晾干，充分切碎或打碎混匀。称取 10.00~20.00g 置于瓷坩埚中，加 1mL 磷酸(1+10)，小火碳化至无烟后移入马弗炉中。以下操作同"谷类样品"的处理方法。

③ 禽、蛋、水产及乳制品　取可食部分充分混匀。称取 5.00~10.00g 置于瓷坩埚中，小火炭化至无烟后移入马弗炉中。以下操作同"谷类样品"的处理方法。

④ 乳类经混匀后，量取 50mL，置于瓷坩埚中，加 1mL 磷酸(1+10)，在水浴上蒸干，再小火炭化至无烟后移入马弗炉中。以下操作同"谷类样品"的处理方法。

(2) 萃取分离

吸取 25mL(或全量)上述制备的样液及试剂空白液，分别置于 125mL 分液漏斗中，加 10mL 硫酸(1+1)，再加 10mL 水，混匀。吸取 0mL、0.25mL、0.50mL、1.50mL、2.50mL、3.50mL、5.00mL 镉标准使用液(相当 0μg、0.05μg、0.1μg、0.3μg、0.5μg、0.7μg、1.0μg 镉)，分别置于 125mL 分液漏斗中，各加盐酸(1+11)至 25mL，再加 10mL 硫酸(1+1)及 10mL 水，混匀。于试样溶液、试剂空白液及镉标准溶液中各加 10mL 碘化钾溶液 250g/L，混匀，静置，再各加 10mL MIBK，振摇 2min 静置分层约 0.5h，弃去下层水相，以少许脱脂棉塞入分液漏斗下颈部，将 MIBK 层经脱脂棉滤至 10mL 具塞试管中，备用。

(3) 测定

将有机相导入火焰原子化器进行测定，测定参考条件：灯电流 6~7mA；波长 228.8nm；狭缝 0.15~0.2nm；空气流量 5L/min；氘灯背景校正(也可根据仪器型号，调至最佳条件)，以镉含量对应浓度吸光度，绘制标准曲线或计算直线回归方程，试样吸收值与曲线比较或代入方程求出含量。

5. 结果计算

试样中镉的含量按式(7-19)进行计算。

$$X = \frac{(A_1 - A_2) \times 1000}{m \times \dfrac{V_1}{V_2} \times 1000} \tag{7-19}$$

式中　X——试样中镉的含量，mg/kg 或 mg/L；

A_1——测定用试样液中镉的质量，μg；

A_2——试剂空白液中镉的质量，μg；

m——试样质量或体积，g 或 mL；

V_2——试样处理液的总体积，mL；

V_1——测定用试样处理液的体积，mL。

计算结果保留两位有效数字。

6. 精密度

在重复性条件下获得的两次独立测定结果的绝对差值不得超过算术平均值的15%。

7. 检出限

检出限为5.0μg/kg。

三、原子吸收光谱法——二硫腙-乙酸丁酯法测定食品中镉的含量

1. 原理

试样经处理后，在 pH＝6 左右的溶液中，镉离子与二硫腙形成络合物，并经乙酸丁酯萃取分离，导入原子吸收仪中，原子化以后，吸收 228.8nm 共振线，其吸收值与镉含量成正比，与标准系列比较定量。

2. 试剂

① 氨水。

② 混合酸：硝酸＋高氯酸(4＋1)　取4份硝酸与1份高氯酸混合。

③ 柠檬酸钠缓冲液(2mol/L)　称取 226.3g 柠檬酸钠及 48.46g 柠檬酸，加水溶解，必要时，加温助溶，冷却后加水稀释至500mL，临用前用二硫腙-乙酸丁酯溶液(1g/L)处理以降低空白值。

④ 二硫腙-乙酸丁酯溶液(1g/L)　称取 0.1g 二硫腙，加 10mL 三氯甲烷溶解后，再加乙酸丁酯稀释至100mL，临用时配制。

⑤ 镉标准使用液　吸取 10.0mL 镉标准溶液，置于 100mL 容量瓶中，以盐酸(1＋11)稀释至刻度，混匀，如此多次稀释至每毫升相当于 0.20μg 镉。

3. 仪器

原子吸收分光光度计。

4. 分析步骤

(1) 试样处理

① 谷类　去除其中杂物及尘土，必要时，除去外壳。

② 蔬菜、瓜果及豆类　取可食部分洗净晾干，切碎充分混匀。

③ 肉类食品　取可食部分，切碎充分混匀。

(2) 试样消化

称取 5.00g 上述试样，置于 250mL 高型烧杯中，加 15mL 混合酸，盖上表面皿，放置过夜，再于电热板或砂浴上加热。消化过程中，注意勿使干涸，必要时可加少量硝酸，直至溶液澄明无色或微带黄色。冷后加 25mL 水煮沸，除去残余的硝酸至产生大量白烟为止，如此处理两次，放冷。以 25mL 水分数次将烧杯内容物洗入 125mL 分液漏斗中。取与处理试样相同量的混合酸、硝酸按同一操作方法做试剂空白试验。

(3) 萃取分离

吸取 0mL、0.25mL、0.50mL、1.50mL、2.50mL、3.50mL、5.0mL 镉标准使用液(相当

276

$0\mu g$、$0.05\mu g$、$0.1\mu g$、$0.3\mu g$、$0.5\mu g$、$0.7\mu g$、$1.0\mu g$ 镉)。分别置于 125mL 分液漏斗中，各加盐酸(1+11)至 25mL。于试样处理溶液、试剂空白液及镉标准溶液各分液漏斗中各加 5mL 柠檬酸钠缓冲液(2mol/L)，以氨水调节 pH 至 5~6.4，然后各加水至 50mL，混匀。再各加 5.0mL 二硫腙 - 乙酸丁酯溶液(1g/L)。以氨水调节 pH 至 5~6.4，然后各加水至 50mL，混匀。再各加 5.0mL 二硫腙 - 乙酸丁酯溶液(1g/L)，振摇 2min，静置分层，弃去下层水相，将有机层放入具塞试管中，备用。

(4) 测定

同"石墨炉原子吸收光谱法测定方法"。

5. 结果计算

试样中镉的含量按式(7-20)进行计算。

$$X = \frac{(A_1 - A_2) \times 1000}{m \times 1000} \tag{7-20}$$

式中　X——试样中镉的含量，mg/kg；

　　A_1——测定用试样液中镉的质量，μg；

　　A_2——试剂空白液镉的质量，μg；

　　m——试样质量，g。

计算结果保留两位有效数字。

6. 精密度

在重复性条件下获得的两次独立测定结果的绝对差值不得超过算术平均值的 15%。

四、比色法测定食品中镉的含量

1. 原理

试样经消化后，在碱性溶液中镉离子与 6 - 溴苯并噻唑偶氮萘酚形成红色络合物，溶于三氯甲烷，与标准系列比较定量。

2. 试剂

① 三氯甲烷。

② 二甲基甲酰胺。

③ 混合酸　硝酸 - 高氯酸(3+1)。

④ 酒石酸钾钠溶液(400g/L)。

⑤ 氢氧化钠溶液(200g/L)。

⑥ 柠檬酸钠溶液(250g/L)。

⑦ 镉试剂　称取 38.4mg 6 - 溴苯并噻唑偶氮萘酚，溶于 50mL 二甲基甲酰胺，贮于棕色瓶中。

⑧ 镉标准溶液　准确称取 1.0000g 金属镉(99.99%)，溶于 20mL 盐酸(5+7)中，加入 2 滴硝酸后，移入 1000mL 容量瓶中，以水稀释至刻度，混匀。贮于聚乙烯瓶中。此溶液每毫升相当于 1.0mg 镉。

⑨ 镉标准使用液　吸取 10.0mL 镉标准溶液，置于 100mL 容量瓶中，以盐酸(1+11)稀释至刻度，混匀，如此多次稀释至每毫升相当于 1.0μg 镉。

3. 仪器

分光光度计。

4. 分析步骤

（1）试样消化

称取 5.00～10.00g 试样，置于 150mL 锥形瓶中，加入 15～20mL 混合酸（如在室温放置过夜，则次日易于消化），小火加热，待泡沫消失后，可慢慢加大火力，必要时再加少量硝酸，直至溶液澄清无色或微带黄色，冷却至室温。取与消化试样相同量的混合酸、硝酸按同一操作方法做试剂空白试验。

（2）测定

将消化好的样液及试剂空白液用 20mL 水分数次洗入 125mL 分液漏斗中，以氢氧化钠溶液（200g/L）调节至 pH=7 左右。

吸取 0mL、0.5mL，1.0mL、3.0mL、5.0mL、7.0mL、10.0mL 镉标准使用液（相当 0μg、0.5μg、1.0μg、3.0μg、5.0μg、7.0μg、1.0μg 镉），分别置于 125mL 分液漏斗中，再各加水至 20mL。用氢氧化钠溶液（200g/L）调节至 pH 为 7 左右。于试样消化液、试剂空白液及镉标准液中依次加入 3mL 柠檬酸钠溶液（250g/L）、4mL 酒石酸钾溶液（400g/L）及 1mL 氢氧化钠溶液（200g/L），混匀。再各加 5.0mL 三氯甲烷及 0.2mL 镉试剂，立即振摇 2min，静置分层后，将三氯甲烷层经脱脂棉滤于试管中，以三氯甲烷调节零点，于 1cm 比色杯在波长 585nm 处测吸光度。各标准点减去空白管吸收值后绘制标准曲线。或计算直线回归方程，样液含量与曲线比较或代入方程求出。

5. 结果计算

同原子吸收光谱法测定镉的含量，用公式（7-20）计算。

6. 精密度

在重复性条件下获得的两次独立测定结果的绝对差值不得超过算术平均值的 15%。

7. 检出限

检出限为 50μg/kg。

五、原子荧光法测定食品中镉的含量

1. 原理

食品试样经湿消解或干灰化后，加入硼氢化钾，试样中的镉与硼氢化钾反应生成镉的挥发性物质。由氩气带入石英原子化器中，在特制镉空心阴极灯的发射光激发下产生原子荧光，其荧光强度在一定条件下与被测定液中的镉浓度成正比。与标准系列比较定量。

2. 试剂

① 优级纯的硫酸、硝酸、高氯酸。

② 过氧化氢（30%）。

③ 二硫腙-四氯化碳溶液（0.5g/L）　称取 0.05g 二硫腙用四氯化碳溶解于 100mL 容量瓶中，稀释至刻度，混匀。

④ 硫酸溶液（0.20mol/L）　将 11mL 硫酸小心倒入 900mL 水中，冷却后稀释至 1000mL，混匀。

⑤ 硫脲溶液（50g/L）　称取 10g 硫脲用硫酸（0.20mol/L）溶解并稀释至 200mL，混匀。

⑥ 含钴溶液　称取 0.4038g 六水氯化钴（$CoCl_2 \cdot 6H_2O$），或 0.220g 氯化钴（$CoCl_2$），用水溶解于 100mL 容量瓶中，稀释至刻度。此溶液每毫升相当于 1mg 钴，临用时逐级稀释至含钴离子浓度为 50μg/mL。

⑦ 氢氧化钾溶液（5g/L）　称取1g氢氧化钾，用水溶解，稀释至200mL，混匀。

⑧ 硼氢化钾溶液（30g/L）　称取30g硼氢化钾，溶于5g/L氢氧化钾溶液中。并定容至1000mL混匀，临用现配。

⑨ 镉标准储备液（1.00mg/mL）　镉标准溶液：准确称取1.0000g金属镉（99.99%），溶于20mL盐酸（1+1）中，加入2滴硝酸后，移入1000mL容量瓶中，以水稀释至刻度，混匀。贮于聚乙烯瓶中。此溶液每毫升相当于1.0mg镉。

⑩ 镉标准使用液　精确吸取镉标准储备液，用硫酸（0.20mol/L）逐级稀释至50ng/mL。

3. 仪器

① 双道原子荧光光谱仪　附编码镉空心阴极灯，可编程断续流动进样装置或原子荧光同类仪器。

② 控温消化器　试验所用玻璃仪器、消解器均需用硝酸（1+9）浸泡24h以上，用去离子水冲洗干净后待用。

4. 分析步骤

① 试样消解　称取经粉（捣）碎（过40目筛）的试样0.50～5.00g，置于消解器中（水分含量高的试样应先置于80℃鼓风烘箱中烘至近干），加入5mL硝酸+高氯酸（4+1），1mL过氧化氢，放置过夜。次日加热消解，至消化液均呈淡黄色或无色，赶尽硝酸，用硫酸（0.20mol/L）约25mL将试样消解液转移至50mL容量瓶中，精确加入5.0mL二硫腙－四氯化碳（0.5g/L），剧烈振荡2min，加入10mL硫脲（50g/L）及1mL含钴溶液，用硫酸（0.20mol/L）定容至50mL，混匀待测，同时做试剂空白试验。

② 标准系列配制　分别吸取50ng/mL镉标准使用液0.45mL、0.90mL、1.80mL、3.60mL、5.40mL于50mL容量瓶中，各加入硫酸（0.20mol/L）25mL，精确加入5.0mL二硫腙－四氯化碳溶液（0.5g/L），剧烈振荡2min，加入10mL硫脲（50g/L）及1mL含钴溶液，用硫酸（0.20ml/L）定容至50mL（各相当于镉浓度0.50ng/mL、1.00ng/mL、2.00ng/mL、4.00ng/mL、6.00ng/mL），同时做标准空白。标准空白液用量视试样份数多少而增加，但至少要配200mL。

③ 测定　根据各自仪器型号性能、参考仪器工作条件，将仪器调至最佳测定状态，在试样参数画面输入以下参数：试样质量（克或毫升）、稀释体积（45mL），并选择结果的浓度单位。逐步将炉温升到所需温度，稳定后测量。连续用标准空白进样，待读数稳定后，转入标准系列测量。在转入试样测定之前，再进入空白值测量状态，用试样空白液进样，让仪器取均值作为扣底的空白值，随后依次测定试样。测定完毕后，选择"打印报告"即可将测定结果自动打印。

5. 结果计算

试样中镉的含量按式（7-21）进行计算。

$$X = \frac{(A_1 - A_2) \times V \times 1000}{m \times 1000 \times 1000} \tag{7-21}$$

式中　X——试样中镉的含量，mg/kg或mg/L；

A_1——试样消化液中的镉含量，ng/mL；

A_2——试剂空白液中镉含量，ng/mL；

V——试样消化液总体积（水溶液部分），mL；

m——试样质量，g或mL。

计算结果保留两位有效数字。

6. 精密度

在重复性条件下获得的两次独立测定结果的绝对差值不得超过算术平均值的10%。

7. 检出限

原子荧光法为1.2μg/kg；标准曲线线性范围为0～50ng/mL。

六、无火焰原子吸收分光光度法测定饮用天然矿泉水中镉的含量

本法最低检测质量为2.6pg，若取20μL水样测定，则最低检测质量浓度为0.13μg/L。水中共存离子一般不产生干扰。

1. 原理

样品经适当处理后，注入石墨炉原子化器，所含的金属离子在石墨管内经原子化高温蒸发解离为原子蒸气，待测元素的基态原子吸收来自同种元素空心阴极灯发出的共振线，其吸收强度在一定范围内与金属浓度成正比。

2. 试剂

① 镉标准贮备溶液[$\rho(Cd)=1mg/mL$]　称取0.5000g镉溶于5mL硝酸溶液(1+1)中，并用纯水定容至500mL。

② 镉标准中间溶液[$\rho(Cd)=1μg/mL$]　吸取5.00mL镉标准贮备溶液于100mL容量瓶中，用硝酸溶液(1+99)稀释至刻度，摇匀，此溶液$\rho(Cd)=50μg/mL$。再吸取2.00mL此溶液于100mL容量瓶中，用硝酸溶液(1+99)定容。

③ 镉标准使用溶液[$\rho(Cd)=100ng/mL$]　吸取10.00mL镉标准中间溶液于100mL容量瓶中，用硝酸溶液(1+99)稀释至刻度，摇匀。

④ 磷酸二氢铵溶液(120g/L)　称取12g磷酸二氢铵($NH_4H_2PO_4$，优级纯)，加水溶解并定容至100mL。

⑤ 硝酸镁溶液(50g/L)　称取5g优级纯硝酸镁[$Mg(NO_3)_2$，优级纯]，加水溶解并定容至100mL。

3. 仪器

① 石墨炉原子吸收分光光度计　配有镉元素空心阴极灯。

② 氩气钢瓶。

③ 微量加样器　20μL。

④ 容量瓶　100mL。

4. 仪器工作条件

参考仪器说明书将仪器工作条件调整至测镉最佳状态，波长228.8nm，石墨炉工作程序见表7-4。

表7-4　石墨炉工作程序

程序	干燥	灰化	原子化	清除
温度/℃	120	900	1800	2100
斜率/s	20	10		
保持/s	10	20	5	3
氩气流量/(mL/min)		300	0	300

5. 分析步骤

① 分别吸取镉标准使用溶液 0mL、1.00mL、3.00mL、5.00mL 和 7.00mL 于 5 个 100mL 容量瓶内，分别加入 10mL 磷酸二氢铵溶液、1mL 硝酸镁溶液；用硝酸溶液(1 + 99)定容至刻度，摇匀，配制成 $\rho(Cd)$ 为 0ng/mL、1ng/mL、3ng/mL、5ng/mL 和 7ng/mL 的标准系列。

② 吸取 10.0mL 水样，加入 1.0mL 磷酸二氢铵溶液、0.1mL 硝酸镁溶液，同时取 10mL 硝酸溶液(1 + 99)，加入等体积磷酸二氢铵溶液和硝酸镁溶液作为空白。

③ 仪器参数设定后依次吸取 20μL 试剂空白、标准系列和样品，注入石墨管，启动石墨炉控制程序和记录仪，记录吸收峰高或峰面积，绘制校准曲线，并从曲线中查出镉的质量浓度。

6. 结果计算

若水样经浓缩或稀释，从校准曲线查出镉浓度后，按式(7 – 22)计算。

$$\rho(Cd) = \frac{\rho_1 \times V_1}{V} \qquad (7 – 22)$$

式中　$\rho(Cd)$——水样中镉的质量浓度，μg/L；

　　　　ρ_1——从校准曲线上查得的水样中镉的质量浓度，μg/L；

　　　　V_1——测定样品的体积，mL；

　　　　V——水样体积，mL。

7. 精密度与准确度

13 个实验室用本法测定含镉 27μg/L 的合成水样[其他离子浓度(μg/L)为：汞，4.4；锌，26；铜，37；铁，7.8；锰，47]，相对标准偏差为 4.6%，相对误差为 3.7%。

附 录

附录A $t_{\alpha, f}$ 值（双边）

f	置信度，显著性水准			f	置信度，显著性水准		
	$P=0.90$	$P=0.95$	$P=0.99$		$P=0.90$	$P=0.95$	$P=0.99$
	$\alpha=0.10$	$\alpha=0.05$	$\alpha=0.01$		$\alpha=0.10$	$\alpha=0.05$	$\alpha=0.01$
1	6.31	12.71	63.66	7	1.90	2.36	3.50
2	2.92	4.30	9.92	8	1.86	2.31	3.36
3	2.35	3.18	5.84	9	1.83	2.26	3.25
4	2.13	2.78	4.60	10	1.81	2.23	3.17
5	2.02	2.57	4.03	20	1.72	2.09	2.84
6	1.94	2.43	3.71	∞	1.64	1.96	2.58

附表B 置信度95%时 F 值（单边）

$f_小$ ╲ $f_大$	2	3	4	5	6	7	8	9	10	∞
2	19.00	19.16	19.25	19.30	19.33	19.36	19.37	19.38	19.39	19.50
3	9.55	9.28	9.12	9.01	8.94	8.88	8.84	8.81	8.78	8.53
4	6.94	6.59	6.39	6.26	6.16	6.09	6.04	6.00	5.96	5.63
5	5.79	5.41	5.19	5.05	4.95	4.88	4.82	4.78	4.74	4.36
6	5.14	4.76	4.53	4.39	4.28	4.21	4.15	4.10	4.06	3.67
7	4.74	4.35	4.12	3.97	3.87	3.79	3.73	3.68	3.63	3.23
8	4.46	4.07	3.84	3.69	3.58	3.50	3.44	3.39	3.34	2.93
9	4.26	3.86	3.63	3.48	3.37	3.29	3.23	3.18	3.13	2.71
10	4.10	3.71	3.48	3.33	3.22	3.14	3.07	3.02	2.97	2.54
∞	3.00	2.60	2.37	2.21	2.10	2.01	1.94	1.88	1.83	1.00

附表C $T_{\alpha, n}$ 值

n	显著性水准 α			n	显著性水准 α		
	0.05	0.025	0.01		0.05	0.025	0.01
3	1.15	1.15	1.15	10	2.18	2.29	2.41
4	1.46	1.48	1.49	11	2.23	2.36	2.48
5	1.67	1.71	1.75	12	2.29	2.41	2.65
6	1.82	1.89	1.94	13	2.33	2.46	2.61
7	1.94	2.02	2.10	14	2.37	2.51	2.63
8	2.03	2.13	2.22	15	2.41	2.55	2.71
9	2.11	2.21	2.32	20	2.56	2.71	2.88

附表D Q值

测定次数, n		3	4	5	6	7	8	9	10
置信度	90% ($Q_{0.90}$)	0.94	0.76	0.64	0.56	0.51	0.47	0.44	0.41
	96% ($Q_{0.96}$)	0.98	0.85	0.73	0.64	0.59	0.54	0.51	0.48
	99% ($Q_{0.99}$)	0.99	0.93	0.82	0.74	0.68	0.63	0.60	0.57

附录E 单位和换算因数

国际单位(SI)			
物理量	单位名称	单位符号	
		中文	国际
长度	米	米	m
质量	千克	千克	kg
时间	秒	秒	s
电流	安培	安	A
温度	开尔文	开	K
光强度	坎德拉	坎	cd
物质的量	摩尔	摩	mol

换算关系	
1 厘米(cm)	$= 10^8 \text{Å} = 10^7 \text{nm}$
1 波数(cm^{-1})	$= 2.8591 \times 10^{-3} \text{kcal} \cdot \text{mol}^{-1}$
1kcal · mol^{-1}	$= 349.76 \text{cm}^{-1}$
1 电子伏特(eV)	$= 23.061 \text{kcal} \cdot \text{mol}^{-1}$
1kcal · mol^{-1}	$= 0.0433 \text{eV}$
1kcal	$= 4.184 \text{kJ}$
1 大气压	$= 101325 \text{Pa} = 1.0332 \times 10^4 \text{kg} \cdot \text{m}^2 = 760 \text{托(Torr)}$

附录F 常用浓酸、浓碱的密度和浓度

试剂名称	密度/g · mL^{-1}	w/%	c/mol · L^{-1}
盐酸	1.18 ~ 1.19	36 ~ 38	11.6 ~ 12.4
硝酸	1.39 ~ 1.40	65.0 ~ 68.0	14.4 ~ 15.2
硫酸	1.83 ~ 1.84	95 ~ 98	17.8 ~ 18.4
磷酸	1.69	85	14.6
高氯酸	1.68	70.0 ~ 72.0	11.7 ~ 12.0
冰醋酸	1.05	99.8(优级纯) 99.0(分析纯、化学纯)	17.4
氢氟酸	1.13	40	22.5
氢溴酸	1.49	47.0	8.6
氨水	0.88 ~ 0.90	25.0 ~ 28.0	13.3 ~ 14.8

参 考 文 献

[1] 冯宗榴，黄家琛，李增禧主编. 现代微量元素研究. 北京：中国环境科学出版社，1987

[2] 迟锡增主编. 微量元素与人体健康. 北京：化学工业出版社，1997

[3] 王夔主编. 生命科学中的微量元素（第二版）. 北京：中国计量出版社，1991

[4] 马昆山，徐欣主编. 生命的能源－微量元素与维生素. 济南：山东大学出版社，2008

[5] 唐任寰著. 平衡生命的砝码－微量元素与健康. 长沙：湖南教育出版社，1998

[6] 刘兴友，刁有祥主编. 食品理化检验学. 北京：北京农业大学出版社，1995

[7] 黄伟坤等编著. 食品检验与分析. 北京：轻工业出版社，1989

[8] 靳敏，夏玉宇主编. 食品检验技术. 北京：化学工业出版社，2003

[9] 孙平编. 食品分析. 北京：化学工业出版社，2005

[10] 杭州大学化学系分析化学教研室编. 分析化学手册（第二版）. 北京：化学工业出版社，1997

[11] 臧树良编著. 分析样品制备技术. 沈阳：辽宁大学出版社，1992

[12] 武汉大学主编. 分析化学（第五版）. 北京：高等教育出版社，2006

[13] 郭永，杨宏秀，李新华等编著. 仪器分析. 北京：地震出版社，2001

[14] 朱明华主编. 仪器分析（第三版）. 北京：高等教育出版社，2000

[15] 祝大昌，陈剑鋐，朱世盛译. 分子发光分析法（荧光法和磷光法）. 上海：复旦大学出版社，1985

[16] 夏锦尧编著. 实用荧光分析法. 北京：中国人民公安大学出版社，1992

[17] GB/T 8170—2008 数值修约规则与极限数据的表示和判定

[18] GB/T 5009.91—2003 食品中钾、钠的测定

[19] GB/T 8538—2008 饮用天然矿泉水检验方法

[20] GB/T 5009.92—2003 食品中钙的测定

[21] GB/T 5009.87—2003 食品中磷的测定

[22] GB/T 5009.90—2003 食品中铁、镁、锰的测定

[23] GB/T 5009.13—2003 食品中铜的测定

[24] GB/T 5009.14—2003 食品中锌的测定

[25] HJ 550—2009 水质总钴的测定——5－氯－2－(吡啶偶氮)－1，3－二氨基苯分光光度法

[26] GB/T5009.123—2003 食品中铬的测定

[27] GB/T 5009.18—2003 食品中氟的测定

[28] GB/T 15503—1995 水质钒的测定——钽试剂萃取分光光度法

[29] WS302—2008 食品中碘的测定——砷铈催化分光光度法

[30] SC/T 3010—2001 海带中的碘含量的测定方法——灰化法及浸泡法

[31] GB 5413.23—2010 婴幼儿食品和乳品中碘的测定

[32] GB 5009.93—2010 食品中硒的测定

[33] GB/T 5009.138—2003 食品中镍的测定

[34] GB/T 5009.16—2003 食品中锡的测定

[35] GB/T 5009.215—2008 食品中有机锡含量的测定

[36] SN/T 2208—2008 水产品中钠、镁、铝、钙、铬、铁、镍、铜、锌、砷、锶、钼、镉、铅、汞、硒的测定微波消解——电感耦合等离子体－质谱法

[37] GB/T 5009.151—2003 食品中锗的测定

[38] GB/T 5009.11—2003 食品中总砷及无机砷的测定

[39] GB/T 5009.76—2003 食品添加剂中砷的测定

[40] GB/T 5009.182—2003 面制食品中铝的测定

［41］GB/T 18932.11—2002 蜂蜜中钾、磷、铁、钙、锌、铝、钠、镁、硼、锰、铜、钡、钛、钒、镍、钴、铬含量的测定方法

［42］GB/T 5009.137—2003 食品中锑的测定

［43］GB/T 5009.17—2003 食品中总汞及有机汞的测定

［44］GB 5009.12—2010 食品中铅的测定

［45］GB/T 5009.75—2003 食品添加剂中铅的测定

［46］GB/T 5009.15—2003 食品中镉的测定

［47］HJ 593—2010 水质磷的测定——磷钼蓝分光光度法